問題編

化学 ［化学基礎・化学］

標準問題精講 七訂版

Standard Exercises in Chemistry

旺文社

元素の周期表

Standard Exercises in Chemistry

化　学
［化学基礎・化学］
標 準 問 題 精 講

七訂版

鎌田真彰・橋爪健作　共著

問題編

旺文社

はじめに

　受験生から「教科書レベルの問題や中間・期末テストの問題はほぼ解けるのですが，志望大学の入試問題に歯が立ちません」という相談を受けることがあります。大学によりますが，最近の入試問題はおおむね難化しているので，同じような悩みを抱えた人は多いのではないでしょうか？

　入試が難化している主な理由は二つあると考えています。

1）かつての難関大学の受験生があちこちの大学で出題者になり，一昔前に難問とされたテーマが入試で定番化してきた。

2）出題者の意図や用意された設定を長い問題文から正確に読み取り，基礎的な知識と与えられたヒントを組み合わせて解答する思考力型の出題が標準化してきた。

　高校課程が変わり，以前の課程より内容が重たくなったので，このような傾向は続くと感じています。個人的には「このような出題で合格者の得点率はどの程度なのだろうか？」という疑問はありますが，受験生としては自分の合格率を高めるために十分な準備をしておきたいと考えるのは当然でしょう。合格者の得点率が低いならなおのことです。

　本書は，1）のような問題も含めた定番問題を軸にして，2）のような思考力型の標準問題を加えた難関大志望者のための「今の時代の標準問題」，いわば「ネオ標準問題」の演習書となっています。

　まずは出題者と対話するつもりで問題文をじっくり読んでください。自分なりにアレコレ考えながら設問を眺めましょう。時間がなければ5分程度考えるだけでもかまいません。時間があれば自分なりに解答を作ってみてください。

　それから問題の全体像がわかるまで解説を読み込みましょう。基礎知識の確認，問題に対するアプローチの仕方，立式ポイントや解答に至る過程もできるだけ詳しく記載しています。何か発見があれば確実に力はついています。

　そして最後にもう一度問題文を読みながら全体像を振り返り，出題者が何を問いたかったのかを考えると効果絶大です。この一連の作業を地道に繰り返すことで，どんな問題でも処理できる自信がついてくると思います。

鎌田　真彰

橋爪　健作

本書の特長と使い方

　入試では，ほとんどの受験生が解ける基本問題を完全に解答することはもちろん，標準～やや難しい問題もかなり解けないと，合格はおぼつきません。

　本書は国公立大二次・私立大の入試問題を徹底的に分析し，難関大学の入試で合否の分かれ目になる問題を厳選して，それらを解くためにはどのような学習をしたらよいのかを示しながら丁寧に解説したものです。したがって，基本的な学習を終了した上で本書にチャレンジしてください。なお，本書の姉妹書として『化学 [化学基礎・化学] 基礎問題精講（五訂版）』がありますので，基礎力に少し不安のある人は，そちらを理解してから本書にとりかかってください。

　本書は 3 章 106 標問で構成されています。どの項目からでも学習できますので，学習の進度に応じて，自分にあった学習計画をたて，効果的に活用してください。

標問

国公立大二次・私立大の入試問題を徹底的に分析し，化学基礎・化学の全範囲から，難関大学の入試で合否の分かれ目になる問題を厳選し，適宜，改題しました。

扱うテーマ

関連する分野を示しました。チャレンジしたい問題を探すときの目安に使うなど，うまく活用してください。

解くことに集中できるように，「問題」は別冊に収録しています。とり外して使ってください。

解答・解説 p.●●

各問題の解答・解説が掲載されているページ（本冊）を示しています。

「化学基礎」「化学」

使いやすいように「化学基礎」「化学」の範囲を示しました。

★印

無印……必修問題（入試の基礎レベルの問題）

★………合格ラインの問題（難関大の合否を決める問題 [難関大の化学で，平均点をとるためには正解することが必要]）

★★……チャレンジ問題（難関大の化学で，点差をつけたい人が正解したい問題）

目　次

/第1章/ 理論化学

第 2 章 / 無機化学

第 3 章 / 有機化学

著者紹介

鎌田　真彰（かまた　まさてる）

東進ハイスクール・東進衛星予備校 化学科講師。明快な語り口と，日々の入試問題の研究で培われたツボをおさえた授業は，幅広い層の受験生から絶大な支持を得ている。著書に『大学受験 Do シリーズ（理論化学，無機化学，有機化学，問題集）』（旺文社），『問題精講シリーズ（化学：入門，基礎，標準）』（共著，旺文社），『鎌田の化学基礎をはじめからていねいに』（東進ブックス）などがある。

橋爪　健作（はしづめ　けんさく）

東進ハイスクール講師・駿台予備学校講師。高校1年生から高卒クラスまで幅広く担当。その授業は基礎から応用まであらゆるレベルに対応するが，特に化学が苦手な受験生からは絶大な支持を受けている。著書に『大学受験 Do Start シリーズ 橋爪のゼロから劇的にわかる（理論化学，無機・有機化学）』（旺文社），『問題精講シリーズ（化学：入門，基礎，標準）』（共著，旺文社），『大学入学共通テスト 化学の点数が面白いほどとれる本』（KADOKAWA），『化学一問一答【完全版】』（東進ブックス）などがある。

標問　1　原子の構造と電子配置

解答・解説 p.6

扱う テーマ　元素，原子の構造，電子配置

化学基礎

　今，私たちが知っている元素は 100 種類をこえる。ヒトには，H, C, N, O, Cl, Fe, I などの必要な元素とともに，大量に体内にとり入れれば健康障害を引き起こす水銀（　ア　），ヒ素（　イ　），カドミウム（　ウ　）などの元素も微量検出されている。

　原子は，各元素に対応する基本的粒子であり，正の電荷をもつ原子核と負の電荷をもつ電子で構成されている。原子核内の（　エ　）は正の電荷をもち，その数は原子番号を表し，（　オ　）の数との和は質量数を表す。

　原子中の電子の配列のしかたを，水素原子から原子番号順にみていくと，電子は原子核に近い内側の電子殻から順に配置されていく。しかし，（　カ　）原子からは，電子はM殻が完全に満たされる前に，外側のN殻に配置される。次に，（　キ　）原子からは，電子は再び内側のM殻にも配置されはじめる。このように，不規則な電子配置となるのは，M殻やN殻の電子殻が，複数の部分（副殻）に分かれており，それらに対する電子の入りやすさが異なるからである。

問1　文中の（　ア　）～（　ウ　）に入る適切な元素記号を答えよ。

問2　文中の（　エ　），（　オ　）に入る適切な語句を答えよ。

問3　$^{127}_{53}I$ の 1 価の陰イオンに存在する電子と中性子の数を求めよ。

★問4　文中の（　カ　），（　キ　）に入る適切な元素記号を答えよ。

問5　右図は原子①～⑥の電子配置を模式的に示したものであり，中心の丸は原子核を，その外側の同心円は電子殻を，円周上の黒丸は電子をそれぞれ表す。

　電子配置が Ne と同じ構造で最もイオン半径の小さい安定なイオンを生じる原子を原子①～⑥から選べ。また，その元素記号も記せ。

| 問1～3　香川大，問4　慶應義塾大 (理工)，問5　明治薬科大 |

扱うテーマ 原子量，同位体，放射性同位体，半減期

〔**I**〕 次の文章を読み，下の問いに答えよ。計算値は断りのない限り，有効数字2桁で示せ。

原子は，その中心にある1個の原子核と，それをとりまく何個かの電子で構成されており，原子核は，一般に正の電荷をもつ陽子と電荷をもたない中性子からできている。右表に示すように，自然界の多くの元素には同位体が存在し，その存在比はほぼ一定である。また，原子の相対質量は，炭素の同位体である ^{12}C の質量を基準に定められている。

元 素	同位体	相対質量	存在比〔%〕
水 素	^1H	1.008	99.99
	^2H	2.014	0.01
	^3H	3.016	極微量
炭 素	^{12}C	12（定義）	98.90
	^{13}C	13.00	1.10
	^{14}C	14.00	極微量
酸 素	^{16}O	15.99	99.76
	^{17}O	17.00	0.04
	^{18}O	18.00	0.20

水素，炭素，酸素の同位体，相対質量，および存在比

★ **問1** 水素の同位体の1つである ^3H は放射性であり，ベータ線（電子線）を放出する。この交換過程で生成する元素の記号を，解答例にならって，質量数を付けて記せ。〔解答例 ^{13}C〕

問2 炭素の同位体の1つである ^{13}C の原子核中の陽子数と中性子数を記せ。

問3 天然に存在する炭素は ^{12}C と ^{13}C の2種類の同位体のみを含むとして，炭素の原子量を有効数字4桁まで求めよ。

★ **問4** 大気の二酸化炭素中には，放射性同位体である ^{14}C が存在する。生物体は，生きている限り大気中と同じ存在比で ^{14}C を保持しているが，死滅すると外界からの ^{14}C のとり込みが停止する。ある地層から出土した木片の極微量の ^{14}C の存在比を測定したところ，現在の存在比の $\frac{1}{4}$ であることがわかった。この木は何年前まで生存していたかを推定せよ。ただし，^{14}C の半減期は5700年とし，大気中の ^{14}C の存在比は数万年前から現在まで一定であると仮定する。 │東北大│

★★〔**II**〕 次の文章を読み，文中の ☐ に適するものをそれぞれの解答群から1つ選べ。

塩素には ^{35}Cl と ^{37}Cl の同位体が存在し，存在比はそれぞれ約76%と24%である。^{37}Cl の中性子の数は ☐A☐ 個である。^{35}Cl または ^{37}Cl と炭素で構成される四塩化炭素のうち，存在比が最も大きいのは ☐B☐ である。

{解答群} A：(イ) 17 (ロ) 18 (ハ) 19 (ニ) 20 (ホ) 22

B：(い) $C^{35}Cl_4$ (ろ) $C^{35}Cl_3{}^{37}Cl$ (は) $C^{35}Cl_2{}^{37}Cl_2$ (に) $C^{35}Cl^{37}Cl_3$

(ほ) $C^{37}Cl_4$

│早稲田大│

　物質を構成する基本成分を元素という。現在，約 ア 種類ほどの元素が知られており，そのうち約 イ 種類は天然に存在し，他は人工的につくられたものである。元素を ウ の小さい順に並べると，20 番目までは(a)性質のよく似た元素が周期的に現れる。

　このような周期的な規則性を元素の周期律という。また，元素を ウ の小さい順に並べ，周期律に従って性質のよく似た元素を縦に並べた表を元素の周期表という。

　周期律は，1860 年代に ウ ではなく エ の小さい順に元素を並べて発見された。これは，当時知られていた約 60 種類の元素をその性質から系統的に分類・整理しようとしたニューランズ，マイヤー， オ らの努力の成果である。また，当時の周期表にはいくつか空所があり， オ は周期表の空所にあてはまる元素の存在とその性質を，(b)周期表の上下左右の性質から予言した。その中の 1 つエカケイ素は，後に発見された(c)ゲルマニウムの性質と予言の性質がほぼ一致し，彼の名声と周期表の地位を不動のものとした。

問1　文章中の ア ～ エ に，あてはまる適語・数値を次の①～⑪から選べ。
① 8　　② 9　　③ 10　　④ 90　　⑤ 120　　⑥ 130
⑦ 150　　⑧ 原子半径　　⑨ 原子番号　　⑩ 原子量　　⑪ 分子量

問2　文章中の オ に，あてはまる人名を答えよ。

★問3　下線部(a)の理由を 30～50 字程度で説明せよ。

問4　下線部(b)，(c)について，現在の周期表においてゲルマニウムは 14 族，第 4 周期に属する。ゲルマニウムの上に隣接する元素は何か。名称と元素記号を答えよ。

問5　ニホニウム (原子番号 113) と似た化学的性質を示すと考えられる最も軽い元素を元素記号で記せ。

|問 1～4　三重大，問 5　名古屋大 |

扱う
テーマ イオン化エネルギー，電子親和力 化学基礎・化学

★ 問1 イオン化エネルギーは次のように定義される。

「原子から1個の電子をとり去って1価の陽イオンにするのに必要な最小のエネルギーを第一イオン化エネルギーという。さらに，2個目，3個目の電子をとり去るのに要する最小のエネルギーを第二イオン化エネルギーおよび第三イオン化エネルギーという。」

この定義を考慮すると，各原子が有する電子数によって，イオン化エネルギーは特徴的な傾向を示すといえる。図に，次の金属元素 (K, Mg, Al) の第一，第二および第三の各イオン化に対応するイオン化エネルギーをプロットし，示してある。図中の(ア)～(ウ)で示す線に対応する金属をそれぞれ元素記号で示せ。

★ 問2 電子親和力は，原子の最外電子殻に1個の電子が入って，1価の陰イオンになるときに放出されるエネルギーであると定義される。その定義を考慮し，フッ素F とネオン Ne について，電子親和力の値の大小関係を予測して不等号で示せ。

| 岡山大 |

扱うテーマ ▶ 電子の軌道，電子配置

〔**Ⅰ**〕 次の文中の ☐A☐，☐B☐，☐C☐ に最も適当なものを，それぞれの {解答群} から選び，記号で答えよ。

　原子中の電子は，電子殻とよばれるいくつかの層に分かれて原子核のまわりに存在している。電子殻は原子核に近い内側から順に，K 殻，L 殻，M 殻がある。電子殻の内部構造には s 軌道，p 軌道，d 軌道があり，K 殻には s 軌道が 1 個ある。L 殻には s 軌道が 1 個と p 軌道が ☐A☐ 個あり，M 殻には s 軌道が 1 個と p 軌道が ☐A☐ 個と，d 軌道が 5 個ある。ひとつの軌道には電子が 2 個まで入ることができるため，K 殻，L 殻，M 殻に入ることのできる最大電子数は，それぞれ ☐B☐ 個となる。原子の最も外側にある最外殻電子は，他の原子と結合するときに使われるため価電子とよばれるが，貴ガス原子の場合は価電子の数は ☐C☐ 個である。

{Aの解答群}　㋐　1　　㋑　2　　㋒　3　　㋓　4　　㋔　5

{Bの解答群}　㋐　2, 2, 6　　㋑　2, 4, 6　　㋒　2, 6, 10
　　　　　　　㋓　2, 8, 8　　㋔　2, 8, 18

{Cの解答群}　㋐　0　　㋑　2　　㋒　4　　㋓　6　　㋔　8

|　早稲田大　|

★ 〔**Ⅱ**〕 第 4 周期の元素の原子で，N 殻の 4s 軌道に 2 個，M 殻の 3d 軌道に 2 個の電子をもつ元素は何か。元素記号を記せ。

|　早稲田大　|

★★ 〔**Ⅲ**〕 右の図 1 は，H から K までの元素について，横軸に ☐ア☐，縦軸に ☐イ☐ を取ったものである。☐イ☐ は原子の最外電子殻から 1 個の電子を取り去るのに必要なエネルギーである。同じ周期の原子では，☐ア☐ が大きくなるほど ☐ウ☐ の正の電荷が増し，電子と ☐ウ☐ の間のクーロン力が強くなるので，☐イ☐ が増加する傾向がある。ただし，第 2 周

図1

期において Be と B の間，および ☐エ☐ と ☐オ☐ の間，また第 3 周期において ☐カ☐ と ☐キ☐ の間，および P と S の間では ☐ア☐ が大きいほうが ☐イ☐ が小さい。これについては，軌道を考えることで説明ができる。

　第 2 周期の元素ではまず ☐ク☐ 軌道に電子が入り，☐ア☐ が大きくなるにつれて B で初めて ☐ケ☐ 軌道に電子が入る。その結果，B は Be に比べて ☐イ☐ が小さくなる。また，B から ☐エ☐ までは電子は互いの反発を避けるために別々の ☐ケ☐ 軌道に入っていくが，☐オ☐ では 1 つの軌道に電子が 2 個入るため，電子の反発が生じて

不安定になり，その結果 オ は エ に比べて イ が小さくなる。第3周期の元素の イ についても同様に説明される。外側の電子殻になると，電子が ウ より遠ざかるために イ は減少する。

　文中の ア ～ ケ の空欄にあてはまる最も適当な語句を記せ。なお，元素は元素記号で記すこと。

｜大阪医科薬科大｜

扱う テーマ アボガドロ定数, 物質量, 溶液の濃度

化学基礎

アボガドロ定数 N_A〔/mol〕を求めるために次の実験を行った。下の問いに答えよ。数値での解答は右の (例) にならって, 有効数字 2 桁で記せ。必要ならば, 原子量として次の値を使え。H=1.00, C=12.0, O=16.0 　　　(例) $5.2×10^{-5}$

ステアリン酸分子 ($C_{17}H_{35}COOH$) は, 図1 に示すように親水性のカルボキシ基 (-COOH) と疎水性のアルキル基 ($C_{17}H_{35}-$) をもつ。(i)0.0142 g のステアリン酸をベンゼンに溶かし, メスフラスコを用いて 250 mL の溶液にした。(ii)この溶液 0.100 mL を水面に滴下した。ベンゼンが蒸発すると, ステアリン酸分子は, 図2 のように, カルボキシ基を水中に, アルキル基を空気中に向けて重なりあうことなく配列し, 膜となって水面にひろがった。このとき, 水面に形成された膜の面積は, 24.8 cm² であった。

図1　　　　　　　　　図2

問1　下線部(i)において,
(1) メスフラスコの概略図を描け。
(2) 溶液の密度を 0.880 g/mL とすると, ステアリン酸の溶液の質量パーセント濃度は何 % か。
(3) ステアリン酸の溶液のモル濃度は何 mol/L か。

問2　下線部(ii)で, 水面に滴下したステアリン酸の物質量は何 mol か。

★問3　水面にひろがった膜の中で, 1 個のステアリン酸分子は $2.00×10^{-15}$ cm² の面積を占める。上で述べた実験の結果より得られる N_A〔/mol〕の値はいくらか。ただし, ステアリン酸分子間のすきまは無視できるものとする。

| 大阪工業大 |

扱う
テーマ　物質量, 化学反応式と量的関係

次の〔Ⅰ〕〜〔Ⅲ〕に答えよ。ただし, 原子量は H=1.0, C=12, N=14, O=16, Ne=20, S=32, 0℃, 1.013×10^5 Pa の標準状態の気体のモル体積 22.4 L/mol, アボガドロ定数 6.02×10^{23}〔/mol〕とする。

〔Ⅰ〕　物質量が最も小さいものはどれか。次の⑦〜⑦の中から1つ選べ。

　⑦　2 mol/L の水酸化ナトリウム水溶液 100 mL 中に溶けている水酸化ナトリウム

　④　0℃, 1.013×10^5 Pa の標準状態で 5.6 L の二酸化炭素

　⑦　6 g のネオン

　㋓　3.01×10^{23} 個の水素原子を含む水

　㋔　水素を完全燃焼させたとき 1 g の水素から得られる水

|　自治医科大　|

〔Ⅱ〕　ある金属元素Mの硝酸塩 W_1〔g〕から硫酸塩 W_2〔g〕が生じる。この金属の炭酸塩 Z〔g〕から得られる二酸化炭素の 0℃, 1.013×10^5 Pa の標準状態での体積 V〔L〕を求めたい。金属Mの原子量を X, Mの陽イオンの価数を n として次の問いに答えよ。ただし, 各塩におけるMの陽イオンの価数は同じものとする。

★問1　$\dfrac{X}{n}$ を W_1, W_2 で表せ。

★問2　V を W_1, W_2, Z で表せ。

|　順天堂大(医)　|

〔Ⅲ〕　酸素の同位体の存在比 (原子数百分率) は, ^{16}O が 99.757 %, ^{17}O が 0.038 %, ^{18}O が 0.205 % である。エタノール (密度 0.789 g/cm³) 1.00 L 中には, ^{18}O を含む分子は何 g あるか。最も近い値を, 次の⑦〜㋕の中から1つ選べ。ただし, ^{18}O の相対質量=18.0 とする。

　⑦　1.59　　④　1.62　　⑦　1.65　　㋓　1.67　　㋔　1.69　　㋕　1.72

|　千葉工業大　|

異なる原子からなる二原子分子（異核二原子分子）では，一般にイオン結合と共有結合の両方の寄与がみられる。NaCl，HCl分子がその例である。2種類の原子の「電子を引き寄せる力（電気陰性度）」が異なるので，一方がやや負に，他方がやや正に帯電する。これを分極とよぶ。分極が進みイオン結合の寄与が増大すると結合はより強固なものになっていく。

「電子を引き寄せる力」の目安として，イオン化エネルギー（原子から電子を奪いとるのに要するエネルギー）と電子親和力（原子が電子をとり込んで安定化するエネルギー）を使うことができる。どちらも核が外殻の価電子をどれだけ強く引きつけているかを反映している。このような観点からマリケンは，イオン化エネルギーと電子親和力の和を用いて電気陰性度を定義した。ここで電気陰性度の差は，二原子分子の「分極の大きさ」の指標になると考えられる。

化学結合の強さは，分子内の結合を切断し原子状にするのに必要なエネルギーである解離エネルギーの大きさではかることができる。解離エネルギーに対するイオン結合の寄与の目安として，実測の解離エネルギーから「共有結合のみに由来する仮想的な解離エネルギー」を差し引くという方法がある。このような観点からポーリングは，「異核二原子分子の解離エネルギー」から「それぞれの核からなる等核二原子分子の解離エネルギーの平均値」を差し引いたもの（次ページの(1)式に示す Δ）の平方根を用いて電気陰性度の差を定義した。

	原子半径		イオン半径	
Na	1.86	Na^+	1.16
F	0.72	F^-	1.19
Cl	0.99	Cl^-	1.67
Br	1.14	Br^-	1.82

表1　ナトリウムとハロゲンの原子半径とイオン半径〔$\times 10^{-10}$ m〕

元素	Na	H	F	Cl	Br
電気陰性度	1.0	2.7	3.9	3.1	2.9

表2　ナトリウム，水素，ハロゲンの電気陰性度
（マリケンの定義による）

化合物（気体）	H-F	H-Cl	H-Br
解離エネルギー	565	431	366

表3　異核二原子分子の解離エネルギー〔$kJ \cdot mol^{-1}$〕

化合物（気体）	H-F	H-Cl	H-Br
双極子モーメント	1.82	1.09	0.79

表4　ハロゲン化水素分子の双極子モーメント（デバイ）(注)
(注)　距離 r だけ離れた $+q$ および $-q$ の2つの電荷に対して，双極子モーメントの大きさ（μ）を $\mu = q \times r$ と定義する。その大きさを表すのにデバイという単位が用いられる。

単体（気体）	H-H	F-F	Cl-Cl	Br-Br
解離エネルギー	436	155	243	194

表5　等核二原子分子の解離エネルギー〔$kJ \cdot mol^{-1}$〕

マリケンとポーリングによって定義された電気陰性度の値は，互いにほぼ比例関係にある。

　　高等学校の化学の知識を基礎に，いくつかの実験データを解析しながら，文章の完全な理解を目指すことにしよう。次の問いに答えよ。

問1　表2にマリケンの定義による電気陰性度が示してある。また表3にハロゲン化水素分子の解離エネルギーが示してある。HF, HCl, HBr の解離エネルギーの系統的変化は，何に由来すると考えられるか。表1も参照して2つ挙げよ。

★問2　表4にハロゲン化水素分子の分極を表す「双極子モーメント ((注) 参照)」の値が示してある。これらの値と，表2に示した電気陰性度の値を比較し，両者の関係について説明せよ。

★★問3　表5には等核二原子分子の解離エネルギーの値が示してある。HF, HCl, HBr 3種類の異核二原子分子 A-B について，ポーリングの電気陰性度の定義に関連した次の(1)式を用いて Δ の値を計算し，表2のマリケンの定義による A, B 原子の電気陰性度の差を比較し，両者の関係について説明せよ。

$$\Delta = D_{\text{A-B}} - \frac{D_{\text{A-A}} + D_{\text{B-B}}}{2} \quad \cdots (1)$$

　　ここで，$D_{\text{A-A}}$, $D_{\text{B-B}}$ は等核二原子分子 (A-A, B-B) の解離エネルギーを，また $D_{\text{A-B}}$ は異核二原子分子 (A-B) の解離エネルギーを示す。

★問4　説明文の下線部は，どのような科学的背景に由来しているのか。次の文章の　　　　に，その下に示した語群から最適なものを選んで入れ，この問いに対する解答とせよ。

　　異核二原子分子の　a　の差に由来する　b　が，解離エネルギーへの　c　の寄与を支配し，　d　の差を決定しているから。

〔語群〕　ポーリングの電気陰性度　　マリケンの電気陰性度　　共有結合
　　　　　イオン結合　　分極　　イオン化エネルギー　　電子親和力

| 関西学院大 |

問1　H_2O，CO_2，PH_3 の中で1分子のもつ非共有電子対の数が最も多いのはどれか。また，その数はいくつか。

★問2　ある原子のまわりにある電子対は，互いに反発しあい，その反発をできるだけ避けるように空間的に位置する性質がある。例えば，CH_4 ではCのまわりに電子対が4個あるため，各水素原子はCを中心にして正四面体の頂点の位置にある。そのため，CH_4 の分子構造は正四面体形となる。また NH_3 ではNのまわりに共有電子対が3個，非共有電子対が1個あり，その分子構造は三角錐形となる。PH_3 と BF_3 それぞれの分子構造を予想し，その理由とともに示せ。

★問3　二酸化炭素分子は無極性であるが，二酸化窒素分子は極性を有する。それぞれについて理由を説明せよ。

★★問4　NO_2 を含めたいくつかの分子の立体構造に関する以下の文章の空欄 ア ～ オ に適切な語句や化学式を入れよ。

　　電子対間の反発は分子の立体構造に影響する。例えばメタン CH_4 とアンモニア NH_3 と水 H_2O の H–X–H（X=C，N，O）の角度が $CH_4 > NH_3 > H_2O$ となるのは， ア 電子対と イ 電子対の反発が ア 電子対どうしの反発より大きいためである。この影響に加えて，不対電子と電子対の反発は電子対間の反発より小さいことを考慮すると，亜硝酸イオン NO_2^-，二酸化窒素 NO_2，および NO_2 が電子を1つ失った NO_2^+ における O–N–O の角度の順は， ウ > エ > オ となる。

| 問1～3　東京大，問4　大阪大 |

扱う
テーマ　金属の結晶格子，最密構造，結晶の密度　　　　　　　　　　　　　　　　　　　　化学

〔**I**〕　ある単体の金属結晶模型を組み立てる方法について考えてみよう。金属原子を硬い球と近似し，以下の順序で組み立てる。まず，球を平面に敷き詰めると，最密充塡構造は次図(a)のようになり，球①のまわりには球②～⑦が接する。次に，この第1層上に球を最密に敷き詰めるため，次図(b)のように，第1層にできたくぼみの上に球⑧～⑩の要領で球を積み重ね，これを第2層とする。さらに，第3層として，第2層の上に次図(c)のように球⑪～⑬の要領で球を積み重ねる。この第3層上に，第1層，第2層，第3層の順に球を積み重ねる操作を繰り返す。

　　　　(a)　　　　　　　　　(b)　　　　　　　　　(c)

★ 問1　組み立てようとしている結晶格子の名称を答えよ。また，この結晶格子では，1個の球のまわりに何個の球が接しているか答えよ。

★★ 問2　上図の球①～⑬のうち，球⑦との中心間距離が，組み立てようとしている結晶の単位格子の1辺の長さと等しい球の番号を答えよ。ただし，該当する球は1つとは限らない。該当する球の番号がない場合は「なし」と答えよ。

|　名古屋大 |

★ 〔**II**〕　鉄は温度上昇にともなって，900℃付近までは(1)の結晶格子をつくるが，900～1400℃の温度では結晶格子が(2)に変化する。鉄の結晶格子が(1)から(2)に変化したとき，鉄の密度は何倍になるか，有効数字2桁で答えよ。ただし，鉄原子の直径は一定とし，$\sqrt{2}=1.41$，$\sqrt{3}=1.73$ とする。

　　　　　　(1)　　　　　　　　　　　　　　　　(2)

|　鹿児島大 |

扱う テーマ｜面心立方格子，面心立方格子のすきま，イオン結晶　　　　　　　　　　　化学

　金属やイオン結合性物質の結晶構造は，球が互いに接して規則正しく積み重なったものと考えることができる。面心立方格子となるように球を積み重ねると，次図に示すように，その球と球の間には，4個の球に囲まれたすきま a と 6個の球に囲まれたすきま b ができる。下の問いに答えよ。

★問1　面心立方格子に関する次の記述のうち，誤っているものはどれか。ただし，1つまたは2つの正解がある。また，面心立方格子を形成する球の半径を r とする。

① それぞれの球は8個の球に接している。

② 単位格子の1辺の長さは $2\sqrt{2}\,r$ である。

③ 球は単位格子あたり4個含まれている。

④ すきま a は単位格子あたり8個含まれている。

⑤ すきま b は単位格子あたり6個含まれている。

⑥ すきま b に入ることのできる最も大きな球の半径は，$(\sqrt{2}-1)r$ である。

★問2　1価の陰イオンが面心立方格子を形成し，すきま b の位置のすべてに1価の陽イオンが入ったときに形成される結晶構造は，次のうちどれか。

① 塩化セシウム型構造　　② 塩化ナトリウム型構造

③ 体心立方格子　　　　　④ 六方最密構造　　⑤ ダイヤモンド型構造

★★問3　2価の陰イオン C が面心立方格子を形成し，すきま b には2個のうち1個の割合で3価の陽イオン B が入り，すきま a には8個のうち1個の割合で2価の陽イオン A が入ると，スピネル型構造とよばれるイオン結合性結晶となる。この結晶の組成式として正しいものは，次のうちどれか。

① A_2BC　　② AB_2C　　③ ABC_2　　④ A_2B_2C　　⑤ AB_2C_2　　⑥ AB_2C_4

⑦ AB_4C_7　　⑧ $A_3B_4C_9$

｜東京工業大｜

扱う テーマ イオン結晶の安定性と半径比，閃亜鉛鉱型構造の結晶，ダイヤモンドの結晶構造と密度 化学

A B C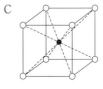

　図A〜Cはそれぞれ立方体の単位格子で，○と●は原子の位置を表しており，最近接の原子間は実線で結んである。図Aの構造は，さまざまな物質中で見られるものであり，それぞれの原子のまわりに他の原子が正四面体形に配置している。

　○と●の両方が炭素の場合はダイヤモンドとなる。ダイヤモンドでは，炭素原子間は共有結合でつながり，原子間結合距離は $0.15\,\mathrm{nm}$（$1\,\mathrm{nm}=10^{-9}\,\mathrm{m}$）である。

　図Aの○に陰イオン，●に陽イオンをあてはめると，閃亜鉛鉱型構造のイオン結晶となる。この構造は，陽イオンと陰イオンが $1:1$ の比になる構造の1つである。図B，Cは，同じく陽イオンと陰イオンの比が $1:1$ の構造で，それぞれ塩化ナトリウム型，塩化セシウム型構造の単位格子を表している。ここで，それぞれのイオンは硬い球であると考える。閃亜鉛鉱型構造において，8分割した小さな立方体の1つに注目すると，より小さい陽イオン（小立方体の中心）とより大きな陰イオン（小立方体の頂点）が接しているとき，陰イオン，陽イオンそれぞれの半径 r^-，r^+ と，単位格子の長さ a には，

$$\boxed{}\,a=r^-+r^+ \quad \cdots①$$

が成り立つ。また，より大きな陰イオンも隣り合うものどうしで接しているときには，

$$\boxed{}\,a=2r^- \quad \cdots②$$

も成り立つ。これらの式より，(a)陰イオンどうしが接し，陽イオンと陰イオンも接しているときのイオン半径比 r^+/r^- を求めることができる。イオン結晶は，イオンどうしが静電気的な力により引き合うことで安定化しているので，(b)陰イオンどうしが接触し，陽イオンと陰イオンが接触しないと不安定になる。また，より多くの相手イオンに接しているほうが安定となる。次の問いに答えよ。なお，炭素の原子量は 12.0，アボガドロ定数は $6.02×10^{23}\,\mathrm{mol}^{-1}$，$\sqrt{2}=1.41$，$\sqrt{3}=1.73$ とし，解答の数値は有効数字2桁で答えよ。

★ **問1** ダイヤモンドの単位格子の長さ（単位 nm）と密度（単位 g/cm³）を求めよ。単位格子の長さは，平方根を含む場合は数値にする必要はない。

★ **問2** $\boxed{}$ に適切な数値等を入れよ。平方根を含む場合は，数値にする必要はない。

★ **問3** 下線部(a)のイオン半径比 r^+/r^- を求めよ。

★★ **問4** 陽イオンと陰イオンの比が $1:1$ となる構造は，図A〜Cに示した3つの構造のいずれかであり，下線部(b)によりイオン結晶の構造が決まるとする。塩化ナトリウム型構造が最も安定となるイオン半径比 r^+/r^- の範囲を求めよ。ただし $r^->r^+$ とする。

| 岐阜大 |

扱う テーマ 黒鉛の結晶構造，黒鉛の密度 | 化学 |

　図1は黒鉛の結晶構造を示している。炭素原子が1辺0.142 nmの正六角形に規則正しく並んだ層をつくり，このような層が0.335 nmの間隔を保って上下につながっている。隣り合う層は，第1層と第2層のようにずれた配置をとり，半分の炭素原子は上下に重なる位置にあるが，残りの炭素原子は隣の層の正六角形の中心の位置にある。このような黒鉛の結晶表面を走査トンネル顕微鏡という特殊な顕微鏡を用いて観察したところ，図2のように明るく見える部分が正三角形に規則正しく並んでいるように見えた。この明るく見える部分は，正三角形の1辺の長さが0.246 nmであることから判断しても，黒鉛の最上面に正六角形に並んだ原子1つ1つが見えているのではないことは明らかである。次の問いに答えよ。

図1　　　　　　　　　　　　　　　　　図2

★ 問1　1辺の長さから判断してこのように見える理由として最も適切なものを次の①〜③から選べ。
① 6個の炭素原子からなる正六角形のまとまりが1つおきに明るく見えている。
② 表面第1層にある炭素原子だけでなく，すぐ下の第2層にある炭素原子も明るく見えている。
③ 表面第1層にある炭素原子のうち，1つおきの炭素原子だけが明るく見え，残りの半分は見えていない。

★★ 問2　黒鉛の密度〔g/cm³〕を有効数字2桁で求め，その数値を答えよ。ただし，$\sqrt{2}=1.41$ および $\sqrt{3}=1.73$ として，アボガドロ定数は $6.02×10^{23}$ /mol，炭素の原子量は12とする。

| 東京理科大 |

以下の①〜⑤は，同族元素の水素化合物，
ハロゲン分子，貴ガス単原子分子の系列であ
る。図は，そのうち4つの系列について，分
子量と沸点との関係を示したものである。

① HF － $\boxed{ア}$ － HBr － HI
② H_2O － $\boxed{イ}$ － H_2Se － H_2Te
③ CH_4 － $\boxed{ウ}$ － GeH_4 － SnH_4
④ F_2 － $\boxed{エ}$ － Br_2 － I_2
⑤ Ar － $\boxed{オ}$ － Xe － Rn

図　4つの系列の沸点

問1　空欄 $\boxed{ア}$ 〜 $\boxed{オ}$ に入る分子式を答えよ。

★ 問2　図の系列(a)〜(d)は，①〜⑤のどの系列のグラフであると考えられるか。番号で
答えよ。

問3　図の点 c1 に示されるように，系列(c)のうち，最小の分子量をもつ物質の沸点が
特異的に高い理由を述べよ。

問4　系列(a)が全体として沸点が低い理由を述べよ。

｜ お茶の水女子大 ｜

次の文中の □ に入れるのに最も適当なものを，それぞれの {解答群} から選べ。ただし，気体はすべて理想気体とし，気体定数は R〔Pa·L/(mol·K)〕とする。なお，原子量は H=1，He=4，N=14，O=16，Ar=40 とする。

次図に示すように，容積 V〔L〕の容器 I と内部にピストンがある容器 II が連結されており，2 つの容器はコック C で仕切ることができる。ただし，コックおよび連結管の体積は無視できるものとし，ピストンと容器との摩擦抵抗はなく，大気圧は一定とする。

状態(a)　最初に，容器 I に分子量 M_A の気体 A を質量 w〔g〕だけ入れ，コック C を閉じたのち，分子量 M_B の気体 B を気体 A と同じ質量だけ容器 II に入れたとき，その体積は $1.4V$〔L〕であった。2 つの容器の温度が T〔K〕で一定であるとすると，容器 I 内の圧力 P_A〔Pa〕と容器 II 内の圧力 P_B〔Pa〕の差 $(P_A - P_B)$〔Pa〕は □1 である。

{解答群}　㋐ $\dfrac{wRT}{V}\left(\dfrac{1}{1.4M_A} - \dfrac{1}{M_B}\right)$　㋑ $\dfrac{wRT}{V}\left(\dfrac{1}{M_B} - \dfrac{1}{1.4M_A}\right)$

　　　　　㋒ $\dfrac{wRT}{V}\left(\dfrac{1}{M_A} - \dfrac{1}{1.4M_B}\right)$　㋓ $\dfrac{wRT}{V}\left(\dfrac{1}{1.4M_B} - \dfrac{1}{M_A}\right)$

★ **状態(b)**　次に，両方の容器の温度を T に保ったまま，静かにコック C を開き，十分に時間をおいた。容器 II 内のピストンは状態(a)のときより上昇した。このことから，それぞれの気体の分子量 M_A と M_B の関係は □2 である。このとき，容器 II の体積は $2V$〔L〕であった。容器内の気体 B の分圧 $P_B{}'$〔Pa〕は □3 となり，混合気体の全圧 P〔Pa〕は □4 である。

{解答群}　⑦　$M_A < 1.4 M_B$　　④　$M_A > 1.4 M_B$　　⑨　$M_A = 1.4 M_B$

　　　　　㋐　$\dfrac{wRT}{3VM_A}$　　　㋔　$\dfrac{2wRT}{3VM_A}$　　　㋕　$\dfrac{wRT}{3VM_B}$

　　　　　㋖　$\dfrac{wRT}{2VM_B}$　　　㋗　$\dfrac{2wRT}{3VM_B}$　　　㋘　$\dfrac{wRT}{2V}\left(\dfrac{1}{M_A}+\dfrac{1}{M_B}\right)$

　　　　　㋙　$\dfrac{wRT}{2V}\left(\dfrac{1}{M_A}+\dfrac{1}{1.4M_B}\right)$　　㋚　$\dfrac{wRT}{3V}\left(\dfrac{1}{1.4M_A}+\dfrac{1}{M_B}\right)$

　　　　　㋛　$\dfrac{wRT}{3V}\left(\dfrac{1}{M_A}+\dfrac{1}{1.4M_B}\right)$　　㋜　$\dfrac{wRT}{3V}\left(\dfrac{1}{M_A}+\dfrac{1}{M_B}\right)$

★ 状態(c)　混合気体の全圧 P を一定に保ったまま，容器全体の温度をゆっくりと下げた。ピストンが状態(a)と同じ位置になる温度〔K〕は　5　である。

{解答群}　⑦　$\dfrac{1}{3}T$　　④　$\dfrac{2}{5}T$　　⑨　$\dfrac{3}{5}T$　　㋓　$\dfrac{2}{3}T$　　㋔　$\dfrac{4}{5}T$

★★ 状態(d)　容器Ⅰおよび容器Ⅱ内の気体を完全に追い出したのち，コックCを閉じ，容器Ⅱをとり外した。次に容器Ⅰに気体Bを $2w$〔g〕入れ，温度を T に保った。このときの気体Bの圧力は状態(a)における容器Ⅰの圧力 P_A の 1.75 倍であった。このことから，気体Aと気体Bはそれぞれ　6　である。

{解答群}　⑦　ヘリウムと水素　　④　窒素とアルゴン
　　　　　⑨　アルゴンと酸素　　㋓　窒素と酸素　　㋔　酸素とヘリウム

｜関西大｜

★〔**I**〕 気体反応における物質量と体積の変化の関係を知るため，次図に示すような実験を行った。

まず，容器に，$27\,℃$，$2.50 \times 10^5\,Pa$ で一酸化炭素と酸素の混合気体を $5.00\,L$ 入れ，この混合気体中の一酸化炭素を完全に燃焼させた。次に，容器をもとの温度，圧力にしたところ，体積は $3.60\,L$ に減少した。容器内では一酸化炭素の燃焼以外の化学反応は起こっておらず，また実験後の容器内の混合気体中には，酸素が残っていた。

気体は理想気体とし，燃焼前の混合気体の一酸化炭素と酸素のそれぞれの分圧〔Pa〕を有効数字 3 桁で求めよ。

| 山形大 |

〔**II**〕 次の文章を読み，下の問いに答えよ。ただし，系は理想気体のとり扱いができるものとし，反応途中の遊離基の存在などは無視してよいものとする。なお，気体定数＝$8.31 \times 10^3\,Pa \cdot L/(mol \cdot K)$ とする。

ジエチルエーテルは，高温では(1)式に示すように分解する。

$$C_2H_5OC_2H_5 \longrightarrow CO + (\ x\ )CH_4 + (\ y\ )C_2H_4 \quad \cdots(1)$$

問1 (1)式の (x)，(y) に入る数値を答えよ。

問2 あらかじめ真空にし，$127\,℃$ に保っておいた容積 $500\,mL$ の容器にジエチルエーテルを入れ密栓し，全量が完全に気化した直後にその圧力を測定したところ，$0.105 \times 10^5\,Pa$ であった。この時点ではまだ(1)式の分解反応は全く進行していないとする。この容器内にあるジエチルエーテルの物質量を有効数字 2 桁で答えよ。

★問3 問2の状態から温度を急速に上昇させて $527\,℃$ に達した後，一定に保ち分解反応を進めた。ジエチルエーテルの量が最初の 5 分の 1 になった時点での容器中の気体の全圧はいくらか。温度上昇による容器の体積変化は無視できるものとし，有効数字 2 桁で答えよ。

| 産業医科大 |

扱うテーマ ▶ 理想気体の状態方程式と分子量，蒸気圧 　　　　　　　　　　　　　　　化学

室温で液体である物質の分子量を求めるために，次のような実験を行った。下の問いに答えよ。

大気圧は $1.00×10^5$ Pa，室温は 20.0℃ とし，水の沸点は 100℃ とする。フラスコの体積は 100℃ で 350 mL とする。

(1) フラスコの中に液体である物質を適当量入れ，針で小さな穴を開けたアルミニウム箔(はく)でフラスコの口にふたをする。

(2) 次図に示したように，物質を入れたフラスコの口の近くまで水を張る。ブンゼンバーナーでビーカーを加熱し，静かに沸騰させる。沸騰後，フラスコ内の液体が蒸発し完全に気化したことを確認する。

(3) フラスコを静かにビーカーよりとり出し，室温まで冷却する。

(4) フラスコ内に液体が凝縮していることを確認し，フラスコの周囲の水滴を十分ぬぐい，アルミニウム箔とともに液体を含んだフラスコの質量を精密天秤で測定する。

(5) 凝縮した液体を廃棄し，フラスコを十分乾燥する。

(6) (1)の操作に戻り，同じフラスコと同じアルミニウム箔のふたを用いて，導入する物質の量を変え，以後(1)から(5)の操作を繰り返し，次表の結果を得た。

物質の導入量〔mL〕	(4)での測定値〔g〕
0.4	127.70
0.8	128.29
1.2	128.62
1.6	128.62

(7) 凝縮した液体を廃棄し，フラスコを十分乾燥した後，ふたのアルミニウム箔とともにフラスコを秤量したところ，127.15 g であった。

問1 分子量を求めるために最低限必要な導入量を上表から選べ。また，その理由として最も適当と思われるものを次の@〜@から選べ。

@ 少量の物質の質量を測定することは誤差が大きい。

ⓑ 多量に物質を導入すると，気化が十分起こらない。

ⓒ 蒸発した物質の蒸気が，フラスコ内の空気を完全に追い出す。

ⓓ 少量導入した場合，完全に物質が気化する。

★ 問2　実験で用いた物質の分子量を有効数字3桁で計算せよ。ただし液体の室温での蒸気圧を無視できるものとし，気体定数は 8.31×10^3 Pa·L/(mol·K) とする。

★★ 問3　次の文中の □□□ にあてはまる適当な語句，数値，あるいは式を答えよ。必要であれば，大気圧を P〔Pa〕，フラスコの体積を V〔mL〕，気体定数を R〔Pa·L/(mol·K)〕，温度を T〔K〕とせよ。

　　問2で求めた分子量はさまざまな仮定のもとで計算されたものである。例えばこの実験では，物質の室温での蒸気圧を無視して計算している。すなわち(4)の操作で質量を測定する際，物質はすべて ア となっていると仮定している。今，この物質の室温での蒸気圧を P_m〔Pa〕とした場合，その分だけフラスコ内の空気が押し出される。(4)の操作で実際に測定された質量は，押し出された空気の分だけ イ なる。押し出された空気の質量 w_A〔g〕は，空気の平均分子量を M_A とすると，

　　　　$w_A =$ ウ

で表される。ただし，空気は理想気体としてよい。

　　したがって，分子量を計算する際に用いる物質の質量は，問2で用いた質量ではなく，w_A を加えなければならない。とくに室温での蒸気圧の高い物質ほど影響が大きい。

｜神戸大｜

　自然界には高圧下で起こるさまざまな化学変化や物理現象がある。例えば，地球内部での化学変化は数百万気圧に及ぶ圧力下で起こっている。近年，図1に示したダイヤモンドアンビルセルという簡便な装置を用いることにより，実験室においても百万気圧を超える超高圧を発生させることが可能となった。この装置では，図1のように金属板にあけた小さな穴の中に試料を充填し，これを上下から，最も硬い物質であるダイヤモンドで圧縮することにより超高圧を得る。

　ダイヤモンドアンビルセルを用いて酸素を圧縮する実験を行った。これについて下の問いに答えよ。ただし，答えは有効数字2桁で記すこと。また，気体定数 $R = 8.31 \times 10^3$ Pa·L/(mol·K)，アボガドロ定数 $N_A = 6.0 \times 10^{23}$ mol^{-1} とする。

図1 ダイヤモンドアンビルセル

図2 Z と P の関係

★ 問1　実在気体は，理想気体の状態方程式

　　　$PV = nRT$　…(1)

を完全には満たさない。ここで，P，V および n は気体の圧力，体積および物質量を表し，T は温度である。理想気体からのずれを表すパラメーター Z は，

　　　$Z = \dfrac{PV}{nRT}$　…(2)

で与えられ，理想気体では Z は常に1である。図2は，メタン，酸素について，温度300 K における P と Z の関係を示したものである。低圧において，$Z < 1$ となる原因を50字程度で述べよ。

★ 問2　高圧では $Z > 1$ となる原因を50字程度で述べよ。

★★ 問3　温度300 K において，装置の試料空間に 1.0×10^6 Pa の酸素を封入した。このとき，対向する2つのダイヤモンド面間の距離 d は 0.40 mm であった。これを圧縮し，内部の圧力が 8.0×10^7 Pa に達したときの距離 d を求めよ。ただし，試料空間は常に直径 0.40 mm の円柱であり，加圧による温度の変化はなく，酸素の漏れはないものとする。また，酸素は 1.0×10^6 Pa では理想気体とみなす。

|　東京大 |

扱う
テーマ　実在気体の状態方程式，実在気体，理想気体　　　　　　　　　　　　　　化学

1 mol の理想気体の状態方程式は，

$$PV = RT \quad \cdots(1)$$

と表される。この式は気体分子自身が占める体積を 0 と仮定し，また，分子間力が存在しないものと仮定している。実在気体では，分子はそれぞれ固有の大きさをもっており，また，分子間力が存在するので，この状態方程式は厳密には成り立たない。実在気体の状態方程式としてよく知られている式にファンデルワールスの状態式があり，(1)式に次の 2 つの補正を加えたものである。

〔補正 1〕　分子間力に対する補正として，圧力は $P + \dfrac{a}{V^2}$ を用いる。

〔補正 2〕　分子の大きさに対する補正として，体積は $V - b$ を用いる。

　この 2 つの項を補正することにより，1 mol の実在気体の場合は，

$$\left(P + \frac{a}{V^2}\right)(V - b) = RT \quad \cdots(2)$$

になる。(2)式をファンデルワールスの状態式という。a, b は物質に特有の定数で，ファンデルワールス定数とよばれる。さらに，n〔mol〕の実在気体の場合は，(2)式の体積 V は 1 mol あたりの体積 (モル体積) であることに注意すると，

$$(P + \boxed{\quad ア \quad})(V - nb) = nRT \quad \cdots(3)$$

と表される。

問1　理想気体と実在気体との間にどのような関係があるか。最も適当なものを 1 つ選べ。

　㋐　V (実在気体) $> V$ (理想気体)　かつ　P (実在気体) $> P$ (理想気体)

　㋑　V (実在気体) $> V$ (理想気体)　かつ　P (実在気体) $< P$ (理想気体)

　㋒　V (実在気体) $< V$ (理想気体)　かつ　P (実在気体) $> P$ (理想気体)

　㋓　V (実在気体) $< V$ (理想気体)　かつ　P (実在気体) $< P$ (理想気体)

問2　一般に実在気体が理想気体の挙動に近づくのはどのような場合か。最も適当なものを 1 つ選べ。

　㋐　温度を上げて，かつ圧力を上げる。

　㋑　温度を上げて，かつ圧力を下げる。

　㋒　温度を下げて，かつ圧力を上げる。

　㋓　温度を下げて，かつ圧力を下げる。

★問3　$\boxed{\quad ア \quad}$ をうめよ。

| 東京医科歯科大 |

　液体窒素はいろいろなものを冷却する寒剤として一般に用いられる。液体窒素の沸点は圧力 1.0×10^5 Pa のもとで -196℃ である。

　次図に示すような容積が 1 L のガラス球 I と 100 mL のガラス球 II をガラス管で連結した容器がある。今，この容器の中に，ある量の気体の窒素のみを封入し，圧力 1.0×10^5 Pa のもとで沸騰している液体窒素の中に浸す実験を行った。封入する気体の窒素の量により，容器内に液体窒素が生成する場合としない場合が観測された。下の問いに答えよ。ただし，連結部の容積および冷却した際の容器の収縮は無視するものとする。また気体は理想気体とする。

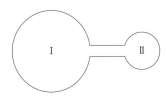

★ **問1**　I と II をともに液体窒素に浸したとき，容器内に液体窒素が生成するのは，封入する気体の窒素の圧力が，温度 27℃ で最低何 Pa を超えたときであるか。有効数字 2 桁で答えよ。

★★ **問2**　II のみを液体窒素に浸したとき，容器内に液体窒素が生成するのは，封入する気体の窒素の圧力が，温度 27℃ で最低何 Pa を超えたときであるか。有効数字 2 桁で答えよ。ただし，I の中の気体の窒素の温度は 27℃ のままであるとする。

| 京都大 |

次の文章を読み，下の問いに答えよ。気体は理想気体とし，必要であれば，次の値を用いよ。

　　原子量…H：1.0　　C：12　　O：16

　　気体定数 $R = 8.3 \times 10^3$ Pa·L/(mol·K)

体積を自由に変えることができるピストン付きの容器に，窒素とジエチルエーテルを同じ物質量ずつ入れた。温度を 330 K にして，容器の体積を 6.0 L にしたとき，容器内のジエチルエーテルはすべて気体になっていた。このときの混合気体の全圧は 1.00×10^5 Pa であった。ジエチルエーテルの蒸気圧曲線は次図の通りである。

問1　ジエチルエーテルの物質量〔mol〕を求め，3桁目を四捨五入して有効数字2桁で記せ。

★問2　ピストンを動かして混合気体の全圧を 1.00×10^5 Pa に保ちながら，温度を 330 K から 267 K まで徐々に下げていった。以下の⒜～⒟の各温度において，容器内にジエチルエーテルの液体が存在しているものをすべて選び，その記号を記せ。ない場合は「なし」と記すこと。

　⒜　308 K　　⒝　300 K　　⒞　292 K　　⒟　284 K

★問3　問2の最後の状態（全圧 1.00×10^5 Pa，温度 267 K）における窒素の分圧〔Pa〕と混合気体の体積〔L〕を求め，3桁目を四捨五入して有効数字2桁で記せ。ただし，267 K におけるジエチルエーテルの飽和蒸気圧は 1.7×10^4 Pa とし，液体の体積は無視できるほど小さいとする。

★問4　問3において，凝縮（液化）していたジエチルエーテルの物質量〔mol〕を求め，3桁目を四捨五入して有効数字2桁で記せ。

| 名古屋工業大 |

扱う
テーマ 状態図，物質の三態とその変化 　化学基礎・化学

　水は温度，圧力に応じて固体，液体，気体の状態を
示す。物質が温度，圧力に対してどの状態で存在し
ているのかを示した図は状態図とよばれる。右図は
水の状態図を模式的に表している。図中の太い実線
は各状態間の境界を表す。次の問いに答えよ。

問1　図中の点Aは三重点とよばれる。三重点に関
　　する記述として，最も適切なものを次の⑦〜㋑か
　　ら選び，記号で答えよ。

　⑦　三重点に到達する経路によって，固体または液体または気体となる。

　④　固体と液体と気体が共存する状態である。

　⑨　固体と液体と気体の中間的な状態である。

　㋑　時間によって，固体と液体と気体のいずれかが現れる。

★ 問2　図中の破線上をa ⋯⋯⋯ bに沿ってゆっくりと加圧したとき，圧力（横軸）に対す
　　る体積（縦軸）の変化の特徴を表す図として，最もふさわしいものを次の⑦〜㋒から
　　選び，記号で答えよ。ただし，図中の破線a ⋯⋯⋯ bと実線の交点の圧力は 1.0×10^5
　　Paとする。

問3　図中の破線上をc ⋯⋯⋯ dおよびe ⋯⋯⋯ fに沿ってゆっくりと加圧したとき，圧力
　　（横軸）に対する体積（縦軸）の変化の特徴を表す図として，最もふさわしいものを次
　　の⑦〜㋒から選び，記号で答えよ。

★ 問4　図中の破線上を g ┈┈ h に沿ってゆっくりと加熱したとき，温度（横軸）に対する体積（縦軸）の変化の特徴を表す図として，最もふさわしいものを次の⑦～⑰から選び，記号で答えよ。ただし，図中の破線 g ┈┈ h と実線の交点の温度は 100℃ とする。

★ 問5　図中の破線上を i ┈┈ j に沿ってゆっくりと加熱したとき，温度（横軸）に対する与えた熱量（縦軸）の変化の特徴を表す図として，最もふさわしいものを次の⑦～⑰から選び，記号で答えよ。ただし，図中の破線 i ┈┈ j と実線の交点の温度は 0℃ とする。

| 九州大 |

水蒸気蒸留とは，沸点の高い液体を低い温度で留出させたいときに用いる蒸留方法で，図1に示す装置を用いて行う。とくに熱に不安定な天然物の精製などに広く応用されている。

図1 水蒸気蒸留装置

水と水に不溶な有機化合物を混合した不均一な混合物の全蒸気圧 p は，それぞれが共通する外圧に対して独立に圧力をおよぼすため，有機化合物の蒸気圧を p_0，水の蒸気圧を p_w とするとき(1)式で表される。

$$p = p_0 + p_w \quad \cdots(1)$$

したがって，全蒸気圧 p が 760 mmHg 以上になれば混合物は沸騰するから，100℃以下の温度で有機化合物を蒸留することができる。このときの有機化合物の物質量〔mol〕を n_0，水の物質量〔mol〕を n_w とすれば，留出液中の有機化合物と水の物質量比は(2)式で表すことができる。

$$\frac{n_0}{n_w} = \boxed{} \quad \cdots(2)$$

さらに，留出液中の有機化合物の質量を W_0，水の質量を W_w，有機化合物の分子量を M_0，水の分子量を M_w とすれば，この留出液中の質量比は(3)式で表すことができる。

$$\frac{W_0}{W_w} = \boxed{} \quad \cdots(3)$$

図2 水とトルエンの蒸気圧曲線

この結果から，有機化合物 1 g あたりに必要な水の質量を求めることができる。水の分子量が小さいことは，有機化合物を蒸留するのに好都合であることがわかる。

問1 (2)式の右辺を p_0 と p_w を用いて表せ。

問2 (3)式の右辺を p_0，p_w，M_0，M_w を用いて表せ。

★ 問3 例として図2にトルエンおよび水それぞれの蒸気圧曲線を示す。これを参考にして，大気圧が 760 mmHg のときのトルエンと水の混合物の沸点を推定せよ。

★ 問4 水蒸気蒸留によりトルエン 1.0 g と一緒に留出する水の質量を有効数字 2 桁で求めよ。計算過程も書け。ただし，トルエンの分子量は 92，H_2O の分子量は 18 とする。

｜千葉大｜

　物質の状態変化は, 化学工業における分離操作に広く利用されている。例えば, 蒸留 (分留) の場合, 2種類の揮発性物質の液体混合物を加熱し, 目的物質を多く含む蒸気を再び液体に戻して回収する操作を繰り返すことにより, 目的物質の濃度を高めることができる。

〔Ⅰ〕 図1には, 大気圧において, 各々207 gのエタノール, 水 (液体), または, エタノール-水混合物に, 単位時間当たり一定の熱量 M 〔J/分〕を加えていったときの温度上昇の様子を示している。エタノールの沸点は約78℃, 水の沸点は100℃で一定値を示すが, エタノール-水混合物の場合, 沸騰が始まってからも一定の温度を示さず, 温度は上昇する。ここで, 沸点に達するまでの温度における蒸気圧は考慮しないものとする。

問1　図1の区間Aの加熱過程で, エタノール-水混合物の状態を説明するあ～おの文章のうち, 間違っているものをすべて選び, 記号で答えよ。

　　あ　液体混合物の沸点が変化している。

　　い　液体混合物に含まれるエタノールと水が蒸発している。

　　う　熱量は液体温度の上昇のみに使われている。

　　え　液体中の水のモル分率が増加している。

　　お　気体中のエタノールと水の分圧の比は一定値を示す。

図1

問2　水 (液体) 1 molの温度を1 K上昇させるための熱量 (モル比熱) を75.3 J/(mol·K) とする。図1に示す結果に基づいて, 問題文中の M, および, エタノールのモル比熱 〔J/(mol·K)〕を計算し, 有効数字2桁で答えよ。原子量はH=1.0, C=12, O=16とする。

★〔Ⅱ〕　物質の出入りのない容器内でエタノール-水混合物を沸騰させた。このとき, 大気圧を保ったまま沸騰する温度を一定に保つと, 液体と気体が共存する平衡状態になる。ここで, 液体混合物が沸騰する温度と平衡状態にある液体中のエタノールのモル分率の関係は, 図2の曲線Lのように示される。また, 液体混合物から蒸発する気体の温度と, 平衡状態にある気体中のエタノールのモル分率の関係は曲線Gのように示され, 液体混合物とは異なる組成となる。例えば, モル分率が0.1のエタノール-水混合物 (液体) を加熱すると87℃で沸騰するが (曲線L上の点(i)), 図2の曲線Gから,

この温度において平衡状態にある気体中のエタノールのモル分率は 0.43 であることが読みとれる。この気体 (エタノールと水の混合蒸気) を冷却してすべて凝縮させると，モル分率 0.43 のエタノール-水混合物 (液体) が得られる。

問3　下線部について，87°C で平衡状態にある気体中に存在するエタノールの分圧は，水 (蒸気) の分圧の何倍になるか，有効数字 2 桁で答えよ。

問4　モル分率 0.05 のエタノール-水混合物 (液体) を原料として，下線部と同様に，組成一定で加熱し，沸騰した温度で平衡状態にある気体を凝縮させる操作を行う。凝縮して得られる液体混合物におけるエタノールのモル分率を，有効数字 2 桁で答えよ。

問5　モル分率 0.05 のエタノール-水混合物 (液体) を原料として，下線部と同様に，組成一定で加熱し，沸騰した温度で平衡状態にある気体を凝縮させて液体混合物を得て，それを新しい原料として下線部と同様の操作を繰り返す。最終的にモル分率 0.66 以上のエタノール-水混合物 (液体) を得るために必要な繰り返し操作の回数を答えよ。また，回数の根拠を，解答用紙の温度-組成図に，図 2 の点線にならって補助線を描くことにより示せ。

| 大阪大 |

図 2

〈解答用紙の図〉
問5 の解答に使用する温度-組成図

図 2

扱う テーマ　溶液，溶液の濃度　　　　　　　　　　　　　　　　　化学基礎・化学

★　次の文中の ┃ 1 ┃〜┃ 5 ┃ に該当する最も適切なものを，それぞれの{解答群}から選べ。ただし，25℃におけるオクタン，ベンゼンの密度をそれぞれ $0.70\,g/cm^3$，$0.87\,g/cm^3$ とし，$1\,L=10^3\,cm^3$ とする。また，原子量は，$H=1.0$，$C=12$ とする。なお，オクタンを溶質とし，ベンゼンを溶媒とする。

　40 mL のオクタン C_8H_{18} と 30 mL のベンゼン C_6H_6 を混合した。この混合溶液の 25℃ における密度は $0.76\,g/cm^3$ であった。この混合溶液の質量は ┃ 1 ┃ g であり，体積は ┃ 2 ┃ mL である。また，この混合溶液中のオクタンのモル濃度は ┃ 3 ┃ mol/L，質量パーセント濃度は ┃ 4 ┃ % となる。次に，この混合溶液に，さらに ┃ 5 ┃ mL のベンゼンを加えて混合したところ，25℃ におけるオクタンの質量モル濃度は 4.7 mol/kg になった。

{┃ 1 ┃, ┃ 2 ┃, ┃ 4 ┃, ┃ 5 ┃ に対する解答群}

① 10　　② 20　　③ 30　　④ 35　　⑤ 40　　⑥ 43　　⑦ 50

⑧ 52　　⑨ 54　　⓪ 57　　ⓐ 60　　ⓑ 62　　ⓒ 69　　ⓓ 70

ⓔ 71　　ⓕ 75　　ⓖ 80　　ⓗ 90　　ⓘ 92　　ⓙ 100

{┃ 3 ┃ に対する解答群}

① 0.17　　② 0.42　　③ 3.5　　④ 3.8　　⑤ 4.2　　⑥ 6.7

|近畿大|

扱うテーマ 固体の溶解度, 溶液の濃度, 水和水をもつ物質の溶解度 | 化学基礎・化学

〔Ⅰ〕 次の問1, 2に, 単位を付けて有効数字3桁で答えよ。

問1 20℃において, 硫酸銅(Ⅱ) $CuSO_4$ の溶解度(水100gに対する溶質の質量〔単位g〕)は20.2である。20℃における硫酸銅(Ⅱ)飽和水溶液の濃度を, 質量パーセント濃度で示せ。

問2 問1の20℃の硫酸銅(Ⅱ)飽和水溶液から, モル濃度0.0500 mol/Lの硫酸銅(Ⅱ)水溶液を1.00Lつくるとき, 必要な硫酸銅(Ⅱ)飽和水溶液の質量を求めよ。硫酸銅(Ⅱ)の式量は160とする。

| 高知大 |

★〔Ⅱ〕 60℃における硫酸銅(Ⅱ)の飽和水溶液100gを20℃まで冷却すると, 質量 x〔g〕の $CuSO_4 \cdot 5H_2O$ が析出した。このとき, 20℃における水溶液中に溶解している $CuSO_4$(無水物)の質量〔g〕はどのように表されるか。次の①〜⑨から正しいものを2つ選び, 番号で答えよ。ただし, $CuSO_4$ の式量を M, H_2O の分子量を m とし, 20℃, 60℃における硫酸銅(Ⅱ)の水に対する溶解度(水100gに溶けうる無水物の最大質量〔g〕の数値)をそれぞれ S_{20}, S_{60} とする。

① $\dfrac{(S_{60}-x)M}{M+5m}$

② $\dfrac{100S_{60}}{100+S_{60}} - \dfrac{Mx}{M+5m}$

③ $\dfrac{100^2}{100+S_{60}} - \dfrac{Mx}{M+5m}$

④ $\dfrac{100S_{60}(M+5m)}{100M-5mS_{60}} - \dfrac{Mx}{M+5m}$

⑤ $\dfrac{(100-x)S_{20}}{100}$

⑥ $\dfrac{(100-x)S_{20}}{100-S_{20}}$

⑦ $\dfrac{(100-x)S_{20}}{100+S_{20}}$

⑧ $\dfrac{(100-x)(100+S_{20})}{S_{20}}$

⑨ $\dfrac{100(S_{60}-S_{20})}{100-x}$

| 東京工業大 |

次の文章を読み，下の問いに答えよ。0℃，1.013×10^5 Pa の標準状態の気体のモル体積を 22.4 L/mol，気体定数 $R = 8.3 \times 10^3$ Pa·L/(mol·K) とし，解答の数値は有効数字 2 桁で求めよ。

気体の溶解度は，溶媒に接している気体の圧力が 1.01×10^5 Pa のとき，溶媒 (1 L あるいは 1 mL) に溶解する気体の体積を 0℃，1.013×10^5 Pa の標準状態に換算して表すことが多い。いま，二酸化炭素の水 1 mL への溶解度を 17℃ で 0.95 mL，37℃ で 0.57 mL であるとして，ヘンリーの法則が成り立つとする。ただし，気体は理想気体とし，密閉容器内での水蒸気の分圧は無視できるものとし，容器および水の膨張はないものとする。

問1 二酸化炭素の分圧が 1.01×10^5 Pa のとき，水 1 L に溶解することができる二酸化炭素の物質量は 17℃，37℃ でそれぞれいくらか。

★ 問2 17℃，2.02×10^5 Pa の条件で二酸化炭素を水と溶解平衡になるように密閉した。そのとき，容器内での液体の体積は 1 L であり，気体の体積は 0.1 L であった。この容器内の液体中に存在する二酸化炭素の物質量および気体中に存在する二酸化炭素の物質量はそれぞれいくらか。

★★ 問3 次に，この密閉容器を 37℃ に保って再び平衡状態にした。37℃ において溶解平衡にある容器内の圧力〔Pa〕はいくらか。

| 名城大·(薬) |

★★ 　次図に示したように，密閉できるガラス製容器中に，質量パーセント濃度で 1.17 ％
の塩化ナトリウム水溶液，1.11 ％の塩化カルシウム水溶液，6.84 ％のスクロース水溶
液をそれぞれ 100 g ずつ入れたビーカー A，B，C を置き，空気を除いたのち栓 S を閉
じて長時間一定温度で放置した。

　この実験に関する次の①〜⑥の記述のうち，正しいものはどれか。ただし，蒸気圧
降下度は全溶質粒子の質量モル濃度に比例するものとし，塩化ナトリウム，塩化カル
シウム，スクロースの式量または分子量は，それぞれ 58.5，111，342 とする。また，
水溶液中で塩は完全に電離しているものとする。

① 　A，B の質量は増加し，C の質量は減少する。

② 　A，C の質量は増加し，B の質量は減少する。

③ 　B，C の質量は増加し，A の質量は減少する。

④ 　A，B の質量は減少し，C の質量は増加する。

⑤ 　A，C の質量は減少し，B の質量は増加する。

⑥ 　B，C の質量は減少し，A の質量は増加する。

| 東京工業大 |

次の文中の◻︎◻︎◻︎に入れる数式は本文中の記号を用いて記せ。（　）に入れる数値は小数点以下3桁まで求めよ。また，{　}に最も適当なものを{解答群}から選べ。

沸点上昇度 Δt〔K〕は，溶液の質量モル濃度に比例し，その比例定数 K_b〔K・kg/mol〕は，質量モル濃度が1mol/kgのときの Δt〔K〕に等しい。この比例定数 K_b〔K・kg/mol〕は溶媒の種類によって決まり，溶質の種類には関係しない。いま，モル質量が M〔g/mol〕の非電解質 x〔g〕が溶媒 y〔g〕に溶けているとすると，Δt〔K〕は①式によって表される。

$$\boxed{}\quad \cdots ①$$

グルコース（モル質量180g/mol）0.900gを水100gに溶かして溶液Aを調製すると，その溶液Aの沸点は水の沸点よりも0.026K高くなった。したがって，尿素（モル質量60.1g/mol）6.01gを水1.00kgに溶かすと，その溶液の沸点は水の沸点よりも（　2　）K上昇すると計算できる。凝固点降下においても，①式と同様な関係が成り立つ。このとき，Δt〔K〕を凝固点の差（凝固点降下度）とし，質量モル濃度が1mol/kgのときの凝固点降下度を比例定数 K_f〔K・kg/mol〕とする。しかし，溶質が電解質の場合や，溶液中で2個以上の溶質分子が水素結合などによって結びつく場合には注意が必要である。例えば，塩化ナトリウム（モル質量58.4g/mol）が水溶液中で完全に電離すると考えると，上のグルコースの水溶液Aと同じ沸点を示す塩化ナトリウムの水溶液をつくるためには，水200gに塩化ナトリウム（　3　）gを溶かす必要がある。

また，酢酸をベンゼンに溶かすと，右の②式で示すように酢酸はその2分子の間で水素結合

$$2CH_3-C\overset{O}{\underset{O-H}{\diagup}} \;\rightleftharpoons\; CH_3-C\overset{O\cdots\cdots H-O}{\underset{O-H\cdots\cdots O}{\diagup}}C-CH_3 \quad \cdots ②$$

酢　酸　　　　　　　　　　酢酸の二量体

して二量体1分子を形成するので，ベンゼン溶液中には酢酸とその二量体が存在する。このため，その溶液の凝固点降下度は，ベンゼンの K_f〔K・kg/mol〕と溶液の質量モル濃度とから計算した凝固点降下度よりも{　4　}値を示す。

いま，酢酸のモル質量を M_1〔g/mol〕とする。酢酸 z〔mol〕を一定量のベンゼンに溶かしたとき，見かけのモル質量として M_2〔g/mol〕が得られた。このとき，酢酸 α〔mol〕が二量体になっていたとすると，この溶液中には{　5　}〔mol〕の酢酸と{　6　}〔mol〕の二量体が存在するので，これらの物質量の和は{　7　}〔mol〕となる。M_2〔g/mol〕は，酢酸およびその二量体のモル質量と，それらが溶液中に存在する割合から求めることができるので，α〔mol〕は③式によって表される。

$$\boxed{}\quad \cdots ③$$

{解答群}　㋐ $\dfrac{\alpha}{4}$　㋑ $\dfrac{\alpha}{2}$　㋒ α　㋓ 2α　㋔ $z-\dfrac{\alpha}{4}$　㋕ $z-\dfrac{\alpha}{2}$　㋖ $z-\alpha$

㋗ $z-2\alpha$　㋘ $2z-\dfrac{\alpha}{2}$　㋙ $2z-\alpha$　㋚ 小さい　㋛ 大きい　｜関西大｜

扱う
テーマ　溶媒の冷却曲線，溶液の冷却曲線，凝固点降下　　　　　　化学

次の文章を読み，下の問いに答えよ。必要があれば右の
値を用いよ。

元　素	Na	Cl
原子量	23.0	35.5

塩化ナトリウム NaCl は，ナトリウムイオン Na^+ と塩化
物イオン Cl^- が静電気的引力により結びついたイオン結晶である。強いイオン結合で
結びついた NaCl 結晶ではあるが，①極性溶媒である水に入れるとその結合は切れ，
Na^+ と Cl^- に電離して水和イオンとなり，溶解する。

1 気圧のもとで，純水は 0℃ で凍るが，NaCl を水に溶かすと，凝固しはじめる温度
は 0℃ 以下になる。このような現象を凝固点降下とよぶ。凝固点は冷却曲線を調べる
ことにより知ることができる。例えば，純水をゆっくり冷やしていくと 0℃ で氷が析
出しはじめ，すべて氷になるまで 0℃ のままである。したがって，冷却曲線は，図 1-1
のように 0℃ においてある時間一定となる。

いま，ある濃度の NaCl 水溶液をゆっくり冷やしたときの冷却曲線が，図 1-2 のよう
になったとする。溶液が十分希薄であるとすると，凝固点降下度から，この NaCl 水溶
液の濃度（質量パーセント濃度）は | a | % と見積もられる。

NaCl は，30℃ では濃度 27% まで水に溶ける。30℃ でいろいろな濃度の NaCl 水溶
液を準備し，冷却曲線を調べた。その結果，凝固点は，濃度が低い水溶液を用いた実験
では濃度に比例して降下し，濃度が高くなると比例関係からずれてさらに降下するよ
うになった。しかしながら，②凝固点は，濃度 23% の水溶液で最も低い温度に達した
のち，それ以上の濃度の水溶液では変化しなくなった。

問1　下線部①について，水溶液中で Na^+ は水分子とどのように結びついて存在して
　　いるか説明せよ。

問2　| a | を有効数字 2 桁で求めよ。ただし，水のモル凝固点降下は 1.85K·kg/mol
　　とし，塩化ナトリウムは水溶液中ですべて電離しているとする。

★ 問3　図 1-2 に示す冷却曲線において，A 点（−3℃）と B 点（−21℃）の間で冷却曲
　　線が右下がりになる理由を，この間で起きている状態の変化にもとづいて述べよ。

★★ 問4　下線部②について，最も低い凝固点は何℃ か。

　　　　　　　　　　　　　　　　　　　　　　　　　　　　　　| 東京大 |

扱うテーマ 浸透圧

化学

　溶媒を自由に通し，溶質を全く通さない半透膜を，右図のようにU字管に固定する。このU字管のA側に溶媒を，B側に溶液を，両液面の高さが等しくなるように入れる。しばらく放置すると，両液面の差はhで一定となり，平衡に達する。このときのB側の溶液の浸透圧は，液面差hから求められる。

　いま，この溶液は希薄溶液であり，この溶質を非電解質とすると，浸透圧Πは，気体定数R，絶対温度T，溶液の体積V，溶質の分子量M，および溶質の質量Wを用いて，

$$\Pi = \frac{W}{MV}RT$$

と表される。次の問いに答えよ。ただし，温度T，溶液の濃度$\dfrac{W}{V}$は一定に保つものとする。

問1　次の文中の{ 　 }の中から最も適した語句を選び，その番号を記せ。

　　外気圧を2倍にすると，hはもとの値と比較して

　　　{① 　2倍になる　　② 　$\dfrac{1}{2}$倍になる　　③ 　変わらない}。

★問2　次の文中の□□□に適した数値を記せ。

　　hを2倍にするためには，もとの溶質の□□□倍の分子量をもつ溶質を用いればよい。

★★問3　次の文中の□□□に適した式を記せ。

　　いま，溶質の分子量がM_1のとき $h = h_1$ であり，M_2のとき $h = h_2$ であるとする。この互いに反応しない2種の溶質を同じ物質量ずつ含む溶液では，$h = h_3$ となった。

比 $\dfrac{h_1}{h_3}$ および $\dfrac{h_2}{h_3}$ は，M_1，M_2 を用いると，

$$\frac{h_1}{h_3} = \boxed{ a }$$

$$\frac{h_2}{h_3} = \boxed{ b }$$

と表される。

| 京都大 |

　人体の水分(体液)が急速に失われた場合, 体液バランスの補正や維持のために
(ア)0.9%(質量パーセント濃度)塩化ナトリウム水溶液を体内に補う医療行為が行われ
る。その理由として, 人では血液から血球を除いた成分(血しょう)の浸透圧が0.9%
塩化ナトリウム水溶液の浸透圧と等しいことが知られているからである。

　しかし, 血しょうの浸透圧は電解質のみによるものでなく, 血液中に存在するタンパク質や糖なども寄与している。実際には, 血液中のタンパク質濃度低下により, むくみが生じることが知られている。そこで, 血しょう中に存在する分子量1万以上の高分子が寄与する浸透圧について図a, bのような装置を用いて調べた。

【実験1】　素焼きの円筒容器の壁に, はがれないように半透膜を接着させた。半透膜を隔てて円筒容器の内側と外側に蒸留水と0.9%塩化ナトリウム水溶液を入れた。その際, 円筒容器の内側と外側の液面の高さが同じになるように加えた。そのまましばらく放置したが, 液面の高さに変化は生じなかった(図a)。

【実験2】　実験1と同じ半透膜を用いて, 円筒容器の内側と外側に血しょうと0.9%塩化ナトリウム水溶液を入れた。その際, 円筒容器の内側と外側の液面の高さが同じになるように加えた。しばらくすると, ガラス管内の液面が上昇し, 両液面の差(h)が40cmで平衡状態となった(図b)。

図a　実験1　　　　　　　図b　実験2

　測定での温度条件は27℃とし, 素焼きの容器は半透膜を隔てた物質の移動には関与しない。原子量はNa=23.0, Cl=35.5, 気体定数$R=8.31×10^3$Pa・L/(mol・K)とする。

問1　27℃における下線部(ア)の浸透圧〔Pa〕を有効数字3桁で答えよ。ただし, 塩化ナトリウム水溶液の濃度は0.900%, 水溶液の密度は1.00g/cm³, 塩化ナトリウムの電離度は1.00とする。

★ **問2**　この実験に使用する半透膜として, どのような性質をもった膜が適切であるか, 20字以内で簡潔に述べよ。

★★ **問3**　液面差が40.0cmのとき, 下線部(イ)の浸透圧〔Pa〕を有効数字3桁で答えよ。0.9%塩化ナトリウム水溶液の密度は1.00g/cm³, 血しょうの密度を1.02g/cm³とし, 液の移動による密度の変化は考えないこととする。水銀柱では27℃, $1.01×10^5$Paのとき, 高さは76.0cm, 水銀の密度は13.6g/cm³である。

| 東京医科歯科大 |

扱う テーマ 反応エンタルピー，ヘスの法則 化学

★〔Ⅰ〕 近年，メタンハイドレートとよばれるメタンの水和物が，日本近海の海底に多量に存在することが明らかになった。メタンハイドレートは水分子とメタン分子とからなる氷状の固体結晶である。高濃度にメタンを蓄える性質から「燃える氷」としても知られており，新しいエネルギー資源としてその有効利用に大きな期待が寄せられている。

以下の式を用いて，メタンハイドレート（固体）の燃焼エンタルピーを，次の(1)～(4)の反応エンタルピー Q_1～Q_4 を用いて表せ。ただし，式中でメタンハイドレートを $4CH_4 \cdot 23H_2O$（固）と表す。また，燃焼後の水はすべて液体とする。

$$4CH_4 \cdot 23H_2O（固） \longrightarrow 4CH_4（気） + 23H_2O（液） \quad \Delta H_1 = Q_1〔kJ〕 \quad \cdots(1)$$

$$C（黒鉛） + 2H_2（気） \longrightarrow CH_4（気） \quad \Delta H_2 = Q_2〔kJ〕 \quad \cdots(2)$$

$$C（黒鉛） + O_2（気） \longrightarrow CO_2（気） \quad \Delta H_3 = Q_3〔kJ〕 \quad \cdots(3)$$

$$H_2（気） + \frac{1}{2}O_2（気） \longrightarrow H_2O（液） \quad \Delta H_4 = Q_4〔kJ〕 \quad \cdots(4)$$

| 東京大（改）|

★★〔Ⅱ〕 メタンやエタンの燃焼によって CO_2 と H_2O が生成する。生成する H_2O が液体であるときのエタン（気体）の燃焼エンタルピー（kJ/mol）を，下の表を用いて求めよ。

CH_4（気体）の燃焼エンタルピー	-890 kJ/mol	H-H の結合エネルギー	431 kJ/mol
H_2O（液体）の生成エンタルピー	-285 kJ/mol	C-H の結合エネルギー	412 kJ/mol
CO_2（気体）の生成エンタルピー	-393 kJ/mol	C-C の結合エネルギー	347 kJ/mol

| 北海道大（改）|

扱う
テーマ ▶ 格子エネルギー，溶解エンタルピー，水和エンタルピー 化学

〔Ⅰ〕 イオン結晶において，1 mol の結晶を気体状態のイオンにするのに必要なエネルギーを格子エネルギーという。

塩化ナトリウムの格子エネルギーは，図のようにほかの反応過程を組み合わせてヘスの法則を使い，間接的に求めることができる。このような，実験値に基づき格子エネルギーを算出するための循環過程を，ボルン・ハーバーサイクルという。

図 ボルン・ハーバーサイクル

　　　　　 にあてはまる語句を，次から1つずつ選べ。該当する選択肢がない場合は(z)と答えよ。

(a) イオン化エネルギー 　 (b) 活性化エネルギー 　 (c) 凝固エンタルピー

(d) 凝縮エンタルピー 　 (e) 結合エネルギー 　 (f) 昇華エンタルピー

(g) 蒸発エンタルピー 　 (h) 生成エンタルピー 　 (i) 電気陰性度

(j) 電子親和力 　 (k) 電離度 　 (l) 熱エネルギー

(m) 光エネルギー 　 (n) 非共有電子対 　 (o) 融解エンタルピー

| 上智大 (改) |

〔Ⅱ〕 アルカリ金属のイオンを含むイオン結晶の性質は，(a)陽イオンと陰イオンの間に働く静電気的な引力に由来するイオン結合の強さで理解できる。例えば，塩化ナトリウムはイオン結合が非常に強いため高い融点をもつが，水に容易に溶けて陽イオンと陰イオンに電離する。これは，(b)イオンが水和されることによる安定化のエネルギーがイオン結合のエネルギーとほぼ同じためである。

問1 　下線部(a)に関して，イオン結晶における結合が強いほど，以下のエンタルピー変化を付した反応式(1)の $\Delta H_{格子}$ は大きい。

$$\text{MX (固)} \longrightarrow \text{M}^{n+}\text{(気)} + \text{X}^{n-}\text{(気)} \quad \Delta H_{格子}\text{〔kJ〕} \qquad (1)$$

$\Delta H_{格子}$ を一般に格子エネルギーとよび，M^{n+} および X^{n-} のイオン半径 r_M，r_X と価数 n を用いて，近似的に次の式(2)で表される。

$$\Delta H_{格子} = \frac{An^2}{r_\text{M} + r_\text{X}} \quad (A：正の定数) \qquad (2)$$

式(2)をもとに，塩化ナトリウム，酸化マグネシウム，臭化ナトリウムおよび酸化カ

ルシウムの融点を比較し，融点が高い順に組成式で記せ。ただし，イオン半径〔cm〕は Na^+：1.2×10^{-8}，　Cl^-：1.7×10^{-8}，　Ca^{2+}：1.1×10^{-8}，　Mg^{2+}：0.86×10^{-8}，Br^-：1.8×10^{-8}，O^{2-}：1.3×10^{-8} とし，式(2)の A は化合物によらず同じ値とする。

問2　下線部(b)に関して，以下の(1)～(3)に答えよ。

(1)　M^{n+} イオンの水和による安定化のエネルギーは，以下の反応式(3)における水和エンタルピー $\Delta H_{水和 M}$ に対応し，イオン半径 r_M と価数 n を用いて，近似的に以下の式(4)で表される。

$$M^{n+}（気） \longrightarrow M^{n+}（水和）\quad \Delta H_{水和 M}〔kJ〕 \qquad (3)$$

$$\Delta H_{水和 M} = -\frac{Bn^2}{r_M} \quad （B：正の定数） \qquad\qquad (4)$$

式(4)をもとに，Li^+，Na^+，Ca^{2+} の中で水和エンタルピー $\Delta H_{水和 M}$ が最も小さいイオンを記せ。ただし，Li^+ のイオン半径は 0.90×10^{-8} cm とし，Na^+ と Ca^{2+} については問1の値を用いよ。また，式(4)の B はイオンの種類によらず同じ値とする。

(2)　イオン結晶の水への溶解エンタルピー $\Delta H_{溶解}$ は，以下の反応式(5)で表される。

$$MX（固） \longrightarrow M^{n+}（水和）+ X^{n-}（水和）\quad \Delta H_{溶解}〔kJ〕 \qquad (5)$$

また，X^{n-} の水和は，M^{n+} と同様に以下の反応式(6)で表される。

$$X^{n-}（気） \longrightarrow X^{n-}（水和）\quad \Delta H_{水和 X}〔kJ〕 \qquad\qquad (6)$$

問1の式(1)と上記の式(3)，(5)，(6)を用い，ヘスの法則を利用して硫酸バリウムの溶解エンタルピー〔kJ/mol〕を求めよ。ただし，Ba^{2+} の水和エンタルピー：-1346 kJ/mol，SO_4^{2-} の水和エンタルピー：-1099 kJ/mol，硫酸バリウムの格子エネルギー：2511 kJ/mol とする。

(3)　一般に溶解エンタルピー $\Delta H_{溶解}$ の値が小さいほど，水に対するイオン結晶の溶解度は高い。硫酸バリウムと硫酸カルシウムの溶解エンタルピーを比較し，より溶解度が高い塩を組成式で記せ。ただし，硫酸バリウムの溶解エンタルピーは(2)で求めた値を用い，硫酸カルシウムの溶解エンタルピーは -28 kJ/mol とする。

|　筑波大（改）|

扱うテーマ 反応エンタルピーの測定, 比熱 化学

次の実験に関する文章を読み, 下の問いに答えよ。

物質が反応するときには多くの場合, 熱の出入りをともなう。酸化マグネシウムを塩酸と反応させた場合の反応エンタルピーを測定するため, 次の実験を行った。

実験: 1.5 mol/L の塩酸 100 mL を<u>測定用の容器</u>に入れ, 液の温度を温度計で測定した。1.00 g の酸化マグネシウムをはかりとり, この測定容器にすばやく移し入れた。この移し入れた時間をゼロとして, 十分にかくはんしながら溶液温度の時間変化を測定した。

実験で観察された温度の時間変化をグラフにかくと, 次のようになった。

★ 問1 下線部の測定容器として最も適切と思われるものを次のⒶ〜Ⓕから選び, その理由を 40 字以内で述べよ。

Ⓐ ガラス製 200 mL ビーカー

Ⓑ ガラス製 500 mL ビーカー

Ⓒ 発泡ポリスチレン製 200 mL カップ

Ⓓ 発泡ポリスチレン製 500 mL カップ

Ⓔ ステンレス製 200 mL カップ

Ⓕ ステンレス製 500 mL カップ

★★ 問2 <u>①実験操作で発生した熱量〔kJ〕</u>および<u>②酸化マグネシウムと塩酸の反応のエンタルピー変化 ΔH〔kJ/mol〕</u>を求める式を示せ。酸化マグネシウムのモル質量 m〔g/mol〕, 塩酸の密度 d〔g/mL〕, 溶液の比熱 C〔J/(g·K)〕および問題文中に与えられた数値を用いよ。ここで酸化マグネシウムはすべて反応したとする。

式の書き方の例: $\dfrac{0.16C(m+1.5)}{5d}$

名古屋大 (改)

扱う
テーマ　反応速度，反応速度式，活性化エネルギー　　　　　　　　　　　　　　化学

水溶液中の過酸化水素 H_2O_2 の分解反応は，

$$2H_2O_2 \longrightarrow 2H_2O + O_2 \quad \cdots(1)$$

と表され，その反応速度は，単位時間あたりの H_2O_2 の分解量，または，酸素の生成量を測定することによって求められる。H_2O_2 のモル濃度 $[H_2O_2]$ の変化の速度は，次式のように $[H_2O_2]$ に比例することが実験的にわかっている。

$$-\frac{d[H_2O_2]}{dt} = k\,[H_2O_2] \quad \cdots(2)$$

ここで，t は時間，k は比例定数である。この k は速度定数とよばれ，反応温度によって変化し，絶対温度 T との間に次の関係式(3)が成立する。

$$\log_e k = -\frac{E_a}{RT} + C \quad \cdots(3)$$

ただし，E_a は反応の活性化エネルギー，R は気体定数，C は定数である。

さて，水溶液中の H_2O_2 は常温ではほとんど分解しないが，少量の酸化マンガン(IV)や鉄(III)イオン，または酵素であるカタラーゼなどの触媒が存在すると速やかに分解して酸素を発生する。

いま，塩化鉄(III)を触媒とし，ふたまた試験管とメスシリンダーを用いて，H_2O_2 が分解して発生する酸素の量をいろいろな温度で測定した。次の問いに答えよ。

★ 問1　25℃で過酸化水素水に触媒として塩化鉄(III)を加え，H_2O_2 の分解反応を H_2O_2 量の減少で観察した。次表に各反応時間における $[H_2O_2]$ の値を示した。このデータを用いて，H_2O_2 の分解は一次反応であることを示し，速度定数 k の値を求めよ。

t [min]	$[H_2O_2]$ [mol/L]
0	0.542
1	0.497
2	0.456
3	0.419

〈H_2O_2 の分解反応中の濃度変化(25℃)〉

★★ 問2　絶対温度 T_1, T_2 における速度定数がそれぞれ k_1, k_2 であるとすれば，活性化エネルギー E_a はどのような式で表されるか。

| 慶應義塾大(医) |

温度 T において，容積可変の反応容器中で次の気体反応が平衡状態に達している。

$$N_2 + 3H_2 \rightleftarrows 2NH_3$$

この反応の濃度平衡定数 K_c と圧平衡定数 K_p は，次のように表される。

$$K_c = \frac{[NH_3]^2}{[N_2][H_2]^3}$$

$$K_p = \frac{\{p(NH_3)\}^2}{p(N_2) \cdot \{p(H_2)\}^3}$$

ここで $[x]$ は気体成分 x の濃度であり，$p(x)$ はその分圧である。

問1　気体成分 x の物質量を $n(x)$，反応容器の容積を V とするとき，気体成分 x の濃度 $[x]$ はどのような式で表されるか。

★ 問2　理想気体の状態方程式を仮定して，2つの平衡定数の比 $\left(\dfrac{K_c}{K_p}\right)$ を求めよ。気体定数は R で表せ。

★ 問3　上記の平衡混合物の温度と反応容器の容積を一定にしたまま，貴ガスのアルゴンを反応容器に注入した。アルゴンの添加により反応に関与する気体成分の分圧には，どのような変化が現れたか。

★ 問4　上記の平衡混合物の温度は一定のまま，貴ガスのアルゴンを反応容器に注入した。このとき，アルゴンガス注入の前後において混合気体の全圧が同じになるように，反応容器の容積を変化させた。アンモニアの分圧 $p(NH_3)$ は，アルゴンの添加により減少したか，それとも増加したか。

★★ 問5　上記の問3および問4の条件下でアルゴンを加えた場合，どのような変化が起きたか。⑦〜⑰の記号で答えよ。

⑦　平衡の移動は起こらなかった。

④　平衡は右側に移動した。

⑰　平衡は左側に移動した。

| 金沢大 |

化学反応の中には，正反応と逆反応の両方が起こるものがあり，そのような反応を可逆反応という。可逆反応は，ある反応条件のもとで平衡状態になる。平衡状態にある化学反応の条件（濃度・圧力・温度など）を変化させると，新しい条件下での平衡状態になる。ここで次の反応式で表される可逆反応を考える。

$$2NO_2（気体，赤褐色）\rightleftharpoons N_2O_4（気体，無色）$$

この NO_2 と N_2O_4 の間の平衡定数は $K = \dfrac{[N_2O_4]}{[NO_2]^2}$ と書ける。体積 V 〔L〕の容器中に NO_2 を n 〔mol〕採取し，平衡に到達させる。n 〔mol〕の NO_2 のうち αn 〔mol〕（$0 \leqq \alpha \leqq 1$）が N_2O_4 に変化したとすると，平衡定数 K は n，α，V で表される。

温度一定下で圧力を変化させると平衡がどのように移動するかを調べるため，次の実験を行った。

注射器に NO_2 を採取し，ほぼ同量の空気を入れ，注射器の先にゴム栓を突き刺し，NO_2 を密閉した。温度を一定に保ってピストンを押し，NO_2 を圧縮した。次図の 1) の方向から眺めると，圧縮直後は色はいったん濃くなるが，すぐに薄くなっていった。

問1 平衡定数 K を n，α，V を用いて表せ。結果だけでなく途中の考え方も示せ。

★ 問2 温度を一定にして容器の体積を大きくすると，α はどのように変化するか。

★ 問3 下線部の結果が得られる理由を述べよ。

★★ 問4 注射器を工夫して図の 2) の方向（注射器の縦方向）から眺めることができるようにした。温度を一定に保って，ピストンを押して圧縮した。2) の方向から眺めると，どのような色変化が観測されるか。

| 東京都立大 |

扱う
テーマ　反応速度, 反応速度式, 化学平衡, 平衡定数　　　　　　　　　　　　化学

　容積 V〔L〕の密閉容器に気体Xと気体Yを入れ, 温度 T〔K〕に保ったところ, (1)式で表される可逆反応によって, 気体Zが生成し平衡状態となった。この状態をAとする。

$$X + Y \rightleftharpoons 2Z \quad \cdots(1)$$

　この反応において, 正反応の反応速度は, 気体Xと気体Yの濃度の積に比例し, 速度定数は a〔L/(mol·s)〕で表される。逆反応の反応速度は, 気体Zの濃度の2乗に比例する。気体はすべて理想気体としてふるまうものとし, 気体定数は R〔Pa·L/(mol·K)〕とする。次の問いに答えよ。

問1　(1)式の反応に関する記述のうち, 正しいものはどれか。ただし, 1つまたは2つの正解がある。

① 触媒を加え活性化エネルギーを減少させると, 正反応の反応速度が減少する。

② 温度を上昇させると, 逆反応の反応速度が増大する。

③ 正反応が発熱反応であるとき, 温度を上昇させると, 平衡定数の値は増加する。

④ 温度一定のまま, この混合気体の体積を変化させると, 平衡定数の値は変化する。

⑤ 全圧一定のまま温度を変化させても, 平衡定数の値は変わらない。

★問2　状態Aにおける気体の全圧は P〔Pa〕であった。また, 気体Xと気体Yの分圧は等しく, 気体Zの分圧は全圧の半分であった。状態Aにおける逆反応の反応速度 v_A〔mol/(L·s)〕を, a, P, T, R を用いて表せ。

★★問3　状態Aにおいて温度 T〔K〕に保ち, 触媒を加え, 状態Aにおける気体Xの物質量と同じ物質量の気体Xを追加したところ, 新しい平衡状態になった。この状態をBとする。状態Bにおける正反応の速度定数は b〔L/(mol·s)〕となった。状態Bにおける逆反応の反応速度は v_A の何倍になるかを, a, b, P, T, R のうちから必要なものを用いて表せ。

| 東京工業大 |

扱う テーマ オキソ酸 ｜ 化学基礎・化学

問1 次の文中の ☐ にあてはまる語句を下の ⓐ～ⓥ より選び，その記号で答えよ。

亜硫酸，硫酸，亜硝酸，硝酸，リン酸，過塩素酸は，次の構造を有する。

これらの酸は $(O)_m X(OH)_n$ と書き表すことができ，一般に ☐ ア ☐ 酸という。この構造の一部を X–OH とする。O–H 結合は ☐ イ ☐ をもち，水素が部分的に ☐ ウ ☐ の電荷を帯び，水素イオンとして離れやすいため水溶液中では水と反応して，☐ エ ☐ イオンを生成する。したがって，この結合の ☐ イ ☐ に影響を与えるものは酸性の強さにも影響を与えると考えられる。これらの事実から，原子 X の ☐ オ ☐ が大きいほど，また原子 X に結合する酸素原子の ☐ カ ☐ が多いほど酸性は強くなると予想される。

ⓐ 正　ⓑ 負　ⓒ 数　ⓓ 水素　ⓔ 過少　ⓕ 過剰
ⓖ 極性　ⓗ 電荷　ⓘ 電子　ⓙ 陽子　ⓚ 価数　ⓛ 価電子
ⓜ 原子価　ⓝ 中性子　ⓞ 質量数　ⓟ オキソ　ⓠ 水酸化物
ⓡ 原子番号　ⓢ 電気陰性度　ⓣ 内殻電子数　ⓤ オキソニウム
ⓥ ヒドロキシ

問2 硫酸，硝酸，リン酸，過塩素酸のうち，最も強い酸性を有すると思われるものはどれか。

★ **問3** 次に示す(1), (2)の一連の化合物の酸性の強さを推定して，強さの順に化学式で記せ。

(1) $HClO$, $HClO_2$, $HClO_3$　(2) $HClO_3$, $HBrO_3$, HIO_3

★ **問4** 上記の考え方が有機化合物にも応用できるものとして，次に示す(1), (2)の一連の化合物の酸性の強さを推定し，酸性の強さの順に化学式で記せ。

(1) CH_3COOH, $ClCH_2COOH$, FCH_2COOH

(2) CH_3COOH, $ClCH_2COOH$, $Cl_2CHCOOH$

｜ 星薬科大

扱うテーマ　逆滴定，指示薬　　　　　　　　　　　　　　　　　　　　　　化学基礎・化学

　次の実験により，ある食品中に含まれるタンパク質の量を求めた。下の問いに答えよ。

　ある食品 1.00 g に濃硫酸を加えて加熱し，食品中のタンパク質に含まれる窒素をすべて硫酸水素アンモニウムに変換した。その反応液の全量を図の丸底フラスコに移した。(a)その反応液に，水酸化ナトリウム水溶液を加え，アンモニアを発生させた。発生したアンモニアを水蒸気とともにガラス器具Aを通過させ，三角フラスコ中の

0.100 mol/L の希硫酸 100 mL にすべて吸収させた。アンモニアの発生と吸収が完了した後，三角フラスコ中の溶液を(b)メチルオレンジを指示薬として 1.00 mol/L の水酸化ナトリウム水溶液で滴定したところ，残った硫酸を中和するのに 18.4 mL を要した。

問1　下線部(a)の反応を化学反応式で記せ。

問2　図のガラス器具Aの名称を記せ。

問3　この食品 1.00 g から生じたアンモニアの物質量を有効数字 2 桁で答えよ。

問4　この食品 1.00 g 中に含まれるタンパク質の質量は何 g か，有効数字 2 桁で答えよ。また，計算過程も示せ。ただし，タンパク質には窒素が質量パーセントで 16 % 含まれ，窒素の原子量は 14，タンパク質以外の物質からのアンモニアの発生は無視できるものとする。

★問5　下線部(b)の中和滴定で利用したメチルオレンジは代表的な酸・塩基の指示薬で，水溶液中では次式のように水素イオンが解離し，それに伴って赤色（酸性側）から黄色（塩基性側）へと色が変化する。

$$\begin{array}{c}H_3C \\ H_3C\end{array}\!\!>\!\!N^+\!\!-\!\!\langle\bigcirc\rangle\!\!-\!\!N\!\!=\!\!\overset{H}{N}\!\!-\!\!\langle\bigcirc\rangle\!\!-\!\!SO_3^- \rightleftharpoons \begin{array}{c}H_3C \\ H_3C\end{array}\!\!>\!\!N\!\!-\!\!\langle\bigcirc\rangle\!\!-\!\!N\!\!=\!\!N\!\!-\!\!\langle\bigcirc\rangle\!\!-\!\!SO_3^- + H^+$$

　　　　　　　　　AH（赤色）　　　　　　　　　　　　　　A⁻（黄色）

メチルオレンジの赤色のイオンを AH，黄色のイオンを A^- で表すと，AH の電離定数 K は，次式のように表される。

$$K=\frac{[A^-][H^+]}{[AH]}=3.2\times10^{-4}\ \text{mol/L}$$

$\dfrac{[A^-]}{[AH]}$ の値が 0.1 から 10 となる pH の範囲を変色域と定義するとき，メチルオレンジの変色域を小数第 1 位まで求めよ。$\log_{10}2=0.301$，$\log_{10}3=0.477$ とする。

|問1〜4　群馬大，問5　芝浦工業大|

次の文章を読み，下の問いに答えよ。

塩酸や硝酸のような1価の ア 酸の場合，0.1 mol/L 以下のような濃度の水溶液では，その酸は完全に イ しているとみなすことができる。この場合，塩酸の濃度を A〔mol/L〕とするとき，その水溶液の pH は通常は，

$$pH = -\log_{10} A \quad \cdots(1)$$

の式で求めることができる。しかし，塩酸をだんだんと薄めていき，例えば 10^{-8} mol/L になったとき，(1)式からは，

$$pH = 8 \quad \cdots(2)$$

となるが，実際の pH は 6.98 程度であり，どのように希薄にしても7より大きくなることはない。

このように酸の濃度が低くなると，(1)式から得られる pH と実際の pH が異なる理由として， ウ の電離による水素イオンも無視できないことがあげられる。 ウ の電離によって生じる水素イオン濃度を B〔mol/L〕とすると，希薄な塩酸中の全水素イオン濃度は エ mol/L となる。一方，そのときの オ イオン濃度は B〔mol/L〕である。A，B いずれも正の数値であるので，どんな希薄な塩酸中でも，$[\mathrm{H^+}] >$ カ となり，pH が7を超えないことが説明できる。

このような希薄な塩酸の pH を求めたいときは，水の キ 積についての関係式

$$ ク = ケ \ (\mathrm{mol/L})^2 \quad \cdots(3)$$

を用いて B の値を求め，(1)式の代わりに，

$$pH = -\log_{10} \left[\frac{1}{2} \left\{ 1 + \sqrt{1 + \left(\frac{2 \times 10^{-7}}{A} \right)^2} \right\} A \right] \quad \cdots(4)$$

の式に A の値を代入すればよい。

問1　上の文中の に最も適した語句，記号あるいは数値を記せ。なお，液温は 25℃ とする。

★問2　(4)式が得られる過程を示せ。

|富山大|

扱う テーマ　弱酸の水素イオン濃度，弱酸の pH，電離度　　　　　　　　　　化学基礎・化学

あるカルボン酸 (RCOOH) を水に溶かすと，(1)式に示す電離平衡が生じる。

$$RCOOH \rightleftharpoons RCOO^- + H^+ \quad \cdots(1)$$

温度一定の条件では，電離定数 K_a〔mol/L〕はカルボン酸の濃度によらず一定である。このカルボン酸の 0.10 mol/L 水溶液の電離度 α は，25℃ で 0.010 であった。このカルボン酸は水に完全に溶解し，会合体は形成しないものとする。

問1　このカルボン酸 0.10 mol/L 水溶液の 25℃ における pH を求めよ。

★ 問2　このカルボン酸 0.10 mol/L 水溶液を水で 100 倍に薄めた。この溶液中の 25℃ におけるカルボン酸の電離度 α を求めよ。

★★ 問3　25℃ の水溶液中において，このカルボン酸の濃度と電離度 α の関係はどのようになるか。次の(a)〜(c)のグラフの中から選べ。

(a)

電離度 α

RCOOH 濃度〔mol/L〕

(b)

RCOOH 濃度〔mol/L〕

(c)

RCOOH 濃度〔mol/L〕

| 東北大 |

酸酸の水溶液中での電離平衡は，次のように表される。塩酸などの強酸が，水溶液中でほぼすべて電離するのに対し，弱酸である酢酸は，わずかしか電離しないことが知られている。

$$CH_3COOH \rightleftharpoons CH_3COO^- + H^+$$

濃度 0.200 mol/L の酢酸水溶液 200 mL に，ビュレットを用いて 0.200 mol/L 水酸化ナトリウム水溶液を滴下して中和滴定を行うとき，次の問いに答えよ。なお，酢酸の電離定数 K_a は 25 ℃ において $K_a = 1.80 \times 10^{-5}$〔mol/L〕とし，温度は常に 25 ℃ であるものとする。また，必要であれば，$\log_{10} 2 = 0.301$，$\log_{10} 3 = 0.477$，$\sqrt{10} = 3.16$ を使うこと。また，計算結果については，有効数字 3 桁で答えよ。

問1　水酸化ナトリウム水溶液を加える前の 0.200 mol/L 酢酸水溶液の電離度 α と pH を求めよ。なお，このとき，電離度 α は 1 よりも十分に小さいものとする。

★問2　水酸化ナトリウム水溶液を 100 mL 滴下したとき，溶液の pH を求めよ。

問3　中和点に到達すると，ほとんどすべての酢酸が電離するが，ここで生じた酢酸イオンの一部が水と反応して，次のような平衡が成り立っている。

$$CH_3COO^- + H_2O \rightleftharpoons CH_3COOH + OH^-$$

この反応の平衡定数を K_b とすると，K_b は次のように定義される。

$$K_b = \frac{[OH^-][CH_3COOH]}{[CH_3COO^-]}$$

★(1)　K_b を K_a および K_w（水のイオン積）を用いて表せ。

★(2)　中和点における pH を求めよ。ただし，$K_w = 1.00 \times 10^{-14}$〔(mol/L)^2〕とし，中和点における酢酸の電離度は非常に大きく，酢酸イオン濃度は酢酸濃度よりも十分に大きいものとする。

問4　この中和滴定中，水酸化ナトリウム水溶液を 100 mL 程度加えた溶液は，特徴的な pH 変化を示す。このような溶液を何とよぶか。

問5　今回のような中和滴定を行う場合，中和点を決定するために用いるのに，最も適当と思われる指示薬を次の⑦〜⑤から選び，記号で記せ。

⑦　メチルオレンジ　　　　④　ブロモチモールブルー
⑨　フェノールフタレイン　　⑤　メチルレッド

| 岡山大 |

　アメリカやアフリカにある塩湖の泥中に存在するトロナ鉱石は，主に炭酸ナトリウム，炭酸水素ナトリウム，水和水からなり，炭酸ナトリウムを工業的に製造するための原料や洗剤として用いられる。

　<u>トロナ鉱石 4.52 g を 25℃の水に溶かし，容量を 200 mL とした</u>。この水溶液にフェノールフタレインを加えてから，1.00 mol/L の塩酸で滴定したところ，変色するまでに 20.0 mL の滴下が必要であった（第一反応）。次に，メチルオレンジを加えてから滴定を続けたところ，変色するまでにさらに 40.0 mL の塩酸の滴下が必要であった（第二反応）。以上の滴定において，大気中の二酸化炭素の影響は無視してよいものとする。また，ここで用いたトロナ鉱石は炭酸ナトリウム，炭酸水素ナトリウム，水和水のみからなり，原子量は H＝1.0，C＝12.0，O＝16.0，Na＝23.0 とする。

問1　第一反応および第二反応の化学反応式をそれぞれ記せ。

★問2　第一反応の終点における pH は，0.10 mol/L の炭酸水素ナトリウム水溶液と同じ pH を示した。この pH を求めたい。炭酸水素ナトリウム水溶液に関する次の文中の　a　～　e　にあてはまる式，　f　にあてはまる数値（小数点以下第 2 位まで）を答えよ。ただし，水溶液中のイオンや化合物の濃度は，例えば $[Na^+]$，$[H_2CO_3]$ などと表すものとする。炭酸の二段階電離平衡を表す式とその電離定数は

$$H_2CO_3 \rightleftarrows H^+ + HCO_3^- \qquad K_1 = \boxed{\text{a}}$$
$$HCO_3^- \rightleftarrows H^+ + CO_3^{2-} \qquad K_2 = \boxed{\text{b}}$$

である。ただし，25℃において，$\log_{10} K_1 = -6.35$，$\log_{10} K_2 = -10.33$ である。

　炭酸水素ナトリウム水溶液中の物質量の関係から

$$[Na^+] = \boxed{\text{c}}$$

の等式が成立する。また，水溶液が電気的に中性であることから

$$\boxed{\text{d}}$$

の等式が成立する。以上の式を，$[H^+]$ と $[OH^-]$ が $[Na^+]$ に比べて十分小さいことに注意して整理すると，$[H^+]$ は K_1，K_2 を用いて，

$$[H^+] = \boxed{\text{e}}$$

と表される。よって，求める pH は　f　となる。

問3　下線部のトロナ鉱石に含まれる炭酸ナトリウム，炭酸水素ナトリウム，水和水の物質量の比を最も簡単な整数比で求めよ。

問4　下線部の水溶液の pH を小数点以下第 2 位まで求めよ。

問5　健康なヒトの血液は中性に近い pH に保たれている。この作用は，二酸化炭素が血液中の水に溶けて電離が起こることによる。血液に酸（H^+）を微量加えた場合と塩基（OH^-）を微量加えた場合のそれぞれについて，血液の pH が一定に保たれる理由を，イオン反応式を用いて簡潔に説明せよ。

|東京大|

次の文章を読み，下の問いに答えよ。ただし，原子量は $O=16.0$, $K=39.1$, $Mn=54.9$ とする。

ある化学反応において，物質の原子が電子を失ったとき，その原子は ア されたこととなり，物質の原子が電子を得たとき，その原子は イ されたこととなる。

過マンガン酸イオンは，酸性溶液では次のように反応するので ウ 剤として働く。

$$MnO_4^- + \boxed{①}\ H^+ + \boxed{②}\ \boxed{I} \longrightarrow \boxed{II} + 4H_2O \quad \cdots(1)$$

また，過マンガン酸カリウムとシュウ酸ナトリウムを酸性条件下で混合すると，次の式で示される反応が起こり，過マンガン酸イオン中のマンガンが エ され，シュウ酸イオン中の炭素が オ される。

$$2MnO_4^- + 5C_2O_4^{2-} + \boxed{③}\ H^+$$
$$\longrightarrow 2\boxed{III} + \boxed{④}\ CO_2 + 8H_2O \quad \cdots(2)$$

河川に有機物を含む排水が放流されると，有機物が水中の酸素を消費し河川環境に影響を及ぼす。この有機物濃度を過マンガン酸カリウムとシュウ酸ナトリウムを用いて測定することを考え，以下の手順(A), (B), (C)で分析操作を行った。

(A) 測定対象の河川水 100 mL を三角フラスコにとり，硫酸を加えて十分酸性とした後，0.002 mol/L の過マンガン酸カリウム溶液 10 mL を加えて 5 分間静かに煮沸し，過マンガン酸カリウムで有機物を ア した。

(B) その後ただちに 0.002 mol/L のシュウ酸ナトリウム溶液 30 mL を加えて，残った過マンガン酸カリウム中のマンガンを イ した。

(C) 続いて過剰のシュウ酸ナトリウムに対して(2)式の反応がちょうど完了するまで 0.002 mol/L の過マンガン酸カリウム溶液をビュレットで滴下した。この滴下量は，5.00 mL であった。

問1 ア ～ オ には適切な語句を，①～④には適切な数値を，そして I ～ III には適切な化学式(電子を含む)をそれぞれ入れよ。

問2 上記の分析で，この河川水 100 mL 中の有機物と反応した 0.002 mol/L の過マンガン酸カリウム溶液の量は何 mL になるか。有効数字 3 桁で答えよ。ただし，有機物以外に過マンガン酸カリウムを消費する物質はこの河川水中には存在しないものとする。

★ 問3 この河川水 1 L 中の有機物と反応する過マンガン酸カリウムの質量は何 mg になるか。有効数字 3 桁で答えよ。

★★ 問4 上記で測定された河川水 1 L 中の有機物を過マンガン酸カリウムの代わりに酸素で分解すると，必要な酸素の質量は何 mg になるか。有効数字 3 桁で答えよ。ただし，この有機物は過マンガン酸カリウムによる場合と同様に酸素で分解されるものとする。

| 京都大 |

扱う
テーマ　酸化還元滴定，鉄(Ⅱ)イオンの定量　　　　　　　　　　　　　　　　　　化学基礎

　硫酸鉄(Ⅱ)七水和物 $FeSO_4 \cdot 7H_2O$ と水和水の数の不明な硫酸鉄(Ⅲ)水和物
$Fe_2(SO_4)_3 \cdot nH_2O$ の混合物がある。この混合物 4.11 g を純水に溶かして 100 mL とした水溶液Aについて，次の実験ア，イを行った。下の問いに答えよ。ただし，各元素の原子量は $H=1$，$O=16$，$S=32$，$Fe=56$ とする。

実験ア：10.0 mL の水溶液Aをとり，空気に触れさせることなく 0.00200 mol/L の過マンガン酸カリウムの硫酸酸性水溶液で滴定したところ，50.0 mL 滴下したところで溶液が赤紫色となった。

実験イ：50.0 mL の水溶液Aに十分な量の硝酸を加えた後，水酸化ナトリウム水溶液を加えて塩基性にすると赤褐色の沈殿が生じた。この沈殿すべてをろ別し，空気中で加熱すると 0.680 g の酸化鉄(Ⅲ)となった。

★ **問1**　硫酸鉄(Ⅲ)水和物の水和水の数 n を求めよ。解答は小数点以下第 1 位を四捨五入して示せ。

★ **問2**　水溶液A中の Fe^{2+} と Fe^{3+} の濃度の比（$[Fe^{2+}] : [Fe^{3+}] = 1 : \boxed{}$）を求めよ。解答は小数点以下第 2 位を四捨五入して示せ。

| 東京工業大 |

ヨウ化カリウム水溶液にオゾンを通じると，ヨウ素が遊離し，遊離したヨウ素は(1)式に示すようにチオ硫酸ナトリウムと反応してヨウ化物イオンに還元される。

$I_2 + 2Na_2S_2O_3 \longrightarrow 2NaI + Na_2S_4O_6$ …(1)

窒素ガス中に含まれるオゾンを定量するために，次の実験を行った。下の問いに答えよ。

〔実験〕 (イ)0.1 % ヨウ化カリウムと 0.1 % 水酸化カリウムを含む水溶液 20 mL にオゾンを含んだ窒素ガス 100 mL（標準状態）を混合した。その溶液に 1 % デンプン水溶液 2 mL を加え，5.0×10^{-3} mol/L のチオ硫酸ナトリウム水溶液をビュレットから滴下していき，(ロ)青色が消えるまでに 15.4 mL を消費した。ただし，オゾンを含んだ窒素ガスは理想気体として考えよ。また，O=16，N=14 とする。

問1 下線部(イ)の反応式を示せ。

問2 下線部(ロ)で終点と判定される根拠を述べよ。

★ 問3 窒素ガス中のオゾンの濃度はいくらか。質量パーセント濃度を有効数字2桁で答えよ。

| 東京医科歯科大 |

アスコルビン酸はビタミンCとして知られ，レモン，アセロラ，キウイなどの果物や，ピーマン，キャベツ，ブロッコリーなどの野菜に多く含まれている。清涼飲料水には，「ビタミンC入り」と表示されているものがある。ビタミンC入り清涼飲料水に含まれるアスコルビン酸を，以下の方法で定量することにした。

〔操作1〕 清涼飲料水5.0 mL，1%メタリン酸（[HPO₃]ₙ）10 mL，0.1 mol/Lヨウ化カリウム水溶液5.0 mLを(a)安全ピペッターを装着したホールピペットで正確に量り，コニカルビーカーに入れた。さらに，駒込ピペットでデンプン水溶液を5滴加えた。

〔操作2〕 1.0×10^{-3} mol/Lヨウ素酸カリウム（KIO₃）水溶液をビュレットから滴下し，(b)わずかに青色になったところを終点とした。そのときのヨウ素酸カリウム水溶液の滴下量を記録した。

〔操作3〕 以上の実験を3回行い，ヨウ素酸カリウム水溶液の滴下量の平均値を測定値とした。

　(c)メタリン酸は水溶液中ではオルトリン酸H_3PO_4として存在し，ヨウ素酸カリウムおよびヨウ化カリウムと反応してヨウ素を生成する。アスコルビン酸（$C_6H_8O_6$）には還元作用があり，ヨウ素と反応してデヒドロアスコルビン酸（$C_6H_6O_6$）に変化する。

$$C_6H_8O_6 + I_2 \longrightarrow C_6H_6O_6 + 2HI \quad \cdots\cdots(\mathrm{I})$$

コニカルビーカー内のアスコルビン酸が消費されるとヨウ素が残るので，あらかじめデンプン水溶液を加えておけば青色に呈色し，滴定の終点を知ることができる。

問1 下線部(a)の具体的な操作法を箇条書きで記せ。安全ピペッターの操作については，必要に応じて右の図1に示した部分の名称を使用してもよい。

問2 下線部(b)において，滴定の終点は反応液が青色に変化することで判断できる。青色を示す反応の名称を書き，青色に変化する理由を40字以内で説明せよ。

図1 安全ピペッターを装着した
ホールピペット

弁A
ゴム球　球部
弁E　　弁S

問3 下線部(c)の化学反応式を書け。

問4 （I）の反応では，アスコルビン酸の構造は次のように変化している。

アスコルビン酸　　　　　　デヒドロアスコルビン酸

矢印で示した炭素原子の酸化数はそれぞれいくらか。

★問5　文章中の方法でアスコルビン酸を定量したところ，滴定に要したヨウ素酸カリウム水溶液の量は 15.0 mL だった。清涼飲料水 100 mL に含まれるアスコルビン酸量〔mg〕を求め，小数点以下第1位を四捨五入して答えよ。ただし，実験で使用したメタリン酸，ヨウ化カリウム水溶液，デンプン水溶液に不足はないものとし，原子量は H＝1.0，C＝12.0，O＝16.0 とする。

｜慶應義塾大，問1，2　奈良県立医科大，問4　京都府立医科大｜

標 問 50　標準電極電位と電池の起電力

扱う テーマ　標準電極電位, イオン化傾向, 電池

解答・解説 p.133

化学基礎・化学

次の文章を読み, 下の問いに答えよ。

酸化還元反応に伴って発生する化学エネルギーを電気エネルギーとして取り出す装置を, 化学電池 (以下, 単に電池と記す) という。異なる 2 種類の金属を導線で結び, これらの金属を電解質水溶液に浸すと, イオン化傾向の ア 金属から イ 金属に電子が移動する。このとき, 2 種類の金属を電池の電極といい, 導線へ電子が流れ出る電極を ウ , 導線から電子が流れ込む電極を エ とよぶ。電池の両極に回路を接続して電流を取り出すことを電池の オ といい, ウ と エ の間に生じる カ を電池の起電力という。一方, 電池内で酸化還元反応に直接関わる物質を キ といい, ウ で ク として働く物質を ケ , エ で コ として働く物質を サ という。

問1　文中の ア から サ にあてはまる最も適切な語を, 下の {解答群} から 1 つずつ選んで答えよ。

{解答群}　大きな　　小さな　　酸化剤　　還元剤　　充電　　放電　　分極
　　　　　正極　　負極　　電気分解　　電気陰性度　　電離度　　電気素量
　　　　　電位差　　抗生物質　　活物質　　正極活物質　　負極活物質

問2　種類の異なる金属 A, 金属 B, 金属 C, 金属 D を電極に用いたダニエル型電池を図のように 3 種類作成し, これらを同じ実験台に並べて起電力を測定した。これについて次の(1)から(4)に答えよ。ただし, どの電池も装置のサイズは同じで, 電極を浸した水溶液には電極と同じ金属イオンが含まれており, それらのモル濃度もすべて同じである。

図　3 種類のダニエル型電池

(1)　金属 A, 金属 B, 金属 C, 金属 D をイオン化傾向の大きい順に左から順に並べて示せ。

(2)　(1)の順序を決めた理由を答えよ。

(3)　金属 B と金属 C でつくった電池の起電力は何 V か。計算の過程も示せ。

第 1 章　理論化学　　65

(4) 4種類の金属を濃硝酸に入れたところ，金属Aは溶解しなかった。また，元素の標準電極電位の値を下の表のとおりとしたときに，金属A，金属B，金属C，金属Dはそれぞれ何か，元素記号ではなく元素名で答えよ。

表　各元素の標準電極電位

元素記号	電極における反応	標準電極電位〔V〕
Pt	$Pt^{2+} + 2e^- \rightleftharpoons Pt$	$+1.19$
Ag	$Ag^+ + e^- \rightleftharpoons Ag$	$+0.80$
Cu	$Cu^{2+} + 2e^- \rightleftharpoons Cu$	$+0.34$
Pb	$Pb^{2+} + 2e^- \rightleftharpoons Pb$	-0.13
Sn	$Sn^{2+} + 2e^- \rightleftharpoons Sn$	-0.14
Ni	$Ni^{2+} + 2e^- \rightleftharpoons Ni$	-0.25
Zn	$Zn^{2+} + 2e^- \rightleftharpoons Zn$	-0.76
Mn	$Mn^{2+} + 2e^- \rightleftharpoons Mn$	-1.18
Al	$Al^{3+} + 3e^- \rightleftharpoons Al$	-1.68

| 東京海洋大 |

扱う
テーマ　鉛蓄電池の放電と充電，燃料電池，電気分解

化学基礎・化学

次の(a)，(b)を読んで，問いに答えよ。ただし，ファラデー定数は 9.65×10^4 C/mol，気体 1 mol の体積は標準状態 (0℃, 1013 hPa) で 22.4 L とし，また，原子量は H=1.0，O=16.0，Ag=107.9 とする。

(a) 鉛蓄電池は二次電池であり，放電と充電の反応を1つの式で表すと次のようになる。

$$Pb + PbO_2 + 2H_2SO_4 \rightleftarrows 2PbSO_4 + 2H_2O$$

①放電時には上の反応が右方向に進む。いま，ある濃度の電解液の鉛蓄電池を用いて硝酸銀水溶液を白金電極で電気分解したところ，陰極に 27.0 g の銀が析出した。このとき，電池の電解液中の硫酸の物質量は ア mol 減少し，水の質量は イ g 増加した。この放電後，電解液中の硫酸の質量モル濃度は 1.00 mol/kg で，電解液中の水の質量は 200 g であった。

次に充電時の硫酸の濃度の変化を考えてみよう。上の放電後，9.65 A の電流を 1.00×10^4 秒流して充電したところ，正極と負極から気体が発生した。これらの気体を別々に集め，乾燥剤で水分を除いた後，標準状態で体積を測定すると，正極で発生した気体は 1.12 L であった。これらの気体は水の電気分解によるもので，この電気分解により消費された電気量は ウ C となる。残りの電気量がすべて電池の充電に使われたとすると，電解液中の水の蒸発を無視すれば，充電後の硫酸の質量モル濃度は エ mol/kg と推定される。

問1　下線部①の放電時に正極と負極それぞれで起こる反応を，電子 e⁻ を含む反応式で記せ。

★ 問2　文中の □ に適切な数値を記入せよ。ただし，ウ の数値は有効数字3桁で，それ以外の数値は有効数字2桁で記せ。

(b) 水素-酸素燃料電池の模式図を次図に示す。

〈水素-酸素燃料電池の模式図〉

この燃料電池では，触媒を含有する2枚の多孔質の電極に仕切られた容器に，電解液として水酸化カリウム水溶液が入れられている。負極側には水素が，正極側には酸素がそれぞれ一定の割合で供給され，それらの気体は多孔質の電極を通して水酸化カリウム水溶液と接触できる仕組みになっている。

2つの電極を導線でつないだ場合，水の電気分解と逆の反応が進行する。すなわち，電解液中の水酸化物イオンの移動により，②負極では水素の酸化反応により水が生成し，③正極では酸素の還元反応が起こる。

これら一連の化学反応をまとめると，燃料電池は，水素の燃焼により放出される化学エネルギーを電気エネルギーとしてとり出すことのできる装置であることがわかる。

問3　下線部②，③の反応を，電子 e^- を含む反応式で記せ。

問4　水素-酸素燃料電池を実際に稼動させたところ，出力（単位時間あたりの電気エネルギー）が 193 W（ワット）で，電圧が 1.00 V であった。次の(1)～(3)に有効数字2桁で答えよ。ただし，$1W=1V \cdot A=1 J/s$ である。

(1)　燃料電池を 3.00×10^3 秒稼動させたときに反応した水素の物質量は何 mol か。

(2)　水素の燃焼反応をエンタルピー変化を付した反応式で表すと次のようになる。

$$H_2（気体）+ \frac{1}{2}O_2（気体）\longrightarrow H_2O（液体）\qquad \Delta H = -286\,kJ$$

　　(1)の稼動により反応した水素と同じ物質量の水素を燃焼させたときのエンタルピー変化は何 kJ か。

★(3)　(1)の稼動により燃料電池から供給された電気エネルギーは，(2)における水素の燃焼反応によるエンタルピー変化量の絶対値の何 % か。

｜京都大(改)｜

リチウムイオン電池についての次の文章を読み、問に答えよ。ただし、計算のために必要な場合には、以下の数値を使用せよ。

原子量：Li＝7.0　O＝16.0　Co＝59.0　ファラデー定数：9.65×10^4 C/mol

リチウムイオン電池では、負極に黒鉛系炭素材料に取り込まれたリチウム、正極にコバルト酸リチウムが用いられる。図1に示すように、負極の黒鉛系炭素材料は炭素原子からなる層状の平面構造が積み重なった構造をしており、黒鉛系炭素材料の

図1

層間と電解質の間を、リチウムイオンが出入りすることができる。また、正極のコバルト酸リチウムも CoO_2 が層状になっており、その層間と電解質の間をリチウムイオンが出入りする。このような場合、コバルト酸リチウムの組成は、各元素の原子数の比を整数で表すことができないため、出入りするリチウムの割合 x $(0 \leqq x < 1)$ を用いて $Li_{1-x}CoO_2$ と表される。実際のリチウムイオン電池では、充電が完了したときには、$LiCoO_2$ から半分のリチウムを失っているため、$Li_{0.5}CoO_2$ と表される。

放電時には、負極では黒鉛系炭素材料中のリチウムイオンが失われ、電子が放出される。図1のように、電子とリチウムイオンは正極に入り、$LiCoO_2$ が形成される。正極で起こる反応は以下のように表される。

[正極] $2Li_{0.5}CoO_2 + Li^+ + e^- \longrightarrow 2LiCoO_2$

問　あるスマートフォンに用いられているリチウムイオン電池から取り出せる電気量が 3860 mAh であった。このリチウムイオン電池をつくるのに必要な $LiCoO_2$ の質量〔g〕の値を計算し、その数値を有効数字2桁で書け。ただし〔mAh〕は市販のリチウムイオン電池において、とり出せる電気量を表すのに用いられる単位であり、1 mAh＝3.60 C である。

| 東北大 |

扱う テーマ　電気分解, 直列と並列, 電気分解における量的関係

化学基礎・化学

次の文章を読み, 下の問いに答えよ。ただし, Cu=63.5, Ag=107.9 とする。

次図のように, 水酸化ナトリウム水溶液(電解槽Ⅰ), 塩化銅(Ⅱ)水溶液(電解槽Ⅱ), および硝酸銀水溶液(電解槽Ⅲ)を入れた電解槽Ⅰ〜Ⅲをつなぎ, 次の実験操作を行った。

〔操作1〕　スイッチ S_2 を開いた状態でスイッチ S_1 を閉じ, 1.0 A の電流を 16 分 5 秒間流した。

〔操作2〕　スイッチ S_2 を閉じた状態でスイッチ S_1 を閉じ, 0.50 A の電流を 32 分 10 秒間流したところ, (C)の炭素棒上に銅が 0.127 g 析出した。

問1　〔操作1〕でG点を流れた電気量は何Cか。有効数字2桁で答えよ。

問2　〔操作1〕で(A)の白金板で発生する気体の名称と物質量を有効数字2桁で答えよ。
　　ただし, ファラデー定数を 96500 C/mol とする。

問3　〔操作2〕で(C)の炭素棒に流れた電流は何Aか。有効数字2桁で答えよ。

問4　〔操作2〕で(E)の白金板に析出した銀は何gか。有効数字2桁で答えよ。

問5　〔操作1〕と〔操作2〕で(B)の白金板で起こる変化を, 電子 e^- を用いた化学反応式で示せ。

★問6　〔操作2〕で(B)の白金板で発生する気体と, (F)の白金板で発生する気体の物質量の比を答えよ。

| 千葉大 |

扱う
テーマ　電気分解，水酸化ナトリウムの製造，イオン交換膜法

化学基礎・化学

次図は塩化ナトリウム水溶液の電気分解(電解)の反応槽を模式的に示したものである。

〈陽イオン交換膜を用いた塩化ナトリウム水溶液の電気分解〉

陽極室と陰極室は陽イオン交換膜で仕切られており，陽極で生成した ア と陰極で生成した イ および ウ とは，互いに混ざり合うことはない。また， エ のみが選択的に陽イオン交換膜を通り抜けるため，電気分解により陰極室では ウ と エ の濃度が高くなる。この電気分解法の特徴は，隔膜法と比べ純度の高い オ の水溶液が得られる点にある。

問1　文中の にあてはまる物質名を記せ。

★問2　図の陰極室へ毎分 10.0 kg ずつ水を供給して，質量モル濃度 5.00 mol/kg の オ の水溶液を連続的に得るためには，何 kA の電流で電気分解を行えばよいか。有効数字 3 桁で答えよ。ただし，ファラデー定数は 9.65×10^4 C/mol, H=1.0, O=16 とし，反応は電流に対して 100 % 進行するものとする。

| 大阪大 |

標問 55 定性的な実験による塩の決定

解答・解説 p.147

撮うテーマ　沈殿, 錯イオン, 炎色反応, イオンや化合物の色

化学

次の文章を読んで, 下の問いに答えよ。

下記Ⅰ群に示された12種の金属イオンのうち8種A, B, C, D, E, F, G, Hの硝酸塩をそれぞれ純水に溶解した溶液がある。また, a, b, c, dはⅡ群に示された化合物である。これらについて次の(1)～(6)の結果を得た。ここでaとbは水溶液として用い, cとdは気体で用いた。

Ⅰ群：㋑ Ag^+　　㋺ Al^{3+}　　㋩ Ca^{2+}　　㋥ Cd^{2+}　　㋭ Cu^{2+}

　　　㋬ Fe^{3+}　　㋣ K^+　　㋠ Li^+　　㋷ Mg^{2+}　　㋦ Mn^{2+}

　　　㋸ Pb^{2+}　　㋾ Zn^{2+}

Ⅱ群：㋧ CO_2　　㋕ HCl　　㋤ H_2S　　㋡ NH_3

(1) A～Hの中で同族元素のイオンの組み合わせは, AとB, CとDだけである。A～Dの中で, Aのみが炎色反応を示した。

(2) Aの溶液を4本の試験管にとり, それぞれにaをごく少量加えたのちa～dを加える(または通じる)と, cを通じたものだけに白色沈殿の生成が認められた。

(3) A～Hの溶液をそれぞれ試験管にとりbを加えると, Eの溶液のみ白色の沈殿を生じたが, 加熱するとその沈殿が溶解した。また, このbを加えたA, B, C, D, F, G, Hの溶液にdを通じると, ①Fの入った試験管のみが少し白く濁った。これは, Fによりdが酸化されたためである。

(4) C, D, Gの溶液をそれぞれ試験管にとり, aをごく少量加えたのちdを通じると, それぞれ黄色, 白色, 淡赤色の沈殿を生じた。

(5) C, D, F, Hの溶液をそれぞれ試験管にとり, aを少量加えたところすべてに沈殿を生じた。さらに多量のaを加えると, CとDの入った試験管では沈殿が溶解した。FとHの場合は沈殿が残ったが, ②さらに水酸化ナトリウムの水溶液を加えると, Hの入った試験管では沈殿が溶解した。

(6) Gの溶液を少量試験管にとり, 硝酸と非常に強い酸化剤を加えて加熱, 酸化すると赤紫色に変わった。

問1　Ⅰ群の中で同族元素のイオンの組み合わせを例にならって3つ挙げよ。

　　（例：㋣と㋠）　ただし, 例に挙げた組み合わせは除け。

★問2　aおよびcに相当するものをⅡ群の中から選び, 記号で記せ。

★問3　A～Hに相当するものをⅠ群の中から選び, 記号で記せ。

★★問4　下線部①の変化を表す化学反応式を書け。

問5　下線部②の変化を表す化学反応式を書け。

京都大

硫化水素は水溶液中で次に示す2段階の電離平衡を示す。

$$H_2S \rightleftarrows H^+ + HS^- \quad \cdots(1)$$
$$HS^- \rightleftarrows H^+ + S^{2-} \quad \cdots(2)$$

(1)式，(2)式の平衡定数をそれぞれ K_1，K_2 とし，水溶液中での各成分のモル濃度を $[H_2S]$，$[H^+]$，$[HS^-]$，$[S^{2-}]$ と表すと，

$$K_1 = \boxed{\quad ア \quad}$$
$$K_2 = \boxed{\quad イ \quad}$$

である。いま，水溶液中に含まれる硫化水素の全量の濃度を C〔mol/L〕とすると，

$$C = [H_2S] + [HS^-] + [S^{2-}]$$

という関係があるので，C は $[S^{2-}]$，K_1，K_2，$[H^+]$ を用いて，次のように表すことができる。

$$C = [S^{2-}] \times (\boxed{\quad ウ \quad}) \quad \cdots(3)$$

次に沈殿生成反応について考えてみよう。硫酸銅(Ⅱ)水溶液に硫化ナトリウム水溶液を加えていくと黒色沈殿が生じる。この場合，生成した沈殿と溶解しているイオンとの間には次の式のような平衡が存在する。

$$CuS(固) \rightleftarrows Cu^{2+} + S^{2-}$$

この平衡定数を K，各成分のモル濃度を $[CuS(固)]$，$[Cu^{2+}]$，$[S^{2-}]$ とすると，溶解平衡を考えることができるが，$[CuS(固)]$ は，固体の量にかかわらず一定であるため，

$$K \times [CuS(固)] = \boxed{\quad エ \quad} = K_{sp} \quad \cdots(4)$$

という関係式が成り立つ。ここで定数 K_{sp} は溶解度積とよばれ，難溶性塩の溶解度を表す定数である。例えば，硫酸銅(Ⅱ)水溶液に硫化ナトリウム水溶液を混合する場合，各成分のモル濃度を $\boxed{\quad エ \quad}$ に代入して得られた値が K_{sp} より $\boxed{\quad オ \quad}$ なると沈殿が生じることになる。(4)式は硫化銅(Ⅱ)を難溶性金属硫化物に置き換えても同様に成り立つ。

金属イオンの溶解した pH の異なる水溶液に硫化水素を通じた場合，(3)式と(4)式を合わせて考えることで金属硫化物の沈殿が生成するかどうかを判断できる。(3)式において，$K_1 = 9.6 \times 10^{-8}$ mol/L，$K_2 = 1.3 \times 10^{-14}$ mol/L，$C = 1.0 \times 10^{-1}$ mol/L とすると，pH が決まれば硫化物イオンの濃度を計算することができる。3.0×10^{-1} mol/L の塩酸溶液中での硫化物イオンの濃度は $\boxed{\quad カ \quad}$ mol/L，pH=11 の水溶液中での硫化物イオンの濃度は $\boxed{\quad キ \quad}$ mol/L となり，硫化物イオンの濃度は pH に強く依存していることがわかる。一方，(4)式において K_{sp} は定数であるため，金属硫化物の沈殿生成は硫化物イオンの濃度に依存する。いま，金属イオンが 1.0×10^{-2} mol/L の濃度で溶解している pH の異なる水溶液に硫化水素を通じ，$C = 1.0 \times 10^{-1}$ mol/L となる場合を考える。表1から 3.0×10^{-1} mol/L の塩酸溶液中では沈殿が生じず，pH=11 の水溶

液中では沈殿が生じる金属硫化物が存在することがわかる。このように，硫化水素は pH に依存して金属イオンを分離することができる有用な試薬であることが理解される。

問1　文中の　ア　〜　オ　にあてはまる式あるいは語句を答えよ。

★問2　文中の　カ　，　キ　の数値を有効数字2桁で答えよ。

★問3　下線部に関して，該当する金属硫化物を表1の中から選び，化学式ですべて答えよ。

金属硫化物	CdS	FeS	MnS	NiS	PbS	SnS
K_{sp} 〔mol^2/L^2〕	1.6×10^{-28}	5.0×10^{-18}	2.3×10^{-13}	2.0×10^{-21}	7.1×10^{-28}	1.1×10^{-27}

表1

｜神戸大｜

扱う
テーマ 溶解度積，沈殿反応を利用した滴定

化学

　塩化銀の沈殿生成を利用して，水溶液中の塩化物イオン濃度を測定する沈殿滴定について，その操作を頭の中で思い描きながら考えてみよう。

　塩化物イオンが含まれる試料溶液 10 mL をホールピペットを用いて正確にはかりとり，ビーカーに入れる。この水溶液にクロム酸イオンを少量加える。これにビュレットを用いて濃度既知の硝酸銀水溶液を滴下していく。すると，まず塩化銀の白色沈殿が析出するが，やがてはクロム酸銀の赤褐色沈殿が生成しはじめる。この時点で滴定は終了となる。このときまでに塩化物イオンのほとんどすべては沈殿してしまっているからである。

　この沈殿滴定の原理を，既知濃度の塩化物イオン水溶液を例にして，次の塩化銀やクロム酸銀の溶解度積の値から考えよう。

$$AgCl\,(固) \rightleftharpoons Ag^+ + Cl^-$$
$$K_{sp} = [Ag^+][Cl^-] = 2.0 \times 10^{-10}\,(mol/L)^2$$
$$Ag_2CrO_4\,(固) \rightleftharpoons 2\,Ag^+ + CrO_4^{2-}$$
$$K_{sp} = [Ag^+]^2[CrO_4^{2-}] = 1.0 \times 10^{-12}\,(mol/L)^3$$

　滴定実験においては，試料中の塩化物イオン濃度は 1.0×10^{-1} mol/L，クロム酸イオン濃度は 1.0×10^{-4} mol/L とする。そうすると，<u>クロム酸銀が沈殿しはじめるとき，すなわち滴定が終了したとき</u>の銀イオンの濃度は ［　ア　］mol/L となる。このとき溶液中に含まれる塩化物イオンはごくわずかで，その量は滴定をはじめる前に存在していた塩化物イオン量の ［　イ　］％ にしか過ぎない。クロム酸銀の沈殿生成によって滴定操作の終了を判定できることが分かる。

　次の問いに答えよ。以下の計算では，硝酸銀水溶液を滴下したことによる試料溶液の体積変化はないものとする。また，Ag_2CrO_4 の沈殿の生成に要した Ag^+ は無視できるものとする。

★ 問1　文中の ［　　　　］に適切な数値を有効数字2桁で入れよ。

★★ 問2　塩化物イオン濃度の測定値は滴定の終了までに加えられた銀イオンの総量から計算される。その総量は滴定終了時の AgCl 沈殿と水溶液の双方に含まれる銀量の和である。もともと溶液試料中に存在していた塩化物イオンの濃度と，下線部のときの測定値との差はいくらになるか。その値を mol/L で求め，有効数字2桁で答えよ。

| 京都大 |

扱うテーマ 錯イオン，錯イオンの構造とシス-トランス異性体，キレート滴定 化学

　配位子が金属イオンに結合した構造をもつ化合物を錯体とよび，イオン性の錯体は錯イオン，その塩は錯塩とよばれる。錯体は金属イオンの種類，配位子に依存して，図1のように，①さまざまな構造（$\alpha \sim \delta$）を形成できる。1893年にウェルナーは，②コバルト化合物を詳細に調べ，現在の錯体化学の基礎となる"配位説"を提唱した。

　"配位説"以降，さまざまな錯体が発見されている。例えば，ヒトの血液中では，ヘモグロビンの a 錯体が酸素を運搬する役割を担っており， a の不足により貧血となる。人工的に合成された錯体は，エレクトロニクス材料，③抗がん剤などのさまざまな分野で用いられている。硬水の軟化，水の硬度測定などは，金属イオンと1対1で錯体を生成しやすい④エチレンジアミン四酢酸（EDTA）（図2）のナトリウム塩を用いて行われている。有用物質合成に利用されている錯体は，触媒として働いて，反応の b を減少させることで反応速度を増加させる。このように錯体は，現在の我々の生活に非常に密着した化合物群となっている。

図1　さまざまな錯体の構造（それぞれの錯体の配位子は1種類とは限らない）　　図2　EDTAの分子構造

問1　下線部①の例として，構造（α, γ）をもつアンミン錯体を形成する金属イオンを，Zn^{2+}，Cu^{2+}，Na^+，Ag^+，Mg^{2+} の中からそれぞれ1つずつ選べ。

★問2　下線部②の化合物の代表例は，4つのアンモニア分子，2つの塩化物イオンを配位子として有する $[Co(NH_3)_4Cl_2]^+$ である。この錯体は八面体構造（δ）をとり，2つの立体異性体が存在する。それらの構造を描け。

問3　 a に入る金属の元素記号を答えよ。

★問4　2つのアンモニア分子，2つの塩化物イオンを配位子として有する白金イオン（Pt^{2+}）の錯体は構造（β）を有し，そのシス-トランス異性体の1種は下線部③として利用されている。この白金錯体において考えられるシス-トランス異性体の分子構造をすべて描け。

★問5　下線部④のEDTA溶液とEDTAがカルシウムイオン（Ca^{2+}）へ配位すると色が変化する指示薬を用いて滴定を行い，Ca^{2+}溶液 0.10 L の濃度を測定した。0.010 mol/L のEDTA溶液を 5.0 mL 滴下することで反応が終了し，溶液の色が変化した。この溶液における Ca^{2+} 濃度を求めよ。ただし，Ca^{2+} へEDTAが配位したCa-EDTA錯体の生成定数 $K = [\text{Ca-EDTA}]/([\text{EDTA}][Ca^{2+}])$ は 3.9×10^{10} L/mol であり，pHの変化，Ca^{2+}溶液中の陰イオンの効果は考慮しなくてもよい。

問6　 b に入る語句を答えよ。

│ 東京大 │

扱う
テーマ　金属イオンの系統分離，溶解度積　　　　　　　　　　　　　　　　化学

Na^+, Ag^+, Zn^{2+}, Ba^{2+}, Fe^{3+} イオンを含む硝酸水溶液がある。この溶液を用いて次に示す実験(1)～(5)を行い，各イオンを分離した。これらの実験結果を読んで，下の問いに答えよ。ただし，計算問題は有効数字3桁で解答せよ。原子量は，H=1.00，N=14.0，O=16.0，Na=23.0，S=32.1，Fe=55.8，Zn=65.4，Ag=108，Ba=137とする。

実験(1)　この溶液に硫化水素を吹き込むと，沈殿　ア　が生成した。ろ過によって分離した沈殿は，硝酸を加えて加熱すると溶解した。この溶液にアンモニア水を加えていくと，はじめに　イ　が沈殿するが，さらに加えるとイオン　ウ　を生じて溶けた。

実験(2)　沈殿　ア　を分離したろ液を，いったん煮沸により硫化水素を除いてから，①濃硝酸を数滴加え，さらにアンモニア水を加えると　エ　色の沈殿が生成した。ろ過によって分離した沈殿を塩酸で溶かし，イオン　オ　を含む水溶液を加えると濃青色沈殿を生じた。

実験(3)　　エ　色の沈殿を分離したろ液に硫化水素を吹き込むと　カ　が沈殿した。

実験(4)　沈殿　カ　を分離した②ろ液に硫酸を加えると　キ　が沈殿した。

実験(5)　沈殿　キ　を分離したろ液中にイオン　ク　が残っていることを，　ケ　の実験で確認した。

問1　沈殿　ア　と　イ　，イオン　ウ　を化学式で示せ。

★ **問2**　下線部①で示した操作はどのような目的で行うのか。30字程度で書け。また，　エ　に入る適切な語とイオン　オ　の化学式を示せ。

問3　沈殿　カ　を化学式で示せ。

問4　沈殿　キ　を化学式で示せ。

★★ **問5**　難溶性塩である沈殿　キ　では，水に溶けて電離している状態における陽イオンと陰イオンの濃度の積(K_{sp})が常に一定であり，$K_{sp}=1.11\times10^{-10}$ $(mol/L)^2$ と求められている。下線部②で示した操作で得た溶液の体積を0.100 Lとし，硫酸イオンの濃度を1.00×10^{-5} mol/Lであるとする。もし溶液の体積が同じで，硫酸イオン濃度を1.00×10^{-3} mol/Lと高濃度にすれば，さらに何gの　キ　が析出するかを求めよ。ただし，溶液中の他のイオン種は，K_{sp}の値に影響を及ぼさないものとする。

★ **問6**　イオン　ク　を化学式で示せ。また，実験　ケ　の名称を記し，どのような操作を行い，どのような現象が起こることによってイオン　ク　の判定が行えるかを30字程度で書け。

｜大阪大｜

扱う
テーマ　気体の性質・捕集法，気体の発生実験，気体の検出方法　　　　　　　　　　　　化学

次図の(A)〜(E)は記述した気体を発生させる装置を示したものである。ただし，気体の精製法は省略してある。下の問いに答えよ。必要があれば，原子量は次の値を使うこと。H=1.0，C=12.0，N=14.0，O=16.0，S=32.1，Cl=35.5

(A)塩素の発生　　(B)塩化水素の発生　(C)二酸化炭素の発生　(D)アンモニアの発生　(E)一酸化窒素の発生

★ 問1　図(A)〜(E)のいずれにおいても，用いた2つの試薬①，②のうち1つは不適当である。不適当な試薬をそれぞれの図の①，②から1つを選び，その番号と，正しい試薬名を書け。

問2　図(A)〜(E)のそれぞれにおいて，捕集方法として最も適当なものを，次の①〜③から1つを選び，その番号を書け。

① 上方置換　　② 水上置換　　③ 下方置換

★ 問3　図(A)〜(E)のそれぞれにおいて，気体発生が酸化還元反応によるものには○，そうでないものには×の符号を書け。

問4　図(A)〜(E)の気体の検出方法について，最も適当なものを次の①〜⑥から1つを選び，その番号を書け。

① 空気にふれさせる。　② 塩酸を近づける。　③ 硫酸にふれさせる。
④ 石灰水に通じる。　　⑤ アンモニア水を近づける。
⑥ 湿ったヨウ化カリウムデンプン紙を近づける。

問5　図(A)〜(E)のそれぞれにおいて，発生する気体の性質として最も適当なものを，次の①〜⑧から1つを選び，その番号を書け。

① 酸素と反応して有色の気体を生成する。
② 無色で刺激臭があり，漂白剤として用いられる。
③ オストワルト法による硝酸の工業的製法の原料になる。
④ 液体空気の分留によって得られる無色の気体で，オゾンの同素体である。
⑤ 鍾乳洞ができるときに重要な役割をする。
⑥ すべての気体の中で分子量が最も小さく，還元性がある。
⑦ 強い酸化性があり，ヨウ化物イオンや臭化物イオンと反応してヨウ素や臭素を遊離する。
⑧ 水によく溶け，強い酸性を示す。

| 弘前大 |

　水素を除く1族元素をアルカリ金属といい，その原子はすべて1個の　ア　をもつため，1価の陽イオンになりやすい。アルカリ金属は，天然には単体の形では存在せず，化合物の融解液を電気分解することで単体を製造する。この操作を　イ　電解という。

　アルカリ金属の単体は反応性に富み，室温で酸素やハロゲンと反応して，酸化物とハロゲン化物を生じる。また，冷水とも容易に反応する。例えば，金属ナトリウムは冷水と反応して　A　と水素を生成する。　A　は無色半透明な固体で，放置すると空気中の水分を吸収して溶ける。この現象を　ウ　といい，　A　は乾燥剤として利用することができる。

　　A　は二酸化炭素と反応し，2価の弱酸の塩である　B　と水を生じる。　B　は水によく溶け，その水溶液は塩基性を示す。　B　の水溶液を濃縮すると，無色の十水和物の結晶が析出する。さらにこの結晶を乾いた空気中で放置すると，結晶中の水が失われて粉末状の一水和物になる。この現象を　エ　といい，水和水の数が変化することで，物質の性質が大きく変化する。

問1　文中の　ア　～　エ　に入る適切な語句を書け。

問2　文中の　A　および　B　に入る適切な物質を組成式で答えよ。

問3　　B　は，工業的には，塩化ナトリウムの飽和水溶液に，アンモニアと二酸化炭素を通じ，析出する沈殿物Cを熱分解することで製造する。以下の3つの問いに答えよ。

(1)　この工業的製法の名称を答えよ。

(2)　この製法の優れた点は，副生物を再利用できることで，沈殿物Cが生成するときの副生物Dと水酸化カルシウムとを反応させてアンモニアを回収し，　B　の製造に再び利用することもできる。副生物Dから，アンモニアを回収する化学反応式を書け。

★(3)　この製法によって　B　を150 kg製造したとき，アンモニアを最大で何kg回収することができるか，有効数字2桁で求めよ。ただし，製造および回収の過程において，化学反応はすべて過不足なく進行するものとする。原子量は，H=1.0，C=12，N=14，O=16，Na=23とする。

| 東北大 |

2族元素は　ア　金属元素とよばれる。

ベリリウムとマグネシウムを除いた　ア　金属元素の単体はとくに性質が似ており，同一周期では，水素を除いた1族元素の単体に比べて，融点が　イ　，密度が　ウ　。また，(1)常温で水と反応し，強塩基の水酸化物を生じる。さらに，これらの水酸化物の固体や水溶液は，二酸化炭素を吸収して炭酸塩になる。例えば，(2)石灰水に二酸化炭素を通じると，白色の沈殿物が生じる。さらに二酸化炭素を通じ続けると，その白色沈殿が消える。この沈殿物が溶ける反応は，自然界において，二酸化炭素を含んだ水が，長い年月をかけて石灰石を溶かし，鍾乳洞が形成されるのと同じ現象である。一方，(3)この沈殿物が溶ける反応は可逆反応であり，溶けた沈殿物は再び析出し得る。この沈殿物が再び析出する反応は，鍾乳洞の内部に鍾乳石が形成されていくのと同じ現象である。

(4)下線部(2)の沈殿物を900℃以上に加熱することによって生じる生石灰は，乾燥剤などに用いられている。天然に存在するセッコウは硫酸カルシウム二水和物が主成分であり，(5)140℃に加熱すると焼きセッコウになる。

問1 文中の　ア　〜　ウ　にあてはまる語句を記せ。

問2 　ア　金属元素の1つであるカルシウムの単体の製造法として，最も適当な方法を次の①〜③から選べ。

① 酸化カルシウムを900℃以上に加熱して，水素と反応させる。

② 炭酸カルシウムを900℃以上に加熱して，溶融塩電解する。

③ 塩化カルシウムを900℃以上に加熱して，溶融塩電解する。

問3 下線部(1)を金属カルシウムを例にして化学反応式で示せ。

★ **問4** 下線部(2)，(3)，(4)を化学反応式で示せ。

★ **問5** 下線部(5)について，硫酸カルシウム二水和物を加熱してその質量変化を測定したところ，右図のような結果を得た。まず，①の状態で86gの硫酸カルシウム二水和物をゆっくりと加熱していくと，100℃付近で質量変化が観測されはじめ，②の状態になった。さらに加熱していくと，170℃付近で質量変化が観測されはじめ，③の状態になった。②の状態で得られる焼きセッコウの化学式

および③の状態で存在する物質の化学式をそれぞれ記せ。原子量は，H＝1.0，C＝12，O＝16，S＝32，Ca＝40 とする。

| 問1,4 名古屋市立大 (薬)，問2 新潟大，問3,4,5 熊本大 |

次の文章(A)，(B)を読んで，下の問いに答えよ。

(A)　右図は鉄の製錬に用いられる溶鉱炉の模式図である。溶鉱炉は上部から下部に向かって温度が高くなる構造になっており，図中のⅠ～Ⅲの３つの温度域で起こる反応によって原料の鉄鉱石（酸化鉄）から金属鉄が生成する。Fe_2O_3 を主成分とする赤鉄鉱などの鉄鉱石をコークス（炭素）と石灰石とともに上部から炉に入れる。炉の下部から熱い空気を送り込むとコークスが燃焼し 2000℃ の高温に加熱され，

鉄鉱石，コークス，石灰石
- 200℃
- 500℃
- 800℃
- 1000℃
- 1200℃
- 2000℃
空気　空気
鉄　スラグ

　ア　が発生する。炉の上部から供給された Fe_2O_3 は下から上昇してくる熱い　ア　と接触し，温度域Ⅰで，

1

の反応により　イ　に還元される。次に　イ　は温度域Ⅱでさらに還元され　ウ　になる。鉄への最終的な還元は温度域Ⅲで進行する。Ⅰ～Ⅲの温度域で　ア　は酸化され　エ　になる。鉄の生成過程全体を通して，十分な　ア　の供給を確保しているのは，

2

の反応である。石灰石は 900℃ ぐらいのところで分解して，生石灰になり，炉の最も熱い部分で鉄鉱石に含まれる SiO_2 などをカルシウムの化合物にして，鉄と分離する働きをしている。分離した鉄は最も高密度の層を形成して炉の底にたまる。これを引き出し，凝固させた鉄は炭素含有量が高く，硫黄，リンなどを含み　a　とよばれる。

(B)　金属鉄（Fe）は　オ　を発生しながら希硫酸に溶けて，　b　価のイオンを含む水溶液ができる。この水溶液を２つの試験管に分け，一方にヘキサシアニド鉄（Ⅲ）酸カリウム　カ　の水溶液を加えると　3　の沈殿が生じる。また，もう一方の試験管の水溶液に過酸化水素水を加えると Fe は　c　価に　d　され，水溶液の色は　4　から　5　になる。この水溶液にチオシアン酸カリウム水溶液を加えると　6　になる。

★問1　文中の　ア　～　カ　に適切な化学式を記入せよ。なお，　カ　にはヘキサシアニド鉄（Ⅲ）酸カリウムの化学式を記入すること。

問2　文中の　a　，　d　に適切な語句を，また　b　，　c　に適切な数字を記入せよ。

★問3　文中の　1　，　2　に適切な反応式を記入せよ。

問4　文中の　3　～　6　に次から適切な色を１つずつ選び，記入せよ。
　黄褐色，赤色，暗紫色，淡緑色，深緑色，白色，濃青色，無色

京都大

鉄は，乾燥した空気中ではほとんどさびないが，湿った空気中で容易に腐食してさびやすいことが知られている。鉄の腐食の様子を知るために次の実験を行った。

実験1：亜鉛，銅，スズおよび鉄の金属片の表面をよくみがき，3% 食塩水をしみこませたろ紙の上に並べた。次に，電流計をつないだ端子を図1のように2種類の金属片にあてたところ，針が振れ電流の発生を観測した。そこで，電流の流れる方向を各金属の組み合わせで測定し，これを表1にまとめた。

電流計
Ⓐ

ろ紙　金属1　金属2
図1　実験1の概略図

金属1	金属2	電流の方向
亜鉛	銅	（例）2 → 1
鉄	亜鉛	(あ)
銅	スズ	(い)
スズ	鉄	(う)
鉄	銅	(え)
スズ	亜鉛	(お)

表1　各金属の組み合わせによる電流の流れる方向

実験2：微量の炭素を不純物として含む鉄板の表面をよくみがき，ヘキサシアニド鉄（Ⅲ）酸カリウムとフェノールフタレインを含む3% 食塩水を図2のように滴下した。しばらくすると，鉄板上のある部分に青色物質を生じ，青色物質

液滴　青色物質

鉄板
図2　実験2の概略図

が増えるにつれて液滴の一部が赤くなったが，気体は発生しなかった。これは，鉄板が電解質を含む水溶液と触れることにより，鉄と炭素を電極とした局所的な電池が形成されたことを示している。その後，青色物質の表面に沈殿物が生じ，さらに十分長い時間を経過すると鉄板の表面にさびが観測された。

問1　実験1でなぜ電流が発生したのか理由を述べよ。

問2　表1中の(あ)～(お)に電流の流れる向きを（例）にしたがい記せ。

★ **問3**　実験2で青色物質を生じた現象を化学的に説明せよ。

問4　実験2で青色物質を生じた部分は，正極・負極のいずれの電極として働いているかを記せ。また，この反応を電子を含むイオン反応式で記せ。

★ **問5**　実験2で液滴が赤くなった現象は，青色物質を生じた結果，液中の酸素と水が反応したものである。赤くなった部分は，正極・負極のいずれの電極として働いているかを記せ。また，この反応を電子を含むイオン反応式で記せ。

問6　ブリキとトタンにおける鋼板の腐食防止のしくみは異なる。両者の腐食防止のしくみを，それぞれ簡潔に記せ。

｜ 静岡大 ｜

〔Ⅰ〕 硫酸銅（Ⅱ）に関するA，Bの文章を読み，下の問いに対する解として，最も適切な選択肢をそれぞれの解答群から1つ選べ。ただし，$CuSO_4 \cdot 5H_2O = 250$，$H_2O = 18$とする。

A 酸化銅（Ⅱ）を試薬Rと反応させ，得られた溶液を濃縮させ，数日放置すると(a)硫酸銅（Ⅱ）五水和物 $CuSO_4 \cdot 5H_2O$ の結晶Qが生成した。

B 結晶Q 5.000 gを質量 10.000 gのルツボに入れ，電気炉で，(b)130 ℃に加熱して秤量すると，ルツボの質量は 13.56 gであった。さらに，250 ℃まで加熱したのち，ルツボの質量を秤量し，ルツボに残った(c)粉末の質量を求めると x〔g〕であった。

問1 試薬Rとして最も適切なものを次の①～⑤から1つ選べ。
① 希硫酸　　② 希硝酸　　③ 濃硝酸　　④ 希塩酸　　⑤ 濃塩酸

問2 下線部(a)で生成した結晶Qの中で Cu^{2+} イオンに1つも配位していない原子を次の@～@から2つ選び，その正しい組み合わせの番号を下の①～⑥から1つ選べ。
　　　@ 硫酸イオンの酸素原子　　　ⓑ 硫酸イオンの硫黄原子
　　　ⓒ 水分子の酸素原子　　　　ⓓ 水分子の水素原子
① @とⓑ　　② @とⓒ　　③ @とⓓ　　④ ⓑとⓒ　　⑤ ⓑとⓓ
⑥ ⓒとⓓ

問3 下線部(b)の反応で，水分子は $CuSO_4 \cdot 5H_2O$ 1式量あたり何分子なくなったか。最も適切な数値を次の①～⑤から1つ選べ。
① 1　　② 2　　③ 3　　④ 4　　⑤ 5

問4 下線部(c)のルツボに残った粉末の色は何色か。最も適切なものを次の①～④から1つ選べ。
① 青色　　② 黄色　　③ 白色　　④ 緑色

問5 下線部(c)でルツボに残った粉末の質量 x〔g〕の値として最も適切な数値を次の①～⑤から1つ選べ。
① 0.2　　② 1.6　　③ 2.3　　④ 3.2　　⑤ 5.0
　　　　　　　　　　　　　　　　　　　　　　　　　　　　　　│ 東京理科大 │

〔Ⅱ〕 銅の電解精錬の過程を実験室で再現するために，希硫酸に硫酸銅（Ⅱ）を溶かした溶液 1000 mLを電解槽に入れ，不純物を含んだ銅（粗銅）を陽極に，純粋な銅（純銅）を陰極にして電気分解を行った。このことに関して，次の問いに答えよ。

問1 粗銅の電極には，不純物として，主に亜鉛，金，銀，鉄，ニッケルが含まれている。この不純物の金属には，電気分解後，陽極泥に含まれるものと，水溶液中にイオンとして存在するものとがある。陽極泥に含まれる金属はどれか。次の①～⑦から最も適当なものを1つ選べ。

① 亜鉛, 鉄　　　② 亜鉛, 鉄, ニッケル　　③ 銀, ニッケル

④ 金, ニッケル　　⑤ 金, 鉄　　　　　　　⑥ 金, 銀

⑦ 金, 銀, 鉄

★★ 問2　直流電流を通じて電気分解したところ, 粗銅は 67.14 g 減少し, 一方, 純銅は66.50 g 増加した。また, 陽極泥の質量は 0.34 g で, 溶液中の銅 (Ⅱ) イオンの濃度は 0.0400 mol/L だけ減少した。この電気分解で水溶液中に溶け出した不純物の金属の質量は何 g か。次の①〜⑨から最も適当な数値を1つ選べ。ただし, この電気分解により溶液の体積は変化しないものとする。また, 不純物としては金属だけが含まれているものとし, Cu=63.5 とする。

① 0.30　　② 0.34　　③ 0.64　　④ 1.27　　⑤ 2.20　　⑥ 2.54

⑦ 2.84　　⑧ 3.18　　⑨ 3.52

　　亜鉛は 12 族の遷移元素であり，元素の周期表で同じ縦列に並んでいるカドミウムや水銀は亜鉛の　ア　元素である。亜鉛原子は 2 個の最外殻電子をもつため，2 価の　イ　イオンになりやすい。一般に原子がイオンになったり，原子どうしが結合するときに重要な働きをする最外殻の電子を　ウ　とよぶ。

　　(a)亜鉛粉末に希塩酸を加えたところ，気体を発生しながら溶解した。(b)この溶液に水酸化ナトリウム水溶液を少しずつ加えると，白色の沈殿が生じた。白色沈殿物は酸とも，(c)強塩基とも反応して溶解した。このような性質をもつ水酸化物を総称して　エ　水酸化物とよぶ。

問1　文中の　ア　～　エ　に入る適切な語句を記せ。

問2　下線部(a)～(c)それぞれについて，イオン反応式を示せ。

問3　次の(i)，(ii)の水溶液に含まれる金属イオンのうちの一方を沈殿させることで回収する方法をそれぞれ記せ。イオンの濃度は 1.0×10^{-2} mol/L 程度とし，使用できる試薬は塩酸，水酸化ナトリウム水溶液，硫化水素，アンモニア水とする。

(i)　亜鉛イオンとアルミニウムイオンを含む水溶液

★(ii)　亜鉛イオンとカドミウムイオンを含む水溶液

★問4　水銀に関する次の(i)，(ii)は，どのような水銀の性質と関係しているかを述べよ。

(i)　水銀は硝酸や王水には溶けるが，塩酸には溶けない。

(ii)　不純物として銀を含む水銀を精製するには，真空中で水銀を蒸留する。

|　問 1～3 金沢大，問 4 日本女子大 |

扱う
テーマ アルミニウムの単体と化合物の性質，アルミニウムの製錬 化学

アルミニウムに関する次の〔Ⅰ〕と〔Ⅱ〕の2つの文章を読み，問いに答えよ。

〔Ⅰ〕 アルミニウムは，一般に①酸および強塩基のいずれとも反応するため，両性金属といわれる。また，アルミニウムイオン Al^{3+} を含む水溶液に少量の水酸化ナトリウム水溶液を加えると②白色のゲル状沈殿が生成するが，さらに水酸化ナトリウム水溶液を加えると③沈殿は溶解する。

問1 下線部①について，(a)アルミニウムと塩酸，(b)アルミニウムと水酸化ナトリウム水溶液の反応の化学反応式をそれぞれ書け。

問2 下線部②のイオン反応式を書け。

問3 下線部③の化学反応式を書け。

問4 アルミニウムは還元力が強く，この特性を利用して，鉄やクロム，コバルトなどの金属酸化物から金属単体をとり出すことができる。この方法の名称を書け。

〔Ⅱ〕 融解槽の中で融解した氷晶石と酸化アルミニウムを，炭素を電極として電気分解することにより，アルミニウムが得られる。この電気分解において，陽極ではAおよびBの2種類のガスが生成した。なお，Aが完全に酸化されるとBになる。

問5 陽極および陰極で起こる反応を，イオン反応式でそれぞれ表せ。

問6 通電により，1.158×10^6 C の電気量に相当する電気分解を行った。ファラデー定数は 9.65×10^4 C/mol，アルミニウムの原子量は27とする。なお，解答の数値は整数で求めよ。

(1) 得られるアルミニウムの質量は何gか。

★(2) 陽極で生成したAとBの物質量比が1:1であったとき，Aが生成する反応により得られたアルミニウムの質量は何gか。

| 大阪大 |

扱う テーマ 炭素の単体と化合物の性質，結合エネルギー，結晶の密度 [化学]

　炭素にはいくつかの ア が存在する。例えば，2次元結晶となる炭素の ア としてはグラフェンがある。グラフェンは正六角形の格子が原子1個分の厚さで平面状につながった2次元結晶であり，炭素原子が蜂の巣状に並んでいる。グラフェンは炭素がもつ価電子のうち イ 個を使って共有結合しており，残る価電子は結晶表面を ウ できるため，電気伝導性を エ 。2010年にガイムとノボセロフはグラフェンの研究によってノーベル物理学賞を受賞した。グラフェンが層状に重なったものがグラファイト（黒鉛）である。層と層の間は弱い オ で結合している。そのため，グラファイトは層状にはがれやすいという性質をもつ。

　グラフェンに関連した ア として，グラフェンが筒状になったような構造をもつカーボンナノチューブや，炭素原子60個からなるサッカーボール状の構造をもつ C_{60} フラーレンなどがある。1996年には C_{60} フラーレンの発見によりノーベル化学賞がクロトー，カール，スモーリーに与えられている。<u>C_{60} フラーレンは結晶構造をとる場合がある。このとき，C_{60} フラーレン分子を1つの粒子と考えると，立方体の各頂点および各面の中心に C_{60} フラーレン分子が位置する。</u>

　炭素の ア にはさらに，3次元結晶となるダイヤモンドがある。ダイヤモンドは，各炭素原子が カ 個の価電子により隣接する炭素原子とそれぞれ共有結合をつくって キ の形をとり，これが繰り返された立体構造をもつ。この原子の配置は幾何的に理想的な角度であるため，ひずみがなく，安定である。ダイヤモンドは天然で最も ク 物質であり，電気伝導性を ケ 。

問1　文中の ア ～ ケ に適切な語句または数字を記せ。

★ 問2　ダイヤモンドの燃焼エンタルピーは $\Delta H = -395\,kJ/mol$ である。O=O および C=O の結合エネルギーをそれぞれ $498\,kJ/mol$，$804\,kJ/mol$ として，ダイヤモンドの C–C の結合エネルギー〔kJ/mol〕を整数で求めよ。

★ 問3　下線部で単位格子の1辺の長さを $1.41 \times 10^{-7}\,cm$ とするとき，C_{60} フラーレン結晶の密度〔g/cm^3〕を求め，有効数字3桁で記せ。
アボガドロ定数＝6.02×10^{23}〔mol^{-1}〕，炭素の原子量＝12.0 とする。

| 問1,3 岡山大，問2 名城大（理工）|

次の文章を読み，下の問いに答えよ。

0.54 nm

周期表の 14 族に属する元素のケイ素は地殻に酸化物として多量に存在する。ケイ素の単体は暗灰色の金属光沢をもち， ア (語句) 結合結晶は (a) ダイヤモンドと同様の立方格子 (右図) であることが知られる。高純度のケイ素はわずかに電気伝導性がある イ (語句) としての性質をもち，電子部品の材料に用いられる。 イ (語句) には あ (元素名) を少量加え，電子を 1 個余らせることにより電気伝導性を大きくした n 型 イ (語句) と， い (元素名) を少量加え，電子を 1 個不足させることにより電気伝導性を大きくした p 型 イ (語句) とがある。ケイ素の酸化物は天然には石英として産出し，六角柱状の結晶構造からなるものを特に水晶とよんでいる。高純度の二酸化ケイ素を融解して繊維化し，光通信に利用されるものは ウ (語句) とよばれる。

(b) 石英 (主成分 SiO_2) の粉末を炭酸ナトリウムと混合して強熱し，融解すると エ (物質名) が生成する。 エ (物質名) の水溶液を長時間加熱すると，水ガラスとよばれる う (語句) の大きな液体が得られる。(c) 水ガラスの水溶液に塩酸を加えると，半透明ゲル状のケイ酸が沈殿してくる。ケイ酸をよく水洗いしたのち加熱乾燥するとシリカゲルが得られる。(d) シリカゲルは水蒸気をよく吸着するので乾燥剤に使われる。

(e) ケイ素の単体を工業的に生成する場合にケイ砂 (主成分 SiO_2) とコークス (主成分 C) とを反応させ，一酸化炭素を発生させる。ケイ砂とコークスとを反応させる場合，コークスの含有量の違いによって異なった化学反応が起こり，コークス量が多いと オ (物質名) が生成される。また，(f) ケイ砂と還元剤としてマグネシウム粉とを反応させ，ケイ素の単体と酸化マグネシウムとを生成させる方法もある。(g) ケイ砂は化学的に安定であるが，フッ化水素やフッ化水素酸と反応する。

問 1 文中の括弧内の指示に従って ア ～ オ に最も適切な語句などを記入せよ。さらに， あ ， い の元素名， う の語句については次から 1 つを選び，その番号を記せ。

① ホウ素　　② 炭素　　③ 窒素　　④ 酸素　　⑤ フッ素
⑥ ナトリウム　⑦ 硫黄　　⑧ 塩素　　⑨ カリウム　⑩ ヒ素
⑪ 潮解性　　⑫ 展性・延性　⑬ 粘性　　⑭ 昇華性　　⑮ 弾性
⑯ 感光性

★ **問 2** 下線部(a)について，ケイ素単体の結晶の単位格子の一辺の長さは 0.54 nm である。ケイ素単体の結晶の原子間の結合距離 x 〔nm〕を求めよ。また，ケイ素単体の結晶の密度 y 〔g/cm³〕を求めよ。ただし，アボガドロ定数 $N_A = 6.0 \times 10^{23}$ 〔/mol〕，

原子量 Si＝28, $\sqrt{2}$＝1.4, $\sqrt{3}$＝1.7 とし, 有効数字は 2 桁とする。

問3　下線部(b), (c)の変化をそれぞれ化学反応式で記せ。

★問4　下線部(d)についてその理由を 40 字以内で説明せよ。

問5　下線部(e)のコークス量が少ない場合(A)と多い場合(B)について, それぞれの化学反応式を記せ。

問6　下線部(f)を化学反応式で記せ。

問7　下線部(g)の SiO_2 とフッ化水素が反応して四フッ化ケイ素 (SiF_4) が生成される場合(C)と, SiO_2 とフッ化水素酸が反応してヘキサフルオロケイ酸 (H_2SiF_6) が生成される場合(D)について, それぞれの化学反応式を記せ。

| 名古屋市立大 (医) |

14 族元素には，炭素，ケイ素，ゲルマニウム，スズ，鉛が属しており，いずれも価電子 4 個をもっている。その中で，金属元素のスズと鉛は，いずれも酸化数　ア　と　イ　の化合物になる。通常，スズは酸化数　イ　の化合物のほうが安定であるので，スズの酸化数　ア　の化合物は　ウ　として働くが，鉛は酸化数　ア　の化合物のほうが安定で，鉛の酸化数　イ　の化合物は　エ　として働く。例えば，スズと希硫酸の反応で生成した化合物は，①希硫酸溶液中で二クロム酸カリウムと酸化還元反応を起こす。これに対して，②二クロム酸カリウム水溶液をアルカリ性にし，③硝酸鉛（Ⅱ）を加えても黄色沈殿が生成するのみである。

スズのイオン化傾向は水素より大きいので，スズの単体は希塩酸や希硫酸に水素を発生して溶けるが，④鉛の単体は，スズと同様にイオン化傾向が水素より大きいにもかかわらず，常温では希塩酸や希硫酸に溶けにくい。

問 1　文中の　ア　～　エ　に適切な語句または数値を記せ。

★ 問 2　下線部①をイオン反応式で記せ。

★ 問 3　下線部②および③で起こる反応を，それぞれイオン反応式で記せ。

問 4　下線部④の鉛の単体が希塩酸や希硫酸に溶けにくい理由を答えよ。

｜ 静岡県立大 ｜

扱う テーマ 窒素の単体と化合物の性質，アンモニアの工業的製法，硝酸の工業的製法，肥料 化学

①工業的にアンモニアは，水素と窒素の混合気体を約 $8.0 \times 10^6 \sim 3.0 \times 10^7$ Pa，400～500℃ で触媒を用い直接反応させる ア 法により生産される。生産されたアンモニアの一部は，次の 3 つの基本工程からなる イ 法による硝酸の工業生産に用いられる。

(i) **アンモニアの酸化**：②空気中の酸素とアンモニアを触媒を用いて反応させると，一酸化窒素を含んだ反応ガスが生成する。

(ii) **一酸化窒素の酸化**：反応ガスを冷却し一酸化窒素を過剰酸素と反応させると，二酸化窒素が生成する。

(iii) **二酸化窒素と水との反応**：③二酸化窒素を含む反応ガスを温水と反応させると，硝酸および一酸化窒素が生成する。

　アンモニアと硝酸の一部は，化学肥料の原料として使われる。植物に吸収された窒素化合物は，アミノ酸やタンパク質などの構成成分となり，一部は動物にとり込まれる。動植物に含まれる窒素化合物は，最終的に土壌中で微生物によって分解され窒素となり大気中に放出される。この大気への窒素の遊離は主に脱窒素菌によりなされている。④脱窒素菌は硝酸イオンを菌体内で亜硝酸イオン（NO_2^-），一酸化窒素，一酸化二窒素，そして窒素へと順に変換し，窒素ガスを放出する。菌体中の一酸化二窒素の一部は，大気中に漏れることがある。一酸化二窒素は安定な化合物であるために，大気圏に蓄積し， ウ などと同様に地球の温暖化の一因となるおそれがある。

問1　文中の □ にあてはまる適切な語句を記せ。

★ 問2　下線部①の反応は可逆的な平衡反応であり，次のように表される。

　　　N_2（気）$+ 3H_2$（気）$\rightleftharpoons 2NH_3$（気）　$\Delta H = -92.2$ kJ

　　ルシャトリエの原理から考えると，本文中の反応温度は生成物の収率を増すためには不利と思われる。(a)その理由を述べよ。また(b)それにも関わらずこのような条件を用いる理由を推測せよ。

問3　下線部②，③の反応を化学反応式で記せ。

問4　下線部②の反応について，反応時に酸素が不足した場合，窒素と水が生成する。この反応の反応式を記せ。

問5　下線部③の反応について，温水で処理する理由を 30 字以内で説明せよ。

問6　 イ 法により，質量パーセント濃度 63 ％ の濃硝酸を 1000 kg 合成するには，0℃，1.013×10^5 Pa の標準状態で何 L のアンモニアが必要か求め，3 桁目を四捨五入して有効数字 2 桁で記せ。ただし，反応は完全に進行するものとし，生成した硝酸はすべて回収できるものとする。0℃，1.013×10^5 Pa の気体のモル体積は 22.4 L/mol，原子量は，H=1.0，N=14，O=16 とする。

問7　下線部④に関し，(A)亜硝酸イオンと(B)一酸化窒素中の窒素の酸化数を答えよ。

| 問 1～3,7 名古屋市立大（医），問 4～6 名古屋工業大 |

リンおよびリン酸に関する次の文章を読み，下の問いに答えよ。

リンを工業的に製造するには，次のように行う。

リン酸カルシウム（ a ）にケイ砂（ b ）とコークス（ c ）とを混合して電気炉中で加熱する。このとき発生する蒸気を空気と接触させることなく，水中に導いて固化させて ア （ d ）を得る。 ア を空気中に放置すると イ する危険性がある。 ア を約250℃で空気を遮断して長時間加熱すると，同素体の網目状分子である ウ が得られる。(1)リンを空気中で燃焼させると，潮解性のある白色粉末状の エ が生成する。(2) エ に，水を加えて熱するとリン酸（H_3PO_4）が生成する。リン酸は種々のリン酸塩の原料として重要である。肥料などに用いられる水溶性のリン酸二水素カルシウムは，(3)リン酸カルシウムとリン酸とを反応させて得られる。

問1　文中の a ～ d に適切な化学式を， ア ～ エ に適切な語句を入れよ。

★問2　下線部(1)～(3)の反応を化学反応式で記せ。

★問3　右図は，無極性分子の十酸化四リンの分子構造の一部を立体的に示したものである。この構造を描き写し，他の必要となる構造を描き加えることで分子構造を完成させよ。

O=P—O—P=O
O   O
\ P /
‖
O

| 問1,2 名古屋工業大, 問3 東京大 |

扱う テーマ　硫黄の単体と化合物の性質，硫酸の工業的製法，硫酸の pH　　　化学

　　単体の硫黄には，斜方晶系硫黄，単斜晶系硫黄，ゴム状硫黄などの ア がある。硫黄は空気中で点火すると，青い炎をあげて燃え， イ を生じる。酸化バナジウム (V) を触媒として， イ を空気中の酸素と反応させると， ウ になる。 ウ を濃硫酸に吸収させて発煙硫酸とし，これを希硫酸で薄めれば濃硫酸が得られる。これを， エ 式硫酸製法という。

　　硫化水素は無色の腐卵臭のある気体であり，水に溶け空気より重い。実験室では，硫化鉄（Ⅱ）に希硫酸を加え硫化水素を発生させ，気体として捕集することができる。

問1　文中の ア と エ にあてはまる適当な語句を記せ。また， イ と ウ にあてはまる適当な物質の化学式を記せ。

問2　下線部の操作に対応する化学反応式を記せ。

★ 問3　濃硫酸から希硫酸をつくる方法を記せ。また，そのような方法をとる理由も簡潔に記せ。

★★ 問4　硫酸は水溶液中において 2 段階で電離する。第 1 段の電離は完全電離とみなせる。18 ℃ における第 2 段の電離定数 K_2 を 2.00×10^{-2} mol/L とする。このとき，① 1.00×10^{-1} mol/L および② 2.00×10^{-2} mol/L の硫酸の第 2 段の電離度をそれぞれ求めよ。さらに，②の硫酸の pH を求めよ。なお，解答はすべて有効数字 3 桁で求めよ。$\log_{10} 2 = 0.301$，$\sqrt{2} = 1.414$，$\sqrt{7} = 2.646$ とする。

| 問1,2 大阪大　問3,4 慶應義塾大 (医) |

解答・解説 p.209

扱う テーマ ハロゲンの単体と化合物の性質，溶解度積

化学

フッ素，塩素，臭素，ヨウ素のハロゲン原子は ア 個の価電子をもち， イ 価の陰イオンになりやすい。その単体はすべて ウ 原子分子で，有色で強い毒性と①酸化力をもち，②フッ素分子は水と反応して気体を発生し，③塩素分子は水と反応してオキソ酸を生じる。

ハロゲン分子は水素とも反応しハロゲン化水素を生成する。④ハロゲン化水素は水によく溶け酸性を示す。ハロゲン化水素の中で，⑤フッ化水素の水溶液は石英やガラスを溶かすため，ポリエチレンなどの容器に保存される。また，⑥フッ素以外のハロゲン化物イオンを含む水溶液に硝酸銀水溶液を加えると，難溶性塩であるハロゲン化銀が沈殿する。⑦ハロゲン化銀は光によって黒くなる性質があり，写真の感光剤に利用される。

問1 文中の ア ～ ウ に入る適切な数字を答えよ。

問2 室温，大気圧下でのハロゲン単体の状態と色として正しい組み合わせを，次の ⓐ～ⓕの中からすべて選べ。

	状　態　　色		状　態　　色
ⓐ	フッ素：気体　　淡黄色	ⓑ	塩　素：液体　　黄緑色
ⓒ	臭　素：液体　　赤褐色	ⓓ	臭　素：固体　　赤褐色
ⓔ	ヨウ素：液体　　黒紫色	ⓕ	ヨウ素：固体　　濃緑色

問3 下線部①について，ハロゲンの酸化力の違いによって水溶液中で起こる反応を，次のⓐ～ⓔの中からすべて選べ。

ⓐ $2KCl + Br_2 \longrightarrow 2KBr + Cl_2$　　ⓑ $2KBr + Cl_2 \longrightarrow 2KCl + Br_2$

ⓒ $2KI + Cl_2 \longrightarrow 2KCl + I_2$　　ⓓ $2KCl + I_2 \longrightarrow 2KI + Cl_2$

ⓔ $2KF + I_2 \longrightarrow 2KI + F_2$

★**問4** 下線部②で起こる反応を化学反応式で書け。

★**問5** 下線部③で起こる反応を化学反応式で書け。

問6 下線部④に関し，水溶液中で最も弱い酸性を示すハロゲン化水素を化学式で書け。

問7 下線部⑤で石英を溶かす反応を化学反応式で書け。

★**問8** 下線部⑥に関し，25℃において 1.0×10^{-2} mol/L 塩酸 100 mL 中に塩化銀は何 g 溶解するか，有効数字2桁で求めよ。塩化銀の溶解による体積変化は無視でき，溶解度は 10^{-2} mol/L より十分小さいものとする。また，25℃における塩化銀の溶解度積 K_{sp} を 1.8×10^{-10} $(mol/L)^2$，原子量は Cl＝35.5，Ag＝107.9 とする。

問9 下線部⑦について，以下の2つの問いに答えよ。

(1) 写真フィルムの感光剤としては，臭化銀がよく用いられている。光によってひき起こされる臭化銀の反応を化学反応式で書け。

★(2) 未感光の臭化銀は，チオ硫酸ナトリウム水溶液を用いてとり除く。この際の臭化銀とチオ硫酸ナトリウムとの反応を化学反応式で書け。

｜東北大｜

次の文章を読んで, 下の問いに答えよ.

1785 年, キャベンディシュは空気中の窒素を酸化窒素に変えようとした際, 常に少量の気体が反応せずに残ることに気づいたが, 彼はこの理由を説明できなかった.

1892 年, レーリーは空気から酸素と二酸化炭素を除いて得た 1.0000 L の窒素が, 標準状態 (0 ℃, 1.013×10^5 Pa) で 1.2572 g であるのに対して, 窒素の化合物を分解して得た 1.0000 L の純窒素は 1.2505 g であることを発表した.

ラムゼーはこの事実に興味を示し, 空気からとった窒素の中には少量の, いかなる薬品とも反応しない気体が混じっていることを実験の結果つきとめた. ほとんど同時にレーリーも別の実験方法によってこの未知の気体を分離した.

レーリーとラムゼーの 2 人は協力して研究し, 1894 年, 空気中には新しい気体元素の存在することを報告した. そして, この元素にはアルゴンという名前がつけられた. その後, ラムゼーは空気中からアルゴンの他に微量の幾種類かの貴ガスを発見した.

★(1) レーリーが空気から得た窒素中の貴ガスをすべてアルゴンと見なすと, この窒素中にはアルゴンが体積で何パーセント含まれることになるか. 計算式を書け. 計算はしなくてもよい. 0 ℃, 1.013×10^5 Pa の標準状態の気体のモル体積は 22.4 L/mol, アルゴンの原子量は 39.95 とする.

(2) アルゴンは化学的に安定 (不活性) であるが, その理由を原子の電子配置から 35字以内で説明せよ.

(3) 空気中に存在するアルゴン以外の貴ガスの名前を 3 つ記せ.

| 宮崎大 |

第3章　有機化学

標問 76　元素分析

解答・解説 p.214

扱うテーマ　元素分析，分子式の決定

化学

次の文章を読み，下の問いに答えよ。

炭素，水素，酸素だけからなる有機化合物が試料としてある。この試料 7.4 mg を次図に示す装置を用いて完全燃焼させ，燃焼気体をガラス管 A，次にガラス管Bの順に通した。その結果，ガラス管Aの質量は 9.0 mg 増加し，ガラス管Bの質量は 17.6 mg 増加した。

問1　ガラス管Aの塩化カルシウムに吸収されたものは何か。また，ガラス管Bのソーダ石灰に吸収されたものは何か。それぞれ化学式を書け。

★ 問2　ガラス管Aとガラス管Bの配置する順序を逆にしてはいけない理由を述べよ。

問3　最初に試料として与えられた有機化合物の組成式を求めよ。原子量は H=1.0，C=12，O=16 とする。

問4　この有機化合物の分子量が 74 であるとき，分子式を求めよ。

| 宮崎大 |

次の文章を読み，下の問いに答えよ。

有機化合物の分子式からは，分子に含まれている原子の種類と数の情報の他に，不飽和度とよばれる情報が得られる。不飽和度は，その分子がもつ不飽和結合の数と環の数の和を表し，0または正の整数で表される。例えば，二重結合を1つもつエチレンの不飽和度は1，三重結合を1つもつアセチレンは2，環構造を1つもつシクロヘキサンは1，またベンゼンの不飽和度は4である。炭素と水素からなる分子の不飽和度は，次式で分子式から計算できる。

$$\text{不飽和度} = \text{炭素数} - \frac{\text{水素数}}{2} + 1$$

問1　炭素，水素からなる化合物のうち，炭素数4で不飽和度1をもつ化合物は全部でいくつあるか。

★ 問2　炭素，水素，酸素からなる分子の不飽和度は，次の①〜⑥のうち，どの式で表されるか。

① $\text{炭素数} - \dfrac{\text{水素数}}{2}$

② $\text{炭素数} - \dfrac{\text{水素数}}{2} + 1$

③ $\text{炭素数} - \dfrac{\text{水素数}}{2} + \text{酸素数}$

④ $\text{炭素数} - \dfrac{\text{水素数}}{2} + \text{酸素数} + 1$

⑤ $\text{炭素数} - \dfrac{\text{水素数}}{2} - \text{酸素数}$

⑥ $\text{炭素数} - \dfrac{\text{水素数}}{2} - \text{酸素数} + 1$

| 東京工業大 |

扱うテーマ 異性体の数え方, シス-トランス異性体(幾何異性体), 鏡像異性体(光学異性体)　化学

次の記述を読み, 文中の ア ～ ウ にはこれにあてはまる最も適当な語句を, 1 , 2 にはこれにあてはまる最も適当な記号をそれぞれ指定された解答群から選べ。また, a ～ c にはこれにあてはまる最も適当な数字を答えよ。その際に X:Y の答えが1桁になる場合にはXの欄に0と記せ。

分子式が C_5H_{10} で表される炭化水素には, 6種の鎖状化合物が存在する。一方, 環状化合物について考えると, まず次式の(A)～(F)に示される6種の化合物を挙げることができる。

化合物(A)を他の5つの化合物と比較すると, いずれの化合物とも原子の結合順序が異なっていることがわかる。このような化合物どうしを互いに ア であるという。一方, 化合物(E)と(F)は原子の結合順序は同じであるが, 2つのメチル基の空間的な結合方向が異なっており, このような化合物を互いに イ であるという。このとき, (E), (F)の両化合物は分子内に a 個の不斉炭素原子をもっており, 化合物 1 には ウ が存在するが, 化合物 2 は分子内に対称な面をもち, 鏡像体との区別ができないので鏡像異性体が存在しない。したがって, ウ を含めた異性体の総数は鎖状化合物と環状化合物を合わせて★★ b:c 個となる。

{ ア ～ ウ の解答群} 　⓪　互変異性体　　①　立体異性体
　　　　　　　　　　　　②　鏡像異性体　　③　構造異性体

{ 1 , 2 の解答群} 　⓪　(E)　　①　(F)

東京理科大

次の文章を読み，下の問いに答えよ。

　立体異性体とは，原子の結合順序が同じであるにもかかわらず，原子や原子団の立体的な配置が異なる異性体のことで，鏡像異性体や後述のジアステレオ異性体も含まれる。分子内に１つの不斉炭素原子を有する化合物には互いに鏡像の関係にある異性体，すなわち鏡像異性体が存在する。一方，分子内に不斉炭素原子が２つ以上存在する場合は，互いに鏡像の関係にはない立体異性体も存在する。これをジアステレオ異性体とよぶ。２つの不斉炭素原子を有する化合物の例としてアミノ酸のL-トレオニンを挙げることができ，①図１の通りL-トレオニンを含めて４種類の立体異性体が存在する。しかしながら，不斉炭素原子が２つあっても，②3種類の立体異性体しか存在しない場合もある。また，数多くの不斉炭素原子を含む化合物であるα-グルコースとα-ガラクトースも，ジアステレオ異性体の関係である。

■ 紙面の手前側に向かう結合を表す
‖‖‖ 紙面の裏側へ向かう結合を表す
図１ L-トレオニンの立体異性体

問１　下線部①に関して，L-トレオニンの立体異性体1，2，3のうち，L-トレオニンの鏡像異性体はどれか。番号で答えよ。

★ 問２　下線部①に関して，L-トレオニンの立体異性体1，2，3のうち，L-トレオニンとジアステレオ異性体の関係にあるものはどれか。番号で答えよ。

★ 問３　下線部②に相当する化合物としてD-酒石酸が挙げられる。図１にならって構造式を描くと，図２の４つの構造式を描けるが，このうち２つは同一化合物を表しているため，全体として立体異性体は３種類となる。同一化合物を表している構造式を4~7の番号で答えよ。

図２

| 東京大 |

次の文章を読み，下の問いに答えよ。

アルケンをアルカンにすることは，水素が触媒によってアルケンに ア 反応することで可能である。メタンはこの方法では合成できないが，①酢酸ナトリウムに水酸化ナトリウムを加えて加熱することで得られる。

次に，アルカンをアルケンにすることを考えよう。アルカンと塩素の混合物に光をあてて反応させると，アルカンの水素原子と塩素原子が イ 反応を起こす。この イ 反応は，アルカンにあるいずれの水素原子に対しても進行する。塩素と反応して得られる化合物（塩素化合物）から，塩化水素を脱離させることでアルケンを合成できる。エチレン合成を例に塩素化合物から塩化水素が脱離する反応を次式で示す。

CH₂–CH₂ ⟶ CH₂=CH₂ ＋ HCl
Cl H

分子式が C₅H₁₂ の2つの異性体を沸点の差を利用して化合物Aと化合物Bに分離した。それぞれの化合物を塩素と反応させた後，②1分子の塩素と反応した塩素化合物のみをとり出し，塩化水素を脱離させることでアルケンを合成した。その結果，化合物Aおよび化合物Bからそれぞれ3種類のアルケンを得た。化合物Aから得られたアルケンは，いずれも二重結合についた置換基の配置が異なる立体異性体である ウ 異性体が存在せず，それぞれが構造異性体であった。一方，化合物Bから得られたアルケンのうち，2つは ウ 異性体の化合物Cと化合物Dであった。

(1) ア ～ ウ に入る適切な語句を書け。同じ語句を二度用いてはいけない。

(2) 下線部①で示した反応の化学反応式を書け。

★(3) 下線部②の塩素化合物について，化合物Aおよび化合物Bそれぞれから何種類得られるか書け。なお，鏡像異性体は区別すること。

★(4) 化合物Cおよび化合物Dの構造式を書け。また，それぞれの化合物について立体構造を表す名称を書け。なお，どちらの異性体を化合物Cとして書いてもよい。

|千葉大|

解答・解説 p.226

扱う テーマ　アルケンへの臭素の付加，立体異性体　　　　　　　　　　　　　化学

　アルケンへの臭素や水の付加反応は求電子付加反応とよばれ，例えばシクロヘキセンに臭素を反応させるとトランス-1,2-ジブロモシクロヘキサンが生成する。臭素がアルケンの炭素–炭素二重結合の面の上下から付加しているので，トランス付加とよばれる。

トランス-1,2-ジブロモ
シクロヘキサン

　この反応例を参考にして下の問いに答えよ。
　なお，非環状（鎖状）化合物の構造を立体的構造がわかるように表記するには，右に示す酒石酸の例に従って，炭素鎖をジグザグで示した構造式を用いよ。実線の結合は紙面上に，黒楔形（◀）で示した結合は紙面の手前側，破線楔形（⣿）で示す結合は紙面の裏側に存在することを示す。

★ **問1**　分子式 C_4H_8 で表される構造異性体はいくつあるか。すべての構造異性体の構造式を書け。

★★ **問2**　シスおよびトランス-2-ブテンに臭素を反応させた場合，それぞれの反応の生成物の構造を立体的構造がわかるように示せ。

|東京大|

〔Ⅰ〕　次の文章を読み，下の問いに答えよ。

　分子式 C_6H_{10} をもち，枝分かれした構造をもたない炭化水素 A 1 mol に対して，白金触媒を用いて水素 1 mol を反応させたところ，B が得られた。B にはシス-トランス異性体(幾何異性体)は存在しない。次に B に対して酸性条件において水を付加させたところ，アルコール C が得られた。この反応においては異性体の関係にある C と D が得られる可能性があるが，第二級アルコールである C が選択的に得られた。また A に水銀塩触媒を用いて水を付加させた後，得られた化合物を還元しても C が得られた。

問1　下線部における化合物 C と D の構造式を記入例にならって記せ。

　　　構造式の記入例：

★問2　化合物 A の構造式を問1の記入例にならって記せ。

|　京都大　|

〔Ⅱ〕　側鎖をもたない鎖状の炭化水素 A，B は，常温・常圧の下で気体として存在する。同一物質量の A と B の燃焼にはそれぞれ同じ量の酸素を必要とする。A と B が同じ物質量ずつ含まれる混合気体を，77℃で7.0 L の容器に封入したところ，$4.15×10^4$ Pa の圧力を示した。また，この混合気体は 0.50 mol の酸素を消費して完全に燃焼した。さらに，臭素水の入った試験管2本を用意し，それぞれの試験管に A と B を別々に通じたところ，B を通じた試験管のみ臭素水の色が消えた。なお，B は銅(Ⅰ)イオンを触媒とした炭化水素 C の二量化によっても得られた。

問1　炭化水素 A および B の構造式を(例)にならって示せ。気体は理想気体とし，気体定数 $R＝8.3×10^3$ Pa·L/(mol·K) とする。

　　　(例)　$CH_3-CH=CH-CH_2-CH_2-CH_3$

問2　炭化水素 C に，アンモニア性硝酸銀水溶液を作用させると生じる白色沈殿の名称を答えよ。

|　日本医科大　|

扱う
テーマ　異性体, アルコール・アルデヒド・ケトンの性質と反応　　　　　　　　　化学

〔Ⅰ〕　次の文章を読み, 下の問いに答えよ。なお, 構
造式は右の (例) にならって解答せよ。

(例)　$CH_3-CH-CH=CH-C-H$
　　　　　　　　|　　　　　　　‖
　　　　　　　OH　　　　　　　O

分子式 $C_4H_{10}O$ で表されるすべての異性体 8 種類を
用意した。沸点の高い方から順番にこれらの化合物に
A_1, A_2, A_3, …と試料番号をつけると, 沸点は次の表に示す通りであった。なお, A_3
と A_4 の沸点は完全に同一であった。試料 A_1～A_8 を用いて, 次に示す〔実験 1〕を行
い試料 B_1～B_8 を得た。また, 試料 B_1～B_8 を用いて〔実験 2〕の操作を行い, 試料 C_1
～C_8 を得た。

試料	沸点
A_1	118 °C
A_2	108 °C
A_3	99 °C
A_4	99 °C
A_5	83 °C
A_6	39 °C
A_7	35 °C
A_8	33 °C

〔実験 1〕　A_1～A_8 のそれぞれの試料に希硫酸酸性中, 二クロム酸カリウムをおだや
　　　かな条件で作用させた後, 有機成分を蒸留によって精製した。A_1 を用いた場合に
　　　得られた有機成分を B_1, A_2 からのものを B_2, 以下同様に番号をつけて B_8 までの
　　　試料が得られた。B_1～B_8 の中で最も沸点が高かった試料では, 〔実験 1〕の操作
　　　前後で沸点に変化はなかった。
〔実験 2〕　B_1～B_8 のそれぞれの試料に, 十分な量のアンモニア性硝酸銀の水溶液を作
　　　用させた後, 酸性にして, 有機成分を蒸留によって精製した。B_1 を用いた場合に
　　　得られた有機成分を C_1, B_2 からのものを C_2, 以下同様に番号をつけて C_8 までの
　　　試料が得られた。C_1～C_8 の中で最も沸点が高かった試料は C_1 であった。
問 1　試料 A_1～A_5 と試料 A_6～A_8 では沸点に大きな開きがある。その原因となる分
　　　子間力は何か。
問 2　試料 A_1～A_8 のうち, 〔実験 1〕で化学変化が起こったものは何種類か。また,
　　　化学変化した場合, 反応の前後で,
　　(あ)　すべて沸点が高くなった
　　(い)　すべて沸点が低くなった
　　(う)　沸点が高くなったものと低くなったものがある
　　のいずれが正しいか。記号で解答せよ。

★ 問3　試料 B_1〜B_8 の中に同一の化合物はあるか。あれば，その構造式を示せ。

★ 問4　試料 B_1 の化合物の構造異性体の中には不斉炭素原子を有する化合物がいくつかある。そのうち1つの構造式を示せ。

★★ 問5　A，B，C 各試料群の中で最も沸点の高い化合物の沸点をそれぞれ T_A，T_B，T_C とする。不等号あるいは等号を用いて，沸点の大小関係を示せ。次の(解答例)を参考に T_A，T_B，T_C の関係が明確になるように記述すること。

（解答例）　$T_A > T_B > T_C$，　$T_A = T_B > T_C$

（不適切な例）　$T_A < T_B > T_C$（T_A と T_C の大小関係が不明）

★★ 問6　A，B，C 計24個の試料の中には同一の化合物も存在する。この点を考慮し，24個すべての試料中には実際に何種類の化合物が存在するか解答せよ。

| 東京大 |

〔Ⅱ〕　分子式 $C_5H_{12}O$ で表される化合物について(1)〜(6)の問いに答えよ。ただし，鏡像異性体を区別して考える必要はない。

(1)　この分子式で表される化合物は，官能基の種類から複数の化合物群に分類できる。該当する化合物群の一般名をすべて答えよ。

(2)　この分子式で表される化合物を，硫酸酸性の二クロム酸カリウム水溶液と反応させたところ，いくつかの化合物から生成物が得られた。この生成物は還元性を示さず，水に溶かしても酸性を示さなかった。得られた生成物をすべて構造式で書け。

(3)　この分子式で表される化合物で，不斉炭素原子に官能基が直接結合していないものがある。該当する化合物をすべて構造式で書け。

(4)　この分子式で表される化合物で，単体のナトリウムと反応しない化合物があった。その中で，炭素鎖に枝分かれのない化合物をすべて構造式で書け。

(5)　この分子式で表される化合物を，水酸化ナトリウム水溶液中でヨウ素と反応させると，黄色沈殿を生成するものがあった。該当する化合物をすべて構造式で書け。

(6)　この分子式で表される化合物で，沸点が最も高いと考えられるものを構造式で書け。

| 東京農工大 |

扱う テーマ カルボン酸の性質と反応，酸無水物，エステル　　　　　　　化学

〔Ⅰ〕 次の文章を読み，下の問いに答えよ。ただし，鏡像異性体は区別しなくてよい。

　リンゴ酸（$C_4H_6O_5$）は1つのヒドロキシ基と2つのカルボキシ基をもつ化合物である。リンゴ酸を加熱したところ，完全に反応して化合物AとBの混合物Xが得られた。化合物AとBはいずれも分子式 $C_4H_4O_4$ で表され，水素を付加させると同じ化合物Cになった。このことから化合物AとBは，□□□□異性体の関係にあることがわかった。混合物Xをさらに加熱すると，化合物Aは脱水してすべて化合物Dとなったが，化合物Bはまったく変化しなかった。

★問1　リンゴ酸の構造式を書け。また，不斉炭素原子があれば，印（＊）で示せ。
　問2　化合物AとBの構造式および名称を書け。
　問3　化合物Cの構造式を書け。
　問4　文中の□□□□にあてはまる適切な語句を記せ。

│ 東北大 │

〔Ⅱ〕 分子式が $C_8H_8O_2$ で表されるエステルAがある。エステルAはベンゼン環を有する。エステルAの可能な構造式をすべて書け。

│ 慶應義塾大（医）│

〔Ⅲ〕 炭素，水素，酸素からなる有機化合物Aに関する次の記述㋐～㋔を読み，Aの構造式を右の（例）にならって示せ。ただし，鏡像異性体は考慮しなくてよい。原子量は，H=1.0，C=12，O=16とする。

（例） $CH_3-\overset{O}{\overset{\|}{C}}-O-CH_2-\underset{OH}{CH}-CH_3$

㋐　21.9 mg のAを完全に燃焼させたところ，二酸化炭素 39.6 mg，水 13.5 mg が生成した。
㋑　Aは不斉炭素原子を1つもつ分子量150以下の化合物であり，エステル結合をもつ。
㋒　Aの水溶液は酸性を示した。
㋓　Aを加水分解したところ，有機化合物BとCを生成した。BおよびCはともに不斉炭素原子をもたない化合物であった。
㋔　Cはアルコールであり，ヨードホルム反応を示した。

│ 東京工業大 │

有機化合物に関する実験を(A)～(C)の順に行った。説明文を読み，問い(1)～(6)に答えよ。なお，原子量は H=1.0，C=12.0，O=16.0 とする。

(A) 丸底フラスコに酢酸 30.0 g とエタノール 100 mL（約 1.7 mol）を入れて，少量の濃硫酸と沸騰石を加え，還流冷却器をつけて 2 時間加熱した。室温になるまで放置してから，丸底フラスコ内の溶液を氷冷した純水に注ぐと水層と有機層の 2 層に分離した。有機層の主成分は，酢酸エチルであった。

(1) 酢酸エチルが生成する反応式を書け。

(2) 脱水作用の他に濃硫酸が果たす役割を 10 字以内で述べよ。

(B) (A)の有機層を ☐a☐ に移し，炭酸水素ナトリウム水溶液を加えて振り混ぜながら，発生する気体を放出させた。水層が弱アルカリ性であることを確認してから水層を除いた。有機層に粒状の塩化カルシウムを加えて残存する少量の水分を除去し，ろ過して有機層をとり出した。

(3) ☐a☐ にあてはまる最も適当な実験器具を図示せよ。

(4) 有機層に炭酸水素ナトリウム水溶液を加える理由と，そのときに起こる反応の反応式を書け。

(C) (B)で得られた有機層には，酢酸エチルの他に有機化合物Xが含まれていた。また，Xは(A)の実験で酢酸を入れない場合にも生成した。そこで，蒸留によって酢酸エチルとXを分離して，純粋な酢酸エチル 18.0 g をとり出した。

(5) 有機化合物Xが生成する反応式を書け。

★(6) (C)で得られた酢酸エチルの量は，(A)で酢酸がすべて酢酸エチルに変化したと考えた場合の何 % になるか。

| 早稲田大 (理工) |

扱う
テーマ　ベンゼンの構造, ベンゼンの性質と反応, シクロプロパンの開環水素付加　　　　　　　　化学

次の文章を読んで, 下の問いに答えよ。

$$A \quad\quad B \quad\quad C \quad\quad D$$

1858 年, ドイツ人化学者ケクレらは炭素が 4 価の原子価をもつことを示した。1865 年, これに基づいてケクレは, すでにその分子式 C_6H_6 が知られていたベンゼンの構造式が 1,3,5-シクロヘキサトリエン (A) であることを提案した。その後, これにならって, 多くの構造式が提案された。その中で, ベンゼンの①6 個の炭素原子がそれぞれ水素原子 1 個と結合しているという条件を満たす 3 種類の異性体構造式 (B：デュワーベンゼン, C：ラーデンブルクベンゼンまたはプリズマン, D：ベンズバレン) は歴史的に重要な構造である。しかし, ②ケクレの構造式 A では, 2 つの同じ置換基をもつ二置換ベンゼンには 4 種類の異性体が予想されるが, 実際には 3 種類の異性体しか存在しないことが当初問題であった。その後, ケクレは 1872 年に③ベンゼンの炭素-炭素間の単結合と二重結合は相互に平均化されていて, オルト二置換ベンゼンで考えられる 2 つの異性体は区別できないことを提案した。

問1　構造式 A〜D に共通する下線部①の条件を, 一般的な化学式の形で表せ。

★　問2　1 つの置換基をもつ一置換ベンゼンには, 置換位置の異なる異性体が存在しない。構造式 B および D には置換位置異性体が複数考えられるので, ベンゼンの構造式としては適当でない。構造式 B および D の一置換化合物の置換位置異性体は, それぞれ何種類存在すると考えられるか。それぞれの種類の数を答えよ。

★　問3　下線部③の性質を考慮しないとき, 下線部②で予想される 4 種類の構造式を, 置換基としてメチル基を用いて, その違いがわかるように記せ。

問4　ベンゼンは, Ni, Pd, Pt などの金属触媒を用いて高圧で水素付加すると飽和炭化水素を生成する。この反応の化学反応式を, 構造式を用いて記せ。

★　問5　シクロアルカンのうちで最小のシクロプロパン C_3H_6 は, 問4の反応条件では開環水素付加してプロパン C_3H_8 を生成する。この開環水素付加反応を考慮すれば, 構造式 C の化合物の水素付加では問4の生成物とは異なる生成物が予想される。構造式 C の水素付加で予想される 2 つの生成物の構造式を記せ。

| 名古屋大 |

撓う テーマ ▶ ベンゼンからの誘導体の合成

化学

次の文章を読み，下の問いに答えよ。ただし，構造式は右の (例) にならい簡略化して記せ。

(例) $\bigcirc$-CH$_2$-CH-C-OH
        　　　OH O

次図は，ベンゼンから誘導されるいくつかの化合物 (A～L) の合成経路を示すもので，矢印の右および上側には主な試薬を，左および下側には反応名を記してある。

問1 図中の ［ア］～［エ］ に最も適当な試薬を，次の①～⑤から選べ。
　①　過マンガン酸カリウム　　　②　二酸化炭素 (高圧下)
　③　水酸化ナトリウム (アルカリ融解)　　④　スズ，塩酸
　⑤　亜硝酸ナトリウム，塩酸

問2 図中の ［a］～［c］ に最も適当な反応名を，次の①～⑤から選べ。
　①　ジアゾ化　②　付加　③　塩素化　④　アセチル化　⑤　中和

問3 図中の化合物(K)の構造式を記せ。

問4 図中の化合物(B)と化合物(I)を反応させて得られる赤橙色の化合物の構造式を記せ。

★問5 図中の化合物(I)の水溶液を加熱したときに生成する化合物を，図中の化合物(A)～(L)から選べ。

| 広島大 |

　オゾン分解について説明した次の文章と，分子式 $C_{20}H_{22}$ の炭化水素Aについて行っ
た実験1から実験6の結果に基づき，下の問いに答えよ。構造式は(1)式の中に示した
例にならって書け。ただし，鏡像異性体は区別しなくてよい。

　オゾンを用いると，炭素-炭素二重結合を切断し，ケトンあるいはアルデヒドを得る
ことができる。これをオゾン分解とよび，古くから有機化合物の構造決定に用いられ
てきた。通常，ベンゼン環は反応せずに残る。(1)式にその例を示す。

実験1：白金触媒を用いてAと水素を反応させると化合物Bが得られた。Bの分子式
　　　　は $C_{20}H_{26}$ であった。

実験2：Aに対してオゾン分解を行うと化合物CとDが得られた。分子式はCが
　　　　C_8H_8O，Dが $C_4H_6O_2$ であった。

実験3：フェーリング液にCを加えて加熱すると(a)赤色の沈殿が生じた。

実験4：過マンガン酸カリウムを用いてCを酸化すると化合物Eになった。Eは p-キ
　　　　シレンからも合成することができる。また，Eをエチレングリコールと縮合重
　　　　合させると衣料品などによく用いられるポリエステルになる。

実験5：ガラス製の試験管に入れたアンモニア性硝酸銀溶液にDを加えて加熱すると
　　　　試験管の内側が鏡のようになった。

実験6：Dの溶液に水酸化ナトリウム水溶液とヨウ素を加えると(b)特有の臭いのある
　　　　黄色沈殿を生じた。

問1　下線部(a)の沈殿は何か，化学式で示せ。

問2　Eの構造式を書け。

★問3　Cの構造式を書け。

問4　下線部(b)の沈殿は何か，化学式で示せ。

★問5　Dの構造式を書け。

★★問6　Aの構造として可能なものはいくつあるか。

★問7　Bの構造式を書け。

★問8　A～Eのうち，不斉炭素原子をもつ化合物はどれか，記号で答えよ。

| 東北大 |

次図に示す操作により，5種類の芳香族化合物ア～オを分離した。ア，イ，エ，オは，アニリン，安息香酸，ニトロベンゼン，フェノールのいずれかの芳香族化合物であり，ウは炭素と水素のみからなる分子量が 106 の芳香族化合物である。なお，原子量は H=1.00，C=12.0，O=16.0 とする。

問1　ウの分子式を書け。

問2　ウが炭素と水素のみからなる分子量 106 の芳香族化合物という条件では，可能な構造式はいくつあるか。数値で答えよ。

★問3　図の中の①，②，③，④に最も適した操作を，下記の ⓐ～ⓔ の中から選び記号で答えよ。

ⓐ　NaOH 水溶液と振り混ぜる。

ⓑ　NaHCO₃ 水溶液と振り混ぜる。

ⓒ　HCl 水溶液と振り混ぜる。

ⓓ　CO₂ を充分に吹き込む。

ⓔ　硫酸で酸性にした KMnO₄ で酸化した後，NaHCO₃ 水溶液を加える。

★問4　図の中の(i)～(v)におけるア～オの構造式を，例にならって書け。

（例）　

日本医科大

110

次の文章を読み，下の問いに答えよ。

ただし，C=12.0, H=1.0, O=16.0 とし，構造式は〈記入例〉にならって示せ。

$$CH_3-\overset{\underset{\displaystyle CH_3}{|}}{\underset{\underset{\displaystyle CH_3}{|}}{C}}-CH=CH-CH_2-\!\!\!\!\!\bigcirc\!\!\!\!\!-\overset{\underset{\displaystyle O}{\|}}{C}-NH-CH_3$$

〈構造式の記入例〉

　ミツバチの巣の構成成分のひとつとして知られている化合物Aは，炭素，水素，酸素からなり，元素分析値は質量百分率で炭素 81.0%，水素 6.3% であり，分子量は252である。化合物Aについて，次のような実験を行った。

　化合物Aを水酸化カリウム水溶液で加水分解し，反応混合物にジエチルエーテルを加えて分離操作を行い，エーテル層と水層に分けた。エーテル層を濃縮したところ，化合物Bが得られた。一方，水層に希塩酸を加えてアルカリ性から酸性にしたところ，化合物Cが析出した。

　化合物Bは分子式 $C_8H_{10}O$ で表される芳香族化合物である。化合物Bを二クロム酸カリウムの硫酸酸性溶液を用いて酸化すると，化合物Dが得られた。化合物BとDは，ともにヨードホルム反応を示した。

　化合物Cも芳香族化合物である。化合物Cのクロロホルム溶液に臭素溶液を加えると臭素の色が消えたことから，化合物Cは炭素-炭素間の二重結合をもつことがわかる。炭素-炭素間の二重結合は過マンガン酸カリウムで酸化すると開裂し，カルボニル化合物を生成することが知られている。そこで，化合物Cについてこの反応を行うと安息香酸が得られた。

問1　化合物Aの分子式を示せ。

問2　(i)　下線部の分離操作の名称を示せ。

(ii)　この分離操作で用いる最も適切なガラス器具の名称を示せ。

(iii)　この分離操作で，エーテル層は上層か下層のどちらの側になるか示せ。

問3　(i)　化合物Bの構造式を示せ。ただし，立体異性体の区別はしなくてよい。

(ii)　化合物Bに存在する立体異性体の名称を示せ。

問4　化合物Dの構造式を示せ。

★ 問5　(i)　化合物Cの構造式を示せ。ただし，立体異性体の区別はしなくてよい。

(ii)　化合物Cに存在する立体異性体の名称を示せ。

★ 問6　化合物Aの構造式を示せ。ただし，立体異性体の区別はしなくてよい。

★★ 問7　化合物Aには最大何通りの立体異性体が考えられるか。その数を示せ。

｜筑波大｜

次の文章を読み，下の問いに答えよ。ただし，原子量は，H＝1，C＝12，N＝14，O＝16，S＝32，Cl＝35.5，Br＝80 とする。

　化合物Aを塩酸と反応させ，次いで炭酸水素ナトリウムで処理すると化合物B(分子量172)が生成した。化合物Bに臭素を作用させると分子式 $C_6H_6Br_2N_2O_2S$ をもつ化合物Cが得られた。また，化合物Bの水溶液を氷浴につけ亜硝酸ナトリウムと塩酸を加えると反応液は薄黄色となり化合物Dを生じ，さらに室温に温めると気体Eが発生するとともに化合物Fが生成した。化合物Fは塩化鉄(Ⅲ)水溶液と反応して特有の紫色を呈する。一方，先の薄黄色の反応液を氷浴につけたままジメチルアニリン($C_6H_5N(CH_3)_2$)と酢酸ナトリウムを加えるとジメチルアニリンのパラ位で反応が起こり，化合物Gが橙色の固体となって析出した。

　化合物Aは，化合物Hのベンゼン環のパラ位の水素原子をアミノスルホ基($-SO_2-NH_2$)で置換すると得られる。化合物Hは化合物Iと無水酢酸の反応から得られる。化合物Iはさらし粉水溶液により赤紫色を呈する。化合物Iは炭素，水素，窒素からなり，その元素分析の結果は質量百分率で C 77.5 %，H 7.5 %，N 15.0% である。

問1　気体E，化合物H，化合物Iの名称を答えよ。

★問2　化合物A，化合物C，化合物F，化合物Gの構造式を書け。複数の構造異性体が生成しうる場合には，主生成物を答えること。

問3　化合物BやFと似た構造をもつ化合物は細菌の増殖を妨げる医薬品として用いられる。このような抗菌剤は一般に何とよばれているか。

｜横浜市立大｜

核磁気共鳴法（NMR）

扱うテーマ　異性体の数え方，フェノールのニトロ化

化学

　核磁気共鳴分光装置とよばれる装置により有機化合物の測定を行うと，分子中に物理的・化学的性質（以下，性質と略す）の異なる水素原子が何種類存在するかを観測することができ，分子構造を決定する上で非常に役立つ。測定は，測定用の溶媒に有機化合物を溶解した溶液を使って行う。例えばベンゼンを測定すると，ベンゼン環に直接結合している水素原子 H_a のみが観測される。この結果は，ベンゼン中の水素原子の性質がすべて等しい事実と一致する。一方，トルエンを測定すると，ベンゼン環に直接結合している水素原子は H_b，H_c，H_d の3種類が観測され，これらの水素原子の数の比は，$H_b : H_c : H_d = 2 : 2 : 1$ となる。これはベンゼンにメチル基が置換すると，置換基と水素原子との距離が異なることで，H_b，H_c，H_d の性質が異なるためである。

★ **問1**　サリチル酸とアセトアミノフェン をこの方法で測定すると，ベンゼン環に直接結合している性質の異なる水素原子はそれぞれ何種類観測できるか。

★★ **問2**　フェノールと混酸を使って合成されたジニトロフェノールを測定すると，ベンゼン環に直接結合した性質の異なる水素原子が3種類観測され，その数の比は $1 : 1 : 1$ であった。この条件を満たすジニトロフェノールの異性体はいくつあるか。また，これらの異性体の中で最も収率が高いと考えられるジニトロフェノールの構造式を記せ。

| 防衛医科大 |

次の文章を読み，あとの問いに答えよ。

　夏の夜，ホタルが黄緑色の光を明滅させている様子は，風情ある季節の風物詩として，昔から日本人にたいへん愛されてきた。なぜ，またどんなしくみでホタルが光るのか。科学者たちも長い間このテーマに魅了され続けてきた。ホタルに代表される昆虫の発光現象が科学の目で解明されるようになったのは，19世紀終わり頃のことであったが，この現象の詳しい解明が進んだのは20世紀半ばになってからである。発光反応の基質であるルシフェリンが酵素であるルシフェラーゼの触媒作用によって，生物の体の中に広く存在するATP（アデノシン三リン酸）と反応する。生じた中間体がさらに酸素と反応し，発光体であるオキシルシフェリンが生成する。オキシルシフェリンはエネルギーの高い状態にあり，安定した状態になるためにエネルギーを光として放出する。

　このホタルの光を試験管内で再現できないであろうか。科学者たちはルミノールやシュウ酸ジフェニルなどの合成化合物を用いて，化学反応で発光させることに成功した。このような化学反応により発光する現象は化学発光とよばれる。試験管の中で発光する反応として，塩基性水溶液中でルミノールに過酸化水素を加えると，3-アミノフタル酸（励起状態）が生じるが，そのエネルギーの高い励起状態からエネルギーの最も低い基底状態になるときに，余分なエネルギーを波長460nmの青色の光で放出する（図1）。この反応はルミノール反応とよばれ，科学捜査における血痕の鑑定法，過酸化水素や金属の微量定量に利用されている。光の吸収，発光と物質の基底状態，励起状態の関係を図2に示す。

図1　ルミノール反応

図2　光の吸収,発光と物質の基底状態,励起状態の関係

シュウ酸ジフェニルやシュウ酸ジフェニル誘導体も化学発光に用いられる。有機溶媒にシュウ酸ジフェニルを溶かし、(1)シュウ酸ジフェニルに過酸化水素を加えると、フェノールとペルオキシシュウ酸無水物(注1)ができるが、中間体であるペルオキシシュウ酸無水物はすぐに分解して二酸化炭素になる。このときにシュウ酸ジフェニル溶液にあらかじめ蛍光物質を混合しておくと、蛍光物質にエネルギーを与えて、蛍光を発光する(図3)。これはケミカルライトとして利用されている。発光の色は、蛍光物質の励起状態(高エネルギー状態)と基底状態(低エネルギー状態)のエネルギーの差によって決まる。エネルギー差が大きくなるほど波長は短くなり、エネルギー差が小さくなるほど波長は長くなる。光の波長と色の関係を図4に示す。シュウ酸ジフェニルに過酸化水素を加える際に、(2)蛍光物質としてテトラセン(注2)を用いると青緑色の光が出るが、ルブレン(注3)を用いると橙色の光が見られる。

図3 シュウ酸ジフェニルを用いた化学発光の概念図　　図4 光の波長と色の関係

(注1) IUPAC(国際純正および応用化学連合)の名称では、1,2-ジオキセタンジオンである。

(注2) テトラセン 　　(注3) ルブレン

問1　ルミノールの分子式を記せ。

問2　ルミノール反応で生じる気体Aは何か。化学式で答えよ。

問3　ルミノール反応で反応物の過酸化水素はどのような役割を果たすか。

★問4　下線部(1)の化学反応式を記せ。生成物は二酸化炭素とすること。シュウ酸ジフェニルの組成式は $C_7H_5O_2$ である。

★問5　ペルオキシシュウ酸無水物の分子式は C_2O_4 である。この分子の構造式を記せ。

★★問6　発光中の溶液を2本の試験管に分けて、1本は室温のままで、もう1本は熱水に入れた。熱水に入れた直後の試験管内の発光は室温のものと比べてどうなるか。

⑦〜⑨の中から1つ選び、その理由を述べよ。

⑦　弱くなる　　⑧　変わらない　　⑨　強くなる

★★問7　下線部(2)で蛍光物質としてナフタレンを用いたところ、発光は観測されなかった。その理由を答えよ。

東京医科歯科大

扱う
テーマ 元素分析，二糖類とその性質   化学

　　ここに二糖類であるマルトース，セロビオース，スクロースのいずれかを部分構造
として含むエステルがある。この化合物は炭素，水素，酸素からなり，分子量は 500 以
下であり，42.6 mg を完全燃焼させると，74.8 mg の二酸化炭素と 27.0 mg の水が得
られた。このエステルを<u>水酸化ナトリウム水溶液で加水分解して生成するカルボン酸</u>
には不斉炭素原子が含まれていた。また，このエステルを希塩酸でグリコシド結合（糖
類の 2 つのヒドロキシ基から生じるエーテル結合）のみを選択的に切断して得られた
化合物の中には，フェーリング試験陰性の化合物が存在していた。

問1　エステルの分子式を示せ。原子量は H＝1.0，C＝12.0，O＝16.0 とする。

★ 問2　下線部で生成するカルボン酸の構造式を示せ。

★ 問3　マルトース，セロビオース，スクロースのうち，スクロースはフェーリング試験
　　陰性である。この理由を 50 字以内で書け。

★★ 問4　本文の条件を満たすエステルの理論上可能な構造式 3 つを示せ。ただし，各二
　　糖類の糖部分の構造式は次の（参照図）にならい，紙面に向かって右側のグルコース
　　部分は，マルトースでは α 形，セロビオースでは β 形のみの構造を示せ。

（参照図）

問5　マルトースやスクロースは自然界に多く存在する二糖類である。一方，次の①
　　～⑤の二糖類はほとんど存在しない。下の文中の　　　　に適するものを，それぞれ
　　の解答群から 1 つ選べ。

　　これら①～⑤の中でフェーリング試験陰性であるのは　A　である。また，①と
②の関係は　B　異性体であるが，④と⑤の関係は　B　異性体ではない。

A：あ　①と②　　い　②と③　　う　③と④　　え　③と⑤　　お　④と⑤

B：あ　シス-トランス　　い　鏡像　　う　光学　　え　構造　　お　立体

|問1～4　大阪大　問5　早稲田大（理工）|

次の文章を読み，下の問いに答えよ。ただし，原子量は H＝1.0，C＝12，O＝16 とする。

天然にはさまざまな高分子化合物が存在し，私たちの生活に利用されている。植物細胞壁の主成分として天然に多量に存在している［ ア ］を化学的に処理して溶液とし，これを再び繊維状にしたものを再生繊維という。例えば，［ ア ］をアルカリで処理してから二硫化炭素と反応させ，これを希硫酸中に押し出して繊維状にしたものが［ イ ］であり，［ ア ］をシュワイツァー試薬に溶かし，希硫酸中で引き出して繊維状にしたものが［ ウ ］である。一方，高等植物の種子・根などに多く含まれるデンプンは食物の成分として私たちのエネルギー源となる。デンプンを簡便に検出できる呈色反応に［ エ ］反応がある。

デンプンを希硫酸中で加熱して完全に加水分解し，この溶液を中和して無機物と溶媒を除いた。①得られた物質をある条件で再結晶すると構造Aの分子からなる結晶Ⅰが得られ，別の条件で再結晶するとAとは異なる構造Bの分子からなる結晶Ⅱが得られた。これら2種類の結晶を別々に水に溶かし，同じ濃度の溶液として長時間放置すると，これらは全く同じ性質を示す溶液になった。この溶液を試験管にとり，フェーリング液を加えておだやかに温めると，フェーリング液の［ オ ］色が消え，［ カ ］色の②沈殿の生成が観察された。これは溶質の 0.02％ が構造Cの分子として存在し，この分子がフェーリング液によって［ キ ］ためである。

- ★問1 ［ ア ］～［ エ ］に適切な語句を入れよ。
- 問2 ［ オ ］～［ キ ］に次のⓐ～ⓞから最も適切な語句を1つずつ選び，記号で答えよ。
  - ⓐ 無　ⓑ 白　ⓒ 黒　ⓓ 赤　ⓔ 青　ⓕ 黄　ⓖ 緑
  - ⓗ 沈殿する　ⓘ 重合する　ⓙ 縮合する　ⓚ 転化する
  - ⓵ 還元される　ⓜ 酸化される　ⓝ 中和される　ⓞ 加水分解される
- 問3 下線部①の構造Aの分子はデンプンの構成単位となっている。
  - (1) 構造Bの分子の名称を記せ。
  - (2) 構造Bの分子の構造式を次の (記入例) にならって記せ。

    (構造式の記入例)

    CH₂OH O CH₂CH₂OH
    H H H
    H OH
    OH OH

問4　構造Cの分子1 mol がフェーリング液と反応すると，下線部②の沈殿1 mol が生成する。この反応について次の問いに答えよ。

(1)　下線部②の沈殿の生成に関与する構造C中の官能基の名称を記せ。

(2)　下線部②の沈殿は何か。化学式で答えよ。

★(3)　結晶 I を水に溶かして長時間放置した溶液に，ある量のフェーリング液を加えて完全に反応させたところ，沈殿の生成は見られたがフェーリング液の色は消えなかった。このとき生成する下線部②の沈殿の物質量は，フェーリング液を加える前の水溶液中に存在するどの物質の量に近いか。次の@〜fから最も適切なものを選び記号で答えよ。

@　構造Aの分子の物質量

b　構造Aと構造Bの分子の物質量の和

c　構造Bの分子の物質量

d　構造Bと構造Cの分子の物質量の和

e　構造Cの分子の物質量

f　構造Aと構造Cの分子の物質量の和

★★問5　1.8 g の結晶 I を水に溶かして50 mL にした試料溶液を用いて，下線部②の沈殿の生成を観察した。この実験で，試料溶液の濃度を段階的に薄めたところ，最初の濃度の720分の1になるまで沈殿の生成が確認できた。結晶 I の代わりに，重合度 n のアミロース1.8 g を水に溶かして50 mL にした試料溶液を用いて沈殿の生成を観察すると，n がいくつ以上のときに沈殿が確認できなくなるか。解答は得られた数値を四捨五入して，有効数字2桁で記せ。

| 京都大 |

次の文章を読んで，文中の ☐ に適した整数をそれぞれ記入せよ。ただし，$H=1$，$C=12$，$O=16$ とする。

デンプンは図に示すように，グルコースが 1,4 結合した主鎖の何箇所かでさらに 1,6 結合による枝分かれをもっている。

分子量 4.05×10^5 のデンプンがある。このデンプンは ☐イ☐ 個のグルコースが縮合したものである。このデンプンのヒドロキシ基をすべて CH_3O 基にした後，希硫酸で加水分解した。主生成物Aは ★★☐ロ☐ 個の CH_3O 基をもっていた。また，副生成物として，CH_3O 基を ★★☐ハ☐ 個もつBと，★★☐ニ☐ 個もつCとがほぼ等モル生じた。BはCよりも多くのヒドロキシ基をもっていた。なお，この加水分解では CH_3O 基は反応しなかった。

このデンプン 2.431 g を用いたとき，Aは 3.064 g，Bは 0.125 g，Cは 0.142 g 生じた。この結果から，A，B，Cの分子数比は ★★☐ホ☐：1：1 となる。したがって，このデンプンではグルコース ★★☐ヘ☐ 分子あたり 1 個の枝分かれがあり，このデンプン 1 分子あたり ★★☐ト☐ 個の枝分かれがあることがわかった。

| 京都大 |

　ここに，高級脂肪酸とグリセリンのエステルのみからなる油脂Aがある。油脂Aのヨウ素価を調べる目的で次のような実験を行った。なお，ヨウ素価とは，油脂にハロゲンを作用させ，その際付加するハロゲンの量をヨウ素の量に換算し，油脂100 gに対するヨウ素のg数で表した値である。

　油脂A 300 mgを共栓三角フラスコにはかりとり，四塩化炭素10 mLを加えて溶かした。次いで一塩化ヨウ素(ICl)の酢酸溶液一定量を正確に加えた。フラスコに栓をして，ときどきふり混ぜながら室温で暗所に1時間放置した。油脂の二重結合部位を–CH=CH–と表すと，このとき溶液内では①式の反応が完全に進んだ。

　　　–CH=CH– ＋ ICl ⟶ –CHI–CHCl– …①

　次に，蒸留水100 mLと10％ヨウ化カリウム溶液20 mLを加えた。このとき溶液内では②式の反応が起こる。

　　　ICl ＋ KI ⟶ KCl ＋ I_2 …②

　最後に，②式の反応によって生成したヨウ素を<u>適当な指示薬を用いて</u>，0.100 mol/Lチオ硫酸ナトリウム($Na_2S_2O_3$)標準溶液で滴定した。チオ硫酸ナトリウムとヨウ素との反応は③式に従う。

　　　$2Na_2S_2O_3$ ＋ I_2 ⟶ $2NaI$ ＋ $Na_2S_4O_6$ …③

　なお，これと並行して試料である油脂Aを加えずに他はすべて同じ操作をするブランク試験を行った。滴定の終点におけるブランク試験の滴定値と油脂A存在のもとでの滴定値の差は，18.9 mLであった。

　次の問いに答えよ。ただし，原子量は H=1.008，C=12.01，O=16.00，I=126.9 とする。

問1　下線部にある指示薬として適切なものは何か。また，その指示薬を用いたとき滴定の終点はどのように判断されるか。

★問2　油脂Aのヨウ素価を求めよ。

★★問3　油脂Aより脂肪酸を抽出したところ，パルミチン酸($C_{15}H_{31}COOH$)とオレイン酸($C_{17}H_{33}COOH$)のみ検出された。この油脂Aのグリセリン部分は完全に脂肪酸でエステル化されているものとして，油脂Aの平均分子量を求めよ。

問4　アマニ油や桐油のようにヨウ素価の高い油脂を，空気中で物体の表面に塗っておくと固まりやすい。この理由を簡潔に説明せよ。

| 慶應義塾大(医) |

標問 98 アミノ酸

扱う テーマ アミノ酸とその性質，アミノ酸の等電点，アミノ酸の電離平衡 ── 化学

あるアミノ酸 $R-CH(NH_2)-COOH$ は水中で 2 段階の電離平衡を示し，その電離定数をそれぞれ K_1，K_2 とする。

$$
\begin{matrix}
& COOH \\
H-\!\!&\!\!C\!\!-\!\!R \\
& NH_3^{+}
\end{matrix}
\underset{H^{+}}{\overset{OH^{-}}{\rightleftharpoons}} X
\qquad
\text{電離定数 } K_1 = \frac{[X][H^{+}]}{[R-CH(NH_3^{+})-COOH]} = 10^{-2.30}
$$

$$
X \underset{H^{+}}{\overset{OH^{-}}{\rightleftharpoons}}
\begin{matrix}
& COO^{-} \\
H-\!\!&\!\!C\!\!-\!\!R \\
& NH_2
\end{matrix}
\qquad
\text{電離定数 } K_2 = \frac{[R-CH(NH_2)-COO^{-}][H^{+}]}{[X]} = 10^{-9.70}
$$

問1 X の構造式を示せ。

問2 $R-CH(NH_3^{+})-COOH$ のモル濃度と $R-CH(NH_2)-COO^{-}$ のモル濃度が等しくなるときの pH の数値を有効数字 2 桁で書け。

★問3 上記のアミノ酸の 2 段階の電離平衡において，pH＝1.00 の条件では各イオン濃度の比は次のようになる。

$$[X] : [R-CH(NH_3^{+})-COOH] : [R-CH(NH_2)-COO^{-}] = 1 : \boxed{\text{ ア }} : \boxed{\text{ イ }}$$

上の $\boxed{}$ に入る適切な数値を有効数字 2 桁で書け。必要であれば $\log_{10}2 = 0.30$ として計算せよ。

問4 上記のアミノ酸の塩酸塩水溶液 $0.10\,mol/L$，$10\,mL$ を $0.10\,mol/L$ 水酸化ナトリウム水溶液で滴定したところ，図のような曲線が得られた。この滴定では，次のア，イ，ウの状態になる点が存在する。

それぞれの状態を図中のあ〜おから選び，アとイについてはその pH の数値を有効数字 2 桁で書け。

ア $R-CH(NH_3^{+})-COOH$ と X のモル濃度が等しい。

イ X と $R-CH(NH_2)-COO^{-}$ のモル濃度が等しい。

ウ $R-CH(NH_3^{+})-COOH$ と $R-CH(NH_2)-COO^{-}$ のモル濃度が等しい。

加えた $0.10\,mol/L$ NaOH 水溶液の体積〔mL〕

| 問1〜3 東北大，問4 岡山大 |

扱うテーマ タンパク質，アミノ酸の配列順序，タンパク質とアミノ酸の検出反応 化学

次の〔Ⅰ〕および〔Ⅱ〕に答えよ。原子量は H=1，C=12，N=14，O=16 とする。

〔Ⅰ〕 α-アミノ酸は図1に示す一般構造をもつ。タンパク質はα-アミノ酸どうしのペプチド結合とよばれる ア により形成される重合体である。タンパク質の多くはβ-シート構造，すなわち，隣り合う鎖どうしが イ を介して多くのポリペプチド鎖が並行に並んだ板状構造をもつ。また，システインの側鎖どうしはジスルフィ

COOH
|
H-C-R
|
NH₂

α-アミノ酸の
一般構造
図1

R：側鎖（または置換基）

	-R
グリシン	-H
システイン	-CH₂-SH
ヒスチジン	-CH₂ [イミダゾール環]
バリン	-CH(CH₃)-CH₃
アスパラギン酸	-CH₂-COOH
リシン	-CH₂-CH₂-CH₂-CH₂-NH₂

表1

ド結合とよばれる ウ により，タンパク質分子内または分子間の架橋を形成することがある。一部のタンパク質は，システインに含まれる硫黄原子やヒスチジンに含まれる窒素原子を介して， エ によって亜鉛や鉄などと錯イオンを形成している。バリンなどの無極性の側鎖をもつアミノ酸は，側鎖の原子間の接触が最大になるようにタンパク質分子内に密に詰め込まれており，無極性側鎖間の オ がタンパク質の立体構造の安定化に寄与している。タンパク質分子内のアスパラギン酸とリシンは水溶液中で電荷をもち，両者間で カ を形成してタンパク質の立体構造を安定化している。

問1 文中の □ にあてはまる最も適切な語句を次から選び，番号で答えよ。なお，同じ番号を複数回選んでもよい。

① イオン結合 ② 金属結合 ③ 共有結合 ④ 配位結合
⑤ 水素結合 ⑥ ファンデルワールス力

問2 2分子のグリシンが鎖状のジペプチドを形成する化学反応式を書け。また，グリシン10分子がペプチド結合でつながった鎖状のペプチドの分子量はいくらか。整数で答えよ。

問3 図2は，あるタンパク質のβ-シート構造の一部を示したものである。図中で イ を形成する原子間をすべて点線で結べ。

図2

〔Ⅱ〕 ペプチドは，示性式 H₂N-CHR-COOH で示されるα-アミノ酸がペプチド結合で連結したものである。

図3に示すように示性式の側鎖R以外のアミノ基，カルボキシ基をもつアミノ酸を

それぞれN末端，C末端とよぶことにする。あるペプチドXは表2に示す9種類のアミノ酸によって構成されている。

アミノ酸	略号	分子量	1分子中の窒素原子数
アラニン	Ala	89	1
アルギニン	Arg	174	4
グリシン	Gly	75	1
グルタミン酸	Glu	147	1
セリン	Ser	105	1
チロシン	Tyr	181	1
プロリン	Pro	115	1
リシン	Lys	146	2
ロイシン	Leu	131	1

ただし，ベンゼン環を含むアミノ酸は Tyr のみである。

表2

酵素A
↓

アミノ酸	-	アミノ酸	-	Lys	-	アミノ酸	-	アミノ酸
(N末端)								(C末端)

図3

このペプチドXのアミノ酸結合順序（アミノ酸配列）を決定するために実験を行い，次の(1)～(4)の結果を得た。

(1) ペプチドXは，表4に示す9種類のアミノ酸が各1個ずつペプチド結合で連結していた。

(2) ペプチドXのN末端は Ala で，C末端は Glu であった。

(3) 図3に示すように，酵素Aはペプチドを Lys のカルボキシ基側で加水分解により切断する。ペプチドXをこの酵素Aで切断すると，2種類のペプチド A1，A2 が得られた。A1 に含まれているアミノ酸は Gly，Tyr，Glu，Ser の4種類であった。A2 には残りの5種類のアミノ酸が含まれ，そのN末端から Ala，Leu，Arg の順序の配列であることが判明した。

(4) 酵素Bは，ペプチドをベンゼン環を含むアミノ酸のカルボキシ基側で加水分解により切断する。ペプチドXを酵素Bで切断したところ，B1，B2 の2種類のペプチドが得られた。B2 はビウレット反応を示さず，そのN末端は Ser であることが判明した。

問4　ペプチドXの窒素含有率〔％〕はいくらか。ただし，小数点以下は四捨五入せよ。

問5　ペプチドXに含まれるアミノ酸の中で，鏡像異性体をもたないアミノ酸がある。強アルカリ性水溶液中におけるそのアミノ酸の主なイオンの状態を示性式で示せ。

★問6　A1，A2，B1，B2 のペプチドの中で，濃硝酸を加えて熱すると黄色になり，さらにアンモニア水を加えてアルカリ性にすると橙黄色を呈する反応が陽性なものをすべて列挙せよ。

★★問7　(1)～(4)の結果から，ペプチドXのアミノ酸配列を次の(例)にしたがって略号で示せ。

(例)　Glu をN末端，Lys をC末端に Glu，Arg，Lys の順序で連結しているペプチドのアミノ酸配列は Glu-Arg-Lys と記す。

| 千葉大 |

以下の文章を読み，問に答えなさい。

化学反応の速度を決定する要因として，濃度や温度のほか，触媒があげられる。無機化合物による触媒に加え，生体内では酵素が触媒として働く。酵素は，生体高分子である ア の一種である。

過酸化水素 H_2O_2 から酸素を生じる反応の触媒としては，無機化合物である イ や，肝臓などに多く含まれる酵素である ウ がある。触媒として無機化合物を用いた反応と酵素を用いた反応では，濃度や温度の変化が反応速度に与える影響は大きく異なる。さらに， イ は塩素酸カリウムから酸素を生じる反応も触媒するなど，無機化合物は複数の物質の反応を触媒できるのに対し，多くの場合，酵素が触媒できるのは，ある特定の構造をもつ物質の反応に限られる。これを酵素の エ という。

一般に酵素反応においては，まず酵素（E）中の オ に基質（S）が取り込まれることで反応性の高い酵素基質複合体（ES）が形成される。次いで，酵素基質複合体（ES）は反応生成物（P）を与え，同時に酵素（E）が再生する。酵素基質複合体（ES）から酵素（E）と基質（S）に戻る逆向きの反応も存在する。これら一連の反応は反応(1)，(2)のように表すことができる。ただし，k_1，k_{-1}，k_2 は各反応過程の反応速度定数である。

$$E+S \underset{k_{-1}}{\overset{k_1}{\rightleftharpoons}} ES \quad (1) \qquad ES \overset{k_2}{\longrightarrow} E+P \quad (2)$$

酵素，基質，酵素基質複合体，反応生成物の濃度をそれぞれ [E]，[S]，[ES]，[P] としたとき，反応(1)における ES の生成速度は $v_1=k_1[E][S]$，反応(1)および反応(2)における ES の分解速度はそれぞれ $v_{-1}=k_{-1}[ES]$，$v_2=k_2[ES]$ で表される。酵素反応進行時において [ES] は変わらないものとし，[E] と [ES] をあわせた酵素濃度を [E_T]，$K=(k_{-1}+k_2)/k_1$ とおいた場合，[ES]＝ カ と表され，さらに P の生成速度は $v_2=k_2\times$ カ で表すことができる。

問1 ア ～ オ に入る適切な語句を書きなさい。
★ 問2 カ に入る適切な数式を，[E_T]，K，[S] を用いて表しなさい。
問3 アミド結合をもつある化合物（基質 S_1）を，キモトリプシン（酵素 E_1）と反応させた場合，反応速度定数は $k_1=5.05\times10^8$ L/(mol·s)，$k_{-1}=1000$/s，$k_2=10$/s である。このとき，K の値を単位を求めて有効数字2桁で答えなさい。

問1，2 慶應大，問3 神戸大

　細胞中には核酸という高分子化合物が存在しており，遺伝情報の伝達に中心的な役割を果たしている。核酸は，塩基，五炭糖 (ペントース)，リン酸からなるヌクレオチドどうしが多数重合したポリヌクレオチドであり，DNA と RNA の 2 種類がある。五炭糖は，DNA では ア ，RNA では イ である。DNA と RNA は，それぞれ 4 種類の塩基を含み，そのうち 3 種類は両者で共通であるため，DNA と RNA を合わせて 5 種類の塩基がある。塩基部分の構造を図 1 の(a)〜(e)に示す。DNA はポリヌクレオチド鎖どうしが塩基対を形成し，ウ 構造をとっている。図 2 に塩基(a)アデニンと(c)の間で形成される塩基対を示した。図 2 中の点線は塩基間で形成される エ 結合を示している。

図 1　核酸に存在する 5 種類の塩基部分の構造(R は五炭糖を示す)

図 2　塩基(a)と(c)間の塩基対構造

問 1　 ア 〜 エ に適切な語句を記せ。

問 2　塩基(c)以外にも，塩基(a)と塩基対を形成できるものがある。(a)，(b)，(d)，(e)の中から 1 つ選び，記号で記せ。

★問 3　 ウ 構造をとっている DNA を個々のヌクレオチドまで加水分解すると，そのヌクレオチドに含まれている環状の塩基のうち，アデニンはモル百分率で全塩基の 20 % であった。この DNA のグアニンはモル百分率で何 % か。整数で求めよ。

| 問1, 2　長崎大，問 3　産業医科大 |

扱う テーマ　合成樹脂と熱による性質，ビニル系高分子，付加縮合による合成樹脂　化学

次の文章を読み，下の問いに答えよ。

合成樹脂は熱可塑性樹脂と ア 樹脂に大別される。熱可塑性樹脂は加熱すると軟らかくなって成形加工が容易になる。一方， ア 樹脂は加熱しても軟らかくならない。

発泡スチロールとして利用される A や，塗料や接着剤に利用され，ポリビニルアルコールの原料ともなる B ，有機ガラスとして利用される(a)ポリメタクリル酸メチルや，銅線の被覆や農業用シートなどに用いられる(b)ポリ塩化ビニルなどは熱可塑性樹脂の例である。

一方， ア 樹脂にもさまざまなものが知られている。フェノールと C を(c)酸または塩基を触媒として加熱し合成されるフェノール樹脂，メラミンや尿素を C と加熱して合成される D などが例である。

問1　 ア に入る最も適切な語句を記せ。

問2　 A ～ C に入る適切な化合物名を記せ。

問3　 D に入る最も適切な物質名を次の①～⑤から選び，番号で答えよ。

① アミノ樹脂　　　② アルキド樹脂　　　③ シリコーン樹脂
④ エポキシ樹脂　　⑤ フッ素樹脂

問4　下線部(a)のポリメタクリル酸メチル，下線部(b)のポリ塩化ビニルの単量体(モノマー)の構造式を書け。

★ 問5　下線部(c)のフェノール樹脂の合成において，酸を触媒としてフェノールと C を加熱したときに生成する縮合生成物の名称を記せ。

| 秋田大 |

次の各問いに有効数字2桁で答えよ。ただし，原子量は H＝1.0, C＝12, O＝16, Br＝80 とする。

問1　スチレンを重合させて得られた高分子の平均分子量は $3.12×10^5$ であった。この高分子の平均の重合度を求めよ。

問2　ポリアクリル酸メチル 129 g をすべてポリアクリル酸ナトリウムに変化させるためには，0.50 mol/L 水酸化ナトリウム水溶液は何L必要か。ただし，反応は 100 % 進行するものとする。

問3　スチレン–ブタジエンゴムが 2.0 g ある。ゴム中に含まれるスチレンからなる構成単位とブタジエンからなる構成単位の物質量の割合は，スチレン単位が 25 % である。このゴムに臭素 (Br_2) を反応させると，ゴム中のブタジエン単位の二重結合とのみ反応した。ブタジエン単位の二重結合がこの反応により完全に消失したとき，消費された臭素の質量を求めよ。

問4　エチレングリコールとテレフタル酸を反応させた。得られたポリエステル分子は，すべて鎖状であり，両末端にカルボキシ基とヒドロキシ基を1つずつ有しているとする。

　　得られたポリエステルの平均分子量が 12690 であるとき，ポリエステル1分子に平均何個のエステル結合が含まれるか求めよ。

問5　超高分子量のポリエチレンの繊維の密度を測定したところ 0.97 g/cm³ であった。ポリエチレンの結晶領域の密度を 1.0 g/cm³，非晶領域の密度を 0.85 g/cm³ として，繊維が結晶領域と非晶領域のみから構成されているとした場合，結晶領域の質量分率を求めよ。

問6　十分に分子量の大きいセルロース 162 g を原料としてトリアセチルセルロースにした後，穏やかな加水分解処理を施すことで，セルロースのヒドロキシ基が部分的にアセチル化された 259 g の高分子Pが得られた。この高分子Pは，原料に用いたセルロースにあったヒドロキシ基の何%が置換されているか。

問7　ポリビニルアルコールに水を加えて加熱溶解した後，酸触媒を加えてホルムアルデヒドで処理し，ろ過して水で洗浄すると，ビニロンが得られる。この反応を行ったところ，得られたビニロンの質量は反応前のポリビニルアルコールと比べて 7.5 % 増加していた。

　　このとき，ポリビニルアルコールに含まれていたヒドロキシ基のうち，その数の何%が反応後のビニロンに残っていたことになるか。

| 問1,4,5　神戸大, 問2　静岡大, 問3　東京農工大, 問6　九州大, 問7　早稲田大 |

扱う
テーマ　天然（生）ゴム，合成ゴム

化学

　天然に存在する高分子化合物の構造や性質を見習って，さまざまな人工（合成）の高分子化合物がつくられてきた。天然ゴムを手本にしてつくられた合成ゴムは，そのよい例である。

　天然ゴム（生ゴム）の主成分は，分子式 $(C_5H_8)_n$ で表され，ジエン化合物Xが付加重合した鎖状構造をもつ高分子化合物である。また，この構成単位に含まれる二重結合は，シス形の構造をとっており，これがゴムとしての性質を示すゆえんである。しかし，天然ゴムは弾性が小さく，そのままではゴムとしての使用にたえない。ところが，これに(a)数％の硫黄を加えて加熱すると，鎖状の分子が硫黄原子によって　A　構造を形成するため，弾性の大きなゴム（弾性ゴム）となる。

　一方，ジエン化合物Xやそれに似た構造をもつ単量体を付加重合させると，天然ゴムに似た性質をもつ合成ゴムが得られる。ポリブタジエン（ブタジエンゴム）は，代表的な合成ゴムの1つであり，単量体は1,3-ブタジエンである。1,3-ブタジエンは，工業的にはナフサの熱分解によって得られるが，1,4-ブタンジオール(注)の　B　反応によってもつくることができる。1,3-ブタジエンから合成される重合体の構造は，付加重合の反応様式によって異なる。1,3-ブタジエンの2個の二重結合がともに反応に関わるときの構成単位の構造には　C　と　D　のシス-トランス異性体が存在し，このうち　C　の構造がゴム弾性に有効である。また，　E　は1,3-ブタジエンの1個の二重結合のみが反応するときに生じる構造である。

　より優れた性能をもつ合成ゴムをつくるために，共重合が利用される。例えば，(b)アクリロニトリルと1,3-ブタジエンの共重合により得られる共重合体（NBR）は，耐油性に優れたゴムとして利用されている。

（注）　1,4-ブタンジオール　$HO-CH_2CH_2CH_2CH_2-OH$

問1　ジエン化合物Xに最も適する構造式を示せ。

問2　文中の下線部(a)について，この操作を何というか。最も適する語句を記せ。

問3　文中の　A　，　B　に最も適する語句を記入せよ。

問4　文中の　C　～　E　に最も適する構造式を（例）にならって記入せよ。

　（例）　ナイロン6の構成単位の構造式：$\left[\!\!\begin{array}{c}C-(CH_2)_5-N\\ \| \qquad\qquad \|\\ O \qquad\qquad H\end{array}\!\!\right]$

★問5　文中の下線部(b)について，アクリロニトリルと1,3-ブタジエンを共重合させてNBRをつくった。このNBRを元素分析したところ，試料 0.376 g から 0℃，$1.013×10^5$ Pa の標準状態で 22.4 mL の窒素ガスが発生した。共重合したアクリロニトリルと1,3-ブタジエンの物質量〔mol〕の比を，最も簡単な整数比で表せ。原子量は，H=1.0，C=12，N=14 とし，0℃，$1.013×10^5$ Pa の気体のモル体積を 22.4 L/mol とする。

|同志社大|

〔Ⅰ〕　次の文章を読んで，下の問いに答えよ。

　イオン交換樹脂とはイオン交換能のあるイオン性官能基をもつ不溶性で多孔質の合成樹脂の総称であり，陽イオン交換樹脂と陰イオン交換樹脂とに分けられる。陽イオン交換樹脂の官能基としては，通常，強酸性のスルホ基（$-SO_3H$）が用いられている。スルホ基は，水素イオンを放して負に荷電した状態で存在し，正に荷電したイオンとイオン結合をすることができる。陽イオン交換樹脂を用いて，ポリペプチドを構成するα-アミノ酸を分離することができる。α-アミノ酸は図1のような一般式で表すことができ，R部分の構造によってそれぞれの名前が決められている。いろいろな荷電状態の平衡にあるα-アミノ酸水溶液は，pHの変化によりその組成が変化する。これら平衡混合物がもつ正と負の電荷がつり合って，電荷が全体としてゼロになっているpHの値が存在する。これを等電点とよぶ。

$$\begin{matrix} H \\ | \\ R-C-COOH \\ | \\ NH_2 \end{matrix}$$

図1 α-アミノ酸の一般構造

　α-アミノ酸の混合溶液を強酸性にすると，α-アミノ酸はすべて正に荷電した状態になり，これを強酸性陽イオン交換樹脂のつまったカラムに通すと，すべて樹脂に吸着する。このカラムに緩衝液を順次pHを上げながら流していくと，樹脂に吸着した各α-アミノ酸が中和され，分子中の正と負の電荷がつり合って等電点に達したα-アミノ酸から順番に樹脂との吸着力を失って溶出する。最後に強塩基性の緩衝液を流すと，すべてのα-アミノ酸はカラムから溶出する。

　あるポリペプチドAに関して，次にあげる実験①〜⑤を行った（次ページ図2を参照）。

実験①　ポリペプチドAを酸性溶液中で加熱することにより，完全にα-アミノ酸にまで分解した。この分解溶液中にはセリン，リシン，グルタミン酸，アラニン，グリシンの5種類のα-アミノ酸が検出された。表1にそれぞれのα-アミノ酸のR部分の構造式と等電点を表示した。

α-アミノ酸の名称	R部分の構造式	等電点
セリン	$-CH_2OH$	5.68
リシン	$-(CH_2)_4NH_2$	(ウ)
グルタミン酸	$-(CH_2)_2COOH$	(エ)
アラニン	$-CH_3$	(オ)
グリシン	$-H$	5.97

表1

実験②　強酸性陽イオン交換樹脂のつまったカラムに，強酸性 (pH 2.5) の緩衝液を流し，樹脂のスルホ基から水素イオンを完全に解離させた状態にした。そこに実験①で得られた分解溶液を強酸性 (pH 2.5) にして流した後，カラムを強酸性 (pH 2.5) の緩衝液で洗った (図2–実験②)。このとき，カラムから流出した液中にはα-アミノ酸は検出されなかった。

図2　陽イオン交換樹脂カラムによるα-アミノ酸混合物の分離

実験③　続いて，弱酸性 (pH 4.0) の緩衝液をカラムに流し，カラムから出てきた溶液 (溶液(a)) を集めた (図2–実験③)。

実験④　続いて，中性 (pH 7.0) の緩衝液をカラムに流し，カラムから出てきた溶液 (溶液(b)) を集めた (図2–実験④)。

実験⑤　最後に，強塩基性 (pH 11.0) の緩衝液をカラムに流し，カラムから出てきた溶液 (溶液(c)) を集めた (図2–実験⑤)。この段階で，カラムに吸着していたα-アミノ酸はすべて溶出したことがわかった。

問1　水溶液中のα-アミノ酸はpHの違いによっていくつかのイオンの形をとる。グルタミン酸において，(ア)強酸性溶液中で主に存在するイオンと，(イ)強塩基性溶液中で主に存在するイオンの構造式を書け。

★問2　表1に示したように，セリン，グリシンの等電点はそれぞれ5.68，5.97である。表中の(ウ)，(エ)，(オ)にそれぞれ最もふさわしいと思われる数値を次の中から選べ。

　　　　1.67　　　3.22　　　6.00　　　9.74　　　12.05

★問3　溶液(a)，溶液(b)，溶液(c)にそれぞれ含まれているα-アミノ酸の名称をすべて挙げよ。ない場合には "なし" と記入せよ。　　　　　　　　　　　　　　　│神戸大│

〔Ⅱ〕　高分子化合物A～Gに関する次の記述(ア)～(オ)を読み，あとの問いに答えよ。

(ア)　アセチレンを重合させるとAが得られる。

(イ)　酢酸ビニルを重合させるとBが得られる。

(ウ)　CはBから得られ，Cを繊維化した後，ホルムアルデヒド水溶液を作用させることによってDが得られる。Dは日本で開発された合成繊維である。

(エ)　スチレンとp-ジビニルベンゼンを共重合させるとEが得られる。Eに濃硫酸を反応させるとFが得られる。

(オ) アクリル酸ナトリウムを架橋構造を形成するように重合させるとGが得られる。

問 次の記述のうち，誤っているものはどれか。1つまたは2つの正解がある。

① Aとヨウ素から金属に近い電気伝導性を示す高分子化合物が得られる。

② BからCを生成する反応を，けん化とよぶ。

③ Dは六員環構造を含む。

④ Fを塩化ナトリウム水溶液に加えると，水溶液が酸性になる。

⑤ Gは高分子内に存在するイオンの影響によって，多量の水を吸収することができる。

⑥ A～Fのうち，水に溶けるのは3つである。

⑦ A～Gのうち，縮合重合によっても得られる高分子化合物がある。 |東京工業大|

〔Ⅲ〕 乳酸は不斉炭素原子を1つもつヒドロキシ酸であり，L–乳酸とD–乳酸の2つの鏡像異性体が存在する。特にL–乳酸はトウモロコシなどの植物から大量に得られることから，L–乳酸を重合させたポリ–L–乳酸はバイオプラスチックとして盛んに研究されている。しかし，L–乳酸を直接重合しても，高い重合度のポリ–L–乳酸は得られなかった。そこで，図3のようにL–乳酸2分子を脱水縮合させることで環状構造をもつL–ラクチドを合成し，開環重合を行ったところ，高い重合度のポリ–L–乳酸が得られた。

図3

★問1 L–ラクチドは，図3に示すような立体構造をもつ。図3に示す結合のうち，◀で示す結合は紙面の手前側に，〜は紙面の奥側に伸びていることを表す。図4にL–乳酸の鏡像異性体であるD–乳酸の立体構造を示す。 ア および イ に入る原子または原子団を化学式で答えよ。

図4 D–乳酸

★★問2 ラクチドの立体異性体は全部で3つある。L–ラクチドを除く，残り2つのラクチドの異性体の立体構造を，図3のL–ラクチドの例にならって構造式で示せ。

★問3 ポリ–D–乳酸の構造式を次のあ～えから1つ選び，記号で答えよ。

|問1, 2 京都大 問3 北海道大|

扱うテーマ 感光性樹脂，化学反応と光

化学

次の文章を読み，下の問いに答えよ。ただし，原子量は，H＝1.00，C＝12.0，O＝16.0，Cl＝35.5 とする。

代表的な機能性高分子として感光性高分子が知られている。感光性高分子は，光が当たると化学反応を起こしてさまざまな物理的，化学的性質が変化する。このような感光性高分子の光に対する特性は，プリント配線，半導体，印刷版の製造などに応用されている。

感光性高分子の一つであるポリケイ皮酸ビニルは，ポリ酢酸ビニルのけん化によって得られる高分子化合物Xとケイ皮酸塩化物（酸塩化物とはカルボン酸の –COOH が –COClになった化合物）との縮合反応によって得られる。その反応式は次に示す(a)式のとおりである。

ポリケイ皮酸ビニル

金属や半導体等の基板上にポリケイ皮酸ビニルの薄膜をつくり，模様をつけたフィルムを密着させて光を当てると，模様どおりに溶媒に対して不溶性の部分ができるので，溶媒を用いて溶ける部分を除き，現れた基板表面を薬品で腐食させると模様どおりの形状が基板表面に転写される。

光照射によってポリケイ皮酸ビニルの薄膜が溶媒に対して不溶性になる機構を調べるために，実験1，2を行い，それぞれ以下に示す結果を得た。

実験1：純粋なポリケイ皮酸ビニルの薄膜は，光照射前には高温にすると軟化したが，十分な量の光を照射した後では高温にしても軟化することがなかった。

実験2：純粋なポリケイ皮酸ビニルの光照射後の薄膜を強塩基の水溶液に加えて加熱すると，化合物Yの塩が生成していることがわかった。

化合物Y

問1　高分子化合物Xの名称を答えよ。

★問2　(a)式に示した反応によって得られるポリケイ皮酸ビニルの平均分子量を求めたい。以下の(1)，(2)に答えよ。ただし，平均分子量とは含まれるすべての分子の分子量の和を，総分子数で割ったものである。

(1)　ポリケイ皮酸ビニルのくり返し単位の式量を整数で求めよ。

(2)　(a)式では，高分子化合物X中のすべての官能基がケイ皮酸塩化物と反応したときのポリケイ皮酸ビニルの構造が描かれているが，実際に実験を行うと高分子化合物X中の一部の官能基は反応せずに残った。出発物質として平均分子量が2.2×10^4の高分子化合物Xを用い，高分子化合物X中の官能基の80％がケイ皮酸塩化物と反応したとき，本反応により得られる高分子の平均分子量はいくつになるか。有効数字2桁で示せ。

★★ 問3　実験1, 2の結果をもとに，ポリケイ皮酸ビニルの薄膜に光を照射したときに起こる反応について考察した。次の⑧〜⑧から，誤っているものを2つ選び，記号で答えよ。

　　⑧　光照射後はポリケイ皮酸ビニルのエステル結合が開裂しており，生成したヒドロキシ基間の水素結合により高分子鎖間に架橋構造ができたため，溶媒に対して溶けにくくなったと考えられる。

　　⑩　化合物Yに見られるシクロブタン環の構造は，一対の炭素-炭素二重結合が反応して形成されたものであり，光によって高分子間または高分子内の側鎖どうしが反応して新たな共有結合を形成していることがわかる。

　　⑨　光を照射することで熱が発生し，その結果，ポリケイ皮酸ビニル薄膜は高温となり，室温では起こらない反応が起こっていると推察できる。

　　⑧　光照射によって高分子が軟化しなくなった原因としては，ゴムの加硫に見られうような高分子鎖間での架橋反応が起こり，立体網目構造が形成された可能性が考えられる。

　　⑧　光照射後の薄膜を強塩基の水溶液中で十分に加熱すれば，高分子化合物Xも生成するはずである。

｜北海道大｜

MEMO

MEMO

〔化学〔化学基礎・化学〕標準問題精講（七訂版）問題編〕鎌田真彰・橋爪健作

S

Standard
Exercises
in
Chemistry

Obunsha

学ぶ人は、
変えて
ゆく人だ。

目の前にある問題はもちろん、

人生の問いや、

社会の課題を自ら見つけ、

挑み続けるために、人は学ぶ。

「学び」で、

少しずつ世界は変えてゆける。

いつでも、どこでも、誰でも、

学ぶことができる世の中へ。

旺文社

化　学

[化学基礎・化学]

標 準 問 題 精 講

七訂版

鎌田真彰・橋爪健作　共著

Standard Exercises in Chemistry

旺文社

本書の特長と使い方

精講
問題に関連する知識を整理し、さらに、その知識を使うための実戦的な手段も説明しました。

POINT○
重要事項・必須事項を示しました。

標問○の解説
解法の手順、問題の具体的な解き方をまとめ、出題者のねらいにストレートに近づく糸口を、早く見つける方法を示しました。
解き方は必ずしも解説と同じである必要はありませんが、解説で示した解き方は"応用範囲の広い、間違えることの少ない"ものですので、必ず研究しておいてください。解けなかった場合はもちろん、答えが合っていた場合にも読んでおきましょう。

答
解答は照合しやすいように、冒頭に掲載しました。

※○
本文の解説の注意点や補足説明を示しました。

目　次

第1章　理論化学

標問 1　原子の構造と電子配置

答
問1　ア：Hg　　イ：As　　ウ：Cd　　問2　エ：陽子　　オ：中性子
問3　電子：54個　　中性子：74個　　問4　カ：K　　キ：Sc
問5　⑤，Mg

精講　まずは問題テーマをとらえる

　現在，118種類ほどの元素が知られている。各元素はアルファベット1文字ないし
は2文字の元素記号で表す。

　原子は，正の電荷をもつ陽子と電荷をもたない中性子からなる原子核と，その周囲
を運動する負の電荷をもつ電子で構成されている。

　同じ元素に属する原子は同じ数の陽子をもち，陽子数を原子番号という。陽子と中
性子の質量はほぼ同じで，電子の約1840倍であるため，原子の質量はほぼ原子核の質
量に等しい。陽子数と中性子数の和を質量数といい，質量数が大きな原子ほど質量が
大きい。

　陽子と電子のもつ電気量は絶対値が等しい。電子
は原子核の周囲の特定の場所に存在し，これを電子
殻という。電子殻は原子核に近いほうからK殻，L
殻，M殻，N殻…とし，n番目の電子殻には最大で
$2n^2$個の電子が存在できる。

　電子殻は最大で電子が2個存在できる副殻（電子
軌道）からなり，K殻は1個，L殻は4個，M殻は
9個，N殻は16個の副殻が存在する。電子は一般
に内側の電子殻から配置されるが，副殻のレベルで
考えると必ずしも内側の電子殻の副殻から入るとは
限らない。

　難関大学の入試では原子番号18のアルゴン Ar か
ら先の元素の電子配置を問われることがあるので，
難関大学の受験を考えている人は原子番号36のク
リプトンKrまでの電子配置を書けるようにしよう。

	K殻	L殻	M殻	N殻
₁H	1			
₂He	1+1			
₃Li	2	1		
₄Be	2	1+1		
₅B	2	2+1		
₆C	2	3+1		
₇N	2	4+1		
₈O	2	5+1		
₉F	2	6+1		
₁₀Ne	2	7+1		
₁₁Na	2	8	1	
₁₂Mg	2	8	1+1	
₁₃Al	2	8	2+1	
₁₄Si	2	8	3+1	
₁₅P	2	8	4+1	
₁₆S	2	8	5+1	
₁₇Cl	2	8	6+1	
₁₈Ar	2	8	7+1	

	K殻	L殻	M殻	N殻
$_{19}$K	2	8	8	1
$_{20}$Ca	2	8	8	1+1
$_{21}$Sc	2	8	8+1	2
$_{22}$Ti	2	8	8+2	2
$_{23}$V	2	8	8+3	2
$_{24}$Cr	2	8	8+5	1	←注意！
$_{25}$Mn	2	8	8+5	2
$_{26}$Fe	2	8	8+6	2
$_{27}$Co	2	8	8+7	2
$_{28}$Ni	2	8	8+8	2
$_{29}$Cu	2	8	8+10	1	←注意！
$_{30}$Zn	2	8	8+10	2
$_{31}$Ga	2	8	18	2+1
$_{32}$Ge	2	8	18	2+2
$_{33}$As	2	8	18	2+3
$_{34}$Se	2	8	18	2+4
$_{35}$Br	2	8	18	2+5
$_{36}$Kr	2	8	18	2+6

Point 1

電子は次の順序で入っていく。

$$K殻 (2) \quad L殻 (8) \quad M殻 (8+10) \quad N殻 (2+6+\cdots)$$

① ② ③ ④ ⑤

$_{24}$Cr と $_{29}$Cu は N 殻の電子数が 1 になるので注意

標問 1 の解説

問1　教科書や参考書で見かけた元素の名称と元素記号は記憶しておくこと。

問2　同じ元素の原子は原子核中の陽子の数が同じであり，これを原子番号という。原子核中の陽子の数と中性子の数の和を，その原子の質量数という。

問3　元素記号の左下の数値が原子番号，左上が質量数である。ヨウ素 $_{53}$I では原子番号 53 なので陽子の数は 53 個であり，質量数 127 なので中性子の数は $127-53=74$ 個である。

　　陽子のもつ正電荷と電子のもつ負電荷の絶対値は同じなので，電気的に中性なヨウ素原子なら電子数は陽子数と同じであり 53 個となる。1 価の陰イオン $_{53}$I$^-$ では 1 個余分に電子をもつので 54 個となる。

問4　原子番号 19 のカリウム K の最外電子殻は M 殻ではなく N 殻となる。

　　　　$_{19}$K の電子配置＝K 殻 (2)　L 殻 (8)　M 殻 (8)　<u>N 殻 (1)</u>

　　原子番号 21 のスカンジウム Sc の最外殻電子数は 3 ではなく 2 である。

　　　　$_{21}$Sc の電子配置＝K 殻 (2)　L 殻 (8)　<u>M 殻 (8+1)</u>　N 殻 (2)

問5　① $_2$He　② $_6$C　③ $_8$O　④ $_{11}$Na　⑤ $_{12}$Mg　⑥ $_{17}$Cl

　　からできる Ne(K^2L^8) と同じ電子配置をもつ安定なイオンは，$_8$O^{2-}，$_{11}$Na$^+$，$_{12}$Mg^{2+} である。C^{4-} や Cl^{7+} は不安定なイオンなので，ここでは除く。

　　これらの安定なイオンのうち，最も原子番号の大きな Mg^{2+} は，原子核の方向へ電子をより強く引き寄せるため，イオン半径が最も小さい。

答 〔I〕 問1 ^{3}He 問2 陽子数：6 中性子数：7
問3 12.01 問4 1.1×10^4 年
〔II〕 A：(ニ) B：(ろ)

精講 まずは問題テーマをとらえる

■元素の原子量を決める手順

手順1 質量数12の炭素原子（^{12}C）1個の質量（1.99265×10^{-26} kg）を12としたときの相対質量を求める。

例えば，質量数1の水素原子（^{1}H）1個の質量は 1.67354×10^{-27} kg なので，相対質量を x とすると，

$$\frac{^1\text{H}}{^{12}\text{C}} = \frac{1.67354 \times 10^{-27}\,\text{kg}}{1.99265 \times 10^{-26}\,\text{kg}} = \frac{x}{12}$$

となり，$x \fallingdotseq 1.00783$ となる。

このようにして計算された結果が問題文中の表に記載されており，^{1}H の相対質量は 1.008 となっている。

手順2 同位体の相対質量と存在比から求められた，その元素を構成する同位体の相対質量の平均値を元素の原子量とする。

例えば水素の原子量は次のようにして決める。問題文中の表の値から H 原子 10000 個のうち 9999 個が ^{1}H，1個が ^{2}H であることがわかり，

$$水素の原子量 = \frac{1.008 \times 9999 + 2.014 \times 1}{10000}$$

$$= \underset{\text{相対質量}}{\underline{1.008}} \times \underset{\text{存在比}}{\underline{\frac{99.99}{100}}} + \underset{\text{相対質量}}{\underline{2.014}} \times \underset{\text{存在比}}{\underline{\frac{0.01}{100}}}$$

$$\fallingdotseq 1.0081$$

この値は自然界の水素原子の相対質量の平均値であり，周期表にはふつうこの値が記載されている。

Point 2　元素の原子量＝{同位体の相対質量×存在比} の和

■同位体

同位体は陽子数と電子配置が同じで，化学的性質はほぼ等しく，同じ元素に分類する。つまり ^{16}O でも ^{18}O でも同じ「酸素」という元素に属し，これらからなる酸素分子は ^{16}O$_2$ でも ^{16}O^{18}O でも ^{18}O$_2$ でも，通常は区別はせず O$_2$ 分子としている。

ところが質量や中性子数の違いが問題となる場合は，同位体を区別しなければならない。こういうときは「同位体を色の異なる玉だと考え，それらが無数に入った袋から玉を1個ずつとり出し分子をつくる」とし，次のような数学の問題と同じように考える。

問題

　袋の中に無数の赤玉と白玉が入っている。1個の玉を選ぶとき赤玉を引く確率が $\frac{1}{3}$，白玉を引く確率が $\frac{2}{3}$ である。玉を2個とり出すとき，2個の玉の色の組み合わせは何通りか。また赤玉と白玉の組み合わせになる確率はいくらか。

解法　1個の玉を引く確率が与えられていて，2個引かなくてはいけないので，(1回目)-(2回目)と順序をつける。1回目にとり出すとき，㊂，㊠ の2つの場合があり，2回目にとり出すときも，㊂，㊠ の2つの場合がある。この2つの操作は独立した試行なので，この場合 2×2＝4 通りの引き方がある。

　次に，引き終わった後，手元に残る2個の玉の色の組み合わせは，(1)で赤2個，(2)と(3)で赤1個白1個，(4)で白2個となるので 3通り となる。

　次に確率を計算してみよう。

　(1)の確率が $\frac{1}{3}\times\frac{1}{3}=\frac{1}{9}$，(2)の確率が $\frac{1}{3}\times\frac{2}{3}=\frac{2}{9}$，(3)の確率が $\frac{2}{3}\times\frac{1}{3}=\frac{2}{9}$，(4)の確率が $\frac{2}{3}\times\frac{2}{3}=\frac{4}{9}$ となる。

　よって(2)または(3)であれば白と赤の組み合わせとなるので，$\frac{2}{9}+\frac{2}{9}=\boxed{\frac{4}{9}}$ となる。

　このように1個の玉を引く確率が与えられて2個の玉の組み合わせの確率を求めるときは，まず選ぶ順序を決めてから組み合わせを考える。

Point 3 同位体を区別する問題は，色の異なる玉が入った袋から玉を1個ずつとり出す問題に帰着する。

標問2の解説

〔I〕 問1　不安定な原子核をもち放射線を出す同位体は放射性同位体という。放射線には3つあり，それぞれ α 線（${}_{2}^{4}\text{He}$ の原子核），β 線（電子），γ 線（波長の短い電磁波）という。高校化学ではこのうち β 線を出す原子核の壊変（または崩壊）は知って

β壊変または β崩壊ともいう

おいてほしい。

β線は，原子核中の中性子が陽子に変化するときに生じる電子である。

${}^{3}_{1}H$ では中性子が陽子に変化し，質量数はそのままで原子番号が1つ大きくなるので ${}^{3}_{2}He$ に変化する。よって，

$${}^{3}_{1}H \longrightarrow {}^{3}_{2}He + \beta 線 (e^{-})$$

と変化する。

問2　質量数 = 陽子数 + 中性子数　なので，${}^{13}C$ では原子番号 (=陽子数) が6であることを考慮すると，中性子数は，

$$13-6=7$$

となる。

問3　**精講**で述べた手順で決める。

炭素の原子量 = ${}^{12}C$ の相対質量×存在比 + ${}^{13}C$ の相対質量×存在比

$$=12 \times \frac{98.90}{100} + 13.00 \times \frac{1.10}{100}$$

$$\fallingdotseq 12.01$$

問4　半減期は，その同位体の存在比が半分になるのにかかる時間である。

${}^{14}C$ の場合は，半減期が5700年なのでグラフにすると次のようになる。

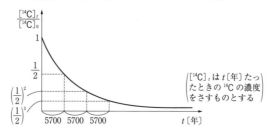

よって，$\frac{1}{4}$ つまり $\left(\frac{1}{2}\right)^{2}$ となるのは，5700×2=11400年　たったときである。

〔Ⅱ〕　A：塩素は原子番号17の元素であり陽子数は17である。よって ${}^{37}Cl$ では，

中性子数 = 質量数 − 陽子数

$$= 37-17 = 20$$

となる。

B：(1)　地球という袋の中に ${}^{35}Cl$，${}^{37}Cl$ という色の異なる玉が存在し，その存在確率 (=1個をとり出す確率) は ${}^{35}Cl=0.76$，${}^{37}Cl=0.24$ と考える。また，地球には，ほぼ無限に近いくらいの Cl 原子が存在するので，とり出す確率は何回玉をとり出しても変化しないと考えてよい。

(2) 袋から玉を4回とり出して，四塩化炭素 CCl_4 分子の Cl の場所（次の①〜④）に順に置くとする。$^{35}Cl = \bigcirc$，$^{37}Cl = \bullet$ とする。

の①〜④に◯または●

例えば，$C^{35}Cl_3{}^{37}Cl$ で表される分子は，次の図のように①〜④のどれが●になるかで4通りの置き方が存在する。

すべて同種の分子

この4通りの置き方はすべて $C^{35}Cl_3{}^{37}Cl$ という分子で，同じ種類である。これらの置き方になる確率はそれぞれ $(0.76)^3 \times 0.24$ だから，$C^{35}Cl_3{}^{37}Cl$ という分子になる確率は，

$$(0.76)^3 \times 0.24 \times 4 \fallingdotseq 0.42$$

となる。同様に(い)〜(ほ)の残りについて計算すると次の表のようになる。

	(い) $C^{35}Cl_4$	(ろ) $C^{35}Cl_3{}^{37}Cl$	(は) $C^{35}Cl_2{}^{37}Cl_2$	(に) $C^{35}Cl{}^{37}Cl_3$	(ほ) $C^{37}Cl_4$
① ② ③ ④					
1つの確率	$(0.76)^4$	$(0.76)^3 \times 0.24$	$(0.76)^2 \times (0.24)^2$	$0.76 \times (0.24)^3$	$(0.24)^4$
その組み合わせになる確率	$(0.76)^4$ $\fallingdotseq 0.33$	$(0.76)^3 \times 0.24 \times 4$ $\fallingdotseq 0.42$	$(0.76)^2 \times (0.24)^2 \times 6$ $\fallingdotseq 0.20$	$0.76 \times (0.24)^3 \times 4$ $\fallingdotseq 0.042$	$(0.24)^4$ $\fallingdotseq 0.0033$

よって，(ろ)のような ^{35}Cl（◯）を3個，^{37}Cl（●）を1個含む四塩化炭素になる確率が最も高く，存在比は42%程度である。

精講　まずは問題テーマをとらえる

■周期表と電子配置

　メンデレーエフは元素を原子量の順に並べると化学的性質に周期性があらわれることに注目し，周期表をつくった。しかし化学的性質のもとになるのは電子配置と陽子数である。

　そこで，現在の周期表は原子番号順に元素を並べ，最外電子殻の電子配置を主につくられている。横の行（＝周期）は最外電子殻が同じ元素が並べられ，縦の列（＝族）は最外殻電子数が同じ元素が並べられている（He を除く）。

　これにより結合に利用される最外殻電子数が同じものは同じ族となり，性質が似る。例えば酸素 O と硫黄 S は同じ 16 族元素であり，その水素化合物は H_2O と H_2S というように化学式も似ている。

　また周期表から電子配置がすぐにわかる。例えばカリウム K は第 4 周期で 1 族の元素なので最外電子殻は N 殻であり，最外殻電子数は 1 個であるから次のように表せる。

	K殻	L殻	M殻	N殻	O殻	P殻
カリウム K	2	2+6＝8	2+6＝8	1	0	0

　周期表は化学を学ぶ者にとって非常に大事な表である。横には第 4 周期まで，縦には 1 族，2 族，11〜18 族の元素の元素名，元素記号と周期表の位置をゴロ合わせなどを使ってしっかり覚えてほしい。

標問 3 の解説

問1　現在，原子番号 1 の水素 H から原子番号 118 のオガネソン Og までの元素に固有名と元素記号が与えられている。よって，　ア　は⑤である。このうち天然に存在する元素は，ほとんどが原子番号 1 の水素 H から原子番号 92 のウラン U の間にあ

り，原子番号 93 以降は人工的に合成された元素である。よって，　イ　は④である。

現在の周期表は原子番号順に主に電子配置をもとに整理されているが，メンデレーエフが 1869 年に最初につくった周期表は原子量順に並べていた。よって，　ウ　は⑨，　エ　は⑩である。

問2　ロシアの化学者メンデレーエフは，1869 年に当時知られていた 63 種類の元素を原子量の順に並べると元素の性質が規則正しく変化することを見い出し，現在の周期表の原型を発表した。なお，現在の周期表は原子量の順に並んではいない。例えば $_{18}Ar$ の原子量は 39.9 であり，$_{19}K$ の原子量は 39.1 である。これは天然には Ar は質量数 40 の $_{18}^{40}Ar$ の割合が多く，K は質量数 39 の $_{19}^{39}K$ の割合が多いことに起因する。

問3　周期表の 1 族，2 族，13 族～18 族の元素を典型元素という。典型元素を原子番号順に並べると最外殻電子数が周期的に変化する。一般に化学結合に使われる電子を価電子という。典型元素は最外殻電子が価電子に相当する。ここでは最外殻電子数（あるいは価電子数）が周期的に変化することを書けばよいだろう。

なお，18 族の元素は化学結合をつくりにくいため価電子数は 0 とする。同じ族の元素を同族元素といい，価電子数が同じなのでよく似た性質をもつ元素となる。周期表の 3 族～12 族の元素を遷移元素という。遷移元素の最外殻電子数は 1 または 2 である。遷移元素はすべて金属元素であり，単体はすべて金属である。3 ～11 族では最外電子殻だけでなく内側の電子殻の電子の一部も価電子となり，多様な化合物をつくることが多い。

問4　周期表での元素の位置は正確に記憶すること。

周期\族	1	2	3	4	5	6	7	8	9	10	11	12	13	14	15	16	17	18
1	H																	He
2	Li	Be		遷移元素（他は典型元素）									B	C	N	O	F	Ne
3	Na	Mg											Al	Si	P	S	Cl	Ar
4	K	Ca	Sc	Ti	V	Cr	Mn	Fe	Co	Ni	Cu	Zn	Ga	Ge	As	Se	Br	Kr
5	Rb	Sr	Y	Zr	Nb	Mo	Tc	Ru	Rh	Pd	Ag	Cd	In	Sn	Sb	Te	I	Xe
6	Cs	Ba	ランタノイド	Hf	Ta	W	Re	Os	Ir	Pt	Au	Hg	Tl	Pb	Bi	Po	At	Rn
7	Fr	Ra	アクチノイド	Rf	Db	Sg	Bh	Hs	Mt	Ds	Rg	Cn	Nh	Fl	Mc	Lv	Ts	Og

└─ アルカリ土類金属
└─ アルカリ金属（H は除く）
ハロゲン ─┘
貴（希）ガス ─┘

ゲルマニウム（元素記号 Ge）の上は，ケイ素（元素記号 Si）である。

問5　日本の研究所で発見されたニホニウム Nh は，日本の国名にちなんでつけられた名称である。

Nh は周期表第 7 周期，13 族の元素で，同族元素（$_5B$，$_{13}Al$，$_{31}Ga$，$_{49}In$，$_{81}Tl$，$_{113}Nh$）のうち，最も軽い元素は，ホウ素 B である。

答 問1 ㋐ Mg ㋑ K ㋒ Al 問2 F>Ne

精講 まずは問題テーマをとらえる

■気体状の原子の化学的性質

（第一）イオン化エネルギー	気体状の原子から e^- を1つ奪い，1価の陽イオンにするために必要なエネルギー
（第一）電子親和力	気体状の原子に e^- を1つ与えて1価の陰イオンとしたときに放出されるエネルギー

（第一）イオン化エネルギーの値は，周期表で右上の元素ほど大きくヘリウムが最大である。

（第一）電子親和力の値は，17族の元素（ハロゲン）が大きい。

Point 4

（第一）イオン化エネルギー⦅大⦆
  ➡ 1価の陽イオンになりにくい
（第一）電子親和力⦅大⦆
  ➡ 1価の陰イオンになりやすい

標問4の解説

原子Aの第一イオン化エネルギー I_1，第二イオン化エネルギー I_2，第三イオン化エネルギー I_3 は，次図のエネルギーに相当する。

第 n イオン化エネルギーでは，1つ内側の電子殻の電子を奪う段階で，原子核に強く引きつけられている電子を奪い去ることとなり，非常に大きな値となる。例えば，アルミニウム Al では次のようになる。

	AI の第 n イオン化エネルギー（単位は kJ/mol）			
n	1	2	3	4
kJ/mol	577	1816	2744	11600

問1　3つの元素の電子配置は次のようになる。

	K 殻	L 殻	M 殻	N 殻
カリウム K	2	8	8	1
マグネシウム Mg	2	8	2	
アルミニウム Al	2	8	3	

　㈠は第三イオン化エネルギーで急激に大きくなるので，3個目の電子を奪うときに1つ内側の電子殻の電子を奪っていると考えられる。よって，マグネシウム Mg である。

　㈣は第二イオン化エネルギーで急激に大きくなるので，2個目の電子を奪うときに1つ内側の電子殻の電子を奪っていると考えられる。よって，カリウム K である。

　㈤は残りから考えて，アルミニウム Al となる。
　よって，㈠が Mg，㈣が K，㈤が Al である。

問2　F の電子親和力を E_1，Ne の電子親和力を E_2 とする。

　電子親和力が大きい原子は電子を取り込んで1価の陰イオンになりやすく，逆に1価の陰イオンから電子を取り去って元の原子にもどすのに大きなエネルギーが必要となる。
　　　　　　　　　　　　　　　　　　　　　　　電子親和力と同じ値

　閉殻構造の F^- から電子を取り去るのに必要なエネルギーよりも Na と同じ電子配置の Ne^- の M殻から電子を取り去るのに必要なエネルギーの方が小さい。よって，$E_1 > E_2$ である。実際には，E_2 は 0 に近い値である。

答
〔I〕 A：⑦　　B：⑦　　C：⑦
〔Ⅱ〕 Ti
〔Ⅲ〕 ア：原子番号　　イ：(第一)イオン化エネルギー　　ウ：原子核
　　　エ：N　　オ：O　　カ：Mg　　キ：Al　　ク：2s　　ケ：2p
　　　(カ，キは順不同，クはs，ケはpでも可)

精講　まずは問題テーマをとらえる

■電子軌道と電子配置

　電子軌道については高校課程では発展扱いになっているが，難関大学の受験を考えている人は，ある程度学習していたほうがよい。

　K殻，L殻，M殻，N殻といった電子殻は，s軌道，p軌道，d軌道，f軌道などの軌道(電子の存在する確率の高いところを示したもの)からなる[1]。球形のs軌道以外は同じエネルギーの軌道が複数存在している。

　異なる電子殻の同じ記号の軌道は，電子殻にK殻から順につけた番号nを軌道の前につけて区別され，K殻$(n=1)$は1s軌道，L殻$(n=2)$は2s軌道と三次元直交座標で向きの異なる3つの2p軌道$(2p_x, 2p_y, 2p_z)$からなる。

※1　マンションをイメージしよう。電子殻が建物の1階，2階なのに対して，軌道は各階の住戸の101号室，201号室，202号室にあたる。電子は住人のような存在である。

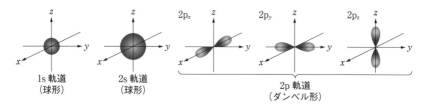

1s軌道
(球形)

2s軌道
(球形)

2p$_x$　2p$_y$　2p$_z$

2p軌道
(ダンベル形)

　M殻$(n=3)$は1つの3s軌道，3つの3p軌道，複雑な形状をした5つの3d軌道からなり，N殻$(n=4)$は1つの4s軌道，3つの4p軌道，5つの4d軌道，7つの4f軌道からなる。エネルギー的に最も低く安定な電子配置では，次の3つの原則に従って電子が収容されていることが知られている。

> 原則1　エネルギーが低い軌道$(1s → 2s → 2p → 3s →$
> 　　　　$3p → 4s → 3d → 4p$の順)から入る。

□ 1つの軌道(e⁻ 2個まで)
← e⁻ の入る順序

※2 例えば，原子番号7の窒素Nは全部で7個の電子をもつ。
マンションと住人で考えると，住人7人が低層階から入居していくイメージである。各部屋は2人ずつ入居できる。sは1ルームタイプで，まず1sに2人，2sに2人入る。pには3部屋あり，各部屋の定員は2人だが，なるべく広く使いたいので，まずは1人ずつ，対にならないように入る。

原則2　1つの軌道に最大2個まで入る。

原則3　エネルギーが同じ軌道(2p$_x$, 2p$_y$, 2p$_z$など)にはできるだけ対をつくらないように入る※2。

原子番号1〜18の元素の安定な電子配置は次のようになる。

e⁻ の入る順序 (原則1)

元 素	1s	2s	2p	3s	3p	3d	
₁H	1						
₂He	②		最大2個まで (原則2)				
₃Li	2	1					
₄Be	2	②					
₅B	2	2	1				
₆C	2	2	2				
₇N	2	2	③				2p$_x$, 2p$_y$, 2p$_z$に1個ずつ電子が入っている
₈O	2	2	4				
₉F	2	2	5				
₁₀Ne	2	2	⑥				2p$_x$, 2p$_y$, 2p$_z$に2個ずつ電子が入っている (最大)
₁₁Na	2	2	6	1			
₁₂Mg	2	2	6	2			
₁₃Al	2	2	6	2	1		
₁₄Si	2	2	6	2	2		
₁₅P	2	2	6	2	③		3p$_x$, 3p$_y$, 3p$_z$に1個ずつ電子が入っている
₁₆S	2	2	6	2	4		
₁₇Cl	2	2	6	2	5		
₁₈Ar	2	2	6	2	⑥		3p$_x$, 3p$_y$, 3p$_z$に2個ずつ電子が入っている (最大)

原子番号 19〜36 の元素では，3p 軌道に電子を入れた後，4s → 3d → 4p の順に電子を入れていく（原則 1）。安定な電子配置は次のようになる。[※3]

※3　原子番号 24 のクロム Cr と原子番号 29 の銅 Cu の安定な電子配置は変則的で，4s 軌道から 3d 軌道に 1 個電子を移し，5 つの 3d 軌道が半分詰まった状態および全部詰まった状態が安定となる。

e⁻ の入る順序 （原則 1）

元　素	1s	2s	2p	3s	3p	3d	4s	4p	4d	4f
₁₉K	2	2	6	2	6		1			
₂₀Ca	2	2	6	2	6		2			
₂₁Sc	2	2	6	2	6	1	2			
₂₂Ti	2	2	6	2	6	2	2			
₂₃V	2	2	6	2	6	3	2			
₂₄Cr	2	2	6	2	6	5	1				←注意
₂₅Mn	2	2	6	2	6	5	2			
₂₆Fe	2	2	6	2	6	6	2			
₂₇Co	2	2	6	2	6	7	2			
₂₈Ni	2	2	6	2	6	8	2			
₂₉Cu	2	2	6	2	6	10	1				←注意
₃₀Zn	2	2	6	2	6	10	2			
₃₁Ga	2	2	6	2	6	10	2	1		
₃₂Ge	2	2	6	2	6	10	2	2		
₃₃As	2	2	6	2	6	10	2	3		
₃₄Se	2	2	6	2	6	10	2	4		
₃₅Br	2	2	6	2	6	10	2	5		
₃₆Kr	2	2	6	2	6	10	2	6		

■電子の軌道と周期表

周期表上の元素の位置と電子配置の関係は次のようになる。

周期表上の位置をたどれば元素の電子配置が予測できる。例えば，塩素 Cl は周期表で水素 H からたどっていくと，1s → 2s → 2p → 3s と来て，3p ブロックの 5 番目の位置にあるので，電子配置は，$1s^2 2s^2 2p^6 3s^2 3p^5$ となる。

18

...

標問 5 の解説

〔Ⅰ〕 L殻には最大で8個の電子が収容できるので，軌道は 8÷2＝4 つ存在する。そのうち1つが2s軌道なので，2p軌道は 3 つある。**精講**で示したように2p軌道はダンベル形をしていて，$2p_x$，$2p_y$，$2p_z$ の3つの軌道からなる。

内側から n 番目の電子殻には n^2 個の軌道が存在し，電子の最大収容数は $2n^2$ 個である。

電子殻	軌道	最大電子数
K 殻 ($n=1$)	1s	$2\times1^2=2$
L 殻 ($n=2$)	2s，2p（3つ）	$2\times2^2=8$
M 殻 ($n=3$)	3s，3p（3つ），3d（5つ）	$2\times3^2=18$

価電子とは，原子がイオンになったり，他の原子と結合したりするときに重要な役割を果たす電子のことである。貴ガスは電子配置が安定でイオンになりにくく，他の原子と結合しにくいので，価電子の数は 0 個である。

〔Ⅱ〕 第4周期の元素で，N殻の4s軌道に2個，M殻の3d軌道に2個の電子をもつ元素は，3dブロックの2番目，原子番号22のチタン Ti である。[4]

※4 チタンの電子配置を電子殻で表すと，
K(2)L(8)M(10)N(2)
となる。

〔Ⅲ〕 図1は横軸に原子番号，縦軸に（第一）イオン化エネルギー（**標問 4** の **精講** 参照）をとったものである。同じ周期の原子では，原子番号が大きくなる（周期表で右にいく）ほど原子核の正の電荷が増え，電子と原子核の間のクーロン力が強くなるので（第一）イオン化エネルギーは増加する傾向がある。

図1

ただし，図1をよく観察すると，同一周期でも2族元素と13族元素（BeとB，MgとAl），15族元素と16族元素（NとO，PとS）で，原子番号の大きいほうがイオン化エネルギーが小さくなっている。原子の第一イオン化エネルギーに現れる元素の周期性は，電子軌道を考えないと細部までは説明できない。

・BeとBの場合

2p軌道に比べてエネルギーが低い2s軌道の電子を取り去るには，より大きなエネルギーが必要となる。[5]よってBよりもBeのほうが第一イオン化エネルギーは大きい。

	1s	2s_ク
4Be	・・	・◉ |←取り去る
Be⁺	・・	・

	1s	2s	2p_ケ
5B	・・	・・	◉
B⁺	・・	・・	

取り去る

※5

（高）←エネルギー→（低）

— 2p —
— 2s —
— 1s —

・NとOの場合

Nは3つの2p軌道に1個ずつ電子が入り，Oは1つの2p軌道（$2p_x$とする）に電子が2個入る。OはNより原子番号が大きいが，$2p_x$軌道で電子の反発が生じているために，$2p_x$軌道の電子を奪うのに必要なエネルギーはNより小さい。よって，NとOではOのほうが第一イオン化エネルギーは小さくなっている。

	1s	2s	2p_x	2p_y	2p_z
7N	・・	・・	・	・	・
8O	・・	・・	⬭	・	・

Nと異なり，対になっている

なお，第3周期のMgとAl，PとSも，それぞれBeとB，NとOの場合と同様に説明できる。

標問 6 アボガドロ定数の測定実験

答
問1 (1) (2) 6.5×10^{-3} % (3) 2.0×10^{-4} mol/L
問2 2.0×10^{-8} mol
問3 6.2×10^{23}/mol

精講 まずは問題テーマをとらえる

■アボガドロ定数と物質量〔mol〕

$6.02214076 \times 10^{23}$ 個の粒子の集団を 1 mol と定義する。mol 単位で表した物質の量を物質量という。

定義値 $6.02214076 \times 10^{23}$ /mol をアボガドロ定数 (N_A) という。

■溶液の濃度

$$質量パーセント濃度〔\%〕 = \frac{溶質の質量〔g〕}{溶液の質量〔g〕} \times 100$$

$$モル濃度〔mol/L〕 = \frac{溶質の物質量〔mol〕}{溶液の体積〔L〕}$$

標問 6 の解説

^{12}C 原子の質量を 12 としたとき,化学式Ⓐの相対質量（化学式量）が M_A とする。

アボガドロ定数を N_A〔/mol〕とすると,N_A〔個〕のⒶの質量は,ほぼ M_A〔g〕となる。

$$
\begin{array}{l}
\text{相対質量} \\
\left[\begin{array}{l} ^{12}\text{C} \\ \left(\times \frac{M_A}{12}\right) \\ Ⓐ \end{array}\right.
\begin{array}{l} \times N_A = 12\text{ g} \\ \xrightarrow{\text{なので}} \\ \times N_A = M_A\text{〔g〕} \end{array}
\left.\begin{array}{l} \\ \left(\times \frac{M_A}{12}\right) \\ \ \end{array}\right]
\end{array}
$$

すなわち,Ⓐのモル質量を M_A〔g/mol〕としてよい。

問1 (1) 溶液の濃度を調製するには,次のようにメスフラスコを用いる。

ステアリン酸を適当な量のベンゼンで溶かす → メスフラスコ → ベンゼン → 標線までベンゼンを加える

(2) 質量パーセント濃度 $= \dfrac{\text{溶質の質量〔g〕}}{\text{溶液の質量〔g〕}} \times 100$

$ = \dfrac{0.0142\,\text{g}}{250\,\text{mL} \times 0.880\,\text{g/mL}^{※1}} \times 100$

$ \fallingdotseq 6.5 \times 10^{-3}\,\%$

※1
溶液の密度〔g/mL〕
＝溶液1 mL あたりの質量〔g〕
$= \dfrac{\text{溶液の質量〔g〕}}{\text{溶液の体積〔mL〕}}$

(3) ステアリン酸 $C_{17}H_{35}COOH$ の分子量＝284.0 である。

$$\text{モル濃度} = \frac{\text{溶質の物質量〔mol〕}}{\text{溶液の体積〔L〕}} = \frac{\dfrac{0.0142\,\text{g}}{284.0\,\text{g/mol}}}{\dfrac{250}{1000}\,\text{L}} = 2.0 \times 10^{-4}\,\text{mol/L}$$

問2　問1(3)のモル濃度の溶液を 0.100 mL 滴下したので，中に含まれるステアリン酸の物質量〔mol〕は，

$$2.0 \times 10^{-4}\,\text{mol/L} \times \frac{0.100}{1000}\,\text{L} = 2.0 \times 10^{-8}\,\text{mol}$$

問3　ステアリン酸分子には，水になじみにくい疎水性の部分と，水になじみやすい親水性の部分が存在する。

$$\underbrace{CH_3-CH_2-CH_2-\cdots\cdots-CH_2-CH_2-}_{\text{疎水性}}\underbrace{C\begin{smallmatrix}O-H\\[2pt]\\O\end{smallmatrix}}_{\text{親水性}}$$

溶媒のベンゼンが蒸発すると，ステアリン酸は親水性の部分を水側，疎水性の部分を空気側に向けて，すき間なく一層に並んだ単分子膜を形成する。

膜の面積 24.8 cm²

ステアリン酸分子1個
が占める面積 2.00×10^{-15} cm²

水面

アボガドロ定数を N_A〔/mol〕とすると，滴下したステアリン酸の分子数に関して次の等式が成立する。

$$\underbrace{N_A\,\text{〔/mol〕} \times 2.0 \times 10^{-8}\,\text{mol}}_{\text{ステアリン酸の分子数}} = \frac{24.8\quad\text{cm}^2}{2.00 \times 10^{-15}\,\text{cm}^2}$$

よって，$N_A = 6.2 \times 10^{23}$ /mol

答 〔Ⅰ〕⑦ 〔Ⅱ〕問1 $\dfrac{48W_1-62W_2}{W_2-W_1}$ 問2 $\dfrac{22.4Z(W_2-W_1)}{36W_1-64W_2}$ 〔Ⅲ〕⑦

精講 まずは問題テーマをとらえる

■物質量（単位：mol）

$\left(\begin{array}{l}1\,\text{mol の粒子の集団が示す具体量}\\ \text{アボガドロ定数 }N_A\,\text{〔/mol〕,}\\ \text{粒子の化学式量 }M\end{array}\right)$
$\begin{cases}① & N_A\,\text{〔個〕の粒子}\\ ② & \text{質量 }M\,\text{〔g〕}\\ ③ & 22.4\,\text{L}\quad \boxed{\text{0℃, 1.013}\times10^5\,\text{Pa の標準状態の気体なら}}\end{cases}$

■化学反応式と反応による変化量

$$\underset{\substack{\text{消費量}}}{}\quad CH_4 \;+\; 2O_2 \;\longrightarrow\; CO_2 \;+\; 2H_2O^{※1}$$

消費量 n〔mol〕 $2n$〔mol〕 $+n$〔mol〕 $+2n$〔mol〕 生成量

※1 化学反応式は，両辺の原子の種類と数が同じ。

> **Point 5** 反応による変化量計算の手順
> **手順1** 化学反応式の係数から変化する物質の物質量（モル）比をみる。
> **手順2** 与えられた量から反応物質や生成物質の物質量（モル）を求める。
> **手順3** 手順2 の比を 手順1 の比から決める。

標問7の解説

〔Ⅰ〕 ⑦ $2\,\text{mol/L}\times\dfrac{100}{1000}\,\text{L}=0.2\,\text{mol}$

⑦ $\dfrac{5.6\,\text{L}}{22.4\,\text{L/mol}}=0.25\,\text{mol}$

⑦ $\dfrac{6\,\text{g}}{20\,\text{g/mol}}=0.3\,\text{mol}$

⑦ $\dfrac{\overset{\text{個(H)}}{}}{3.01\times10^{23}}\times\dfrac{1\,\text{個}(H_2O)}{2\,\text{個}(H)}\quad\leftarrow\text{H 原子 2 個で }H_2O\text{ 1 個}$

$\dfrac{}{6.02\times10^{23}\,\text{個/mol}}=0.25\,\text{mol}$

⑦ 水素の単体は H_2 で$^{※2}$，完全燃焼で H_2O となるときは，

$$②H_2 \;+\; O_2 \;\longrightarrow\; ②H_2O\qquad\text{となる。}$$

H_2 1 g から生じる H_2O の物質量は，次式から求める。

$$\underset{\text{mol}(H_2)}{\dfrac{1\,\text{g}}{2.0\,\text{g/mol}}}\times\underset{\text{mol}(H_2O)}{\dfrac{②\,\text{mol}(H_2O)}{②\,\text{mol}(H_2)}}^{※3}=0.5\,\text{mol}$$

よって，⑦が最も小さい。

物質量の求め方
(ⅰ) モル濃度〔mol/L〕
　　×溶液の体積〔L〕
(ⅱ) $\dfrac{\text{粒子数〔個〕}}{\text{アボガドロ定数〔個/mol〕}}$
(ⅲ) $\dfrac{\text{質量〔g〕}}{\text{モル質量〔g/mol〕}}$
(ⅳ) $\dfrac{\text{標準状態下の気体の体積〔L〕}}{22.4\,\text{〔L/mol〕}}$

※2 水素は二原子分子で存在する。

※3 H_2 2 mol から H_2O 2 mol が生じる。

〔II〕 問1 Mの陽イオンの価数が n なので M^{n+} とすると，硝酸塩と硫酸塩の化学式と化学式量は次になる。[※4]

	化学式	化学式量
硝酸塩	$M(NO_3)_n$	$X+62n$
硫酸塩	$M_2(SO_4)_n$	$2X+96n$

反応前後で M^{n+} の数が変化していないことから，$M(NO_3)_n$ 2 mol から $M_2(SO_4)_n$ 1 mol が生じる。

$$2M(NO_3)_n + \cdots \longrightarrow 1M_2(SO_4)_n + \cdots$$

$$\underbrace{\frac{W_1 \text{〔g〕}}{X+62n \text{〔g/mol〕}}}_{\text{mol}(M(NO_3)_n)} \times \frac{1 \text{ mol }(M_2(SO_4)_n)}{2 \text{ mol }(M(NO_3)_n)} = \underbrace{\frac{W_2 \text{〔g〕}}{2X+96n \text{〔g/mol〕}}}_{\text{mol}(M_2(SO_4)_n)} \quad [※5]$$

よって，$\dfrac{X}{n} = \dfrac{48W_1 - 62W_2}{W_2 - W_1}$ …①

問2 Mの炭酸塩の化学式は $M_2(CO_3)_n$ と表せ，一般に炭酸塩を加熱すると，金属酸化物と二酸化炭素が生じる。[※6]

$$M_2(CO_3)_n \xrightarrow{\text{加熱}} M_2O_n + nCO_2$$

$$\underbrace{\frac{Z \text{〔g〕}}{2X+60n \text{〔g/mol〕}}}_{\text{mol}(M_2(CO_3)_n)} \times \frac{n \text{〔mol }(CO_2)\text{〕}}{1 \text{ mol }(M_2(CO_3)_n)} = \underbrace{\frac{V \text{〔L〕}}{22.4 \text{ L/mol}}}_{\text{mol}(CO_2)}$$

よって，$V = \dfrac{Z}{2\left(\dfrac{X}{n}\right)+60} \times 22.4$

これに①式を代入すると，

$$V = \frac{Z}{2\left(\dfrac{48W_1 - 62W_2}{W_2 - W_1}\right)+60} \times 22.4 \quad [※7]$$

$$= \frac{22.4Z(W_2 - W_1)}{36W_1 - 64W_2}$$

〔III〕 エタノールの化学式は，C_2H_5OH であり，分子量$=46.0$[※8] となる。1.00 L に含まれるエタノール分子の物質量は，

$$\frac{1.00 \text{ L} \times \dfrac{10^3 \text{ cm}^3}{1 \text{ L}} \times 0.789 \text{ g/cm}^3}{46.0 \text{ g/mol}} \fallingdotseq 17.15 \text{ mol}$$

このうち，0.205 % が $C_2H_5{}^{18}OH$ であり，$C_2H_5{}^{18}OH$ の分子量$=48.0$[※9] である。

$$17.15 \text{ mol }(C_2H_5OH) \times \underbrace{\frac{0.205}{100}}_{\text{mol}(C_2H_5{}^{18}OH)} \times 48.0 \text{ g/mol} \fallingdotseq \underbrace{1.687 \text{ g}}_{\text{g}(C_2H_5{}^{18}OH)}$$

[※4] 硝酸イオンは1価，硫酸イオンは2価である。
$$\begin{cases} (M^{n+})_1(NO_3{}^-)_n \\ (M^{n+})_2(SO_4{}^{2-})_n \end{cases}$$

[※5]
$$2W_2(X+62n) = W_1(2X+96n)$$
$$\Longleftrightarrow 2(W_2 - W_1)X = (96W_1 - 124W_2)n$$
$$\Longleftrightarrow \frac{X}{n} = \frac{48W_1 - 62W_2}{W_2 - W_1}$$

[※6] 炭酸カルシウムを加熱すると，次のように分解する。
$$CaCO_3 \longrightarrow CaO + CO_2$$

[※7]
$$V = \frac{22.4Z}{\dfrac{96W_1 - 124W_2 + 60W_2 - 60W_1}{W_2 - W_1}}$$
$$= \frac{22.4Z(W_2 - W_1)}{36W_1 - 64W_2}$$

[※8] 冒頭に与えられた元素の原子量から計算する。

[※9] $^{18}O = 18$ を用いる。

答
問1 極性（または電気陰性度の差，イオン結合性，分極）と原子半径

問2 双極子モーメントの値が大きいほど電気陰性度の差が大きい。

問3 △の値：HF…269.5 kJ/mol，HCl…91.5 kJ/mol，HBr…51.0 kJ/mol
電気陰性度の差が大きいほど△の値は大きい。

問4 a：マリケンの電気陰性度　　b：分極　　c：イオン結合
d：ポーリングの電気陰性度

精講 まずは問題テーマをとらえる

■結合と極性

2原子間の化学結合では電気陰性度の差によって極性の程度が決まる。

H–H結合は非金属元素どうしの結合であり完全な共有結合である。H–Cl結合は電気陰性度がH<Clであるため，共有電子対がCl原子側に引き寄せられて，Hはやや正にClはやや負に帯電する。これを極性のある共有結合（イオン結合性をもつ共有結合）という。Na–Cl結合は電気陰性度がNa≪Clであり，ほぼ完全に共有電子対が移動しNa$^+$とCl$^-$となり，多数のNa$^+$とCl$^-$が静電気的な引力で集合する。これがイオン結合であり，完全に分極した共有結合がイオン結合といえる。

共有結合	極性のある共有結合	イオン結合
H:H	H$\overset{\delta+}{:}$Cl$^{\delta-}$	(Na)$^+$ (:Cl)$^-$

0%　　　　　　　　　　　　　　　　100%　　　極性の度合い

Point 6 電気陰性度とは，2原子間の共有結合でそれぞれの原子が共有電子対を引きつける強さを数値化したものである。

標問8の解説

問1 問題文に"解離エネルギー"とは"分子内の結合を切断し，原子状にするのに必要なエネルギー"と定義が与えられている。したがって，解離エネルギーが大きい結合ほど切断しにくい，すなわち，強い化学結合である。次に，表1～3のデータを整理してみよう。

H-X	H⊙F		H⊙Cl		H⊙Br	
解離エネルギー	大	>	中	>	小	←表3
Xの原子半径	小	<	中	<	大	←表1
極性	大	>	中	>	小	←表2

　Xの原子半径が小さく，H-X 結合の極性が大きいほど，H-X の解離エネルギーが大きいことがわかる。

問2　問題文の (注) で双極子モーメント (μ) は次のように定義されている。

$$\vec{\mu} = q \times \vec{r}$$

　$\vec{\mu}$ が大きいほど結合の極性が大きい。表2，4より，X の電気陰性度が大きいほど，H-X 結合の双極子モーメントが大きいとわかる。

問3　(1)式を用いて表3と表5の値から△を求めてみよう。

H-X	D_{H-X}	D_{H-H}	D_{X-X}	$\Delta = D_{H-X} - \dfrac{D_{H-H} + D_{X-X}}{2}$
H-F	565	436	155	$565 - \dfrac{436 + 155}{2} = 269.5$
H-Cl	431	436	243	$431 - \dfrac{436 + 243}{2} = 91.5$
H-Br	366	436	194	$366 - \dfrac{436 + 194}{2} = 51.0$

　問題文によると△は「イオン結合の寄与の目安」とある。計算結果から電気陰性度の差が大きいほど，極性つまりイオン結合性が大きいほど△の値が大きくなっていることがわかる。

問4　マリケンの電気陰性度は「イオン化エネルギーと電子親和力の和」を用いて定義されたとある。イオン化エネルギーが大きい原子は自らの電子を強く引きつけ，電子親和力が大きい原子は相手の電子を取り込みやすい。そこで，イオン化エネルギーと電子親和力の和が大きな原子ほど，共有電子対を強く引きつけるといえる。
　マリケンの電気陰性度$_a$の差が大きな異核二原子分子の結合はイオン結合$_c$性（極性）が大きく，分極$_b$の程度が大きな共有結合といえる。
　また問3からわかるように，解離エネルギーをもとに定義されたポーリングの電気陰性度$_d$の差もまた分極の程度に比例している。

答

問1 非共有電子対の数が最も多いもの：CO_2　　非共有電子対の数：4組

問2 PH_3では，Pのまわりに共有電子対が3組，非共有電子対が1組あり三角錐形となる。BF_3では，Bのまわりに共有電子対が3組あり正三角形となる。

問3 二酸化炭素は直線形の分子であり，正電荷の重心と負電荷の重心が一致する。二酸化窒素は折れ線形の分子であり，正電荷の重心と負電荷の重心が一致しない。

問4 ア：共有　　イ：非共有　　ウ：NO_2^+　　エ：NO_2　　オ：NO_2^-

精講 まずは問題テーマをとらえる

■電子対反発則による分子の形の推定法

分子の形は，中心原子のまわりの電子対(非共有電子対を含む)の数で決まる。電子対が反発し，できるだけ離れて配置されると考える。ただし，二重結合，三重結合の電子対は1組として数える。

中心原子のまわりの電子対の数	電子対の配置される方向	結合角
4	正四面体の頂点方向	109.5°
3	正三角形の頂点方向	120°
2	直線の反対方向	180°

■分子の極性

	全体で	例
極性分子	結合の極性 (→) が打ち消し合わない	$\overset{\delta+}{H}\overset{\delta-}{O}\overset{\delta+}{H}$
無極性分子	結合の極性 (→) が打ち消し合う	$\overset{\delta-}{O}\overset{\delta+}{\equiv}\overset{\delta-}{C}\overset{}{\equiv}O$

Point 7

分子の形と極性は，次の手順で推定する。

手順1 電子式を書く。

手順2 中心原子のまわりの電子対を数え，方向を決める。

手順3 原子核の位置を結ぶ。

手順4 結合の極性を矢印 (→；双極子モーメント) で表し，全体で打ち消されるかどうか調べる。

問1　典型元素は，最外殻電子が<u>価電子</u>となる。副殻には最大 2 個まで電子が入るが，できるだけ対にならないように配置する。

元素	$_1$H	$_6$C	$_8$O	$_{15}$P
K 殻	<u>1</u>	2	2	2
L 殻		<u>4</u>	<u>6</u>	8
M 殻				<u>5</u>
電子配置	H	C	O	P

	電子式のつくり方	電子式	非共有電子対の数
H_2O	H　O　H	HOH	2
CO_2	O　C　O	OCO	4
PH_3	H　P　H　H	HPH H	1

よって，分子内に最も非共有電子対が多いのは，4 組の CO_2 である。

問2　電子対反発則より，H_2O は折れ線形，CO_2 は直線形と予想できる。

PH₃ では，P のまわりに 4 組の電子対があるから，正四面体の頂点方向に配置すると三角錐形と予想できる。

$_5$B の電子配置が K 殻(2) L 殻(3) であり，$_9$F の電子配置が K 殻(2) L 殻(7) であるから，BF₃ は，電子式で次のように表せる。

中心のB原子のまわりの電子対は3組なので、これらを正三角形の頂点方向に配置すると、BF_3は正三角形の分子と予想できる。

問3　CO_2は直線分子である。電気陰性度はC＜Oなので、C＝O結合に極性はあるが、分子全体では結合の極性が打ち消し合うので、無極性である。

$$\overset{\delta-}{O}\!=\!\overset{\delta+}{C}\!=\!\overset{\delta-}{O}$$
直線形　➡　極性（→）が打ち消し合うので無極性分子

NO_2の電子式は、高校化学でふれることは少ないが説明しておこう。

最外電子殻の電子数が8より大きくならないというルールを守るならば、NとOの結合の1つを配位結合※1とすればよい。

※1 配位結合
A⬛⬛➡B
↓
A⬛B
（A→Bと表す）

二重結合

電子を1つ
移動して
空の副殻
をつくる

空

配位結合

Nに不対電子が残る。これはNO_2が密閉容器中でさらに結合し、四酸化二窒素N_2O_4と平衡状態になることを思い出せば納得いくだろう。（標問 38 参照）

NO_2の形を予想する場合、この不対電子も反発に関与するので1組の電子対のように考える。中心のN原子のまわりの電子対は、3組の場合と同様に正三角形の頂点方向に配置され、折れ線形の分子と予想できる。

3組の場合
と同じ

できるだけ
離れる

正三角形の頂点方向に

折れ線形

電気陰性度はN＜OなのでNとOの結合に極性が生じ、分子全体としては結合の極性が打ち消し合わないので、NO_2は極性分子である。

折れ線形　➡　結合の極性（→）が打ち消し合わないので極性分子

問4　電子対反発則では，実際の分子の結合角までは予測できない。

　　例えば，メタン，アンモニア，水の結合角は，実際には H–C–H>H–N–H>H–O–H である。

　　これは電子対間の反発の大きさが，

[非共有電子対どうし]＞[共有_ア電子対と非共有_イ電子対]＞[共有電子対どうし]

となることから説明できる。

　　非共有電子対が多くなるほど大きな反発のしわ寄せを受けるため，H–X–H の結合角が小さくなるのである。

　　NO_2^-，NO_2，NO_2^+ の構造式は次のようになる。

　　NO_2^- と NO_2 が折れ線形になるのに対し，NO_2^+ は N の周りの電子対が直線方向に配置されるため直線形となる。よって $\theta_3 = 180°$

　　NO_2^- では［N の非共有電子対と共有電子対の反発］が，NO_2 の［不対電子と共有電子対の反発］より大きいため，O–N–O の角度は，$\theta_1 < \theta_2$ となる（実際に調べると $\theta_1 = 115°$，$\theta_2 = 134.3°$ である）。

　　よって，O–N–O の角度は $NO_2^+{}_ウ(\theta_3)>NO_2{}_エ(\theta_2)>NO_2^-{}_オ(\theta_1)$

答	〔Ⅰ〕 問1　名称：面心立方格子　　接している数：12　　問2　　⑩
	〔Ⅱ〕　1.1倍

精講 まずは問題テーマをとらえる

■金属の結晶格子

金属結晶は，次の3つのいずれかの結晶格子をとるものが多い。

名称	体心立方格子	面心立方格子	六方最密構造
配位数（最近接原子数）	8	12	12
結晶格子			

■最密構造

金属原子を球とする。最密に球を配列したA層の球と球の間のくぼみの上に球をさらに最密に並べていくと，B層またはC層の配列がある。

ABABAB…と交互に配列させたものを六方最密構造，ABCABCABC…と配列させたものを立方最密構造という。

立方最密構造を異なる角度からながめ，単位格子のとり方を変えると面心立方格子となる。

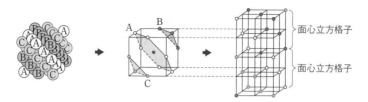

■結晶の密度の求め方

結晶の密度 (=単位格子の密度) $=\dfrac{\text{単位格子の質量}}{\text{単位格子の体積}}$

$$=\dfrac{\dfrac{M}{N_A}\times n}{V}$$

← 結晶を構成する粒子1個の質量

$\left(\begin{array}{l} M：結晶を構成する粒子のモル質量 \\ N_A：アボガドロ定数 \\ n：単位格子内の粒子数 \\ V：単位格子の体積 \end{array}\right)$

標問 10 の解説

〔I〕 問1　立方最密構造である。最近接原子数は，1つの球が同一平面上で6個と接触し，上下の平面から3個ずつ接触するので，6+3+3=12 となる。

立方最密構造は見る角度を変えると面心立方格子である。

問2　球①〜⑩の位置関係は下の図1のようになっている。①が図1の立方体の中心にあり，他は立方体の辺の中心にある。⑦と⑩の距離は立方体の1辺の長さに等しい。

図1の立方体を横に並べ，立方体の頂点の選び方を半周期ずらしてみると面心立方格子となる (図2)。図2より，⑦と⑩の距離が面心立方格子の1辺の長さと等しいことがわかる。

図1

図2

〔**Ⅱ**〕 鉄原子の半径を r〔cm〕とする。体心立方格子から面心立方格子に変化すると，単位格子は次のように変化する。

	体心立方格子	面心立方格子
単位格子内の鉄原子の数	$\dfrac{1}{8}$ 個×8＋1 個＝2 個	$\dfrac{1}{8}$ 個×8＋$\dfrac{1}{2}$ 個×6＝4 個
単位格子の 1 辺の長さ	$4r \times \dfrac{1}{\sqrt{3}} = \dfrac{4r}{\sqrt{3}}$	$4r \times \dfrac{1}{\sqrt{2}} = 2\sqrt{2}\,r$

体心立方格子をとるときの密度を $d_体$〔g/cm³〕，面心立方格子をとるときの密度を $d_面$〔g/cm³〕とし，Fe のモル質量を M，アボガドロ定数を N_A とすると，

$$
\begin{cases}
d_体 = \dfrac{\text{Fe 原子 2 個の質量}}{\text{単位格子の体積}} = \dfrac{\overbrace{\left(\dfrac{M}{N_A}\right) \times 2}^{\text{Fe 原子 1 個の質量}} \text{〔g〕}}{\left(\dfrac{4r}{\sqrt{3}}\right)^3 \text{cm}^3} \quad \cdots ① \\[4ex]
d_面 = \dfrac{\text{Fe 原子 4 個の質量}}{\text{単位格子の体積}} = \dfrac{\left(\dfrac{M}{N_A}\right) \times 4 \text{〔g〕}}{(2\sqrt{2}\,r)^3 \text{cm}^3} \quad \cdots ②
\end{cases}
$$

②式÷①式 より，

$$
\dfrac{d_面}{d_体} = \dfrac{\dfrac{M}{N_A} \times 4}{\dfrac{(2\sqrt{2}\,r)^3}{\dfrac{M}{N_A} \times 2}} = \dfrac{4\sqrt{6}}{9} \risingdotseq 1.1 \text{ 倍}
$$

答 問1 ①と⑤　　問2 ②　　問3 ⑥

精講 まずは問題テーマをとらえる

■面心立方格子のすきま

　金属結晶の代表的な単位格子の1つである面心立方格子には，原子に囲まれたすきまが2種類存在する。1つは次図のPで表される4個の原子に囲まれたすきまであり，もう1つは図のQで表される6個の原子に囲まれたすきまである。

　点Pは正四面体の頂点に位置した球のつくるすきま，点Qは正八面体の頂点に位置した球のつくるすきまといえる。

　イオン結晶の代表的な単位格子のうち，CaF_2型構造はCa^{2+}が面心立方格子をつくり，点PにF^-が入り込んだ構造といえる。（ただし，金属結晶と異なりCa^{2+}どうしは接触しているとはいえない。）

　また，NaCl型構造はCl^-が面心立方格子をつくり，点QにNa^+が入り込んだ構造といえる。（Na^+が面心立方格子をつくり，Cl^-が入り込んだとみてもよい。）

〈CaF_2型構造〉　　　　　〈NaCl型構造〉

> **Point 8**　面心立方格子内には，2種類のすきまがある。

標問 11 の解説

　問題文の図のaは正四面体のすきま，bは正八面体のすきまである。

問1　① 面心立方格子中では1つの球が接触している球は12個である。これは右図より明らかであろう。よって誤り。

① ●に注目

単位格子 となりの
　　　　　単位格子

② 単位格子の1辺の長さを l とすると，
$$l \times \sqrt{2} = 4r$$
となる。よって，
$$l = 2\sqrt{2}\,r$$

③ 頂点に位置する $\dfrac{1}{8}$ 個が8頂点分と，面の中心に位置する $\dfrac{1}{2}$ 個が6面分で，1つの単位格子が構成されている。よって，
$$\frac{1}{8} \times 8 + \frac{1}{2} \times 6 = 4\,個$$
含まれている。

④ すきまaは図の◉の部分であるので8個である。

⑤ すきまbは図の●の部分である。そのまま数えると13個になる。ただし，辺の中心に位置するすきまbは4つの単位格子に共有されるので $\dfrac{1}{4}$ 個と数えると，
$$\frac{1}{4}\,個 \times 12\,辺 + 1\,個 = 4\,個$$

└─真ん中のすきまb

となる。どちらにせよ誤り。

⑥ すきまbに入る球の半径の最大値を r' とすると，右図より，
$$(r + 2r' + r) \times \sqrt{2} = 4r$$
となり，
$$r' = \frac{2\sqrt{2}\,r - 2r}{2} = (\sqrt{2} - 1)r$$
と表せる。

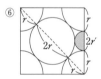

問2 すきまbは立方体の中心と各辺の中心にあり，ここに反対符号のイオンが入ると，NaCl型構造となる。

問3 結晶の組成式と単位格子の組成式は同じである。よって単位格子内の A^{2+} と B^{3+} と C^{2-} の個数比を求めればよい。

$$
\begin{cases}
A^{2+}: & \underset{\text{すきまaの数}}{8} \times \underset{A^{2+}\text{の数}}{\frac{1}{8}} = 1\,個 \\[2ex]
B^{3+}: & \underset{\text{すきまbの数}}{4} \times \underset{B^{3+}\text{の数}}{\frac{1}{2}} = 2\,個 \\[2ex]
C^{2-}: & 4\,個 \quad \leftarrow 問1の③
\end{cases}
$$

よって，$A^{2+} : B^{3+} : C^{2-} = 1 : 2 : 4$ なので，組成式は AB_2C_4 となる。

答

問1　単位格子の長さ：$\dfrac{\sqrt{3}}{5}$ nm　　密度：$3.8\,\text{g/cm}^3$

問2　ア：$\dfrac{\sqrt{3}}{4}$　イ：$\dfrac{\sqrt{2}}{2}$　　問3　0.22　　問4　$0.41\leqq\dfrac{r^+}{r^-}<0.73$

精講　まずは問題テーマをとらえる

■イオン結晶の安定性と半径比

イオン結晶は，陽イオンと陰イオンが静電気力（クーロン力）によって集合してできたものである。

1つのイオンのまわりをとり囲む反対符号のイオンの数ができるだけ多いほど安定性は大きくなる。しかし陽イオンと陰イオンの半径比によっては同符号どうしのイオンが接触してしまい不安定になり，やむをえずとり囲む反対符号のイオンの数が少ない構造をとる。例えば塩化セシウム型の結晶は次のような単位格子である。

今から◯の陽イオンを $Cs^+ \rightarrow Rb^+$ → K^+ というように，より半径の小さいものに変えていく。このとき，この CsCl 型結晶と同じ構造をとりうるための半径比$(Q)=\dfrac{陽イオン}{陰イオン}$ を計算してみる。

〈塩化セシウム CsCl 型結晶の単位格子〉

上図から，Ⅱのときより陽イオン（◯）が小さくなると CsCl 型構造をとることはできない。Ⅱの状態では，$2r^-\times\sqrt{3}=2(r^-+r^+)$ となり，$\dfrac{r^+}{r^-}=\sqrt{3}-1$ となる。このときより陽イオンの半径が大きくなければこの構造をとることができないので，

$$Q=\frac{陽イオンの半径}{陰イオンの半径}\geqq\sqrt{3}-1$$

が CsCl 型の構造をとるための条件となる。

Point 9　イオン結晶では，1つのイオンが，できるだけ多くの反対符号のイオンに接触できる構造が安定である。ただし，半径比の制約を受ける。

問1　ダイヤモンドの単位格子は右図のようになる。

単位格子の長さを a〔nm〕とする。

単位格子の $\dfrac{1}{8}$ スケールの小立方体を考える。炭素原子間の距離を l〔nm〕とする。

  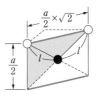

$$l=\sqrt{\left(\frac{a}{2}\right)^2+\left(\frac{a}{2}\times\sqrt{2}\right)^2}\times\frac{1}{2}=\frac{\sqrt{3}}{4}a \quad \text{よって,} \quad a=\frac{4l}{\sqrt{3}}=\frac{4}{\sqrt{3}}\times0.15=\frac{\sqrt{3}}{5} \text{ nm}$$

小立方体の断面の対角線の長さ

$l=0.15\,\mathrm{nm}$

単位格子内に含まれる炭素原子数は,

$$\underbrace{\frac{1}{8}\times8}_{頂点}+\underbrace{\frac{1}{2}\times6}_{面の中心}+\underbrace{1\times4}_{小立方体の中心}=8 \text{ 個}$$

となる。これが 1 辺の長さ $\dfrac{\sqrt{3}}{5}$ nm$=\dfrac{\sqrt{3}}{5}\times10^{-9}$ m$=\dfrac{\sqrt{3}}{5}\times10^{-7}$ cm[※1] の立方体に

含まれるから,

炭素原子 1 個の質量

$$\text{ダイヤモンドの密度〔g/cm}^3\text{〕}=\frac{\dfrac{12.0}{6.02\times10^{23}}\times8 \text{ g}}{\left(\dfrac{\sqrt{3}}{5}\times10^{-7} \text{ cm}\right)^3}$$

$$\fallingdotseq 3.8 \text{ g/cm}^3$$

※1
$1\,\mathrm{nm}$
$=1\times10^{-9}$ m
$=1\times10^{-9}$ m$\times\dfrac{100\text{ cm}}{1\text{ m}}$
$=1\times10^{-7}$ cm

問2

よって，陰イオンどうしが接触するときは次ページのようになっている。

$$\begin{cases} r^- + r^+ = \sqrt{\left(\dfrac{\sqrt{2}}{2}a\right)^2 + \left(\dfrac{a}{2}\right)^2} \times \dfrac{1}{2} = \boxed{\dfrac{\sqrt{3}}{4}}a \quad \cdots ① \\[4mm] 2r^- = \boxed{\dfrac{\sqrt{2}}{2}}a \quad \cdots ② \end{cases}$$

$\underset{\text{ア}}{}$ $\underset{\text{イ}}{}$

問3 ②式より，$a = 2\sqrt{2}\,r^-$ となるから，これを①式に代入すると，

$$r^- + r^+ = \dfrac{\sqrt{3}}{4} \times 2\sqrt{2}\,r^-$$

$$1 + \dfrac{r^+}{r^-} = \dfrac{\sqrt{6}}{2}$$

よって，$\dfrac{r^+}{r^-} = \dfrac{\sqrt{6}}{2} - 1 \fallingdotseq 0.22$ [※2]

※2　図Aの構造をとるためには，

$$\dfrac{r^+}{r^-} \geqq \dfrac{\sqrt{6}}{2} - 1$$

が半径比の条件となる。

問4 図Cの CsCl 型構造（配位数8）[※3]をとるための半径比の条件は **精講** より，

$$\dfrac{r^+}{r^-} \geqq \sqrt{3} - 1 \fallingdotseq 0.73$$

である。次に図Bの NaCl 型構造（配位数6）をとるための半径比の条件を求める。

※3

	配位数
A	4
B	6
C	8

■の面で考える → Ⅰ → より小さな陽イオンにする → Ⅱ（陰イオンどうしが接触するとき）→ さらに小さな陽イオンにする → Ⅲ（不安定）

Ⅰの状態は安定であるが，Ⅱの状態で陰イオンどうしが接触してしまう。Ⅱのときより小さな陽イオンになると，Ⅲのように陽イオンが陰イオンに接触できなくなり不安定になる。

Ⅱの状態で考えると，陽イオンの半径が r^+ であるから，

$$2r^- \times \sqrt{2} = 2(r^- + r^+) \qquad \text{よって，} \dfrac{r^+}{r^-} = \sqrt{2} - 1$$

つまり，$\dfrac{r^+}{r^-} \geqq \sqrt{2} - 1 \fallingdotseq 0.41$ が NaCl 型構造をとるための条件となる。

配位数が大きな構造のほうが安定なので，$\dfrac{r^+}{r^-} \geqq \sqrt{3} - 1$ なら CsCl 型構造（図C）をとる。$\underset{(\fallingdotseq 0.41)}{\sqrt{2} - 1} \leqq \dfrac{r^+}{r^-} < \underset{(\fallingdotseq 0.73)}{\sqrt{3} - 1}$ なら，CsCl 型構造をとれず NaCl 型構造（図B）をとる。

標 問 13 黒鉛の結晶構造

精講 まずは問題テーマをとらえる

■炭素の同素体

炭素にはいくつかの同素体が知られている。同素体とは同じ元素の単体で性質の異なるものをいう。次表に炭素の代表的な同素体をまとめておく。

ダイヤモンド	黒鉛（グラファイト）	フラーレン
		C60
炭素原子が正四面体の頂点方向に連続して共有結合してできた巨大分子。	正六角形を単位とする炭素原子の共有結合による平面状巨大分子（グラフェンという）がファンデルワールス力で結びついた結晶。	サッカーボール型の C60 分子の他にも C70〜C120 までのさまざまなものが確認されている。
融点が高い（約 3500 ℃）。天然物で最も硬く，熱伝導率が最大である。光の屈折が大きい。	はがれやすい（へき開性）。炭素の価電子の一部が平面上は自由に移動できるので，面方向に大きな電気伝導性をもつ。	電気を導かない。有機溶媒には少し溶ける。

> **Point 10** 代表的な炭素の同素体については，その構造や性質をおさえておく。
> （とくに黒鉛とダイヤモンド）

標問 13 の解説

問1 0.246 nm という距離がどこの距離か考えるために炭素原子でできた正六角形をとり出してみる（右図）。1辺の長さ（l とする）は図1より 0.142 nm である。

$$\frac{0.246}{0.142} = 1.73\cdots \fallingdotseq \sqrt{3}$$ ということから l の $\sqrt{3}$ 倍の長さが

0.246 nm ということになる。l は正六角形の1辺の長さなので，この $\sqrt{3}$ 倍というと右図の x に相当する。

よって，正解は③である。

問2　黒鉛は次の正六角柱がくり返して結晶ができている。この正六角柱の密度を求めれば，それが黒鉛の結晶の密度となる。

〈正六角柱内の炭素原子数〉

$$\underbrace{\frac{1}{6}\text{個}\times 12}_{\text{頂点}}+\underbrace{\frac{1}{3}\text{個}\times 3}_{\text{辺上}}+\underbrace{1\text{個}}_{\text{中心}}=4\text{個}$$

〈正六角柱の体積〉

正六角形の1辺の長さ (0.142 nm) を l，層間の高さ (0.335 nm) を h とする。

$$\text{正六角柱の体積}=\underbrace{l\times\frac{\sqrt{3}}{2}l\times\frac{1}{2}\times 6}_{\substack{\text{正六角形の面積}}}\times\underbrace{2h}_{\text{正六角柱の高さ}}=3\sqrt{3}\,hl^2$$

（※図中：l と l の面積）

体積の単位が cm^3 なので，長さはすべて nm から cm に直しておく。

$1\,nm=1\times 10^{-9}\,m=1\times 10^{-7}\,cm$ なので，

$$\begin{cases} l=0.142\times 10^{-7}\,cm=1.42\times 10^{-8}\,cm \\ h=0.335\times 10^{-7}\,cm=3.35\times 10^{-8}\,cm \end{cases}$$

となる。したがって，黒鉛の密度は，

$$\text{黒鉛の密度}\,[g/cm^3]=\frac{\text{正六角柱内の炭素原子4個分の質量}\,[g]}{\text{正六角柱の体積}\,[cm^3]}$$

（炭素原子1個の質量）

$$=\frac{\dfrac{12}{6.02\times 10^{23}}\,g/\text{個}\times 4\,\text{個}}{3\sqrt{3}\times\underbrace{3.35\times 10^{-8}}_{h}\times\underbrace{(1.42\times 10^{-8})^2}_{l}\,cm^3}$$

$$\fallingdotseq 2.3\,g/cm^3$$

答

問1　ア：HCl　　イ：H_2S　　ウ：SiH_4　　エ：Cl_2　　オ：Kr

問2　(a)：⑤　　(b)：③　　(c)：①　　(d)：④

問3　HF は，ファンデルワールス力より強い水素結合を分子間で形成するから。

問4　貴ガスは無極性で球形の単原子分子なので，ファンデルワールス力が弱いから。

精講 まずは問題テーマをとらえる

　分子どうしの間で働く力を分子間力といい，ファンデルワールス力や水素結合などがある。分子からなる物質は，分子間力が強いほど分子間を引き離すのに大きなエネルギーが必要なので，沸点が高くなる。そこで，沸点を調べることで分子間力の強さを推測できる。

■**ファンデルワールス力**

　ファンデルワールス力は分子間に働く弱い力であり，一般に分子量が大きいほど強くなる。極性分子は分子間にクーロン力が働くので，分子量が同程度の無極性分子よりファンデルワールス力は強い。分子量や極性の程度が似ている分子では，形状が球に近いほど接近したときの接触面積が小さいため，ファンデルワールス力は弱くなる。

■**水素結合**

　水素結合は，負電荷をもつフッ素 F，酸素 O，窒素 N 原子（下図では X あるいは Y と表記している）が正電荷を帯びた水素 H をはさむように形成する引力である。ファンデルワールス力の約 10 倍の強さをもつ。

① 分子間力 ┌ ファンデルワールス力
　　　　　　└ 水素結合

② 分子間力⑤ ⟷ 沸点⑥

問1 ①17 族元素 (ハロゲン) の水素化合物 (分子式 HX)
②16 族元素の水素化合物 (分子式 H_2X)
③14 族元素の水素化合物 (分子式 XH_4)
④ハロゲンの単体 (分子式 X_2)
⑤貴ガスの単体 (単原子分子)　である。

問2, 3 それぞれのグラフの, もっとも分子量が小さい物質に注目する。H_2O の沸点は 100℃ なので②の系列のグラフは図の中にない。

HF は分子間でファンデルワールス力より強い水素結合を形成するので, 分子量が小さいのに沸点が特異的に高い。(c)が①の系列のグラフである。

CH_4 (分子量 16) は HF (分子量 20) より分子量が小さいので, 左端が c1 より左側にある(b)が③の系列のグラフである。

次にグラフのもっとも分子量が大きな物質 (一番右) に注目する。

(d)は, もっとも分子量の大きな物質の沸点が 100℃ を超えているので, 常温・常圧で気体である貴ガスの単体の沸点を表したグラフではない。よって, (d)は④の系列のグラフであり, 残った(a)が⑤の系列のグラフである。

問4 全体として「沸点が低い→ファンデルワールス力が弱い」という推測を, 貴ガスは「単原子分子→球形で無極性分子」という分子の性質と結びつけて文章を作成すればよい。

標問 15 理想気体の定量的なとり扱い(1)

答 1：⑰ 2：⑦ 3：⑪ 4：㋜ 5：㋔ 6：㋓

精講 まずは問題テーマをとらえる

■理想気体の状態方程式

理想気体では，圧力 P〔Pa〕，体積 V〔L〕，絶対温度 T〔K〕で物質量 n〔mol〕の気体に関して次式が成立する。

$$PV = nRT \quad \cdots ①$$

R は気体定数とよばれ，0°C，1.013×10^5 Pa の標準状態のもとで 1 mol の気体の体積が 22.4 L を示すことから，

$$R = \frac{PV}{nT} = \frac{1.013 \times 10^5 \, \text{Pa} \times 22.4 \, \text{L}}{1 \, \text{mol} \times (0+273) \text{K}} \fallingdotseq 8.31 \times 10^3 \, \text{Pa·L/(mol·K)}$$

と求まる。①式は変形すると，$n = \dfrac{PV}{RT}$ となり，<u>(P, T, V) の3つの数値が決まると物質量 n が具体的に決まる</u>というふうに考えてほしい。

また，圧力 P と絶対温度 T が一定のもとでは，①式を

$$V = \underbrace{\frac{RT}{P}}_{\text{一定}} \times n = k\,(\text{定数}) \times n$$

のように変形できる。つまり，物質量 n と体積 V は比例関係となる。

このように，①式は一定になる量がある場合，上記のように変形すれば，残った変数どうしでより簡単な関係式で表せるのである。

> **Point 12** $PV = nRT$ を使うときは，
> 定数があればすべてまとめ，より簡単な式で考える。

標問 15 の解説

状態(a) 理想気体の状態方程式より，

$$\begin{cases} \text{容器 I} : P_A V = \dfrac{w}{M_A} RT \\[2mm] \text{容器 II} : P_B \times 1.4V = \dfrac{w}{M_B} RT \end{cases}$$

がそれぞれの容器に対して成立する。よって，

$$P_A - P_B = \frac{wRT}{M_A V} - \frac{wRT}{M_B \times 1.4V}$$

$$= \frac{wRT}{V}\left(\frac{1}{M_A} - \frac{1}{1.4 M_B}\right)$$

状態(b)　コックを開けると容器Ⅰと容器Ⅱの圧力が同じになるまで気体は移動し，やがて均一になる。

2：状態(a)に比べるとピストンが上に移動し，容器Ⅱの体積が $1.4V$ から $2V$ になっている。

　このことから，気体は容器Ⅰから容器Ⅱへとまず移動してやがて均一になったと考えられ，状態(a)では $P_A > P_B$ だったとわかる。よって，

$$P_A - P_B = \frac{wRT}{V}\left(\frac{1}{M_A} - \frac{1}{1.4M_B}\right) > 0$$

であり，

$$\frac{1}{M_A} - \frac{1}{1.4M_B} > 0$$

つまり，$M_A < 1.4M_B$ となる。

3：分圧とは，体積と温度を一定にしたまま成分気体が単独で示す圧力であり，気体Aと気体Bの分圧とは，仮想的に次のような状態を考えたときの圧力である。

　このように分けて考えると V，T 一定なので，$PV = nRT$ は，

$$P = \underbrace{\frac{RT}{V}}_{\text{一定}} \times n = k\,(\text{定数}) \times n$$

となり，圧力と物質量が比例関係となる。よって，圧力比＝物質量比 となる。また，物質量に関して 全物質量＝Aの物質量＋Bの物質量 なので両辺に k をかけると，$P = P_A' + P_B'$ のように分圧の和が全圧となる。

　連結管やコック部分の体積は無視できるので全体積は $2V + V = 3V$ で，Aの物質量が $\dfrac{w}{M_A}$ 〔mol〕，Bの物質量が $\dfrac{w}{M_B}$ 〔mol〕であることから，理想気体の状態方程式より，

$$\begin{cases} \text{気体A：} P_A' \times 3V = \dfrac{w}{M_A}RT \\[2mm] \text{気体B：} P_B' \times 3V = \dfrac{w}{M_B}RT \end{cases}$$

が成立し，$P_A' = \dfrac{wRT}{3VM_A}$，$P_B' = \dfrac{wRT}{3VM_B}$ となる。

4 : 全圧は分圧の和になるので,

$$P = P_A' + P_B' = \frac{wRT}{3VM_A} + \frac{wRT}{3VM_B} = \frac{wRT}{3V}\left(\frac{1}{M_A} + \frac{1}{M_B}\right)$$

状態(c) 物質量と圧力が一定なので, $PV = nRT$ は,

$$V = \underbrace{\frac{nR}{P}}_{-定} \times T = k\,(定数) \times T$$

となり, 体積と絶対温度は比例関係となる.

よって, 体積が $3V$ からもとの $V + 1.4V = 2.4V$ になるには, 絶対温度も $\frac{2.4V}{3V} = \frac{4}{5}$ 倍にならなくてはならないため, $\frac{4}{5}T$ 〔K〕になる.

状態(d) V, T 一定条件では, $PV = nRT$ は,

$$P = \underbrace{\frac{RT}{V}}_{-定} \times n = k\,(定数) \times n$$

となり, 圧力と物質量が比例関係になる.

よって, 圧力が1.75倍ということは, 物質量が1.75倍ということになる.

$$\underbrace{\frac{w}{M_A}}_{\substack{気体Aのmol\\状態(a)の容器I}} \times \underbrace{1.75}_{=\frac{7}{4}} = \underbrace{\frac{2w}{M_B}}_{\substack{気体Bのmol\\状態(d)の容器I}}$$

よって, $M_A : M_B = 7 : 8$ となり, 与えられた原子量から考えると,

気体 A $= N_2$ (分子量 28), 気体 B $= O_2$ (分子量 32) があてはまる.

答 〔Ⅰ〕 一酸化炭素の分圧：$1.40\times10^5\,Pa$ 酸素の分圧：$1.10\times10^5\,Pa$

　　 〔Ⅱ〕 問1 $x:2$ $y:\dfrac{1}{2}$ 問2 $1.6\times10^{-3}\,mol$ 問3 $6.3\times10^4\,Pa$

精講 まずは問題テーマをとらえる

■**気体反応における変化量の計算**　一般に化学反応式を使って変化量を計算するには，物質量を求める。ただし気体反応の場合，$PV=nRT$ を使うことが多くなると計算が面倒である。そこで，分圧（V，T 一定で気体を分ける）や成分気体の体積（P，T一定で気体を分ける）を利用すると計算が楽になることが多い。分圧や成分気体の体積は物質量に比例するので，化学反応式の係数を使って変化量が計算できる。

> **Point 13** 気体反応における変化量計算では，分圧や成分気体の体積をうまく使う。

標問 16 の**解説**

〔Ⅰ〕　圧力 $2.50\times10^5\,Pa$，温度 27℃ が一定なので，体積で分けることを考えてみる。

V_{CO} や V_{O_2} をそれぞれの成分気体の体積という。P，T 一定なので体積 V と物質量 n は比例関係で，$5.00\,L：V_{CO}：V_{O_2}＝$ 全物質量：CO の物質量：O_2 の物質量　となる。
　また，全物質量 ＝ CO の物質量 ＋ O_2 の物質量　なので，
　　　全体積 $5.00\,L＝V_{CO}＋V_{O_2}$
となり，$V_{O_2}＝5.00－V_{CO}$ と表せる。ここで起こった化学反応式は，
　　　$2CO ＋ O_2 \longrightarrow 2CO_2$
と表せる。CO 2 mol と O_2 1 mol が消費され CO_2 2 mol が生じるという意味であるが，P，T 一定条件では物質量と体積が比例関係になるので，27℃，$2.50\times10^5\,Pa$ のもとで 2 L の CO と 1 L の O_2 が消費され 2 L の CO_2 が生じると考えてもさしつかえない。

	$2CO$ ＋	O_2	$\longrightarrow 2CO_2$	
反応前	V_{CO}	$5.00-V_{CO}$	0	単位は L
変化量	$-V_{CO}$	$-\dfrac{1}{2}V_{CO}$	$+V_{CO}$	(27℃, $2.50\times10^5\,Pa$ のもと)
反応後	0	$5.00-\dfrac{3}{2}V_{CO}$	V_{CO}	

よって，反応後の O_2 の成分気体の体積は $5.00-\dfrac{3}{2}V_{CO}$〔L〕，CO_2 は V_{CO}〔L〕となる。

反応後の全体積は 3.60 L なので,

$$3.60 = 5.00 - \frac{3}{2}V_{CO} + V_{CO} \qquad \text{よって,} \quad V_{CO} = 2.80 \, \text{L}$$

したがって,$V_{O_2} = 5.00 - V_{CO} = 5.00 - 2.80 = 2.20 \, \text{L}$

となる。そこで反応前は,

CO の物質量:O_2 の物質量 $= V_{CO} : V_{O_2} = 2.80 : 2.20 = 14 : 11$

であったとわかる。次に分圧は V,T 一定で成分気体に分けて,それぞれの成分気体が単独で示す圧力のことであったが,これもまた物質量に比例する。

よって,CO の分圧 $=$ 全圧 $\times \dfrac{\text{CO の物質量}}{\text{全物質量}} = 2.50 \times 10^5 \, \text{Pa} \times \dfrac{14}{14+11} = 1.40 \times 10^5 \, \text{Pa}$

O_2 の分圧 $=$ 全圧 $\times \dfrac{O_2 \text{ の物質量}}{\text{全物質量}} = 2.50 \times 10^5 \, \text{Pa} \times \dfrac{11}{14+11} = 1.10 \times 10^5 \, \text{Pa}$

〔**II**〕 問1　化学反応式の左右の各元素の原子数は同じだから,

炭素 C:$4 = 1 + x + 2y$　　水素 H:$10 = 4x + 4y$　　➡　$x = 2$,$y = \dfrac{1}{2}$

問2　理想気体の状態方程式より,

$$n = \frac{PV}{RT} = \frac{0.105 \times 10^5 \times 0.500}{8.31 \times 10^3 \times (127+273)} \fallingdotseq 1.6 \times 10^{-3} \, \text{mol}$$

問3　分圧で変化量計算をするために,仮に 127℃ のまま反応し,その後,527℃ になったとする。127℃ で反応したとすると,分圧は次のように変化する。

	$C_2H_5OC_2H_5 \longrightarrow$	CO	$+ \quad 2CH_4$	$+ \quad \dfrac{1}{2}C_2H_4$	
最初の分圧	0.105	0	0	0	($\times 10^5$ Pa)
変化した分圧	$-0.105 \times \dfrac{4}{5}$	$+0.105 \times \dfrac{4}{5}$	$+0.105 \times \dfrac{8}{5}$	$+0.105 \times \dfrac{2}{5}$	← $1:1:2:\dfrac{1}{2}$ で変化する
残った分圧	$0.105 \times \dfrac{1}{5}$	$0.105 \times \dfrac{4}{5}$	$0.105 \times \dfrac{8}{5}$	$0.105 \times \dfrac{2}{5}$	

最初の 5 分の 1 が残る

よって全圧は,$\left(0.105 \times \dfrac{1}{5} + 0.105 \times \dfrac{4}{5} + 0.105 \times \dfrac{8}{5} + 0.105 \times \dfrac{2}{5} \right) \times 10^5 = 0.315 \times 10^5 \, \text{Pa}$

となる。これを 527℃ にすると,圧力は絶対温度に比例するから,　← $P = \dfrac{nR}{V} \times T = kT$ 一定

全圧 $P = 0.315 \times 10^5 \times \dfrac{(527+273 \, \text{K})}{(127+273 \, \text{K})} = 6.3 \times 10^4 \, \text{Pa}$

Pa (127℃)　　　　　　　Pa (527℃)

答 問1 必要な導入量：1.2 mL 理由：ⓒ 問2 130

問3 ア：液体 イ：小さく ウ：$\dfrac{P_m V M_A}{1000RT}$

精講 まずは問題テーマをとらえる

■理想気体の状態方程式の変形式

理想気体の状態方程式 $PV = nRT$ は次のように変形することができる。

$$PV = nRT$$

$\Leftrightarrow PV = \left(\dfrac{w}{M}\right)RT$ ← 物質量 $n = \dfrac{質量\ w}{分子量\ M}$

$\Leftrightarrow M = \dfrac{wRT}{PV}$

$\Leftrightarrow M = d \times \dfrac{RT}{P}$ ← 気体の密度 $d = \dfrac{質量\ w}{体積\ V}$

分子量を求めるときは，$M = \dfrac{wRT}{PV}$ や $M = d \times \dfrac{RT}{P}$ を使うので，これらの形にも慣れておこう。

> **Point 14**
> 気体は，ある圧力，温度のもとでの体積と質量または密度がわかれば，分子量が求められる。

標問 17 の解説

問題の実験を図にすると次のようになる。・の分子量を $PV = nRT$ を使って求めることが目的なので④に $M = \dfrac{wRT}{PV}$ を適用すればよい。

④では $V = \dfrac{350}{1000}$ L，$T = 100 + 273 = 373$ K，P は外圧とつり合うまで蒸気の吹き出しは止まらないので，最終的には大気圧と同じ 1.00×10^5 Pa である。

④での・の質量を測定するため，外へ再び取り出している。・が凝縮すると内圧が下がるので，外から空気を内圧が 1.00×10^5 Pa になるまで吸い込む。蒸気圧を無視してよいのであれば，・は⑥のようにすべて液体になったと考えてよい。

問1 ④で・の気体のみで満たされるためには②で入れる量がある値以上でなければならない。表からわかるように，この値が 1.2 mL である。

問2 ①と⑥の質量の差は ▬ の有無による。よって，

④での・の質量＝128.62－127.15＝1.47 g

となる。したがって，

$$M=\frac{wRT}{PV}=\frac{1.47 \times 8.31 \times 10^3 \times 373}{1.00 \times 10^5 \times \dfrac{350}{1000}} \fallingdotseq 130$$

また，このとき⑥で凝縮して生じた液滴の体積に相当する体積の空気が①より少ないが，この程度の体積の空気の質量は無視してかまわない。

もともと②で加えた液体が 1.2 mL であり，④で外に出ていった分も考えると⑥の液滴の体積はどう見積もっても 1.2 mL より少ない体積だと考えられるからである。

問3 ・がすべて凝縮せず，蒸気圧を考えなくてはならない場合は，⑥の状態での成分気体の分圧を考えると，・の蒸気圧と空気分圧の和が全圧に等しい。

すべて・が<u>液体</u>ァになったと仮定したときと異なり，蒸気圧 P_m の分だけ空気が外へ押し出された状態で，この分，質量は<u>小さく</u>ィなっている。この押し出された分の空気の質量を補正しないと正確な・の質量は①との差から求められない。

この押し出された空気は分圧 P_m〔Pa〕，体積 $\dfrac{V}{1000}$〔L〕，温度 T〔K〕の蒸気と同じ物質量であり，その質量 w_A〔g〕は次のように表せる。

$$w_A=\underbrace{\frac{P_m \times \dfrac{V}{1000}}{RT}}_{\text{mol（蒸気）＝mol（空気）}} \times \underbrace{M_A}_{\text{g（空気）}} = \underbrace{\frac{P_m V M_A}{1000RT}}_{\text{ウ}}$$

そこで，正確には，問2で用いた 1.47 g に本来入ってくるはずだったのに，入ってこないと考えてしまった空気の質量 w_A を加えた値を④での蒸気の質量としなければならない。とくに，蒸気圧の値が高い物質はこの補正をしないと，実験によって求めた分子量の値はかなり誤差が大きくなってしまうのである。

　問1　低圧では分子自身の体積より分子間力の効果が強く作用し，同じ条
　　　件の理想気体より体積が小さくなるから。(49字)

　問2　高圧では分子間力より分子自身の体積の効果が強く作用し，同じ条
　　　件の理想気体より体積が大きくなるから。(49字)

　問3　7.0×10^{-3} mm

精講　まずは問題テーマをとらえる

■理想気体と実在気体

　理想気体とは，分子自身の体積と分子間力を無視し，気体分子を単なる質量をもった点と考えた気体である。

　当然，実在する気体はいかに小さいとはいえ，それらを無視することはできない。しかし，高温・低圧条件では，分子間の距離も大きく，また熱運動も激しいので，分子自身の体積や分子間力を無視できるため理想気体と見なすことができる。ふつう，このような条件で我々は $PV=nRT$ を使用しているのである。

> **Point 15**　理想気体と実在気体の違い
>
> | | 分子自身の体積 | 分子間力 | $PV=nRT$ |
> |---|---|---|---|
> | 理想気体 | なし | なし | 成立 |
> | 実在気体 | あり | あり | 高温，低圧では，ほぼ成立 |

標問 18 の解説

問1, 2　ある圧力 P，温度 T のもとでの実在気体の体積 $V_実$ が，同じ条件下で理想気体としたときの体積 $V_理$ に対し，分子自身の体積（v とする），分子間力（f とする）の効果をどう反映するか考えてみよう。ここで物質量は n とする。

　まず，$P \cdot V_理 = nRT$ となり，

$$\frac{P \cdot V_理}{nRT} = 1 \quad \cdots ①$$

と表せる。問題文中のパラメーター Z は，$Z = \dfrac{P \cdot V_実}{nRT}$ のことであるが，①式を使って次のように変形できる。

$$Z = \frac{Z}{1} = \frac{\dfrac{P \cdot V_実}{nRT}}{\dfrac{P \cdot V_理}{nRT}} = \frac{V_実}{V_理}$$

つまり，「$V_実$ が $V_理$ の Z 倍である」という意味をもつ。

次に，分子自身の体積 v や分子間力 f の効果について考えよう。

　上図からわかるように，v の効果によって体積は大きくなり，f の効果によって小さくなるのである。どちらの効果が上回るかによって全体として体積が大きくなるか小さくなるかが決まる。つまり図2のグラフでは次のようなことがいえる。

　これを50字程度でまとめればよい。

問3

1.0×10⁶ Pa　　　　　　　　　　8.0×10⁷ Pa

0.40 mm

300 K

300 K

d〔mm〕

理想気体と見なしてよい

図2より $P=800(\times 10^5\,\text{Pa})$
を探すと $Z=1.4$ となる

　最初の体積を $0.40\,S$〔L〕とし，O_2 の物質量を n〔mol〕とすると，$1.0\times10^6\,\text{Pa}$ のときは理想気体と見なしてよいので $Z=1$ だから，

$$\frac{1.0\times10^6\times0.40S}{n\times R\times300}=1 \quad \cdots ②$$

$8.0\times10^7\,\text{Pa}$ のときは体積は dS〔L〕となり，$Z=1.4$ なので，

$$\frac{8.0\times10^7\times dS}{n\times R\times300}=1.4 \quad \cdots ③$$

となる。②式，③式より，

$$d=7.0\times10^{-3}\,\text{mm}$$

標問 19 ファンデルワールスの状態方程式

答 問1 ④ 問2 ④ 問3 $a\left(\dfrac{n}{V}\right)^2$

精講 まずは問題テーマをとらえる

■ファンデルワールスの実在気体の状態方程式

圧力 P, 体積 V, 物質量 n, 絶対温度 T の実在気体に関して, 次の式が成立する。これをファンデルワールスの実在気体の状態方程式という。

$$\left\{P+a\left(\frac{n}{V}\right)^2\right\}(V-nb)=nRT$$

ここで a, b は気体によって異なる定数である。

この式を理想気体の状態方程式から導出する。

$$P_{理}\cdot V_{理}=nRT \quad \cdots ⓪$$

理想気体に比べて実在気体の圧力は, 分子間力が作用する分低下している[※1]。

$$P=P_{理}-\Delta P \quad \cdots ①$$

圧力の低下量 ΔP は 2 分子の出合う確率と分子間力の強さに比例すると考える。特定の場所に分子がいる確率は, 単位体積あたりの分子数 $\left(\dfrac{n}{V}\right)$ に比例するので, 2分子が出合う確率は $\left(\dfrac{n}{V}\right)^2$ に比例すると考える。分子間力の強さを反映した定数を a とすると,

$$\Delta P=a\left(\frac{n}{V}\right)^2$$

と表すことができる。

次に体積は, 理想気体に比べて実在気体は分子そのものの体積の分だけ増加している[※2]。

$$V=V_{理}+\Delta V \quad \cdots ②$$

分子 1 mol の体積を b とすると, $\Delta V=nb$ となる。

そこで①式, ②式より,

$$\begin{cases} P_{理}=P+\Delta P=P+a\left(\dfrac{n}{V}\right)^2 \\ V_{理}=V-\Delta V=V-nb \end{cases}$$

となり, ⓪式の $P_{理}\cdot V_{理}=nRT$ に代入するとファンデルワールスの実在気体の状態方程式が得られる。

※1 **圧力**

分子間力（➡）により圧力が低下する。

※2 **体積**

nb に相当

V は $V_{理}$ より nb だけ大きい。

問1 理想気体の状態方程式(1)式とファンデルワールスの状態式(2)式を見比べると，

$$\begin{cases} P_{理} = P_{実} + \dfrac{a}{V_{実}^2} & \cdots ① \\ V_{理} = V_{実} - b & \cdots ② \end{cases}$$

①式より，$P_{理} > P_{実}$，②式より，$V_{実} > V_{理}$ なので，④が正しい。

もちろん，問題文で与えられた式からでなく，実在気体と理想気体のちがいから次のように考えてもよい。

気体の体積 V は，気体分子が運動する空間の大きさを表す。実在気体は分子自身の体積（b に相当）の分だけ理想気体としたときより体積が大きい。

よって，$V_{実} > V_{理}$

気体の圧力 P は，分子が容器の壁面に衝突したときに及ぼす単位面積あたりの力である。実在気体は分子間力（a に相当）が作用し，衝突したときの力が弱くなる。

よって，$P_{実} < P_{理}$

問2 高温にすると，分子の熱運動が激しくなる。低圧にすると，<u>分子の密度</u>が小さくなり，分子間距離は大きくなる。
　　　　　　　　　　　　　　　　　　　　　　　　　　　　　　　単位体積あたりの分子数

そこで高温，低圧条件では，分子間力や分子自身の体積の影響が無視できるため，実在気体は理想気体に近づく。

よって，④が正しい。

問3 分子間力は，分子の密度が大きくなると強く働く。体積 V，物質量 1 mol のときの分子の密度は $\dfrac{1}{V}$ となり，物質量 n〔mol〕のときは $\dfrac{n}{V}$ となる。

よって，$a \cdot \dfrac{1}{V^2} = a\left(\dfrac{1}{V}\right)^2$ の $\dfrac{1}{V}$ を $\dfrac{n}{V}$ に変更すればよいので，　ア　には $a\left(\dfrac{n}{V}\right)^2$ が入る。

答　問1　3.9×10⁵ Pa　　問2　1.3×10⁵ Pa

精講　まずは問題テーマをとらえる

■蒸気圧の値を使った状態の判定

　ある温度における蒸気圧の値は，その気体が示すことのできる圧力（混合気体のときは分圧）の最大値である。

　例えば，右のような外圧の影響を受けない体積 V_0〔L〕の容器があり，そこに揮発性の液体物質Aのみが n〔mol〕入っているとし，温度を T〔K〕，Aの T〔K〕での蒸気圧の値を P_V〔Pa〕とする。このとき圧力計の示す値 P_A を求めてみる。

　まず，最終的な容器内の状態がわからないので，これらがすべて気体になると仮定し，圧力 P_{if} を求めると状態方程式より次式のようになる。

$$P_{if} = \frac{nRT}{V_0} \quad \cdots ①$$

　ただし，T〔K〕では P_V〔Pa〕より大きな圧力の気体は存在しないので，P_{if} と P_V を比較することで，最終的には次の3つの状況のいずれかであることがわかる。

$P_{if} > P_V$ の場合	$P_{if} = P_V$ の場合	$P_{if} < P_V$ の場合
$P_A = P_V$	$P_A = P_{if} = P_V$	$P_A = P_{if}$
一部は液体として残り，気液共存 $P_A = P_V$	凝縮寸前だがすべて気体 $P_A = P_V = P_{if}$	すべて気体 $P_A = P_{if}$

> **Point 16**　系内の状態がわからないときは，すべて気体と仮定し，蒸気圧の値と比較せよ。

標問 20 の解説

　液体窒素の沸点が $1.0×10⁵$ Pa の外圧のもとで $-196℃$ であるということは，$-196℃$ つまり 77 K の窒素の蒸気圧が $1.0×10⁵$ Pa であるという意味でもある。

問1　封入する気体の窒素の圧力を 300 K で P〔Pa〕とし，問題文を図に示すと次ページのようになる。

77 K で仮にすべて気体であると仮定し，圧力を P_{if} とする。

体積 $V(=1.1\,L)$ と物質量は変化しないので $PV=nRT$ より，

$$P=\underbrace{\frac{nR}{V}}_{\text{一定}}\cdot T=k\cdot T$$

となり，圧力と絶対温度は比例する。よって，

$$P_{if}=P\times\frac{77\,K}{300\,K}$$

次に $P_{if}>77K$ の窒素の蒸気圧 $(1.0\times10^5\,Pa)$ になれば(ii)の状態で液体が生じるから，

$$P\times\frac{77}{300}>1.0\times10^5$$

よって，$P>3.9\times10^5\,Pa$ の条件を満たせばよい。

問2 封入する気体の窒素の圧力を 300 K で P〔Pa〕とする。

右図のようにすると，ⅠとⅡは温度差こそあるものの，つながっているので圧力が同じになるまで N_2 は移動する。

今，N_2 分子がすべて気体で存在すると仮定し，圧力を P_{if}' とする。またⅠ内の N_2 分子が x〔mol〕，Ⅱ内の N_2 分子が y〔mol〕とすると，$PV=nRT$ より，

$$\begin{cases} \text{容器Ⅰ}:x=\dfrac{P_{if}'\times1}{R\times300} & \cdots① \\[2mm] \text{容器Ⅱ}:y=\dfrac{P_{if}'\times0.1}{R\times77} & \cdots② \end{cases}$$

また，x と y の和ははじめの N_2 の物質量に相当するので $PV=nRT$ より，

$$x+y=\frac{P\times(1+0.1)}{R\times300} \quad\cdots③$$

③式に①式と②式を代入すると，

$$\frac{P_{if}'\times1}{300R}+\frac{P_{if}'\times0.1}{77R}=\frac{P\times1.1}{300R} \qquad \text{よって，} P_{if}'=\frac{847}{1070}P$$

次に，液体が生じるためには，$P_{if}'>1.0\times10^5\,Pa$ でなければならないので，

$$\frac{847}{1070}P>1.0\times10^5$$

よって，$P>1.3\times10^5\,Pa$ の条件を満たせばよい。

答
問1 $1.1×10^{-1}\,mol$　　問2 　ⓓ

問3 分圧：$8.3×10^4\,Pa$　　体積：$2.9\,L$　　問4 　$8.7×10^{-2}\,mol$

精講 まずは問題テーマをとらえる

凝縮しにくい気体と凝縮しやすい気体が混合している場合は，加圧や温度低下によ

　例えば N_2 や O_2　　　例えば H_2O やジエチルエーテル

って一方が凝縮しても，気相が残るため気液平衡となる。

　そこで，上図②を体積 V，温度 T 一定で成分気体に分けて分圧を考えると，H_2O (気)
の分圧は温度 T_2 での (飽和) 蒸気圧に一致する。

N_2 の分圧 = 全圧 P_2 − T_2 での H_2O の蒸気圧　　H_2O(気)の分圧 = T_2 での H_2O の蒸気圧

Point
17 凝縮しても気相が存在する場合は，一部蒸発し，気液平衡となる。

標問 21 の解説

問1　ジエチルエーテルと
N_2 がそれぞれ n 〔mol〕
ずつあるとすると，理想
気体の状態方程式より，

※1　ジエチルエーテルの構造式

H　H　　H　H
H–C–C–O–C–C–H
H　H　　H　H

$$1.00×10^5×6.0=(n+n)×8.3×10^3×330$$

　　よって，$n=0.109…≒1.1×10^{-1}\,mol$

問2　ジエチルエーテルがすべて気体としたときの分圧を P_{if} とすると，ジエチルエーテルと N_2 の物質量比が 1:1 なので，

$$P_{\text{if}}=1.00\times10^5\times\frac{n}{n+n}=5.00\times10^4\text{ Pa}$$

全圧 ｜ モル分率

ジエチルエーテルの分圧は蒸気圧曲線
より 290 K で蒸気圧の値と一致する。
290 K より下では，一部凝縮し，気液平
衡となり，蒸気圧曲線にそって変化する。
そこで⑥の 284 K では液体が存在する。

問3　267 K ではジエチルエーテルは気液
平衡であり，分圧は飽和蒸気圧と一致する。

窒素の分圧 $P_{\text{N}_2}=\underline{1.00\times10^5}-\underline{1.7\times10^4}=8.3\times10^4\text{ Pa}$

全圧 ｜ ジエチルエーテルの分圧

窒素の物質量は問1より $n=0.109\text{ mol}$ なので，理想気体の状態方程式より，

$$V=\frac{nRT}{P_{\text{N}_2}}=\frac{0.109\times8.3\times10^3\times267}{8.3\times10^4}=2.91\cdots\fallingdotseq2.9\text{ L}$$

問4　気相に存在するジエチルエーテルの物質量を $n_{\text{ジ,気}}$，凝縮して液体として存在す
るジエチルエーテルの物質量を $n_{\text{ジ,液}}$ とすると，問1より次式が成立する。

$$n_{\text{ジ,気}}+n_{\text{ジ,液}}=n=0.109\text{ mol}\quad\cdots①$$

$n_{\text{ジ,気}}$ は (2.91 L，267 K，1.7×10^4 Pa) の気体の物質量に一致するので，状態方程
式より，

$$n_{\text{ジ,気}}=\frac{1.7\times10^4\times2.91}{8.3\times10^3\times267}\fallingdotseq0.0223\text{ mol}$$

①より，$n_{\text{ジ,液}}=0.109-0.0223\fallingdotseq8.7\times10^{-2}\text{ mol}$

別解　仮に 2.91 L，267 K でジエチルエーテルがすべて気体として存在すると，N_2
と同じ物質量なので，その分圧 P_{if}' は N_2 の分圧に等しい。

　　　よって，$P_{\text{if}}'=P_{\text{N}_2}=8.3\times10^4\text{ Pa}$

　　　V，T 一定[※2]では物質量の比は分圧の比に等しいの
で，$P_{\text{ジ}}=1.7\times10^4$ Pa だけ残して，$P_{\text{if}}'-P_{\text{ジ}}$ の分圧に
相当するジエチルエーテルが凝縮し，気体から液体
になる。問1よりジエチルエーテルは全部で 0.109 mol あったので，求める値は，

※2　別解のように解くとき
は，凝縮前後で V，T 一定で
なくてはならないことに注意
すること。

$$0.109\text{ mol}\times\frac{8.3\times10^4-1.7\times10^4}{8.3\times10^4}\fallingdotseq8.7\times10^{-2}\text{ mol}$$

←$P_{\text{if}}'-P_{\text{ジ}}$ に相当
←P_{if}' に相当

分圧比＝物質量比

精講 まずは問題テーマをとらえる

■状態図

物質はおかれた環境の温度や圧力によって粒子間の距離や粒子の熱運動の激しさが決まり状態が決まる。温度や圧力を変え，どの状態をとるのか表した図を状態図という。

例えば，二酸化炭素の状態図は右のようになる。大気圧が 1×10^5 Pa 程度であるため，液体の二酸化炭素をふつう見かけることは少ないが，液体も存在する。また，境界線上は2つの状態の平衡状態になっていて点Oは<u>三重点</u>とよばれ，三態が共存した点である。

臨界点よりも温度と圧力が高い領域(超臨界状態)では気体と液体が区別できない超臨界流体となる。

> **Point 18** 物質は温度と圧力によって状態が決まり，さらに物質量が決まると体積が決まる。

標問 **22** の解説

水の状態図は固体と液体の境界線が左上がりになっている。これは氷を温度一定のもとで加圧すると液体の水になることを意味する。

氷の結晶中では，H_2O 分子は水素結合による4配位のすきまの多い構造をとり，液体になると，この構造の一部が崩れ，すきまが埋まり体積が減るからである。

問1　三重点は固体，液体，気体の3つの状態が共存する。よって，⟨イ⟩が正しい。

問2　温度一定のもとで氷を加圧すると液体の水になる。氷も液体の水も状態変化が起こらなければ圧力による体積変化は小さい。ただし，状態変化を起こす最中は，すきまの多い構造が崩れるため体積は減少する。よって，⟨イ⟩が正しい。

問3　温度一定のもとで気体の水を加圧して，体積がどう変化するか問われている。
　　$PV = nRT$ において，n, T 一定の場合，

$$V = \frac{\overset{一定}{nRT}}{P} = \frac{k}{P}$$

となり，反比例の関係になる。ただし， c→d より e→f のほうが高温なので k の値が大きくなり，㋒が正しいということになる。

問4　定圧のもとで液体の水を加熱し気体にする変化である。沸騰している最中は，加熱をしても分子間の距離を大きくするのにエネルギーが使われるため，温度は一定である。液体の水の体積は，温度によってあまり変化しないが，気体の水は $PV = nRT$ により，P，n 一定なので，$V = \underbrace{\dfrac{nR}{P}}_{一定} \cdot T = kT$ と表せ，体積は絶対温度と比例関係となる。図に示すと次のようになり，㋒が正しい。

問5　定圧のもとで氷を加熱し液体の水にしていく変化である。氷や液体の水に一定の割合で熱量を与えていくと，比熱がほぼ一定であるとすれば，質量が一定なので温度も一定の割合で上がっていく。

　　ただし，融解が進む間は，与えられた熱量が氷の結晶中の分子間水素結合の一部を断ち切っていくのに利用されるため，温度は一定である。標準大気圧1気圧（≒ 1.013×10^5 Pa）では氷の融点は 0℃ である。よって，㋒が正しい。

答

問1 $\dfrac{p - p_W}{p_W}$

問2 $\dfrac{p_0}{p_W} \cdot \dfrac{M_0}{M_W}$

問3 $85\,°C$

問4 $0.28\,g$（計算過程は解説参照）

精講 まずは問題テーマをとらえる

■水蒸気蒸留

　水と混ざりにくい物質は，水蒸気を吹き込むことで，大気圧のもと $100\,°C$ 以下で蒸留することができる。

　例えば，有機化合物 X を沸騰させるには，Iの図からわかるように大気圧 P と同じ圧力 P の気泡を液体内部に生じさせる必要があるため，X の蒸気圧の値が P となる温度（t_0〔℃〕とする）が沸点となる。

　ところが，ここに水蒸気を送り込むと，IIの図からわかるように水蒸気と気体 X の混合気体が圧力 P となれば気泡は押しつぶされることはない。よって，水蒸気の分圧と X の蒸気圧の和が P となる温度，つまり，

X の蒸気圧＝P −水蒸気分圧

となる温度（t〔℃〕とする）で沸騰させることができる。$t < t_0$ であるため，より低い温度で蒸留することができるのである。

Point 19　沸騰中に液体内部に生じる気泡内の圧力は，外圧に等しい。

問1　生じる気泡は有機化合物の蒸気と水蒸気の混合気体であり，分圧の和が全圧と
つり合っている。

$$p = p_0 + p_w \quad \cdots(1)$$

また，分圧は物質量に比例するので，

$$n_0 : n_w = p_0 : p_w$$

となる。これらが冷却器内で冷却されて液体になっても物質量は変化しないので，
留出液中での物質量比は，

$$\frac{n_0}{n_w} = \frac{p_0}{p_w}$$

である。(1)式を利用すると，

$$\frac{n_0}{n_w} = \frac{p - p_w}{p_w} \quad \cdots(2)$$

となる。

問2　物質量 $n \times$ 分子量 $M =$ 質量 W　であるので，

$$\frac{W_0}{W_w} = \frac{n_0 M_0}{n_w M_w} = \boxed{\frac{n_0}{n_w}} \cdot \frac{M_0}{M_w} = \frac{p_0}{p_w} \cdot \frac{M_0}{M_w} \quad \cdots(3)$$

$\uparrow \frac{p_0}{p_w}$ と同じ

と表せる。

問3　トルエンの蒸気圧＋水蒸気圧＝外圧 (760 mmHg)　となる温度を図2の蒸気圧
曲線から探す。85℃付近でトルエンの蒸気圧が 310 mmHg，水の蒸気圧が
450 mmHg 程度になるので，このあたりで沸騰すると考えられる。

問4　問2の式に問3のデータ，それぞれの分子量を代入すると，

$$\frac{W_0}{W_w} = \frac{310 \text{ mmHg}}{450 \text{ mmHg}} \times \frac{92 \text{ g/mol}}{18 \text{ g/mol}}$$

$$\fallingdotseq 3.52$$

$W_0 = 1.0$ g を代入すると，

$$W_w = \frac{1.0}{3.52}$$

$$\fallingdotseq 0.28 \text{ g}$$

標問 24 の**解説**

〔Ⅰ〕　問1　⑥　エタノール-水の混合物は，純粋なエタ
ノールより高い温度で沸騰する。区間Aは混合物の沸
騰領域で温度が変化している。正しい。

　　　⑥　エタノールは水より蒸発しやすい。沸騰中に生じる
気泡は，はじめはエタノールの割合が大きく，徐々に
水の割合が大きくなっていく。正しい。

　　　⑦　沸騰中は，液体から気体へと分子間を引き離すのに
エネルギーが用いられるので，熱量が温度上昇のみに
使われるわけではない。誤り。

　　　⑧　気体として系から逃げるのは最初はエタノールが多
いので，溶液中は水のモル分率が増加していく。正しい。

　　　⑨　沸騰中に生じる気泡の全圧は大気圧に等しいが，エ
タノールや水のモル分率[※1]が変化していくので，気泡
のエタノール分圧と水蒸気分圧の比は一定にならない。
誤り。

問2　図1より，水 207 g を 5 分間加熱すると，0°C (273 K)
から 40°C (313 K) へと 40 K 温度が上昇している。[※2]

$$\underbrace{M}_{\substack{\text{J/分}}} \times \underbrace{5}_{\substack{\text{分}}} = \underbrace{75.3}_{\substack{H_2O \text{ の}\\ \text{モル比熱}\\ \text{J/(mol·K)}}} \times \underbrace{\frac{207\,\text{g}}{18\,\text{g/mol}}}_{\substack{\text{mol} (H_2O)\\ \text{J/K}}} \times \underbrace{40}_{\substack{K\\ J}}$$

5分間に加えた熱量〔J〕

　　よって，$M = 6.92×10^3 ≒ 6.9×10^3$ J/分

　　図1より，エタノール C_2H_5OH 207 g を 5 分間加熱す
ると，0°C (273 K) から 70°C (343 K) へと 70 K 温度が
上昇している。[※2]エタノールのモル比熱を c〔J/(mol·K)〕
とすると，

$$\underbrace{75.3 \times \frac{207}{18} \times 40}_{\substack{\text{5分間で水 207 g が吸収した熱量〔J〕}}} = \underbrace{c \times \frac{207\,\text{g}}{46\,\text{g/mol}} \times 70}_{\substack{\text{5分間でエタノール 207 g が}\\ \text{吸収した熱量〔J〕}}}$$

　　よって，$c ≒ 1.1×10^2$ J/(mol·K)[※3]

区間Aの様子

大気圧

水分子

気泡

エタノール
分子

※1

エタノールのモル分率

$x_{\text{エタノール}} = \dfrac{n_{\text{エタノール}}}{n_{\text{エタノール}} + n_{H_2O}}$

水のモル分率

$x_{H_2O} = \dfrac{n_{H_2O}}{n_{\text{エタノール}} + n_{H_2O}}$

エタノールの分圧

$P_{\text{エタノール}} = P_{\text{大気圧}} \times x_{\text{エタノール}}$

H_2O の分圧

$P_{H_2O} = P_{\text{大気圧}} \times x_{H_2O}$

※2

図1

※3　$M×5 = c×\dfrac{207}{46}×70$

に $M = 6.92×10^3$ を代入して
c を求めてもよい。

$c ≒ 1.1×10^2$ J/(mol·K)

〔II〕 問3　下線部の説明にあるように図2より，87℃で気液平衡状態にある気体中のエタノールのモル分率は0.43と読みとれる。

図2　エタノールのモル分率

エタノールのモル分率＝$\underline{0.1}$ の液体
↓
$\underline{87℃}$で沸騰
↓
このとき共存する87℃の気体
↓
エタノールのモル分率＝$\underline{0.43}$

この87℃の気体の水のモル分率は $1-0.43=0.57$ [※4]
となるから，全圧（大気圧）を$P_全$とすると，

$$\frac{エタノールの分圧}{水（蒸気）の分圧}=\frac{\boxed{P_全}\times\boxed{0.43}}{\boxed{P_全}\times\boxed{0.57}}≒0.75$$
全圧　　モル分率

※4　$x_{エタノール}+x_{H_2O}=1$
　　モル分率の和

問4

図2　エタノールのモル分率

図2より，
エタノールのモル分率＝$\underline{0.05}$ の液体
↓曲線L
$\underline{91℃}$で沸騰
↓
このとき共存する91℃の気体
↓曲線G
エタノールのモル分率＝$\underline{0.32}$
と読みとれる。

問5　エタノール-水混合物を沸騰させて，生じた気体を凝縮する。これをくり返して得られる混合物中のエタノールのモル分率が0.66を超える回数を図2から読みとる。[※5]

1回目	問4の結果より，エタノールのモル分率が0.32の混合物が得られる。
2回目	1回目で得られた混合物は曲線Lより約81.5℃で沸騰し，曲線Gからエタノールのモル分率が約0.6の混合物が凝縮により得られる。
3回目	2回目で得られた混合物は約79.2℃で沸騰し，エタノールのモル分率が約0.7の混合物が凝縮により得られる。

※5　次のように図2を利用する。

得られる混合物中の
エタノールのモル分率

よって，3回目の操作で混合物中のエタノールのモル分率が 0.66 を超える。

精講 基本事項の整理

■溶液と濃度

2種類以上の物質が均一に混合した液体状態のものが溶液である。

溶質
溶媒
溶解
溶液
溶媒和された溶質粒子
静電気的な力で溶質粒子が多数の溶媒分子に囲まれている

溶液の濃度としては，次の3つの濃度の定義を記憶すること。

$$質量パーセント濃度〔\%〕 = \frac{溶質の質量〔g〕}{溶液の質量〔g〕} \times 100$$

$$モル濃度〔mol/L〕 = \frac{溶質の物質量〔mol〕}{溶液の体積〔L〕}$$

$$質量モル濃度〔mol/kg〕 = \frac{溶質の物質量〔mol〕}{溶媒の質量〔kg〕}$$

Point 20 濃度の単位に注意すること！

	質量パーセント濃度	モル濃度	質量モル濃度
基準量	溶液 100 g	溶液 1 L	溶媒 1 kg
溶質量	質量〔g〕	物質量〔mol〕	物質量〔mol〕

注 質量モル濃度〔mol/kg〕の基準が，溶媒 1 kg であることに注意。

標問 25 の解説

40 mL オクタン C_8H_{18} 密度 0.70 g/cm³

+

30 mL ベンゼン C_6H_6 密度 0.87 g/cm³

オクタンのベンゼン溶液 密度 0.76 g/cm³

1：質量保存の法則より，溶液の質量は，

$$\underbrace{40 \text{ mL} \times 0.70 \text{ g/mL}}_{オクタンの質量} + \underbrace{30 \text{ mL} \times 0.87 \text{ g/mL}}_{ベンゼンの質量}{}^{※1}$$

$$= 54.1 \text{ g} \quad となる。$$

※1 1 mL＝1 cm³ である。

2：溶液の体積を V〔mL〕とすると，

$$V〔mL〕×0.76\ g/mL＝54.1\ g$$

よって，　$V≒71.1\ mL^{※2}$

3：モル濃度〔mol/L〕＝$\dfrac{オクタンの物質量〔mol〕^{※3}}{溶液の体積〔L〕}$

$$＝\dfrac{\dfrac{40\ mL×0.70\ g/mL}{114\ g/mol}}{\dfrac{71.1}{1000}\ L}≒3.45\ mol/L$$

4：質量パーセント濃度〔%〕＝$\dfrac{オクタンの質量〔g〕}{溶液の質量〔g〕}×100$

$$＝\dfrac{40\ mL×0.70\ g/mL}{54.1\ g}×100≒51.7\ \%$$

5：加えたベンゼンの体積を v〔mL〕とすると，溶媒としてベンゼンは $30＋v$〔mL〕
用いたことになる。

質量モル濃度〔mol/kg〕＝$\dfrac{オクタンの物質量〔mol〕}{ベンゼンの質量〔kg〕}$　なので，

$$4.7\ mol/kg＝\dfrac{\overbrace{\dfrac{40\ mL×0.70\ g/mL}{114\ g/mol}}^{〔mol（オクタン）〕}}{\underbrace{(30＋v)〔mL〕×0.87\ g/mL}_{g（ベンゼン）}\ ×\underbrace{\dfrac{1\ kg}{10^3\ g}}_{kg（ベンゼン）}}$$

よって，　$v≒30.0\ mL$

※2　オクタンとベンゼンで
は密度が異なるので，体積が
$40＋30＝70\ mL$ にはならな
い。

※3　C_8H_{18} の分子量
$＝8×12＋18×1.0$
$＝114$

答　〔Ⅰ〕　問1　16.8 %
　　　　　　問2　47.6 g
　　　〔Ⅱ〕　②，⑦

精講　まずは問題テーマをとらえる

■固体の溶解度

　溶解度とは溶解平衡時の溶液の濃度である。溶解度は $NaCl$ などの水によく溶ける固体の場合，

> 水 100 g あたりに $NaCl$ が S〔g〕溶けている[※1]

※1　S〔g/100 g 水〕

と表すことが多い。

　ただし，問題によっては異なる単位の濃度が用いられることがある。くれぐれも単位には気をつけるように。

標問 26 の解説

〔Ⅰ〕　問1　飽和水溶液とは溶解平衡時の溶液のことである。20 ℃ では溶解度が水 100 g あたり 20.2 g となっている。よって，質量パーセント濃度で表すと，

$$質量パーセント濃度 = \frac{溶質の質量〔g〕}{溶液の質量〔g〕} \times 100$$

$$= \frac{20.2}{100 + 20.2} \times 100 ≒ 16.8 \%$$

問2

　希釈して水の量は増えても溶質である $CuSO_4$ の量は変化しないことから，用意する水溶液の質量を x〔g〕とすると，次式が成立する。

$$\underbrace{x〔g〕\times \frac{16.8 \text{ g}}{100 \text{ g}}}_{\substack{水溶液中に含まれる \\ CuSO_4 の質量〔g〕}} = \underbrace{0.0500 \text{ mol/L} \times 1.00 \text{ L}}_{\substack{水溶液中に含まれる \\ CuSO_4 の物質量〔mol〕}} \times 160 \text{ g/mol}$$

　よって，$x ≒ 47.6$ g

[II]

100 g { CuSO₄ 飽和水溶液 60℃ → 冷却 → CuSO₄·5H₂O(固) x[g] が析出 20℃

答えを2つ要求されている。

まず、S_{20} を使用してみる。$CuSO_4 \cdot 5H_2O$ x 〔g〕が析出したとき、残った水溶液の質量は $100-x$〔g〕となる。

水 100 g あたり $CuSO_4$ は S_{20}〔g〕溶解している。いいかえると、溶液 $100+S_{20}$〔g〕あたり $CuSO_4$ が S_{20}〔g〕溶解しているので、$100-x$〔g〕の水溶液には、

$$(100-x)\text{〔g〕} \times \frac{S_{20}\text{〔g〕}}{100+S_{20}\text{〔g〕}} = \frac{(100-x)S_{20}}{100+S_{20}}\text{〔g〕}$$

の $CuSO_4$ が含まれている。よって、⑦が1つ目の解答である。

次に、S_{60} を使用してみる。溶質に関して、次の質量保存の法則が成立する。

60℃ の飽和水溶液中の $CuSO_4$〔g〕＝20℃ で溶解している $CuSO_4$〔g〕
　　　　　　　　　　　　　　　　　＋析出した $CuSO_4 \cdot 5H_2O$ 中の $CuSO_4$〔g〕

よって、

20℃ で溶解している $CuSO_4$〔g〕

　＝60℃ の飽和水溶液中の $CuSO_4$〔g〕

　　　　　　　－ 析出した $CuSO_4 \cdot 5H_2O$ 中の $CuSO_4$〔g〕

　$= 100 \text{ g} \times \dfrac{S_{60}\text{〔g〕}}{100+S_{60}\text{〔g〕}} - x \times \boxed{\dfrac{M}{M+5m}}$ ← $CuSO_4 \cdot 5H_2O$ の式量は $M+5m$ で、そのうちMが $CuSO_4$

　$= \dfrac{100S_{60}}{100+S_{60}} - x \times \dfrac{M}{M+5m}$

となる。よって、②が2つ目の解答である。

答

問1　17℃：$4.2×10^{-2}$ mol　　37℃：$2.5×10^{-2}$ mol
問2　液体：$8.5×10^{-2}$ mol　　気体：$8.4×10^{-3}$ mol
問3　$3.2×10^5$ Pa

精講 まずは問題テーマをとらえる

■ヘンリーの法則

　溶解度の小さい気体では，一定温度で，その気体の溶解度が分圧に比例して大きくなる。これをヘンリーの法則という。

　例えば，次図で t〔℃〕のとき気体Aが水1Lに対し，$1×10^5$ Pa のもとで k〔mol〕溶けているとすると，$P×10^5$ Pa のもとでは kP〔mol〕が水1Lあたりに溶ける。

> 補足　気相中の気体Aの分圧が $1×10^5$ Pa から $P×10^5$ Pa になったときは，気相中の気体Aの濃度が $\dfrac{P×10^5}{1×10^5}=P$ 倍 になるのと同じ意味であり，それに応じて水中のAの濃度も P 倍になるというふうに理解してほしい。

Point 21　溶解度の小さい気体では，T 一定のとき，溶解度が分圧に比例して大きくなる。

標問 27 の解説

問1　図にすると，次のようになる。

t	17℃	37℃
v	0.95 mL	0.57 mL

　0℃，$1.013×10^5$ Pa の標準状態での気体のモル体積は 22.4 L/mol なので，

$$\begin{cases} 17\,^\circ\mathrm{C}:\dfrac{0.95\times10^{-3}\,\mathrm{L}}{22.4\,\mathrm{L/mol}}\div\underset{\mathrm{L(水)}}{\dfrac{1}{1000}}=\dfrac{0.95}{22.4}\fallingdotseq4.2\times10^{-2}\,\mathrm{mol/L(水)} \\[4mm] 37\,^\circ\mathrm{C}:\dfrac{0.57\times10^{-3}\,\mathrm{L}}{22.4\,\mathrm{L/mol}}\div\underset{\mathrm{L(水)}}{\dfrac{1}{1000}}=\dfrac{0.57}{22.4}\fallingdotseq2.5\times10^{-2}\,\mathrm{mol/L(水)} \end{cases}$$

$\underset{\mathrm{L(水)}}{\dfrac{\mathrm{mol}}{}}$

問2　図にすると右のようになる。気相, 水溶液中の二酸化炭素の物質量をそれぞれ n_g, n_l とする。n_l はヘンリーの法則によって求められる。問1より, $17\,^\circ\mathrm{C}$ では $1.01\times10^5\,\mathrm{Pa}$ のときに水1Lあたりに $\dfrac{0.95}{22.4}\,\mathrm{mol}$ の二酸化炭素が溶解するので,

$$n_\mathrm{l}=\frac{0.95}{22.4}\times\underset{\text{圧力が2倍}}{\frac{2.02\times10^5\,\mathrm{Pa}}{1.01\times10^5\,\mathrm{Pa}}}=\frac{1.9}{22.4}=8.48\cdots\times10^{-2}\fallingdotseq8.5\times10^{-2}\,\mathrm{mol}$$

n_g は理想気体の状態方程式より求められる。

$$n_\mathrm{g}=\frac{PV}{RT}=\frac{2.02\times10^5\times0.1}{8.3\times10^3\times(17+273)}=8.39\cdots\times10^{-3}\fallingdotseq8.4\times10^{-3}\,\mathrm{mol}$$

問3　図にすると,

$37\,^\circ\mathrm{C}$ での気相, 水溶液中の二酸化炭素の物質量をそれぞれ a, b とする。また, 求める圧力を $P\times1.01\times10^5$ 〔Pa〕とする。

b はヘンリーの法則より, 問2と同様に求められる。

$$b=\frac{0.57}{22.4}\times\underset{\text{圧力が}P\text{倍}}{\frac{P\times1.01\times10^5\,〔\mathrm{Pa}〕}{1.01\times10^5\,\mathrm{Pa}}}=\frac{0.57}{22.4}P\fallingdotseq2.54\times10^{-2}P$$

a は理想気体の状態方程式より, 問2と同様に求められる。

$$a=\frac{PV}{RT}=\frac{P\times1.01\times10^5\times0.1}{8.3\times10^3\times(37+273)}\fallingdotseq3.92\times10^{-3}P$$

密閉容器中では二酸化炭素の全物質量は一定なので, $n_\mathrm{g}+n_\mathrm{l}=a+b$ が成立する。

$$8.48\times10^{-2}+8.39\times10^{-3}=2.54\times10^{-2}P+3.92\times10^{-3}P$$

よって,　$P=\dfrac{9.319}{2.932}\fallingdotseq3.17$

したがって, 求める圧力は,

$$P\times1.01\times10^5=3.17\times1.01\times10^5\fallingdotseq3.2\times10^5\,\mathrm{Pa}$$

答 ⑥

精講 まずは問題テーマをとらえる

■ラウールの法則

純溶媒の蒸気圧を P_0，不揮発性の溶質が溶解した希薄溶液の蒸気圧を P とすると，次の関係があり，これはラウールの法則とよばれている。

> **Point 22**
> $$P = \frac{N}{N+n} \cdot P_0 \qquad (N：溶媒分子の物質量，n：溶質粒子の物質量)$$

P_0 と P の差を ΔP とすると，

$$\Delta P = P_0 - P = \left(1 - \frac{N}{N+n}\right)P_0 = \frac{n}{N+n}P_0$$

希薄溶液では N は n より十分大きいので，$N+n \fallingdotseq N$ と近似できるから，

$$\Delta P \fallingdotseq \frac{n}{N}P_0 \quad \cdots ①$$

溶媒の分子量を M とし，①式を次のように変形すると，ΔP は質量モル濃度 m に比例することがわかる。

$$\Delta P = \underbrace{\frac{n}{\underbrace{N \times M \times 10^{-3}}_{溶媒の質量〔kg〕}}}_{} \times \underbrace{M \times 10^{-3} \times P_0}_{定数 k とする} = k \cdot m \qquad (k は溶媒に固有な定数)$$

■蒸気圧降下と密閉系内での溶媒の移動

ある純溶媒の蒸気圧を P_0 とし，これにスクロースのような不揮発性の溶質を溶解したときの溶液の蒸気圧を P とすると，同じ温度では $P_0 > P$ となる。

蒸気圧降下度 $\Delta P = P_0 - P$ は，希薄溶液の場合，一定量の溶媒中に含まれる全溶質の物質量に比例する。例えば次図のように，密閉容器中に 0.5 mol/kg のスクロース水溶液と 0.4 mol/kg のスクロース水溶液が入っていて，両者の間の仕切りを取り去り長時間放置したらどうなるか考えてみよう。

まず，溶液の表面では，蒸発する水の量と凝縮する水蒸気の量がつり合った状態になり，このときの水蒸気圧 P と P' を比べると濃度が高いほうが蒸気圧降下度が大きい

ので $P<P'$ である。次に，仕切りをはずすと密閉容器内の水蒸気圧は同じになり，はずした直後の水蒸気圧を P'' とすると $P<P''<P'$ である。

すると，左側のビーカーでは $P<P''$ であるため，凝縮量が蒸発量を上回り，逆に右側のビーカーでは $P''<P'$ であるため，蒸発量が凝縮量を上回る。つまり，左側のビーカーの水は増え，右側のビーカーの水は減るのである。最終的に，両者の濃度が同じになり蒸気圧が同じになるまでこの変化は続くのである。

Point 23 前ページの図のような実験では，すべての液の蒸気圧が同じになるまで溶媒が移動する。

標問 28 の解説

A，B，C の各ビーカーに含まれる溶質の物質量〔mol〕は，

$$\begin{cases} A：NaCl & \dfrac{1.17\ \mathrm{g}}{58.5\ \mathrm{g/mol}}=0.0200\ \mathrm{mol} \\[2mm] B：CaCl_2 & \dfrac{1.11\ \mathrm{g}}{111\ \mathrm{g/mol}}=0.0100\ \mathrm{mol} \\[2mm] C：スクロース & \dfrac{6.84\ \mathrm{g}}{342\ \mathrm{g/mol}}=0.0200\ \mathrm{mol} \end{cases}$$

ただし，全溶質の物質量を考えるので，NaCl や $CaCl_2$ のような電解質は，全イオンの物質量の合計で考えなくてはならない。

$$\begin{cases} NaCl \longrightarrow 1Na^+ + 1Cl^- \\ CaCl_2 \longrightarrow 1Ca^{2+} + 2Cl^- \end{cases}$$

NaCl 1 つからは Na^+ と Cl^- の計 2 つのイオン，$CaCl_2$ 1 つからは Ca^{2+} と 2 つの Cl^- の計 3 つのイオンが生じるので，Aに含まれる全イオンの物質量は $0.0200\times2=0.0400\ \mathrm{mol}$，Bに含まれる全イオンの物質量は $0.0100\times3=0.0300\ \mathrm{mol}$ である。

よって，A，B，C の全溶質の物質量比は，

A：B：C＝0.0400 mol：0.0300 mol：0.0200 mol＝4：3：2

となる。そこで，最終的には同じ濃度にならなくてはならないため，溶媒の質量比も 4：3：2 になる。ここで，A，B，C 全体に含まれる水の量の合計は，

$$\begin{cases} Aの水の量：100-1.17=98.83\ \mathrm{g} \qquad Bの水の量：100-1.11=98.89\ \mathrm{g} \\ Cの水の量：100-6.84=93.16\ \mathrm{g} \end{cases}$$

$$98.83+98.89+93.16=290.88\ \mathrm{g}$$

なので，最終的な水の量は，これを 4：3：2 に配分した量となる。

$$A：290.88\times\frac{4}{4+3+2}=129.28\ \mathrm{g} \qquad B：290.88\times\frac{3}{4+3+2}=96.96\ \mathrm{g}$$

$$C：290.88\times\frac{2}{4+3+2}=64.64\ \mathrm{g}$$

が最終的にそれぞれのビーカーに存在する水の量である。つまり，Aの水の量は増えるが，BとCの水の量は減るのである。よって，⑥が正しい。

答

$$1 : \frac{1000K_b x}{My} \qquad 2 : 0.052 \qquad 3 : 0.292 \qquad 4 : ㋚ \qquad 5 : ㋖$$

$$6 : ㋑ \qquad 7 : ㋕ \qquad 8 : 2z\left(1 - \frac{M_1}{M_2}\right)$$

精講 まずは問題テーマをとらえる

■希薄溶液の性質

不揮発性の溶質が溶けた溶液では，溶液からぬけ出す溶媒分子の数が純溶媒に比べて減少する。純溶媒に比べ，溶液中の溶媒は気体や固体になりにくく，蒸気圧は降下し温度を上げないと沸騰せず，温度を下げないと凝固しない。

また希薄溶液では，蒸気圧降下度，沸点上昇度，凝固点降下度は，溶質の種類によらず，一定量の溶媒中に含まれる溶質の粒子数のみに依存する。

> **Point 24** 希薄溶液では，蒸気圧降下度，沸点上昇度，凝固点降下度は，溶質の種類によらず粒子数のみに依存する。

標問 29 の解説

1 : 沸点上昇度は，溶液の質量モル濃度，つまり溶媒 1 kg あたりに含まれる溶質の物質量に比例する。1 mol/kg のときの沸点上昇度が K_b である。とすると，m〔mol/kg〕のときは $K_b \cdot m$ だけ上昇する。

よって，$\Delta t = K_b \cdot m$

$$= K_b \times \left(\underbrace{\frac{x\,〔\mathrm{g}〕}{M\,〔\mathrm{g/mol}〕}}_{\mathrm{mol}} \div \underbrace{\frac{y}{1000}\,〔\mathrm{kg}〕}_{\mathrm{mol/kg}} \right) = \frac{1000K_b x}{My}$$

注 「1 K 温度が上がる」と，「1 ℃ 温度が上がる」は同じことを意味する。

2 : グルコース，尿素ともに非電解質なので，溶かす前の溶質の物質量と溶かした後の全溶質の物質量は同じである。よって，$\Delta t = K_b \cdot m$ より，

〈グルコース〉

$$0.026 = K_b \times \left(\underbrace{\frac{0.900\,\mathrm{g}}{180\,\mathrm{g/mol}}}_{\mathrm{mol(グルコース)}} \div \underbrace{\frac{100}{1000}\,\mathrm{kg}}_{\mathrm{mol/kg}} \right) \quad \cdots(\mathrm{i})$$

〈尿素〉

$$\Delta t = K_b \times \left(\underbrace{\frac{6.01\ \text{g}}{60.1\ \text{g/mol}}}_{\text{mol (尿素)}} \div \underbrace{1.00\ \text{kg}}_{\text{mol/kg}} \right) \quad \cdots \text{(ii)}$$

(i)式より，$K_b = 0.52\ \text{K·kg/mol}$ となり，これを(ii)式に代入すると，

$$\Delta t = 0.052\ \text{K}$$

3：$NaCl \longrightarrow Na^+ + Cl^-$ により，NaCl の 2 倍の物質量のイオン（Na^+ と Cl^-）が溶液中に存在する。必要な NaCl の質量を x〔g〕とすると，$\Delta t = K_b \cdot m$ より，

$$0.026 = 0.52 \times \left(\underbrace{\frac{x\ \text{〔g〕}}{58.4\ \text{g/mol}}}_{\text{mol (NaCl)}} \times \underbrace{2}_{\substack{\text{mol (Na}^+ \text{ と} \\ \text{Cl}^- \text{ の合計)}}} \div \underbrace{\frac{200}{1000}\ \text{kg}}_{\text{mol/kg}} \right)$$

が成立し，$x = 0.292\ \text{g}$ となる。

4：会合が起こる場合，二量体を 1 つの溶質粒子と見なさなくてはならない。よって，会合が起こらないとした場合よりも全溶質粒子の数が少なくなるので，凝固点降下度は小さくなる。

5〜8：

	$2CH_3COOH$	$\rightleftharpoons$	$(CH_3COOH)_2$	合計	
初期量	z		0	z	〔mol〕
変化量	$-\alpha$		$+\dfrac{\alpha}{2}$	$-\dfrac{\alpha}{2}$	〔mol〕
平衡量	$z - \alpha$		$\dfrac{\alpha}{2}$	$z - \dfrac{\alpha}{2}$	〔mol〕

初めは z〔mol〕だったのが $z - \dfrac{\alpha}{2}$〔mol〕になるため，質量保存の法則より，

$$z\ \text{〔mol〕} \times M_1\ \text{〔g/mol〕} = \left(z - \frac{\alpha}{2}\ \text{〔mol〕} \right) \times M_2\ \text{〔g/mol〕}$$

が成立し，$\alpha = 2z\left(1 - \dfrac{M_1}{M_2} \right)$ となる。

標問 30 冷却曲線

答
問1 水分子内で負に帯電している酸素と静電気的な力で結びついている。
問2 4.5
問3 凝固の進行にともなって，溶媒が減少し，溶液の濃度が大きくなる。
　　そのため，凝固点降下度も大きくなる。
問4 −21℃

精講 まずは問題テーマをとらえる

■冷却曲線

純溶媒と溶液をゆっくりと冷却したときの温度と時間の変化は，それぞれ次のように
になる。

純溶媒および溶液の凝固点は，過冷却状態がないものとして，液体と固体が共存し
ているときの直線を延長し，ぶつかった点とする。$T_f^0 - T_f$ が溶液の凝固点降下度で
ある。

Point 25 凝固点は，過冷却状態がないものとして求める。

標問 30 の解説

問1 水分子は折れ線形の極性分子であり，水素が正，酸素が負に帯電している。そ
こで，陽イオンである Na^+ とは，負に帯電した酸素が静電気的な力で結びついてい
る。

問2　問題の図 1-1，図 1-2 は過冷却状態がないものとしている。水の凝固点は 0℃，この塩化ナトリウム水溶液の凝固点はA点の −3℃ である。塩化ナトリウム水溶液の質量モル濃度を x〔mol/kg〕とすると，凝固点降下度の式 $\Delta T_f = K_f \cdot m$ より，

NaCl は電離して Na⁺ と Cl⁻ になっている

$$\underbrace{0-(-3)}_{\text{凝固点降下度 }\Delta T_f} = \underbrace{1.85}_{\text{モル凝固点降下 }K_f} \times \underbrace{(x \times ②)}_{\text{全溶質粒子の質量モル濃度 }m}$$

よって，　$x \fallingdotseq 0.810$ mol/kg

よって，水 1 kg に対して NaCl（式量 58.5）が 0.810 mol 溶解しているので，質量パーセント濃度は次のように求められる。

$$\frac{\overbrace{0.810\ \text{mol} \times 58.5\ \text{g/mol}}^{\text{g (NaCl)}}}{\underbrace{1000}_{\text{g（水）}} + \underbrace{0.810 \times 58.5}_{\text{g (NaCl)}}} \times 100 \fallingdotseq 4.5\ \%$$

問3　溶媒である水が凝固して氷になると，溶液の濃度が大きくなり，$\Delta T_f = K_f \cdot m$ より，m が大きくなると凝固点降下度 ΔT_f も大きくなる。

質量モル濃度は，$m_{\mathrm{I}} < m_{\mathrm{II}}$ である。

問4　問3で解説したように，凝固が進行すると溶液の濃度は大きくなっていく。ただし，溶液が飽和溶液となり，濃度が溶解度と一致した時点（図 1-2 のB）で，それ以上は大きくならない。凝固が進んでも，同時に溶質である NaCl の結晶が析出するため，溶液の濃度は一定となる。このときの濃度が 23 % であり，温度は −21℃ である。

図 1-2 のCで，氷と NaCl の結晶のみとなり，さらに冷却すると再び温度が下がる。

答

問1 ③　問2 $\dfrac{1}{2}$

問3　a : $\dfrac{M_1+M_2}{2M_1}$　　b : $\dfrac{M_1+M_2}{2M_2}$

精講　まずは問題テーマをとらえる

■浸透圧

　半透膜を隔てて一方に純溶媒，一方に溶液があるとすると溶媒分子の移動量が異なるため，溶液側から余分な圧力をかけないと浸透平衡が成立しない。このような圧力を浸透圧という。希薄溶液では浸透圧 Π は，気体定数 R，絶対温度 T，溶液の濃度を C 〔mol/L〕とすると次式が成立する。

$$\Pi = CRT　（ファントホッフの法則）$$

　ただし，ここでの濃度 C 〔mol/L〕は，蒸気圧降下のときなどと同様に，溶質の種類に無関係に独立して運動している全溶質粒子のモル濃度である。

Point 26　$\Pi = CRT$ の C は，全溶質粒子のモル濃度〔mol/L〕である。

標問 31 の解説

　溶液と純溶媒を，次図のように半透膜を隔ててU字管に入れたとする。

純溶媒　溶液　c_0〔mol/L〕　しばらく放置　h　c〔mol/L〕

　最終的に液面の高さの差が h であるとすると，この高さ h の液柱の及ぼす圧力が浸透圧 Π になる。溶質が非電解質であるとすれば，

$$\Pi = cRT$$

と表せる。ここで，c は浸透平衡時の濃度であり，初期濃度 c_0 ではないことに注意しよう。また，

$$c = \frac{W}{M} 〔mol〕 \div V 〔L〕 = \frac{W}{MV} 〔mol/L〕$$

なので，代入すると，

$$\Pi = \frac{W}{MV} RT$$

となり，文中の式となる。

問1　外気圧を2倍にしても両液にかかる外圧による差はない。そこで，hもまた変化しない。

問2　hを2倍にするには，浸透圧Πが2倍になればよい。$\Pi=\dfrac{W}{MV}RT$でMが$\dfrac{1}{2}$倍のものを用意すれば，あとは同じ条件でもΠは2倍になる。

問3　M_1のときの浸透圧をΠ_1，M_2のときをΠ_2，半々で入っているときをΠ_3とすると，

$$h_1 : h_2 : h_3 = \Pi_1 : \Pi_2 : \Pi_3$$

である。

また，M_1，M_2の分子量の分子を同じ物質量ずつ含む場合，それらの平均である$\dfrac{M_1+M_2}{2}$の分子量の溶質が2つを合わせた物質量だけ入っているのと同じである。

問題文のただし書きにあるように$\dfrac{W}{V}$，Tが一定に保たれるので，

$$\Pi M = \boxed{\dfrac{W}{V}RT} = 一定$$

である。

$$\Pi_1 M_1 = \Pi_2 M_2 = \Pi_3 \cdot \dfrac{M_1+M_2}{2}$$

となり，

$$h_1 M_1 = h_2 M_2 = h_3 \cdot \dfrac{M_1+M_2}{2}$$

が成立する。よって，

$$\dfrac{h_1}{h_3} = \underset{a}{\underline{\dfrac{M_1+M_2}{2M_1}}}$$

$$\dfrac{h_2}{h_3} = \underset{b}{\underline{\dfrac{M_1+M_2}{2M_2}}}$$

標問 32 希薄溶液の性質(4)

答
問1　7.67×10^5 Pa
問2　分子量1万以上の高分子が通過できない。(19字)
問3　3.99×10^3 Pa

精講 まずは問題テーマをとらえる

■液面差による圧力の単位換算

　ファントホッフの法則 $\varPi = CRT$ に代入するために，液面差による圧力の単位を Pa に換算するには次のような手順をふむ。

手順1　水銀柱の高さによる圧力単位に直す。

　一般に，圧力は液体の密度と高さの積に比例する。

$$\left(圧力 = \frac{底面にかかる力}{底面積} \underset{比例する}{\propto} \frac{液体の質量}{底面積} = \frac{\overbrace{底面積 \times 高さ \times 密度}^{体積}}{底面積} \right)$$

そこで，　$\underset{\substack{溶液柱の高さと \\ 密度の積}}{h \times d_1} = \underset{\substack{水銀柱の高さと \\ 密度の積}}{x \times 13.6}$

よって，　$x = \dfrac{hd_1}{13.6}$ 〔cmHg〕

手順2　76 cmHg(760mmHg)≒1.013×10^5 Pa を用いて換算する。

$$(h \text{〔cm〕の溶液柱による圧力}) = \underset{\text{cmHg}}{\frac{hd_1}{13.6}} \times \frac{1.013 \times 10^5 \text{ Pa}}{76 \text{ cmHg}}$$

Point 27
溶液柱の高さから Pa 単位の圧力を求めるときは，一度水銀柱の高さに直す。

問1 ファントホッフの法則 $\Pi = CRT$ を用いるため、塩化ナトリウム水溶液の濃度をモル濃度に換算する。

水溶液 100 g に NaCl（式量 58.5）が 0.900 g 含まれ、水溶液の密度が 1.00 g/cm³ なので、モル濃度 C_{NaCl}〔mol/L〕は、

$$C_{NaCl} = \underbrace{\frac{0.900}{58.5}}_{\text{mol (NaCl)}} \div \underbrace{\frac{\dfrac{100\ \text{g}}{1.00\ \text{g/cm}^3}}{1000}}_{\text{L}} \fallingdotseq 0.1538\ \text{mol/L}$$

となる。NaCl が Na^+ と Cl^- に電離していることを考慮して、ファントホッフの法則より、

$$\Pi = \underbrace{(0.1538 \times ②)}_{C} \times \underbrace{8.31 \times 10^3}_{R} \times \underbrace{(27 + 273)}_{T} \fallingdotseq 7.67 \times 10^5\ \text{Pa}$$

問2 本実験で用いた半透膜は、実験1より、Na^+, Cl^-, H_2O は自由に通過できることがわかる。

実験2では、血しょうに含まれるタンパク質などの分子量1万以上の高分子が、この半透膜を通過できない(問2)ため、液面差が生じる。そこで、0.900 % の塩化ナトリウム水溶液を純溶媒、血しょうを分子量1万以上の溶質のみを含む水溶液としたときの浸透圧を測定していると考えてかまわない。

問3 液面差の 40.0 cm が及ぼす圧力が、求める浸透圧となる。まずは、水銀柱で同じ圧力を及ぼすのに h〔cm〕必要とすると、

$$\underbrace{40.0\ \text{cm} \times 1.02\ \text{g/cm}^3}_{\text{血しょうの (高さ)}\times\text{(密度)}} = \underbrace{h\ \text{(cm)} \times 13.6\ \text{g/cm}^3}_{\text{水銀柱の (高さ)}\times\text{(密度)}}$$

よって、 $h = 3.00\ \text{cm}$

$76.0\ \text{cmHg} = 1.01 \times 10^5\ \text{Pa}$ を用いて換算すると、

$$3.00\ \text{cmHg} \times \frac{1.01 \times 10^5\ \text{Pa}}{76.0\ \text{cmHg}} \fallingdotseq 3.99 \times 10^3\ \text{Pa}$$

標問 33 反応エンタルピーとヘスの法則

答
〔Ⅰ〕 $Q_1 - 4Q_2 + 4Q_3 + 8Q_4$
〔Ⅱ〕 $-1541\,\mathrm{kJ/mol}$

精講 まずは問題テーマをとらえる

■各種反応エンタルピーの定義

(1) **エンタルピー**

物質がもつエネルギーは**エンタルピー**(記号で H と表す)という量で表せる。一定の圧力のもとで起こる化学反応で出入りする熱量は，生成物がもつエンタルピーと反応物がもつエンタルピーの差である**エンタルピー変化 ΔH** で表される。

$$\Delta H = H(生成物) - H(反応物)$$

反応が起こった系を外から観測したとき，熱が発生する反応を発熱反応，熱を吸収
<u>注目している部分</u>
する反応を吸熱反応という。エンタルピーが減少する反応 $(\Delta H < 0)$ は発熱反応，増加する反応 $(\Delta H > 0)$ は吸熱反応になる。

化学反応が起こったときに，注目する<u>物質 1 mol あたりのエンタルピーの変化を**反応エンタルピー**</u>という。一般に常温・常圧 $(25℃, 1.013 \times 10^5\,\mathrm{Pa})$ の値〔kJ/mol〕を用いる。

(2) **ヘスの法則**

Point 28

ヘスの法則(総熱量保存の法則)
物質が変化するときの反応エンタルピーは，最初と最後の状態だけで決まり，途中の経路には無関係である。

$\Delta H = \Delta H_1 + \Delta H_2$ が成立する。

ヘスの法則を用いると実験で測定困難な反応エンタルピーを計算で求めることができる。

(3) 反応エンタルピーの種類

生成エン タルピー	化合物 1 mol が成分元素の単体から生成するときの反応エンタルピー
	例　NH_3（気）の生成エンタルピー　-46 kJ/mol $\dfrac{1}{2}N_2$（気）$+\dfrac{3}{2}H_2$（気）$\longrightarrow$ <u>NH_3（気）</u>　$\Delta H = -46$ kJ

燃焼エン タルピー	物質 1 mol が完全燃焼するときの反応エンタルピー
	例　CH_4（気）の燃焼エンタルピー　-891 kJ/mol <u>CH_4（気）</u>$+2O_2$（気）$\longrightarrow CO_2$（気）$+2H_2O$（液）　$\Delta H = -891$ kJ

溶解エン タルピー	物質 1 mol が多量の水に溶解するときの反応エンタルピー
	例　NaCl（固）の溶解エンタルピー　3.9 kJ/mol <u>NaCl（固）</u>$+$ aq $\longrightarrow$ Na^+aq $+$ Cl^-aq　$\Delta H = 3.9$ kJ 　　　　　多量の水　水和された Na^+ を表す 　　　　　を表す　　NaClaq と書くこともある

中和エン タルピー	酸と塩基が中和し 1 mol の水が生じるときの反応エンタルピー
	例　中和エンタルピー　-56.5 kJ/mol H^+aq $+$ OH^-aq $\longrightarrow$ <u>H_2O（液）</u>　$\Delta H = -56.5$ kJ

水和エン タルピー	気体状のイオン 1 mol が多量の水中で水和イオンになるときの 反応エンタルピー
	例　Na^+ の水和エンタルピー　-403 kJ/mol <u>Na^+（気）</u>$+$ aq $\longrightarrow$ Na^+aq　$\Delta H = -403$ kJ

(4) 状態変化とエンタルピー

蒸発エンタルピー	物質 1 mol が蒸発するときのエンタルピー変化
凝縮エンタルピー	物質 1 mol が凝縮するときのエンタルピー変化
融解エンタルピー	物質 1 mol が融解するときのエンタルピー変化
凝固エンタルピー	物質 1 mol が凝固するときのエンタルピー変化
昇華エンタルピー	物質 1 mol が昇華するときのエンタルピー変化

例　0℃ の氷の融解エンタルピー　6.0 kJ/mol

H_2O（固）$\longrightarrow H_2O$（液）　$\Delta H = 6.0$ kJ

(5) 結合エネルギー（結合エンタルピー）

結合エネルギー	気体状分子内の 2 原子間の結合 1 mol 分を切って，ばらばらの原子にするのに必要なエネルギー
	例　O=O の結合エネルギー　498 kJ/mol <u>O=O（気）</u>$\longrightarrow$ 2O（気）　$\Delta H = 498$ kJ

〔Ⅰ〕 メタンハイドレート (固) の完全燃焼を化学反応式で表すと，

$$4CH_4 \cdot 23H_2O \,(固) + 8O_2\,(気) \longrightarrow 4CO_2\,(気) + 31H_2O\,(液) \quad \cdots(\bigstar)$$

$$\begin{cases} C の数 & 4 \times 1 = \underline{4} & = ④ \times 1 \\ H の数 & 4 \times 4 + 23 \times 2 = \underline{62} & = ③①\times 2 \\ O の数 & 23 \times 1 = \underline{23} + ⑧ \times 2 & = ④ \times 2 + ③①\times 1 \end{cases}$$

ヘスの法則より，(1)～(4)式をそれぞれ何倍かずつしてから足し合わせて★の化学反応式をつくり，反応エンタルピーを求めればよい。

メタンハイドレートの燃焼エンタルピーを x〔kJ/mol〕とおくと，$4CH_4 \cdot 23H_2O$ (固) の項は(1)式にしかないので，(1)式を 1 倍とする。(1)式の右辺の $4CH_4$ (気) は ($\bigstar$) にはないので，これを消すために(2)式を (-4) 倍する。CO_2 (気) は(3)式にしかないので，(3)式は 4 倍する。ここまでで H_2O (液) は(1)式×1 倍より右辺に 23 個あり，これを $31H_2O$ (液) にするために $8H_2O$ (液) が必要となるので，(4)式を 8 倍する。

$$\begin{array}{ll} (4CH_4 \cdot 23H_2O\,(固) \longrightarrow 4CH_4\,(気) + 23H_2O\,(液) & \Delta H = Q_1) \times 1 \\ (C\,(黒鉛) + 2H_2\,(気) \longrightarrow CH_4\,(気) & \Delta H = Q_2) \times (-4) \\ (C\,(黒鉛) + O_2\,(気) \longrightarrow CO_2\,(気) & \Delta H = Q_3) \times 4 \\ +)\ (H_2\,(気) + \frac{1}{2}O_2\,(気) \longrightarrow H_2O\,(液) & \Delta H = Q_4) \times 8 \end{array}$$

$$\overline{4CH_4 \cdot 23H_2O\,(固) + 8O_2\,(気) \longrightarrow 4CO_2\,(気) + 31H_2O\,(液) \quad \Delta H = x}$$
$$= Q_1 - 4Q_2 + 4Q_3 + 8Q_4$$

別解 (2)～(4)式はそれぞれ CH_4 (気)，CO_2 (気)，H_2O (液) の生成エンタルピーを付した化学反応式である。そこで，仮にすべてが単体であるときのエンタルピーを基準にすると，次のような図を描くことができる。

ヘスの法則より，x は①→②と進んだときのエンタルピー変化に相当する。④のエンタルピー変化は③→②と進んだときのエンタルピー変化に等しい。

(1)～(4)より，

$$\begin{cases} ① のエンタルピー変化 = Q_1 \\ ③ のエンタルピー変化 = CH_4\,(気)\ 4\,mol\ と\ H_2O\,(液)\ 23\,mol\ の \\ \qquad\qquad\qquad 生成エンタルピーの和 \\ \qquad\qquad\qquad = 4Q_2 + 23Q_4 \\ ④ のエンタルピー変化 = CO_2\,(気)\ 4\,mol\ と\ H_2O\,(液)\ 31\,mol\ の \\ \qquad\qquad\qquad 生成エンタルピーの和 \\ \qquad\qquad\qquad = 4Q_3 + 31Q_4 \end{cases}$$

よって，②のエンタルピー変化＝$4Q_3+31Q_4-(4Q_2+23Q_4)$

④のエンタルピー変化　③のエンタルピー変化

$$=-4Q_2+4Q_3+8Q_4$$

となるので，$x=Q_1-4Q_2+4Q_3+8Q_4$

①と②のエンタルピー変化の和

〔**Ⅱ**〕　エタン（気）の燃焼エンタルピーを x〔kJ/mol〕とおく。

$$C_2H_6(気)\ +\ \frac{7}{2}O_2(気)\ \longrightarrow\ 2CO_2(気)\ +\ 3H_2O(液)\quad \Delta H=x〔kJ/mol〕$$

エタンの係数を
1とする

CO$_2$（気）と H$_2$O（液）の生成エンタルピーが与えられている。C$_2$H$_6$（気）の生成エンタルピーを a〔kJ/mol〕とおいて，すべてが単体であるときのエンタルピーを基準にすると，次のような図を描くことができる。

$\Delta H_1=a$〔kJ〕

$\Delta H_2=(-393\ \text{kJ/mol}×2\ \text{mol})+(-285\ \text{kJ/mol}×3\ \text{mol})$

CO$_2$（気）2 mol と H$_2$O（液）3 mol の生成エンタルピーの和

ヘスの法則より　$\Delta H_1+x=\Delta H_2$　だから，

$$x=\Delta H_2-\Delta H_1=-393×2-285×3-a$$

$$=-1641-a〔\text{kJ}〕\ \cdots①$$

次に，C$_2$H$_6$（気）の生成エンタルピー a〔kJ/mol〕を求めるために，結合エネルギー[※1]のデータを利用する。C（黒鉛）の昇華エンタルピーを b〔kJ/mol〕とおいて，すべてが原子になったときのエンタルピーを基準にすると，次のような図を描くことができる。

※1　結合エネルギーは気体状態の分子内の共有結合 1 mol を切断するのに必要なエネルギーである。

$\Delta H_3 = \ominus a \ [\text{kJ}]$

$\Delta H_4 = b \ [\text{kJ/mol}] \times 2 \ \text{mol} + 431 \ \text{kJ/mol} \times 3 \ \text{mol}$

　　　　黒鉛 2 mol を昇華し，H-H 結合 3 mol
　　　　を切断するときのエンタルピー変化

$\Delta H_5 = 412 \ \text{kJ/mol} \times 6 \ \text{mol} + 347 \ \text{kJ/mol} \times 1 \ \text{mol}$

　　　　C-H 結合 6 mol と C-C 結合 1 mol を切断
　　　　するときのエンタルピー変化

ヘスの法則より　$\Delta H_3 + \Delta H_4 = \Delta H_5$　だから，

　　$-a + (2b + 431 \times 3) = 412 \times 6 + 347$

　　$a = -1526 + 2b$　…②

　最後に，b の値と CH_4 の燃焼エンタルピー $-890 \ \text{kJ/mol}$ を結びつけるしかないが，まず CH_4 の生成エンタルピーを $c \ [\text{kJ/mol}]$ とすると，先と同様に結合エネルギーの値を利用して，次のようなエネルギー図が描ける。

$\Delta H_6 = -c \ [\text{kJ}]$

$\Delta H_7 = b \ [\text{kJ}] + 431 \ \text{kJ/mol} \times 2 \ \text{mol}$

$\Delta H_8 = 412 \ \text{kJ/mol} \times 4 \ \text{mol}$

ヘスの法則より　$\Delta H_6 + \Delta H_7 = \Delta H_8$　だから，

　　$-c + b + 431 \times 2 = 412 \times 4$

よって，$c = b - 786$　…③

さらに，CH_4 に関して生成エンタルピーと燃焼エンタルピーのデータから次のエネルギー図が描ける。

$\Delta H_9 = -890 \text{ kJ}$

$\Delta H_{10} = c \text{ (kJ)}$

$\Delta H_{11} = -393 \text{ kJ/mol} \times 1 \text{ mol} + (-285 \text{ kJ/mol}) \times 2 \text{ mol}$

ヘスの法則より　$\Delta H_9 + \Delta H_{10} = \Delta H_{11}$　だから，

$-890 + c = -393 \times 1 - 285 \times 2$

よって，$c = -73$

これを③式に代入すると，$b = -73 + 786 = 713$，さらにこれを②式に代入すると $a = -100$ となり，これを①式に代入すると $x = -1641 + 100 = -1541$ となる。

答 〔I〕 A:(a) B:(f) C:(e) D:(h) E:(j)

〔II〕 問1 MgO, CaO, NaCl, NaBr

問2 (1) Ca^{2+} (2) 66 kJ/mol (3) $CaSO_4$

精講 まずは問題テーマをとらえる

■イオン結晶に関する熱サイクル

格子エネルギーは，測定することが難しく，次のような過程を考えて，生成エンタルピーや結合エネルギーなどのデータから求められる。

Point 29 イオン結晶 → 気体状態のイオン の変化を考えるときは，単体，気体状態の原子の段階を経て考えてみよ。

標問 34 の解説

〔I〕 塩化ナトリウムの格子エネルギーを x〔kJ/mol〕とする。

$$\underset{\text{イオン結晶}}{\underline{NaCl\,(固)}} \longrightarrow \underset{\text{気体状態のイオン}}{\underline{Na^+\,(気)+Cl^-\,(気)}} \quad \Delta H = x\,〔kJ〕$$

問題文に与えられたエンタルピーの変化を表した図で，単体，原子(気体)，イオン(気体)になっている場所に注目して考える。

① 　　D　　は①の逆向きの変化を考える。

　　単体の Na（固）と Cl_2（気）から NaCl（固）になるときの反応エンタルピーを, NaCl（固）の生成エンタルピー_Dという。

　　NaCl（固）の生成エンタルピー：-411 kJ/mol

$$\underline{Na（固）+\frac{1}{2}Cl_2（気）} \longrightarrow NaCl（固） \quad \Delta H = -411 \text{ kJ}$$

成分元素の単体

　　この逆向きのエンタルピー変化が①なので,

$$NaCl（固） \longrightarrow Na（固）+\frac{1}{2}Cl_2（気） \quad \Delta H = 411 \text{ kJ}$$

② Cl_2（気）が原子の Cl（気）となっているので, ここは Cl–Cl（気）の結合エネルギー_C※1 を利用する。

　　Cl–Cl（気）の結合エネルギー：244 kJ/mol

$$\frac{1}{2}Cl_2（気） \longrightarrow Cl（気） \quad \Delta H = 122 \text{ kJ}$$

⇩両辺を 2 倍

$$Cl_2（気） \longrightarrow 2Cl（気） \quad \Delta H = 244 \text{ kJ}$$

※1 　結合エネルギー
気体分子内の共有結合 1 mol を切断するのに必要なエネルギーである。

Cl🔵Cl
切断

③ Na（固）が Na（気）になっているので, Na（固）の昇華エンタルピー_Bを利用する。

　　Na（固）の昇華エンタルピー：92 kJ/mol

$$\underline{Na（固）} \longrightarrow \underline{Na（気）} \quad \Delta H = 92 \text{ kJ}$$

固体　　　　気体

④ Na（気）がNa$^+$（気）になっているので，Na（気）の<u>イオン化エネルギー</u>$_A$を利用する。

Na（気）のイオン化エネルギー：496 kJ/mol

$$\underset{\text{原子（気体）}}{\underline{Na（気）}} \longrightarrow \underset{\text{陽イオン（気体）}}{\underline{Na^+（気）}} + e^- \quad \Delta H = 496 \text{ kJ}$$

⑤ Cl（気）がCl$^-$（気）になっているので，Cl（気）の<u>電子親和力</u>$_E$を利用する。

Cl（気）の電子親和力$^{※2}$：349 kJ/mol

$$\underset{\text{原子（気体）}}{\underline{Cl（気）}} + e^- \longrightarrow \underset{\text{陰イオン（気体）}}{\underline{Cl^-（気）}} \quad \Delta H = -349 \text{ kJ}$$

※2　電子親和力は，気体状の原子が電子を取り込んで陰イオンになったときに放出するエネルギーなので，発熱量である。そこでエンタルピー変化ΔHはマイナス（－）をつけて負の値に直す。

〔Ⅱ〕　問1　1 molのイオン結晶MX（固）を気体状態の構成イオンにばらすのに必要なエネルギーがMX（固）の格子エネルギーである。これは次の反応のエンタルピー変化に等しく，格子エンタルピーともよばれる。

$$MX（固） \longrightarrow M^{n+}（気）+X^{n-}（気） \quad \Delta H_{格子}〔\text{kJ}〕\cdots(1)$$

問題文より，(2)式は$\Delta H_{格子}$の値をイオン半径と価数を用いて近似的に表したものである。

$$\Delta H_{格子} = \frac{An^2}{r_M + r_X} \quad (A：正の定数) \qquad \cdots(2)$$

融点高 ⟶ $\Delta H_{格子}$大

各イオンの価数と与えられたイオン半径を(2)式に代入すると，各イオン結晶の格子エネルギーは次表のようになる。

物質名	組成式	陽イオン		陰イオン		格子エネルギー $\Delta H_{格子}$
		価数	半径	価数	半径	
塩化ナトリウム	NaCl	1価	1.2	1価	1.7	$\dfrac{A \times 1^2}{(1.2+1.7) \times 10^{-8}} = \dfrac{A}{2.9} \times 10^8$
酸化マグネシウム	MgO	2価	0.86	2価	1.3	$\dfrac{A \times 2^2}{(0.86+1.3) \times 10^{-8}} = \dfrac{A}{0.54} \times 10^8$
臭化ナトリウム	NaBr	1価	1.2	1価	1.8	$\dfrac{A \times 1^2}{(1.2+1.8) \times 10^{-8}} = \dfrac{A}{3.0} \times 10^8$
酸化カルシウム	CaO	2価	1.1	2価	1.3	$\dfrac{A \times 2^2}{(1.1+1.3) \times 10^{-8}} = \dfrac{A}{0.60} \times 10^8$

〔$\times 10^{-8}$ cm〕　〔$\times 10^{-8}$ cm〕

$\Delta H_{格子}$ が大きいほど，イオン結晶を構成する M^{n+} と X^{n-} が強く結びついているので，融点も高くなると考えられる。よって，融点は高いほうから

MgO，CaO，NaCl，NaBr

となる。[※3]

※3 式(2)より，価数の積が大きく，イオン半径の和が小さいほど，$\Delta H_{格子}$ は大きい。なお，実際の融点は以下のとおりである。

	融点〔℃〕
MgO	2852
CaO	2572
NaCl	800
NaBr	755

問2 (1) 気体状のイオン 1 mol が水和されたときのエンタルピー変化を水和エンタルピーという。反応式(3)は，(3)′のように書くこともある。

M^{n+}（気）の水和エンタルピー： $\Delta H_{水和M}$〔kJ/mol〕

$$M^{n+} （気）+aq \longrightarrow M^{n+} （水和） \quad \Delta H_{水和M}〔kJ〕 \quad \cdots(3)′$$

↑ 多量の水を表す。本問では省略されている。

↑ $M^{n+}aq$ と書くことが多い。

水和されたナトリウムイオン

イオンの価数と，与えられたイオン半径，(4)式を用いて，$\Delta H_{水和M}$ の値は近似的に次表のように求められる。

$$\Delta H_{水和M} = -\frac{Bn^2}{r_M} \quad (B：正の定数) \quad \cdots(4)$$

	価数	イオン半径〔$\times 10^{-8}$ cm〕	$\Delta H_{水和}$
Li^+	1	0.90	$-\dfrac{B \times 1^2}{0.90 \times 10^{-8}} = -\dfrac{B}{0.90} \times 10^8$
Na^+	1	1.2	$-\dfrac{B \times 1^2}{1.2 \times 10^{-8}} = -\dfrac{B}{1.2} \times 10^8$
Ca^{2+}	2	1.1	$-\dfrac{B \times 2^2}{1.1 \times 10^{-8}} = -\dfrac{B}{0.275} \times 10^8$

(4)式より，半径が小さく価数が大きい（＝電荷密度が大きい）ほど，水和エンタルピー $\Delta H_{水和M}$ は小さいことがわかる。

よって，水和エンタルピーが最も小さいイオンは Ca^{2+}[(1)] である。

(2) 物質 1 mol を多量の溶媒に溶解させたときのエンタルピー変化を溶解エンタルピーという。硫酸バリウム $BaSO_4$（固）の水への溶解エンタルピーを $\Delta H_{溶解BaSO_4}$〔kJ/mol〕とすると，硫酸バリウムの溶解における，エンタルピーを付した反応式は，

$$BaSO_4（固）+aq \longrightarrow Ba^{2+}（水和）+SO_4^{2-}（水和） \quad \Delta H_{溶解BaSO_4}〔kJ〕$$

↑ 本問では省略されている

↑ $Ba^{2+}aq$ や $SO_4^{2-}aq$ と書くことが多い

問題文に与えられた反応エンタルピーを $+aq$ は省略し反応式に付して表すと，

$\left\{\begin{array}{l} \text{Ba}^{2+}\text{(気)} \longrightarrow \text{Ba}^{2+}\text{(水和)} \quad \Delta H = -1346\,\text{kJ} \qquad \cdots\text{①} \\ \text{SO}_4{}^{2-}\text{(気)} \longrightarrow \text{SO}_4{}^{2-}\text{(水和)} \quad \Delta H = -1099\,\text{kJ} \qquad \cdots\text{②} \\ \text{BaSO}_4\text{(固)} \longrightarrow \text{Ba}^{2+}\text{(気)} + \text{SO}_4{}^{2-}\text{(気)} \quad \Delta H = 2511\,\text{kJ} \quad \cdots\text{③} \end{array}\right.$

①+②+③ より，

$\quad$ BaSO$_4$（固） $\longrightarrow$ Ba^{2+}（水和）+SO$_4{}^{2-}$（水和） $\quad \Delta H = 66\,\text{kJ}$

よって，$\Delta H_{\text{溶解 BaSO}_4} = 66\,\text{kJ/mol}$

別解 エンタルピー変化を表した図を描くと次のようになる。

よって，

$\quad \Delta H_{\text{溶解 BaSO}_4} = 2511 + (-1346) + (-1099) = 66$

(3)

	CaSO$_4$	BaSO$_4$
溶解エンタルピー〔kJ/mol〕	-28 <	66

<u>CaSO$_4$</u>のほうが BaSO$_4$ より溶解エンタルピーが小さいので，溶解度が高いと考えられる。これは，溶解エンタルピーが小さいほど，溶解した状態がエネルギー的に安定となるからである。

答
問1 ⓒ
理由：断熱性が高い発泡ポリスチレン製で，熱容量の小さい（体積の小さい）ものがよいから。(32字)
問2 ① $9.3(100d+1.00)C \times 10^{-3}$ 〔kJ〕
② $-9.3(100d+1.00)Cm \times 10^{-3}$ 〔kJ/mol〕

精講 まずは問題テーマをとらえる

■反応エンタルピーの測定

溶解，燃焼，中和など，速やかにかつほぼ完全に進み，なおかつ副反応がない反応によって生じる熱を測定することで，反応エンタルピーを決定できる。

例えば，n〔mol〕の試料が反応して Δt〔℃〕$= \Delta t$〔K〕だけ温度が上昇し，温度が上昇した系（反応にかかわる物質のこと）において，試料 m〔g〕の比熱が C〔J/(g·K)〕の場合，試料 1 mol あたりの反応エンタルピー ΔH〔kJ/mol〕は，

$$\Delta H = -\frac{C〔\text{J/(g·K)}〕 \times m〔\text{g}〕 \times \Delta t〔\text{K}〕}{n〔\text{mol}〕} \times 10^{-3}〔\text{kJ/mol}〕$$

発熱反応の場合は ΔH は負の値   J/mol

と表せる。

なお，温度上昇度 Δt〔℃〕は，より正確な ΔH の値を求めるために，外部への熱の散逸がないとしたときの水溶液の最高温度とはじめの温度の差を利用することが多い。

> **Point 30**
> 質量 m〔g〕，比熱 C〔J/(g·K)〕の物質を Δt〔K〕だけ温度を上げるには，
> $C \cdot m \cdot \Delta t$〔J〕
> の熱が必要となる。

標問 35 の解説

問1 酸化マグネシウムと塩酸の反応によって生じる熱は，水溶液の温度上昇に使われる以外に容器の温度上昇に使われた分や外界へと逃げた分がある。これらをできるだけ最小限におさえることができれば，水溶液の温度上昇に使われた熱だけを考えてもよいといえる。

そこで，断熱性に優れた発泡ポリスチレンの容器を選ぶ。また，小さな熱量しか吸収しない小さなサイズのものがよいであろう。よって，ⓒが適切である。

問2 ① 酸化マグネシウムと塩酸との反応を化学反応式で表すと，

$$\underset{\text{塩基性酸化物}}{\text{MgO}} + \underset{\text{酸}}{2\text{HCl}} \longrightarrow \underset{\text{塩}}{\text{MgCl}_2} + \text{H}_2\text{O}$$

反応後の水溶液の質量を W〔g〕とすると,

$$W=塩酸の質量 ＋ MgO の質量$$
$$=100 \text{ mL} \times d \text{〔g/mL〕}+1.00 \text{ g}=100d+1.00 \text{〔g〕}$$

となる。断熱性の高い容器を用いても時間とともに外界に熱が逃げるので，少しずつ溶液の温度は下がっていく。反応による発熱によって溶液の温度が上昇していく間にも熱は外へ逃げる。そこで，本問ではこれを補正するために，直線 AB を延長して，時刻 0 秒とぶつかった点Cの温度を理論上の最高温度としている。

よって，$(34.9-25.6)$ ℃ が温度上昇度とする。

$$発生した熱量 = \underset{比熱}{C} \times \underset{溶液の質量}{(100d+1.00)} \times \underset{温度上昇度}{(34.9-25.6)} \left| \underset{J}{} \times 10^{-3} \right. \underset{kJ}{\leftarrow}$$

$$=(34.9-25.6)(100d+1.00)C \times 10^{-3} \text{〔kJ〕}$$
$$=9.3(100d+1.00)C \times 10^{-3} \text{〔kJ〕}$$

② 酸化マグネシウムの物質量は $\dfrac{1.00 \text{ g}}{m \text{〔g/mol〕}}$〔mol〕である。反応エンタルピーは，

$$反応エンタルピー〔kJ/mol〕 = \underset{\underset{\text{発熱反応なので，エンタルピー変化は負の値となる}}{}}{-} \frac{9.3(100d+1.00)C \times 10^{-3} \text{〔kJ〕}}{\dfrac{1.00}{m} \text{〔mol〕}}$$

$$= -\frac{9.3(100d+1.00)Cm}{1.00} \times 10^{-3} \text{〔kJ/mol〕}$$
$$= -9.3(100d+1.00)Cm \times 10^{-3} \text{〔kJ/mol〕}$$

答

問1 証明は解説参照。$k=8.6×10^{-2}\,\mathrm{min}^{-1}$　問2 $E_a=\dfrac{R}{\dfrac{1}{T_1}-\dfrac{1}{T_2}}×\log_e\!\left(\dfrac{k_2}{k_1}\right)$

精講 まずは問題テーマをとらえる

■反応速度の定義

反応速度は，一般に<u>単位時間あたりの濃度変化</u>で表される。例えば，

$$x\mathrm{A} + y\mathrm{B} \longrightarrow z\mathrm{C} \quad (x,\ y,\ z\text{は反応式の係数})$$

の化学反応式では，

$$\left\{\begin{array}{l}
\text{Aの減少速度 } v_\mathrm{A}=\left|\dfrac{\text{Aの濃度の変化量}}{\text{時間の変化量}}\right|=-\dfrac{d[\mathrm{A}]}{dt} \quad \scriptstyle \dfrac{d[\mathrm{A}]}{dt}<0\text{ なので}-\text{をつけ，絶対値をとる}\\[4mm]
\text{Bの減少速度 } v_\mathrm{B}=\left|\dfrac{\text{Bの濃度の変化量}}{\text{時間の変化量}}\right|=-\dfrac{d[\mathrm{B}]}{dt} \quad \scriptstyle \dfrac{d[\mathrm{B}]}{dt}<0\text{ なので}-\text{をつけ，絶対値をとる}\\[4mm]
\text{Cの増加速度 } v_\mathrm{C}=\left|\dfrac{\text{Cの濃度の変化量}}{\text{時間の変化量}}\right|=\dfrac{d[\mathrm{C}]}{dt}
\end{array}\right.$$

と表すことができる。また，

$$v_\mathrm{A} : v_\mathrm{B} : v_\mathrm{C} = x : y : z$$

となる。そこで，各係数で速度を割っておけば規格化され，これを反応全体の速度 $v_{全体}$ とすることが多い。

$$v_{全体}=\dfrac{v_\mathrm{A}}{x}=\dfrac{v_\mathrm{B}}{y}=\dfrac{v_\mathrm{C}}{z}$$

■反応速度式

また，反応速度は反応物の濃度や温度に支配され，次のように表すこともできる。

$$v_{全体}=k\,[\mathrm{A}]^{\alpha}[\mathrm{B}]^{\beta}$$

k は（反応）速度定数とよばれ，温度や活性化エネルギーの値によって決まる。また，α や β の次数は，化学反応式の係数に一致するとは限らず，実験によって求める。

Point 31

$x\mathrm{A} + y\mathrm{B} \longrightarrow z\mathrm{C}$ の反応では，次のように表せる。

$$\text{Aの減少速度 } v_\mathrm{A}=-\dfrac{d[\mathrm{A}]}{dt} \qquad v_\mathrm{A}=k\,[\mathrm{A}]^{\alpha}[\mathrm{B}]^{\beta}$$

標問 36 の解説

例えば，右のような装置を組み立てれば $\mathrm{O_2}$ の量が測定できる。

問1　$v=k\,[\mathrm{H_2O_2}]^1$ であることを示せばよい。

ただし，モル濃度 $[\mathrm{H_2O_2}]$ に対して，その瞬

間の速度 v が求められない。こういうときは，平均の速度 $\bar{v}$ を利用し，$\bar{v}=k\overline{[H_2O_2]}^1$ であることを示せばよい。ここで，$\overline{[H_2O_2]}$ は 2 つの時刻における $[H_2O_2]$ の平均である。そして，$\dfrac{\bar{v}}{\overline{[H_2O_2]}^1}=k$ が一定になることを示せばよい。

時間	$\bar{v}=\left\|\dfrac{\Delta[H_2O_2]}{\Delta t}\right\|$	$\overline{[H_2O_2]}$	$k=\dfrac{\bar{v}}{\overline{[H_2O_2]}}$
0〜1 min	$\bar{v}=\dfrac{(0.542-0.497)\,\mathrm{mol/L}}{(1-0)\,\mathrm{min}}$ $=0.0450\,\mathrm{mol/(L\cdot min)}$	$\dfrac{0.542+0.497}{2}$ $\fallingdotseq 0.520\,\mathrm{mol/L}$	$\dfrac{0.0450}{0.520}$ $\fallingdotseq 8.65\times10^{-2}$
1〜2 min	$\bar{v}=\dfrac{0.497-0.456}{2-1}$ $=0.0410\,\mathrm{mol/(L\cdot min)}$	$\dfrac{0.497+0.456}{2}$ $\fallingdotseq 0.477\,\mathrm{mol/L}$	$\dfrac{0.0410}{0.477}$ $\fallingdotseq 8.60\times10^{-2}$
2〜3 min	$\bar{v}=\dfrac{0.456-0.419}{3-2}$ $=0.0370\,\mathrm{mol/(L\cdot min)}$	$\dfrac{0.456+0.419}{2}$ $\fallingdotseq 0.438\,\mathrm{mol/L}$	$\dfrac{0.0370}{0.438}$ $\fallingdotseq 8.45\times10^{-2}$

表からわかるように，「k の値はほぼ一定であり，$\bar{v}=k\overline{[H_2O_2]}$，つまり $v=k[H_2O_2]$ が成立する。」

また，k の値は誤差をならすため 3 つの相加平均を解答としておく。

$$\bar{k}=\frac{(8.65+8.60+8.45)\times10^{-2}}{3}\fallingdotseq 8.6\times10^{-2}\,\mathrm{min}^{-1}$$

問2 (3)式より，

$$\begin{cases} \log_e k_1 = -\dfrac{E_\mathrm{a}}{RT_1}+C & \cdots① \\ \log_e k_2 = -\dfrac{E_\mathrm{a}}{RT_2}+C & \cdots② \end{cases}$$

②式−①式より，定数 C を消去して，

$$\log_e\left(\frac{k_2}{k_1}\right)=\frac{E_\mathrm{a}}{R}\times\left(\frac{1}{T_1}-\frac{1}{T_2}\right)$$

$$E_\mathrm{a}=\frac{R}{\dfrac{1}{T_1}-\dfrac{1}{T_2}}\times\log_e\left(\frac{k_2}{k_1}\right)$$

このように，T_1，T_2，k_1，k_2 により，E_a の値を求めることができるのである。

補足 **アレニウスの式**

　(反応)速度定数 k は，活性化エネルギーの値を E_a，系の温度を T〔K〕とすると，次のように表されることが知られている。

$$k=A\cdot e^{-\frac{E_\mathrm{a}}{RT}} \quad (A：反応に固有な定数 \quad R：気体定数)$$

両辺の自然対数をとると，

$$\log_e k=-\frac{E_\mathrm{a}}{RT}+\log_e A$$

で，(3)式となる。

答

問1 $[x] = \dfrac{n(x)}{V}$ 　　問2 $\dfrac{K_c}{K_p} = (RT)^2$ 　　問3 変化しない

問4 減少した 　　問5 問3の条件下：⑦ 　　問4の条件下：⑦

精講 まずは問題テーマをとらえる

■化学平衡の法則（質量作用の法則）と平衡定数

$$x\mathsf{A} + y\mathsf{B} \underset{v_2}{\overset{v_1}{\rightleftharpoons}} z\mathsf{C} + w\mathsf{D} \quad (x,\ y,\ z,\ w\ は反応式の係数)$$

において，$v_1 = v_2$ のように，左右の速度がつり合った状態を平衡状態という。このときの各化学種のモル濃度を求め，次の K の値を計算する。

$$K = \dfrac{[\mathsf{C}]^z[\mathsf{D}]^w}{[\mathsf{A}]^x[\mathsf{B}]^y} \quad \cdots ①$$

K の値は（濃度）平衡定数とよばれ，温度が一定ならば同じ反応では各化学種のモル濃度 [　] の値に関係なく一定となる。また気体の場合，濃度〔mol/L〕と分圧〔Pa〕の間には，

$$P_i = \left(\dfrac{n_i}{V}\right)RT$$

つまり，

　　気体 i の分圧 ＝ 気体 i の mol/L ×RT

の関係があるため，①式で A, B, C, D がすべて気体のときは，

$$K = \dfrac{\left(\dfrac{P_\mathsf{C}}{RT}\right)^z\left(\dfrac{P_\mathsf{D}}{RT}\right)^w}{\left(\dfrac{P_\mathsf{A}}{RT}\right)^x\left(\dfrac{P_\mathsf{B}}{RT}\right)^y} \quad \Leftrightarrow \quad K\cdot(RT)^{z+w-x-y} = \dfrac{P_\mathsf{C}{}^z P_\mathsf{D}{}^w}{P_\mathsf{A}{}^x P_\mathsf{B}{}^y}$$

となり，$K\cdot(RT)^{z+w-x-y}$ を K_p とすると，

$$\dfrac{P_\mathsf{C}{}^z P_\mathsf{D}{}^w}{P_\mathsf{A}{}^x P_\mathsf{B}{}^y} = K_p$$

と表せる。K_p もまた温度が一定ならば一定となり，圧平衡定数という。

> **Point 32**
>
> $x\mathsf{A} + y\mathsf{B} \rightleftharpoons z\mathsf{C} + w\mathsf{D}$ では，平衡状態のとき，
>
> $$\dfrac{[\mathsf{C}]^z[\mathsf{D}]^w}{[\mathsf{A}]^x[\mathsf{B}]^y} = K \qquad (T 一定なら一定)$$

標問 37 の解説

問1 気体の濃度は，物質量÷反応容器の容積　なので，

$$[x] = \dfrac{n(x)}{V} \qquad と表される。$$

問2　理想気体の状態方程式より，

$$p(x) \cdot V = n(x)RT \qquad となり，$$

$$p(x) = \frac{n(x)}{V}RT = [x]RT \quad \cdots ①$$

と表せる。そこで，

$$K_p = \frac{\{p(NH_3)\}^2}{p(N_2) \cdot \{p(H_2)\}^3} = \frac{([NH_3]RT)^2}{([N_2]RT)([H_2]RT)^3} = \frac{[NH_3]^2}{[N_2][H_2]^3} \cdot \frac{1}{(RT)^2} = \frac{K_c}{(RT)^2}$$

よって，　　$\dfrac{K_c}{K_p} = (RT)^2$

問3　容器全体の体積が変化していないので，各成分の濃度 $[x]$ は変化していない。
　　よって，①式より各成分の分圧は変化していない。ただし，全圧は Ar の分圧の分大
　　きくなる。

問4

　　上図からわかるように，Ar を加えても全圧 P を一定に保つには，体積を大きくし
　　なくてはならない（$V < V'$）。
　　そこで，$[NH_3]$ は V から V' に変化すると，瞬間的に減少する。
　　よって，①式より $p(NH_3)$ も減少する。

参考　ルシャトリエの原理（p.98 参照）で考えると，反応に関与する気体の分圧
　　の和が小さくなるため，気体の分子数を増加させる左方向に進む，と判断できる。

問5　問3の条件下：N_2, H_2, NH_3 の濃度がすべて変化していないため，

$$K_c = \frac{[NH_3]^2}{[N_2][H_2]^3}$$ が成立したままである。つまり，平衡状態のままである。

　　問4の条件下：N_2, H_2, NH_3 の濃度は，V から V' に変化すると，瞬間的に小さくな

る。この瞬間に各気体の濃度が $\dfrac{1}{\alpha}$ $(\alpha > 1)$ になったとすると，

$$\frac{([NH_3]')^2}{[N_2]'([H_2]')^3} = \frac{\left(\dfrac{[NH_3]}{\alpha}\right)^2}{\left(\dfrac{[N_2]}{\alpha}\right)\left(\dfrac{[H_2]}{\alpha}\right)^3} = \underbrace{\frac{[NH_3]^2}{[N_2][H_2]^3}}_{\fallingdotseq K_c} \cdot \alpha^2$$

となる。このときの $\dfrac{([NH_3]')^2}{[N_2]'([H_2]')^3}$ の値は，$\alpha > 1$ なので K_c よりも大きい。つま
り，この点が平衡状態でなく，平衡状態より $[NH_3]$ が大きく，$[N_2]$ や $[H_2]$ の小さ
い点にいるといえる。そこで，ここからは分子の値 $[NH_3]$ が小さく，分母の値
$[N_2]$ や $[H_2]$ が大きくなり，新しい平衡状態に達するのである。いい換えると，こ
の点からは左へ移動して，K_c と一致して平衡状態になるのである。

答

問1 $K = \dfrac{\alpha V}{2n(1-\alpha)^2}$ 〔L/mol〕

途中の考え方は解説参照。

問2 αは小さくなる。

問3 圧縮した直後は，眺めている方向からの単位体積あたりの NO_2 の量が多くなり，色が濃くなる。次に，気体の全分子数が減少する方向へ平衡が移動し，NO_2 の量が減るため色が薄くなる。

問4 圧縮した直後は，色の変化はないが，次第に色が薄くなっていく。

精講 まずは問題テーマをとらえる

■ルシャトリエの原理

平衡状態にある系に，外から平衡状態を破るような刺激を与えたとする。このとき非平衡状態になり，新たな平衡状態を目指して，ここから左右どちらかへ反応が進行する。

このとき進行する方向は，系に与えられた刺激を緩和する方向であり，これらの関係をまとめておくと次のようになる。

与える刺激	進行方向
① ある物質の濃度を上げる 　ある物質の濃度を下げる	その物質の濃度を減少させる方向へ その物質の濃度を増加させる方向へ
② 温度を上げる 　温度を下げる	吸熱 (エンタルピー増加 $\Delta H > 0$) の方向へ 発熱 (エンタルピー減少 $\Delta H < 0$) の方向へ
③ 気体を圧縮 　気体を膨張	気体粒子数を減少させる方向へ 気体粒子数を増加させる方向へ

Point 33

平衡状態 $\xrightarrow{\text{①刺激}}$ 非平衡状態 $\xrightarrow{\text{②進行方向}}$ 新しい平衡状態

(②は①を緩和する方向)

問1
$$2NO_2 \rightleftharpoons N_2O_4$$

初期量	n	0	〔mol〕
変化量	$-n\alpha$	$+\dfrac{n\alpha}{2}$	〔mol〕
平衡量	$n(1-\alpha)$	$\dfrac{n\alpha}{2}$	〔mol〕

← α は会合度とよばれ,

$$\alpha = \frac{\text{会合した } NO_2 \text{ の量}}{\text{初期の } NO_2 \text{ の量}}$$

を表している

化学平衡の法則 (質量作用の法則) より,

$$K = \frac{[N_2O_4]}{[NO_2]^2} = \frac{\left(\dfrac{\dfrac{n\alpha}{2}}{V}\right)}{\left\{\dfrac{n(1-\alpha)}{V}\right\}^2} = \frac{\alpha V}{2n(1-\alpha)^2} \ \text{〔L/mol〕}$$

問2　体積を大きくし, 系全体を膨張させると, ルシャトリエの原理より, 全気体粒子数を増加させる方向, つまり左へ平衡が移動する。

よって, α は小さくなる。

問3　1) の方向から眺めると, 次図のように変化して見える。

まず, 圧縮すると, ①よりは②のほうが単位体積あたりの NO_2 の量が多くなるので, 赤褐色が濃くなる。

次に, ②から③へは全気体粒子数を減少させる方向, つまり右へ平衡が移動する。すると, 単位体積あたりの NO_2 の量が減り, 赤褐色は次第に薄くなっていく。

問4

問3と同じ変化を, 2) の方向から眺めると, 上図のように変化して見える。

まず, ①から②へは, 2) の方向から見た場合, NO_2 分子どうしが互いに近づいたようには見えないため, 色の濃さが変化しない。

ただし, ②から③へは, NO_2 分子が減少するので赤褐色が薄くなる。

精講 まずは問題テーマをとらえる

■反応速度式と化学平衡

　化学平衡の法則（質量作用の法則）は，厳密には大学で学ぶ熱力学の知識を用いないと証明できない。

　ただし，反応速度式の濃度項の次数が化学反応式の係数と一致するときだけ，次のような形で証明できる。

例　H_2（気）$+ I_2$（気）$\underset{v_2}{\overset{v_1}{\rightleftarrows}}$ 2HI（気）　　（高温時）

　　$\begin{cases} 正反応の速度式 \ v_1 = k_1[H_2][I_2] \\ 逆反応の速度式 \ v_2 = k_2[HI]^2 \end{cases}$

　と表せることが知られており，また，平衡状態では $v_1 = v_2$ なので，

　　$k_1[H_2][I_2] = k_2[HI]^2$

　　よって，　$\dfrac{[HI]^2}{[H_2][I_2]} = \dfrac{k_1}{k_2}$

　$\dfrac{k_1}{k_2}$ は，温度が一定なら一定なので，これを K とおくと，この反応の平衡定数となる。

標問 39 の解説

問1　①，②　触媒を加えると活性化エネルギーが減少し，温度を上げると活性化エネルギーより大きな運動エネルギーをもつ分子が増加するので，正反応，逆反応とも速度が増加する。よって，①は誤りで，②は正しい。

　③　$X + Y \rightleftarrows 2Z$　　$\Delta H < 0$　この反応の平衡定数を K とする。

　　$K = \dfrac{[Z]^2}{[X][Y]}$

　　温度が上昇すると，吸熱（エンタルピー増加 $\Delta H > 0$）の方向すなわち左へ平衡は移動する。すると，平衡定数 K の分母の項が大きくなり，分子の項が小さくなるので，K の値は小さくなる。よって，誤り。

　④　平衡定数は，温度が一定なら一定値である。誤り。

　⑤　平衡定数は，温度が変化すると変化する。誤り。

　　よって，正解は②だけである。

問2　図にすると，状態Aは次ページのようになる。

X，Y の分圧を P_X，P_Y とすると，

$$\begin{cases} \underbrace{P_X + P_Y + \dfrac{P}{2}}_{\text{分圧の和}} = \underbrace{P}_{\text{全圧}} & \cdots① \\ P_X = P_Y & \cdots② \end{cases}$$

①式，②式より，

$$P_X = P_Y = \frac{P}{4} \qquad \cdots③$$

一般に，気体の濃度は，分圧を用いると次のように表せる。

$$[X(気)] = \frac{P_X}{RT}^{※1} \qquad [Y(気)] = \frac{P_Y}{RT}$$

そこで，③式より，

$$[X(気)] = \frac{P}{4RT} \qquad [Y(気)] = \frac{P}{4RT}$$

※1　理想気体の状態方程式
$P_X \cdot V = n_X \cdot RT$ より，
$$[X(気)] = \frac{n_X}{V} = \frac{P_X}{RT}$$
となる。

となる。そこで，正反応の速度を v とすると，

$$v = a[X(気)][Y(気)] = a \times \frac{P}{4RT} \times \frac{P}{4RT} = \frac{aP^2}{16R^2T^2}$$

となる。逆反応の速度 v_A は，平衡状態では正反応の速度と等しいので，

$$v_A = \frac{aP^2}{16R^2T^2} \quad \text{となる。}$$

問3　図にすると次のようになる。

分圧の比は物質量の比なので，状態Aでの X の物質量を n〔mol〕とすると，Y の物質量は n〔mol〕，Z の物質量は $2n$〔mol〕となる。

平衡状態にある系に触媒を加えても，正，逆両反応の速度が上がり平衡は移動しない。X をもう n〔mol〕加えると，X の濃度が上がり，ルシャトリエの原理より平衡は右へ移動して，新しい平衡状態（状態B）に至る。このときの X の減少量を x〔mol〕とすると，

	X	+	Y	⇌	2Z	
移動前	$n+n$		n		$2n$	〔mol〕
変化量	$-x$		$-x$		$+2x$	〔mol〕
平衡量	$2n-x$		$n-x$		$2n+2x$	〔mol〕

温度は一定なので，状態Aと状態Bの平衡定数 K の値は等しい。状態Aで化学平衡の法則（質量作用の法則）より，

$$K = \frac{[\mathsf{Z}]^2}{[\mathsf{X}][\mathsf{Y}]} = \frac{\left(\dfrac{2n}{V}\right)^2}{\left(\dfrac{n}{V}\right)\left(\dfrac{n}{V}\right)} = 4$$

となる。状態Bで化学平衡の法則（質量作用の法則）より，

$$K = \frac{\left(\dfrac{2n+2x}{V}\right)^2}{\left(\dfrac{2n-x}{V}\right)\left(\dfrac{n-x}{V}\right)} = \frac{4(n+x)^2}{(2n-x)(n-x)}$$

となる。そこで，

$$4 = \frac{4(n+x)^2}{(2n-x)(n-x)}$$

となるので，

$$n^2 + 2nx + x^2 = 2n^2 - 3nx + x^2$$

よって，　　$x = \dfrac{n}{5}$

と求まる。したがって，状態Bでは，

$$\begin{cases} \mathsf{X} \text{ の物質量} = 2n - x = 2n - \dfrac{n}{5} = \dfrac{9}{5}n \\[2mm] \mathsf{Y} \text{ の物質量} = n - x = n - \dfrac{n}{5} = \dfrac{4}{5}n \\[2mm] \mathsf{Z} \text{ の物質量} = 2n + 2x = 2n + 2 \times \dfrac{n}{5} = \dfrac{12}{5}n \end{cases}$$

状態Bの逆反応の速度を v_B とすると，平衡状態なので，正反応の速度に等しいから，

$$v_\mathrm{B} = b[\mathsf{X}][\mathsf{Y}] = b\left(\dfrac{\dfrac{9}{5}n}{V}\right)\left(\dfrac{\dfrac{4}{5}n}{V}\right) = \frac{36bn^2}{25V^2}$$

v_A は X の物質量 n，Y の物質量 n のときの問2で求めた正反応の速度 v に等しいので，次のように表せる。

$$v_\mathrm{A} = v$$
$$= a[\mathsf{X}][\mathsf{Y}] = a\left(\dfrac{n}{V}\right)\left(\dfrac{n}{V}\right) = \frac{an^2}{V^2}$$

そこで，

$$\frac{v_\mathrm{B}}{v_\mathrm{A}} = \frac{\dfrac{36bn^2}{25V^2}}{\dfrac{an^2}{V^2}} = \frac{36b}{25a} \text{〔倍〕}$$

<table>
<tr><td>標問</td><td>40</td><td>オキソ酸</td></tr>
</table>

答

問1　ア：ⓟ　　イ：ⓖ　　ウ：ⓐ　　エ：ⓤ　　オ：ⓢ　　カ：ⓒ

問2　過塩素酸

問3　(1)　$HClO_3 > HClO_2 > HClO$　　(2)　$HClO_3 > HBrO_3 > HIO_3$

問4　(1)　$FCH_2COOH > ClCH_2COOH > CH_3COOH$

　　　(2)　$Cl_2CHCOOH > ClCH_2COOH > CH_3COOH$

精講　まずは問題テーマをとらえる

■オキソ酸

　分子中に酸素原子を含む酸をオキソ酸といい，これらの酸は $(O)_m X(OH)_n$ と書き表すことができる。

例　硫酸 H_2SO_4 ➡ $(O)_2S(OH)_2$　　硝酸 HNO_3 ➡ $(O)_2N(OH)$

　オキソ酸は，中心原子 X にヒドロキシ基 –OH と酸素原子 O が直接結合した構造をしていて，水溶液中では，分子中の –OH が $-O^-$ と H^+ に電離して酸性を示す。

例　硫酸 H_2SO_4：

$$O=\overset{\overset{\textstyle O-H}{|}}{\underset{\underset{\textstyle O}{||}}{S}}-O-H$$

硝酸 HNO_3：

$$\overset{O}{\underset{O}{\diagdown}}N-O-H$$

　オキソ酸の主な特徴は，次の2つ。

① 中心原子 X の電気陰性度が大きいほど，酸として強い。

例　電気陰性度は S>P なので，酸性の強さは，

硫酸 H_2SO_4　　＞　　リン酸 H_3PO_4

② 中心原子 X が同じ場合，X に結合している O 原子の数が多く，X の酸化数が大きいほど，酸として強い。

例

硫酸 H_2SO_4　　＞　　亜硫酸 H_2SO_3

Point 34

オキソ酸は，中心原子 X の

① 電気陰性度が大きいほど

② まわりの O 原子の数が多い（酸化数が大きい）ほど

酸として強くなる。

問1 オキソ酸の酸性の強さは，中心原子 X の電気陰性度$_{ア}$が大きくなるほど強くなる。これは，X の電気陰性度が大きくなるほど X–O–H 結合から電子を強く引きつけ，O–H 間の極性$_{イ}$が大きくなり水素イオン H$^+$ が電離して酸性を示すからである。(ここで，放出された H$^+$ は水溶液中ではオキソニウム$_{エ}$イオン H$_3$O$^+$ として存在している。)

$$\overleftarrow{}\quad X\text{–}O\text{–}H \rightleftharpoons X\text{–}O^- + H^+$$

また，オキソ酸の酸性の強さは，中心原子 X に結合する O 原子の数$_{カ}$が多いほど強くなる。問題文中に与えられている硫酸 H$_2$SO$_4$ と亜硫酸 H$_2$SO$_3$ について考えてみる。

中心原子 S のまわりに S よりも電気陰性度の大きな O がついているため，S=O の結合は O 原子が負電荷，S 原子は正電荷を帯びた状態になる。ここで，S 原子の正電荷の大きさは O 原子が多くついている硫酸 H$_2$SO$_4$ のほうが亜硫酸 H$_2$SO$_3$ より大きくなる。

$$
\begin{array}{cc}
\overset{\displaystyle O^{\delta-}}{\underset{\displaystyle \underset{O^{\delta-}}{\|}}{\text{H–O–}\underset{\|^{\delta+}}{S}\text{–O–H}}} & \overset{\displaystyle O^{\delta-}}{\text{H–O–}\underset{\|^{\delta+}}{S}\text{–O–H}}
\end{array}
$$

硫酸　　　　　　　　亜硫酸

このS上の正電荷は –O–H 結合から電子を引きつけ，O–H 間の極性が大きくなり水素イオン H$^+$ が電離しやすいので，酸として強い。

ここで，硫酸 H$_2$SO$_4$ 中の S は亜硫酸 H$_2$SO$_3$ 中の S よりも酸化数が大きいので，大きな正電荷を帯び電子をより強く引きつけることができるため，硫酸 H$_2$SO$_4$ のほうが亜硫酸 H$_2$SO$_3$ より水素イオン H$^+$ が電離しやすく酸として強い。

硫酸　　　　　　　　　　　　　亜硫酸
(Sの酸化数＝＋6)　　　　　　(Sの酸化数＝＋4)

問2 同一周期では，原子番号が大きくなるほど電気陰性度が大きくなる傾向があった。同じ第3周期の元素で $_{15}$P，$_{16}$S，$_{17}$Cl であることから，中心原子 X の電気陰性度は Cl＞S＞P の順となる。よって，オキソ酸の酸の強さは，

$$\underset{\text{過塩素酸}}{\text{HClO}_4} > \underset{\text{硫酸}}{\text{H}_2\text{SO}_4} > \underset{\text{リン酸}}{\text{H}_3\text{PO}_4} \quad \cdots ①$$

の順になる。また，N と Cl の電気陰性度は 3.0 と 3.2 で Cl のほうが大きい。また，結合する O 原子の数も HClO$_4$ のほうが多い。よって，酸の強さは，

$$\underset{\text{過塩素酸}}{\text{HClO}_4} > \underset{\text{硝酸}}{\text{HNO}_3} \quad \cdots ②$$

の順になる。①，②の結果から，過塩素酸 $HClO_4$ が最も強い酸性であると推定できる。

問3 (1) 中心原子は Cl で同じ。よって，結合する O 原子の数が多いほど Cl の酸化数が大きくなり，酸性が強くなる。

$$HClO_3 \quad > \quad HClO_2 \quad > \quad HClO$$

塩素酸 　　　　亜塩素酸　　　　次亜塩素酸

Cl の酸化数　 +5　　　　　　+3　　　　　　　+1

(2) 同族元素では，原子番号が小さくなるほど電気陰性度は大きくなる傾向があった。同じ 17 族で $_{17}Cl$，$_{35}Br$，$_{53}I$ であることから，中心原子 X の電気陰性度は Cl＞Br＞I の順になる。結合する O 原子の数は同じなので，中心原子の電気陰性度の大きいものほど酸として強い。

$$HClO_3 \quad > \quad HBrO_3 \quad > \quad HIO_3$$

問4 (1) 電気陰性度は，F＞Cl＞H の順なので，F は Cl より，Cl は H より電子を強く引きつける。そのため，O-H 間の極性が大きくなり水素イオン H^+ が電離しやすい。よって，酸としての強さは次のようになる。

$$FCH_2COOH \quad > \quad ClCH_2COOH \quad > \quad CH_3COOH$$

(2) 電気陰性度の大きな Cl が多く結合すればするほど，電子を強く引きつける。そのため，O-H 間の極性が大きくなり水素イオン H^+ が電離しやすい。よって，酸としての強さは次のようになる。

$$Cl_2CHCOOH \quad > \quad ClCH_2COOH \quad > \quad CH_3COOH$$

答

問1　$(NH_4)HSO_4 + 2NaOH \longrightarrow NH_3 + 2H_2O + Na_2SO_4$

問2　リービッヒ冷却器

問3　1.6×10^{-3} mol

問4　0.14 g

問5　$2.5 \leqq pH \leqq 4.5$

精講 まずは問題テーマをとらえる

1883年，デンマークの化学者ケルダールによって考案された窒素の定量方法である。タンパク質中の窒素をアンモニアに変え，その物質量を間接的に求める逆滴定で求めている。物質量の関係は線分図を使うと把握しやすい。

標問 41 の解説

問題の操作を図で表すと次のようになる。

問1　タンパク質に含まれる <u>N</u> をすべて $(NH_4)HSO_4$ に変化させた後に，NaOH 水溶液で中和する反応は，次の2つの化学反応式で表される。

$$\begin{cases} NH_4^+ + OH^- \longrightarrow NH_3 + H_2O & （弱塩基の遊離）\quad \cdots\cdots ① \\ HSO_4^- + OH^- \longrightarrow H_2O + SO_4^{2-} & （中和）\quad \cdots\cdots ② \end{cases}$$

①+② より

$$NH_4^+ + HSO_4^- + 2OH^- \longrightarrow NH_3 + 2H_2O + SO_4^{2-}$$

両辺に Na^+ を2個加えて整理すると，

$$(NH_4)HSO_4 + 2NaOH \longrightarrow NH_3 + 2H_2O + Na_2SO_4$$

問2　蒸留で用いられるガラス器具で，ドイツの化学者リービッヒによって考案されたのでリービッヒ冷却器という。二重になったガラス管の内側をアンモニアと水蒸気が通過し，外側に水を通して冷却する。三角フラスコ内の希硫酸に気体を導くと，次の反応が起こり，NH_3 が吸収される。

$$2NH_3 + H_2SO_4 \longrightarrow (NH_4)_2SO_4 \quad \cdots\cdots ③$$

問3　NH_3 を吸収後に残った H_2SO_4 を NaOH 水溶液で滴定している。

$$H_2SO_4 + 2NaOH \longrightarrow Na_2SO_4 + 2H_2O \quad \cdots\cdots④$$

補足　中和点では液中に $(NH_4)_2SO_4$ が残っているので，NH_4^+ の加水分解によって酸性を示す。

$$NH_4^+ + H_2O \rightleftharpoons NH_3 + H_3O^+$$

そこで本実験では酸性側に変色域をもつメチルオレンジを利用する。

　求めるアンモニアの物質量を n_{NH_3}〔mol〕とおいて，③，④式より物質量の関係を線分図で表すと次のようになる。

全体としては用意した H_2SO_4 を吸収した NH_3 と滴定で加えた NaOH で中和したと見なせるので，

$$\underbrace{0.100\ mol/L \times \frac{100}{1000}\ L \times ②}_{n_{H_2SO_4}}\underset{\substack{H_2SO_4 \text{ が出す}\\ H^+ \text{ の物質量}}}{}$$

$$=n_{NH_3}+\underbrace{1.00\ mol/L \times \frac{18.4}{1000}\ L}_{n_{NaOH}}$$

よって，$n_{NH_3}=1.6\times10^{-3}\ mol$

補足　H^+ の収支に注目すると，次のような線分図が描ける。

問4　タンパク質に含まれる N 原子のみが NH_3 分子に変わるので，食品 1.00 g に含まれる N 原子は問3で求めた NH_3 の物質量に等しい。

　よって，

$$\underset{NH_3\text{〔mol〕}=N\text{〔mol〕}}{1.6\times10^{-3}}\Bigg| \underset{N\text{〔g〕}}{\times14\ g/mol}\Bigg| \times\underset{\substack{\text{タンパク質の16\%が}\\\text{窒素に相当}}}{\frac{100\ g\text{（タンパク質）}}{16\ g\text{（N）}}}\Bigg|\underset{\text{タンパク質〔g〕}}{=0.14\ g}$$

問5　$AH \rightleftharpoons A^- + H^+$　$K = \dfrac{[A^-][H^+]}{[AH]}$　……⑤

　　　(赤)　　(黄)

変色域は $0.1 \leqq \dfrac{[A^-]}{[AH]} \leqq 10$ となる pH の範囲である。[※1]

⑤より，

　　$\dfrac{[A^-]}{[AH]} = \dfrac{K}{[H^+]}$　……⑥

⑥より，変色域では，

　　$0.1 \leqq \dfrac{K}{[H^+]} \leqq 10$　……⑦

⑦の逆数をとると，

　　$\dfrac{1}{0.1} \geqq \dfrac{[H^+]}{K} \geqq \dfrac{1}{10}$

よって，

　　$0.1K \leqq [H^+] \leqq 10K$

常用対数をとって (-1) 倍すると，

　　$-\log_{10}(10K) \leqq -\log_{10}[H^+] \leqq -\log_{10}(0.1K)$

ここで $-\log_{10}[H^+]$ を pH，$-\log_{10}K$ を pK と表すと，変色域は

　　$pK - 1 \leqq pH \leqq pK + 1$[※2]　……⑧

と表せる。

　$K = 3.2 \times 10^{-4}$ より，メチルオレンジの pK の値は

　　$pK = -\log_{10}(3.2 \times 10^{-4})$[※3]

　　　　$= 5 - 5\log_{10}2$

　　　　$= 3.49\cdots$　……⑨

⑧に⑨を代入して，メチルオレンジの変色域は，

　　$2.5 \leqq pH \leqq 4.5$

となる。

標問 42 水素イオン濃度の計算(1)(強酸)

答　問1　ア：強　イ：電離　ウ：水　エ：$A+B$　オ：水酸化物
　カ：$[OH^-]$（またはB）　キ：イオン　ク：$(A+B)\times B$
　ケ：1.0×10^{-14}（ク，ケは順不同）　問2　解説参照

精講 まずは問題テーマをとらえる

■**強酸の pH について**　C〔mol/L〕の塩酸 HCl の pH を求めてみる。

1　強酸は，一般に水溶液中で完全に電離しているので，

$$\underset{\substack{C\,\text{〔mol/L〕}\\ \text{完全電離}}}{HCl} \longrightarrow \underset{C\,\text{〔mol/L〕}}{H^+} + \underset{C\,\text{〔mol/L〕}}{Cl^-}$$

となり，$[H^+]=C$〔mol/L〕なので pH$=-\log_{10}[H^+]=-\log_{10}C$ となる。

2　酸の水溶液を薄めていったときの pH には注意が必要になる。

希薄な酸になると，酸の電離で生じる H^+ の濃度が小さくなり，水の電離で生じる H^+ の影響が無視できなくなってくる。水の電離で生じる H^+ の影響も考えて，pH を求めてみると次のようになる。

$$\underset{\substack{C\,\text{〔mol/L〕}\\ \text{完全電離}}}{HCl} \longrightarrow \underset{C\,\text{〔mol/L〕}}{H^+} + \underset{C\,\text{〔mol/L〕}}{Cl^-} \qquad H_2O \rightleftharpoons \underset{x\,\text{〔mol/L〕}}{H^+} + \underset{x\,\text{〔mol/L〕}}{OH^-}$$

水の電離で生じる H^+ を x〔mol/L〕とすると，OH^- も x〔mol/L〕生じている

よって，　$[H^+]=\underset{\substack{\text{HClから生じた}H^+\\ \text{水から生じている}H^+}}{C+x}$〔mol/L〕　…①，　$[OH^-]=\underset{\text{水から生じている}OH^-}{x}$〔mol/L〕　…②

となり，水溶液中では水のイオン積 K_w が成り立つので①式，②式を K_w に代入すると，

$$[H^+]\times[OH^-]=K_w \;\Rightarrow\; (C+x)\times x=K_w \;\Rightarrow\; x^2+Cx-K_w=0$$

よって，　$x=\dfrac{-C\pm\sqrt{C^2+4K_w}}{2}$　$x>0$ なので，　$x=\dfrac{-C+\sqrt{C^2+4K_w}}{2}$

となる。求める全水素イオン濃度は $[H^+]=C+x$〔mol/L〕だから，

$$[H^+]=C+x=C+\frac{-C+\sqrt{C^2+4K_w}}{2}=\frac{C+\sqrt{C^2+4K_w}}{2}$$

$$pH=-\log_{10}[H^+]=-\log_{10}\frac{C+\sqrt{C^2+4K_w}}{2}$$

注　塩酸の濃度と pH の関係は右のようになる。
破線(a)のグラフは，塩酸の濃度をそのまま水素イオンの濃度とした（水の電離による H^+ の影響を考えなかった）ときの pH を表し，

$C=10^{-6}$mol/L までは水の電離による H^+ の影響を考えなくても誤差はほとんど出ない

塩酸の濃度〔mol/L〕

曲線(b)のグラフは，実際の塩酸の pH を表す。グラフから，$C \geqq 10^{-6}$ mol/L であれば，水の電離による H^+ の影響を考えずに 1 の方法で pH を求めてよいことがわかり，$C < 10^{-6}$ mol/L になると誤差が生じてくることから，水の電離の影響も考えて 2 の方法で pH を求めなくてはいけないとわかる。

Point 35

C 〔mol/L〕の HCl の $[H^+]$ は，

$$
\begin{cases}
C \geqq 10^{-6} \text{ mol/L のとき} & \Rightarrow \quad [H^+] = C \text{ 〔mol/L〕} \\
C < 10^{-6} \text{ mol/L のとき} & \Rightarrow \quad [H^+] = \dfrac{C + \sqrt{C^2 + 4K_w}}{2} \text{〔mol/L〕}
\end{cases}
$$

標問 42 の解説

問 1, 2　塩酸や硝酸のような 1 価の強ア酸の場合，0.1 mol/L 以下のような濃度の水溶液では完全に電離イしていると見なす。

A〔mol/L〕の HCl（薄めていく前）の pH は，$[H^+] = A$〔mol/L〕なので，pH $= -\log_{10}[H^+] = -\log_{10} A$（(1)式）となる。しかし，塩酸を薄めていき，酸の濃度が低くなると水ウの電離による H^+ も無視できなくなってくる。水の電離によって生じる H^+ の濃度を B〔mol/L〕とすると，pH は次のように求めることができる。

$$
\begin{array}{ccccc}
HCl & \longrightarrow & H^+ & + & Cl^- \\
A\text{〔mol/L〕} & & & & \\
0 & & A\text{〔mol/L〕} & & A\text{〔mol/L〕}
\end{array}
\qquad
\begin{array}{ccccc}
H_2O & \rightleftharpoons & H^+ & + & OH^- \\
& & B\text{〔mol/L〕} & & B\text{〔mol/L〕}
\end{array}
$$

希薄な塩酸中の全水素イオン濃度は $[H^+] = A + B_{\text{エ}}$〔mol/L〕となる。一方，そのときの水酸化物オイオン OH^- の濃度は B〔mol/L〕であり，$A > 0$，$B > 0$ なので，どんなに希薄な塩酸中でも，$[H^+]$ は次のようになり，pH が 7 を超えることはない。

$$[H^+] = A + B > B = [OH^-]_{\text{カ}}$$

このような希薄な塩酸の pH を求めたいときは，水のイオン積キを利用する。

$$[H^+] \times [OH^-] = K_w$$
$$(A + B) \times B_{\text{ク}} = 1.0 \times 10^{-14}_{\text{ケ}} \text{〔(mol/L)}^2\text{〕} \quad \cdots(3)$$

(3)式から B の値を求め，(1)式の代わりとなる式を導く必要がある。(3)式より，

$$B^2 + AB - 10^{-14} = 0$$
$$B = \frac{-A \pm \sqrt{A^2 + 4 \times 10^{-14}}}{2} \qquad B > 0 \text{ より，} \quad B = \frac{-A + \sqrt{A^2 + 4 \times 10^{-14}}}{2}$$

全水素イオン濃度：$[H^+] = A + B = \dfrac{A + \sqrt{A^2 + 4 \times 10^{-14}}}{2}$

$$\frac{A + \sqrt{A^2 + 4 \times 10^{-14}}}{2} = \frac{1}{2}\left(1 + \sqrt{1 + \frac{4 \times 10^{-14}}{A^2}}\right)A = \frac{1}{2}\left\{1 + \sqrt{1 + \left(\frac{2 \times 10^{-7}}{A}\right)^2}\right\}A$$

なので，(1)式の代わりとなる次の(4)式を導くことができる。

$$pH = -\log_{10}[H^+] = -\log_{10}\left[\frac{1}{2}\left\{1 + \sqrt{1 + \left(\frac{2 \times 10^{-7}}{A}\right)^2}\right\}A\right] \quad \cdots(4)$$

答
問1　3.0
問2　9.5×10^{-2}
問3　(c)

精講　まずは問題テーマをとらえる

■弱酸の水素イオン濃度 $[H^+]$ について

C 〔mol/L〕の酢酸 CH_3COOH(電離度 α)の $[H^+]$ を求めてみる。

電離度が α なので，電離した CH_3COOH は $C\alpha$〔mol/L〕になり，電離平衡になったときの各成分の濃度は次のようになる。

$$CH_3COOH \rightleftharpoons CH_3COO^- + H^+$$

電離前　C〔mol/L〕
電離後　$C-C\alpha$〔mol/L〕　　　$C\alpha$〔mol/L〕　$C\alpha$〔mol/L〕

このときの電離定数 K_a は次のようになり，温度一定で一定の値をとる。

$$K_a = \frac{[CH_3COO^-][H^+]}{[CH_3COOH]} = \frac{C\alpha \times C\alpha}{C-C\alpha} = \frac{C^2\alpha^2}{C(1-\alpha)} = \frac{C\alpha^2}{1-\alpha} \quad \cdots ①$$

└─ acid：酸を表す

(1)　**電離度 α の値が1に比べて極めて小さい場合**

$1-\alpha ≒ 1$ と近似できるので，①式より，

$$K_a = \frac{C\alpha^2}{1-\alpha} ≒ C\alpha^2$$

$\alpha > 0$ より，$\alpha = \sqrt{\dfrac{K_a}{C}}$ $\cdots ②$

また，$[H^+] = C\alpha$ に②式を代入すると，

$$[H^+] = C\alpha = C\sqrt{\frac{K_a}{C}} = \sqrt{CK_a} \text{〔mol/L〕}$$

(2)　**電離度 α の値が1に比べて小さくない場合**

$1-\alpha ≒ 1$ と近似することができなくなるので，①式より，

$$C\alpha^2 + K_a\alpha - K_a = 0$$

よって，$\alpha = \dfrac{-K_a \pm \sqrt{K_a^2 + 4CK_a}}{2C}$

$\alpha > 0$ より，$\alpha = \dfrac{-K_a + \sqrt{K_a^2 + 4CK_a}}{2C}$ $\cdots ③$

また，$[H^+] = C\alpha$ に③式を代入すると，

$$[H^+] = C\alpha = \frac{-K_a + \sqrt{K_a^2 + 4CK_a}}{2}$$

注 弱酸の濃度が小さくなってくると，電離度 α が大きくなり $1-\alpha \fallingdotseq 1$ の近似が成立しなくなる。一般に，$\alpha > 0.05$ のときには $1-\alpha \fallingdotseq 1$ の近似は行わない。（ただし，問われている有効数字の桁数によっては，近似できることもある。）

Point 36

酢酸の電離度について，

$$\begin{cases} \alpha = \sqrt{\dfrac{K_a}{C}} & (\alpha \leqq 0.05 \text{ のとき}) \\[3mm] \alpha = \dfrac{-K_a + \sqrt{K_a{}^2 + 4CK_a}}{2C} & (\alpha > 0.05 \text{ のとき}) \end{cases}$$

標問 43 の解説

C〔mol/L〕の RCOOH（電離度 α）について，電離平衡になったときの各成分の濃度と電離定数 K_a は次のように表すことができる。

$$\text{RCOOH} \quad \rightleftharpoons \quad \text{RCOO}^- \quad + \quad \text{H}^+$$

電離前 $\quad C$〔mol/L〕
電離後 $\quad C(1-\alpha)$〔mol/L〕 $\quad C\alpha$〔mol/L〕 $\quad C\alpha$〔mol/L〕

$$K_a = \frac{[\text{RCOO}^-][\text{H}^+]}{[\text{RCOOH}]} = \frac{C\alpha \times C\alpha}{C(1-\alpha)} = \frac{C\alpha^2}{1-\alpha} \quad \cdots (\text{ア})$$

問1 25℃で $C = 0.10$ mol/L，RCOOH の電離度は $\alpha = 0.010$ なので，

$$[\text{H}^+] = C\alpha = 0.10 \times 0.010 = 1.0 \times 10^{-3} \text{ mol/L}$$

よって，pH = 3.0

このとき，(ア)式より 25℃ のときの K_a を求めることができる。

$$K_a = \frac{0.10 \times (0.010)^2}{1 - 0.010} \fallingdotseq 0.10 \times (0.010)^2 = 1.0 \times 10^{-5} \text{ mol/L}$$

$\alpha = 0.010 < 0.05$ なので近似できる

問2 水で 100 倍に薄めたこのカルボン酸の濃度は，次のようになる。

$$C = 0.10 \times \frac{1}{100} = 1.0 \times 10^{-3} \text{ mol/L}$$

求める電離度 α の値が，1 に比べて極めて小さく $1-\alpha \fallingdotseq 1$ と近似できるとすると，(ア)式より，

$$\alpha = \sqrt{\frac{K_a}{C}} \quad \longleftarrow \alpha > 0 \text{ なので}$$

問1より，25℃ のとき $K_a = 1.0 \times 10^{-5}$ mol/L なので，$C = 1.0 \times 10^{-3}$ mol/L のときの電離度 α は，次のように求めることができる。

$$\alpha = \sqrt{\frac{1.0 \times 10^{-5}}{1.0 \times 10^{-3}}} = 10^{-1} = 0.10$$

ところが，この α の値は 0.05 よりはかなり大きいので，$1-\alpha \fallingdotseq 1$ と近似せずに求めるほうがよい。よって，(ア)式を近似せずにそのまま利用すると，

$K_a = \dfrac{C\alpha^2}{1-\alpha}$ より，

$\qquad C\alpha^2 + K_a\alpha - K_a = 0$

$\alpha > 0$ より，

$$\alpha = \dfrac{-K_a + \sqrt{K_a^2 + 4CK_a}}{2C} \quad \cdots(\text{イ})$$

ここで，$K_a = 1.0 \times 10^{-5}\,\text{mol/L}$，$C = 1.0 \times 10^{-3}\,\text{mol/L}$ を(イ)式に代入すると，

$$\alpha = \dfrac{-1.0 \times 10^{-5} + \sqrt{(1.0 \times 10^{-5})^2 + 4 \times 1.0 \times 10^{-3} \times 1.0 \times 10^{-5}}}{2 \times 1.0 \times 10^{-3}}$$

$$= \dfrac{-1.0 \times 10^{-2} + \sqrt{401} \times 10^{-2}}{2}$$

$$\fallingdotseq \dfrac{-1.0 \times 10^{-2} + 20 \times 10^{-2}}{2} = 9.5 \times 10^{-2}$$

問3 問1より，$C = 0.10 = 10^{-1}\,\text{mol/L}$ のときは $\alpha = 0.010$，問2より，$C = 10^{-3}\,\text{mol/L}$ のときは $\alpha = 9.5 \times 10^{-2} = 0.095$ なので，グラフのうち(b)か(c)が解答になる。

ここで，(b)と(c)のどちらになるかは，$C = 10^{-6}\,\text{mol/L}$ のときの α の値を求めることで決定することができる。グラフから(b)と(c)ともに α の値は 0.05 より大きくなっていることがわかるので，近似しない(イ)式に $C = 10^{-6}\,\text{mol/L}$，25℃ のときの $K_a = 1.0 \times 10^{-5}\,\text{mol/L}$ を代入すればよい。

$$\alpha = \dfrac{-1.0 \times 10^{-5} + \sqrt{(1.0 \times 10^{-5})^2 + 4 \times 10^{-6} \times 1.0 \times 10^{-5}}}{2 \times 10^{-6}}$$

$$= \dfrac{-1.0 \times 10^{-5} + \sqrt{1.4} \times 10^{-5}}{2 \times 10^{-6}} \fallingdotseq 0.90 \quad \leftarrow 1.4 \fallingdotseq 1.18^2$$

よって，(c)のグラフが解答となる。

答

問1　$\alpha : 9.48 \times 10^{-3}$　　pH：2.72

問2　4.75

問3　(1) $K_b = \dfrac{K_w}{K_a}$　　(2) 8.87

問4　緩衝液

問5　ウ

精講　まずは問題テーマをとらえる

■緩衝液

「弱酸とその塩」や「弱塩基とその塩」の混合水溶液に強酸や強塩基を少量加えても，pHの値はほとんど変化しない。このように，加えた H^+ や OH^- が，水溶液中で反応し消費されるために pH の値がほぼ一定に保たれる働きを緩衝作用，緩衝作用をもつ溶液を緩衝液という。

例えば，弱酸である酢酸 CH_3COOH とその塩である酢酸ナトリウム CH_3COONa の混合水溶液について考えてみよう。

この混合水溶液中では，CH_3COONa はほぼ完全に CH_3COO^- と Na^+ に電離しており，CH_3COOH は弱酸で，もともと電離度が小さいうえに CH_3COO^- が多量に存在しているので，ほとんど電離できずに（電離を抑制されて）CH_3COOH として存在している。つまり，この混合水溶液中には酢酸イオンと酢酸が多量に存在する。

$$CH_3COONa \longrightarrow CH_3COO^- + Na^+$$

$$CH_3COOH \rightleftharpoons CH_3COO^- + H^+ \ \leftarrow 電離が抑制される$$

そのため，この混合水溶液に少量の強酸を加えると，強酸から生じた H^+ は多量に存在する酢酸イオンと次のように反応するので，$[H^+]$ はほとんど変化しない。

$$CH_3COO^- + H^+ \longrightarrow CH_3COOH$$

また，この混合水溶液に少量の強塩基を加えても，強塩基から生じた OH^- は多量に存在する酢酸と次のように反応するので，$[OH^-]$ もほとんど変化しない。

$$CH_3COOH + OH^- \longrightarrow CH_3COO^- + H_2O$$

このように，酢酸と酢酸ナトリウムの混合水溶液に少量の強酸や強塩基を加えても，$[H^+]$ や $[OH^-]$ は大きく変化しないので，pHはあまり変わらない。

■緩衝液の pH

酢酸と酢酸ナトリウムの混合水溶液（緩衝液）の pH は，次のように求めることができる。

水溶液中に酢酸と酢酸イオンが少しでも存在すれば，酢酸の電離定数 K_a は成立するので，酢酸と酢酸ナトリウムの混合水溶液中であっても成立する。酢酸の電離定数 K_a は，次のように表すことができる。

$$K_\mathrm{a}=\frac{[\mathrm{CH_3COO^-}][\mathrm{H^+}]}{[\mathrm{CH_3COOH}]} \quad \text{を変形すると,} \quad [\mathrm{H^+}]=\frac{[\mathrm{CH_3COOH}]}{[\mathrm{CH_3COO^-}]}\times K_\mathrm{a}$$

ここで，[$\mathrm{CH_3COOH}$] は酢酸がほとんど電離できていないため酢酸のモル濃度に等しく，[$\mathrm{CH_3COO^-}$] は酢酸ナトリウムが完全に電離しているため酢酸ナトリウムのモル濃度に等しくなる。つまり，[$\mathrm{H^+}$] は酢酸と酢酸ナトリウムの濃度比で決まり，これを利用して pH を求めることができる。

また，緩衝液を水で薄めても，$\dfrac{[\mathrm{CH_3COOH}]}{[\mathrm{CH_3COO^-}]}$ はほとんど変化しないので，[$\mathrm{H^+}$] が大きく変化せず，pH の値はほとんど変わらない。

Point 37

一般に，「弱酸とその塩」または「弱塩基とその塩」の混合水溶液のことを緩衝液という。

例 $\mathrm{CH_3COOH}$ + $\mathrm{CH_3COONa}$ や $\mathrm{NH_3}$ + $\mathrm{NH_4Cl}$

$\mathrm{CH_3COOH}$ + $\mathrm{CH_3COONa}$ の緩衝液の pH は，次の [$\mathrm{H^+}$] から求める。

$$[\mathrm{H^+}]=\frac{[\mathrm{CH_3COOH}]}{[\mathrm{CH_3COO^-}]}\times K_\mathrm{a}$$

■塩の加水分解における水素イオン濃度

C〔mol/L〕の酢酸ナトリウム $\mathrm{CH_3COONa}$ の水素イオン濃度は，次のように求めることができる。

$$\mathrm{CH_3COONa} \longrightarrow \mathrm{CH_3COO^-} + \mathrm{Na^+}$$

電離前　　　C〔mol/L〕
電離後　　　　0　　　　　　　C〔mol/L〕　　C〔mol/L〕

$\mathrm{CH_3COO^-}$ が加水分解する割合を加水分解度 h（$0<h<1$）で表すと，電離平衡になったときの各成分の濃度は次のようになる。

$$\mathrm{CH_3COO^-} + \mathrm{H_2O} \rightleftharpoons \mathrm{CH_3COOH} + \mathrm{OH^-}$$

加水分解前　　C〔mol/L〕　　一定
加水分解後　$C(1-h)$〔mol/L〕　　一定　　　Ch〔mol/L〕　Ch〔mol/L〕

この電離平衡に化学平衡の法則（質量作用の法則）を用いると，

$$K=\frac{[\mathrm{CH_3COOH}][\mathrm{OH^-}]}{[\mathrm{CH_3COO^-}][\mathrm{H_2O}]}$$

となり，水の濃度はほぼ一定なので，整理すると次式が得られる。

$$K_\mathrm{h}=K\,[\mathrm{H_2O}]=\frac{[\mathrm{CH_3COOH}][\mathrm{OH^-}]}{[\mathrm{CH_3COO^-}]} \quad \cdots ①$$

└─hydrolysis：加水分解を表す

このときの平衡定数 K_h を加水分解定数といい，温度一定で一定の値をとる。

ここで，K_h と酢酸の電離定数 $K_\mathrm{a}=\dfrac{[\mathrm{CH_3COO^-}][\mathrm{H^+}]}{[\mathrm{CH_3COOH}]}$ の積は，

$$K_\mathrm{h}\times K_\mathrm{a}=\frac{[\mathrm{CH_3COOH}][\mathrm{OH^-}]}{[\mathrm{CH_3COO^-}]}\times\frac{[\mathrm{CH_3COO^-}][\mathrm{H^+}]}{[\mathrm{CH_3COOH}]}=[\mathrm{OH^-}][\mathrm{H^+}]=K_\mathrm{w}$$

水のイオン積

となり，

$$K_h = \frac{K_w}{K_a} \quad \cdots ②$$

となる。①式に各成分の濃度を代入すると，

$$K_h = \frac{[CH_3COOH][OH^-]}{[CH_3COO^-]} = \frac{Ch \times Ch}{C(1-h)} = \frac{Ch^2}{1-h}$$

加水分解度 h の値は，1 に比べて極めて小さいので $1-h ≒ 1$ と近似できる。よって，

$$K_h = \frac{Ch^2}{1-h} ≒ Ch^2 \qquad h > 0 \ \text{より，} \quad h = \sqrt{\frac{K_h}{C}} \quad \cdots ③$$

また，$[OH^-] = Ch$ に③式を代入すると，

$$[OH^-] = Ch = C\sqrt{\frac{K_h}{C}} = \sqrt{CK_h} \ \text{〔mol/L〕}$$

となり，水のイオン積 $K_w = [H^+][OH^-]$ と②式から，$[H^+]$ は次式のようになる。

$$[H^+] = \frac{K_w}{[OH^-]} = \frac{K_w}{\sqrt{CK_h}} = \frac{K_w}{\sqrt{C \cdot \frac{K_w}{K_a}}} = \sqrt{\frac{K_a K_w}{C}}$$

Point 38

C 〔mol/L〕の CH_3COONa の $[H^+]$ は，

$$[H^+] = \sqrt{\frac{K_a K_w}{C}}$$

標問 44 の解説

問1　0.200 mol/L CH_3COOH の電離度 α の値が 1 に比べて極めて小さく，$1-\alpha ≒ 1$ と近似できるので，$K_a = 1.80 \times 10^{-5}$ mol/L より，

$$\alpha = \sqrt{\frac{K_a}{C}} = \sqrt{\frac{1.80 \times 10^{-5}}{0.200}} = \sqrt{90 \times 10^{-6}} = 3\sqrt{10} \times 10^{-3} ≒ 9.48 \times 10^{-3}$$

$$[H^+] = C\alpha = 0.200 \times 3\sqrt{10} \times 10^{-3} = 2 \times 10^{-1} \times 3 \times 10^{\frac{1}{2}} \times 10^{-3}$$

$$= 2 \times 3 \times 10^{-\frac{7}{2}} \ \text{〔mol/L〕}$$

よって，$\text{pH} = -\log_{10}(2 \times 3 \times 10^{-\frac{7}{2}}) = \frac{7}{2} - \log_{10}2 - \log_{10}3 ≒ 2.72$

問2, 4　0.200 mol/L CH_3COOH 200 mL に 0.200 mol/L $NaOH$ 100 mL を滴下すると，量的関係は次のようになる。

	CH_3COOH	$+$	$NaOH$	$\longrightarrow$	CH_3COONa	$+$	H_2O
反応前	$0.200 \times \frac{200}{1000}$ mol		$0.200 \times \frac{100}{1000}$ mol				
反応後	$0.200 \times \frac{100}{1000}$ mol		0		$0.200 \times \frac{100}{1000}$ mol		$0.200 \times \frac{100}{1000}$ mol

弱酸　　　　　　　　　　　　　　その塩

緩衝液

混合した水溶液の全体積は，$(200+100)$ mL なので，分子として余っている CH_3COOH の濃度は，

$$[CH_3COOH] = \frac{0.200 \times \dfrac{100}{1000} \text{ mol}}{\dfrac{200+100}{1000} \text{ L}} = \frac{1}{3} \times 0.200 \text{ mol/L}$$

生成した CH_3COONa は完全に電離するので，CH_3COO^- の濃度は，

$$[CH_3COONa] = [CH_3COO^-] = \frac{0.200 \times \dfrac{100}{1000} \text{ mol}}{\dfrac{200+100}{1000} \text{ L}} = \frac{1}{3} \times 0.200 \text{ mol/L}$$

これらを，酢酸の電離定数 K_a に代入すると，$K_a = \dfrac{[CH_3COO^-][H^+]}{[CH_3COOH]}$ より，

$$[H^+] = \frac{[CH_3COOH]}{[CH_3COO^-]} \times K_a = \frac{\dfrac{1}{3} \times 0.200}{\dfrac{1}{3} \times 0.200} \times 1.80 \times 10^{-5} = 1.80 \times 10^{-5} \text{ mol/L}$$

よって，$\quad pH = -\log_{10}(1.80 \times 10^{-5}) = -\log_{10}(18 \times 10^{-6}) = -\log_{10}(2 \times 3^2 \times 10^{-6})$
$\qquad\qquad = 6 - \log_{10} 2 - 2\log_{10} 3 \fallingdotseq 4.75$

参考　$[CH_3COOH]$ と $[CH_3COO^-]$ の濃度比が $1:1$ とわかれば，水素イオン濃度をわざわざ計算して求めなくとも $[H^+] = K_a$ を直ちに導くことができる。

$$K_a = \frac{[CH_3COO^-][H^+]}{[CH_3COOH]}$$

問3　(1)　$CH_3COO^- + H_2O \rightleftharpoons CH_3COOH + OH^-$

この反応の平衡定数（加水分解定数）$K_b = \dfrac{[CH_3COOH][OH^-]}{[CH_3COO^-]}$ と酢酸の電離定数 $K_a = \dfrac{[CH_3COO^-][H^+]}{[CH_3COOH]}$ の積は次のようになる。

$$K_b \times K_a = \frac{[CH_3COOH][OH^-]}{[CH_3COO^-]} \times \frac{[CH_3COO^-][H^+]}{[CH_3COOH]} = [OH^-][H^+] = K_w$$

よって，$\quad K_b = \dfrac{K_w}{K_a}$

(2)　0.200 mol/L の CH_3COOH 200 mL を中和するのに必要な 0.200 mol/L の $NaOH$ を v〔mL〕とすると，「中和点」では，

酸が放出した H^+ の物質量〔mol〕＝塩基が放出した OH^- の物質量〔mol〕

の関係式が成り立つので，

$$\underbrace{0.200 \times \frac{200}{1000}}_{CH_3COOH \text{〔mol〕}} \Big|\underbrace{\times 1}_{H^+ \text{〔mol〕}} = \underbrace{0.200 \times \frac{v}{1000}}_{NaOH \text{〔mol〕}} \Big|\underbrace{\times 1}_{OH^- \text{〔mol〕}}$$

となり，これを解くと $v = 200$ mL となる。

よって，中和点では次の量的関係が成り立つ。

$$CH_3COOH \quad + \quad NaOH \quad \longrightarrow \quad CH_3COONa \quad + \quad H_2O$$

反応前 $\quad 0.200 \times \dfrac{200}{1000}$ mol $\qquad 0.200 \times \dfrac{200}{1000}$ mol

反応後 $\qquad\qquad 0 \qquad\qquad\qquad 0 \qquad\qquad\qquad 0.200 \times \dfrac{200}{1000}$ mol $\quad 0.200 \times \dfrac{200}{1000}$ mol

中和点では，$0.200 \times \dfrac{200}{1000}$ mol の CH_3COONa が生じており，混合した水溶液の全体積は $(200+200)$ mL なので，

$$[CH_3COONa] = \frac{0.200 \times \dfrac{200}{1000} \text{ mol}}{\dfrac{200+200}{1000} \text{ L}} = 0.100 \text{ mol/L}$$

で，加水分解して弱塩基性を示す。

ここで，$C = 0.100$ mol/L の CH_3COONa の $[H^+]$ は，

$$[H^+] = \sqrt{\frac{K_a K_w}{C}} \qquad \longleftarrow \text{導き方は} \boxed{\text{精講}} \text{参照}$$

と表せるので，$C = 0.100$ mol/L，$K_a = 1.80 \times 10^{-5}$ mol/L，$K_w = 1.00 \times 10^{-14}$ $(\text{mol/L})^2$ を代入すると，

$$[H^+] = \sqrt{\frac{1.80 \times 10^{-5} \times 1.00 \times 10^{-14}}{0.100}} = \sqrt{18 \times 10^{-19}} = 3\sqrt{2} \times 10^{-9.5} \text{ mol/L}$$

よって，$\quad pH = 9.5 - \log_{10} 3\sqrt{2} = 9.5 - \log_{10} 3 - \dfrac{1}{2} \log_{10} 2 \fallingdotseq 8.87$

問5　弱酸である CH_3COOH を $NaOH$ で滴定する場合，中和で生じた CH_3COONa は弱塩基性を示すため，中和点付近での pH 変化は塩基性側に偏る。そのため，中和点を決定するために用いる指示薬は，塩基性側に変色域をもつフェノールフタレインになる。

炭酸塩の滴定実験・電離平衡

答

問1
$\begin{cases} 第一反応　Na_2CO_3 + HCl \longrightarrow NaHCO_3 + NaCl \\ 第二反応　NaHCO_3 + HCl \longrightarrow CO_2 + H_2O + NaCl \end{cases}$

問2　a：$\dfrac{[H^+][HCO_3^-]}{[H_2CO_3]}$　　b：$\dfrac{[H^+][CO_3^{2-}]}{[HCO_3^-]}$

　　　c：$[H_2CO_3]+[HCO_3^-]+[CO_3^{2-}]$

　　　d：$[Na^+]+[H^+]=[HCO_3^-]+2[CO_3^{2-}]+[OH^-]$

　　　e：$\sqrt{K_1K_2}$　　f：8.34

問3　炭酸ナトリウム：炭酸水素ナトリウム：水和水＝1：1：2

問4　10.33

問5　酸(H^+)を微量加えると，血液中の HCO_3^- と次のように反応し，H^+ の増加をおさえる。

$$HCO_3^- + H^+ \longrightarrow H_2CO_3$$

　　　塩基(OH^-)を微量加えると，血液中の H_2CO_3 と次のように反応し，OH^- の増加をおさえる。

$$H_2CO_3 + OH^- \longrightarrow HCO_3^- + H_2O$$

精講　まずは問題テーマをとらえる

■炭酸の電離平衡

炭酸の電離定数 $\begin{cases} K_1 = \dfrac{[H^+][HCO_3^-]}{[H_2CO_3]} = 10^{-6.35}\ \text{mol/L} \\ K_2 = \dfrac{[H^+][CO_3^{2-}]}{[HCO_3^-]} = 10^{-10.33}\ \text{mol/L} \end{cases}$

K_1 の値は K_2 に比べて，約 10^4 倍大きい。これは H_2CO_3(第一電離)が HCO_3^-(第二電離)より酸として強いことを意味している。

一般に，"酸 HA が H^+ を出しにくい弱い酸であるほど，H^+ 脱離後の A^- は H^+ を受けとりやすく塩基として強い"。[※1]

※1　ブレンステッドの定義	
酸	H^+ を与える物質
塩基	H^+ を受けとる物質

$$\begin{array}{ccc} 酸 & & 塩基 \\ HA & \underset{+H^+}{\overset{-H^+}{\rightleftharpoons}} & A^- \end{array}$$

H^+ を出しにくい $\longleftarrow$ H^+ を受けとりやすい

そこで，次のような強弱関係があり，CO_3^{2-} と HCO_3^- が共存するときには酸(H^+)との反応に優先順序があらわれる。

酸　　　H_2CO_3　＞　HCO_3^-　⇦H^+ の出しやすさ

　　　　$-H^+ \updownarrow +H^+$　$-H^+ \updownarrow +H^+$

塩基　　HCO_3^-　＜　CO_3^{2-}　⇦H^+ の受けとりやすさ

問1

（第一反応） CO_3^{2-} は HCO_3^{-} より優先的に H^+ を受け
とり，まず，次の反応が起こる。

$$CO_3^{2-} + H^+ \longrightarrow HCO_3^{-}$$

両辺に Na^+ を2つ，Cl^- を1つ加えて整
理する。

$$\underline{Na_2CO_3 + HCl \longrightarrow NaHCO_3 + NaCl}$$

（第二反応） CO_3^{2-} が事実上なくなると，HCO_3^{-} が H^+
を受けとり，次の反応が起こる。生じた H_2CO_3 は，ほとんどが CO_2 と
H_2O に分解する。

$$HCO_3^{-} + H^+ \longrightarrow (H_2CO_3) \longrightarrow CO_2 + H_2O$$

両辺に Na^+ を1つ，Cl^- を1つ加えて整理する。

$$NaHCO_3 + HCl \longrightarrow CO_2 + H_2O + NaCl$$

問2　$C=0.10\,\mathrm{mol/L}$ の $NaHCO_3$ 水溶液の pH を問題の指示に従って求める。
なお，$NaHCO_3$ は水溶液中で完全に電離しているとする。

$$\underset{C}{NaHCO_3} \xrightarrow{\ \text{電離}\ } \underset{C}{Na^+} + \underset{C}{HCO_3^{-}} \quad [\mathrm{mol/L}]$$

一部が H_2CO_3 や CO_3^{2-}
に変化

はじめ　　　　　　　　　　平衡状態

pH を求める

次の3つの可逆反応を考える。

$$\begin{cases} H_2CO_3 \rightleftarrows HCO_3^{-} + H^+ & K_1 = \dfrac{[H^+][HCO_3^{-}]}{[H_2CO_3]} \quad \cdots\cdots① \\[2mm] HCO_3^{-} \rightleftarrows CO_3^{2-} + H^+ & K_2 = \dfrac{[H^+][CO_3^{2-}]}{[HCO_3^{-}]} \quad \cdots\cdots② \\[2mm] H_2O \rightleftarrows H^+ + OH^- & \end{cases}$$

最初は，$C=[Na^+]=[HCO_3^{-}]_{はじめ}$ であり，HCO_3^{-} の一部が H_2CO_3 あるいは
CO_3^{2-} に変化する。平衡状態では，C 原子の収支に関して次式が成立する。

$[HCO_3^-]_{はじめ} = [H_2CO_3] + [HCO_3^-] + [CO_3^{2-}]^{※3}$

そこで，$[Na^+] = [H_2CO_3] + [HCO_3^-] + [CO_3^{2-}]$ …③

次に系全体では電気的に中性なので，溶液1Lあたりの全正電荷と全負電荷は等しいことから次式が成立する。[※4]

$\boxed{CO_3^{2-}1個あたり，-2なので2倍する}$

$\underbrace{[Na^+] \times 1 + [H^+] \times 1}_{1\,Lあたりの全正電荷} = \underbrace{[HCO_3^-] \times 1 + [CO_3^{2-}] \times 2 + [OH^-] \times 1}_{1\,Lあたりの全負電荷}$

よって，$[Na^+] + [H^+] = [HCO_3^-] + 2[CO_3^{2-}] + [OH^-]$ …④d

④式を変形すると，

$[Na^+] + [H^+] - [OH^-] = [HCO_3^-] + 2[CO_3^{2-}]$

$[Na^+] \gg [H^+]$，$[Na^+] \gg [OH^-]$ と見なせるので，左辺は $[Na^+] + \underset{無視}{[H^+] - [OH^-]} \fallingdotseq [Na^+]$ と近似できる。

$[Na^+] = [HCO_3^-] + 2[CO_3^{2-}]$ …④′

③式，④′式より，

$[H_2CO_3] + \cancel{[HCO_3^-]} + \cancel{[CO_3^{2-}]} = \cancel{[HCO_3^-]} + \cancel{2}[CO_3^{2-}]$

$[H_2CO_3] = [CO_3^{2-}]$ …⑤

①式×②式より，

$K_1K_2 = \dfrac{[H^+][HCO_3^-]}{[H_2CO_3]} \times \dfrac{[H^+][CO_3^{2-}]}{[HCO_3^-]} = \dfrac{[H^+]^2[CO_3^{2-}]}{[H_2CO_3]}$ …⑥

⑤式より， $\scriptsize [H_2CO_3]=[CO_3^{2-}]$

$K_1K_2 = \dfrac{[H^+]^2\cancel{[CO_3^{2-}]}}{\cancel{[H_2CO_3]}} = [H^+]^2$

$[H^+] > 0$ なので，$[H^+] = \sqrt{K_1K_2}$ e

よって，求めるpHは，

$pH = -\log_{10}\sqrt{K_1K_2} = \dfrac{6.35 + 10.33}{2} = 8.34$ f

※3 全C原子数は一定。

$\begin{cases} HCO_3^- \\ HCO_3^- \\ HCO_3^- \\ \vdots \\ HCO_3^- \end{cases} \longrightarrow \begin{cases} H_2CO_3 \\ HCO_3^- \\ CO_3^{2-} \\ \vdots \\ HCO_3^- \end{cases}$

はじめ　　　平衡状態

※4 系全体では，電気的に中性。例えば $Al_2(SO_4)_3$ 1つでは，

$\underbrace{\boxed{2} \times \boxed{3}}_{\substack{個(Al^{3+})\\全正電荷}} = \underbrace{\boxed{3} \times \boxed{2}}_{\substack{個(SO_4^{2-})\\全負電荷}}$

1個あたり+3　　　1個あたり-2

$\underset{2個}{\begin{bmatrix} Al^{3+} \\ Al^{3+} \end{bmatrix}} = \underset{3個}{\begin{bmatrix} SO_4^{2-} \\ SO_4^{2-} \\ SO_4^{2-} \end{bmatrix}}$

と立式できる。

補足

〈pHに対する H_2CO_3, HCO_3^-, CO_3^{2-} の割合の変化〉

この値を求めるのに $[CO_3^{2-}] \fallingdotseq [H_2CO_3]$ と近似したのである

問3　トロナ鉱石 4.52 g に含まれる Na_2CO_3（式量 106）を x〔mol〕，$NaHCO_3$（式量 84）を y〔mol〕とする。滴定で必要な HCl の物質量について，次の等式が成り立つ。[※5]

（第一反応）　$x=1.00 \text{ mol/L} \times \dfrac{20.0}{1000} \text{ L}$

（第二反応）　$x+y=1.00 \text{ mol/L} \times \dfrac{40.0}{1000} \text{ L}$

よって，$x=2.0 \times 10^{-2}$ mol，$y=2.0 \times 10^{-2}$ mol

このトロナ鉱石に含まれる水和水の物質量は，

$$\underset{\text{g/mol}}{\dfrac{\overset{\text{g（鉱石）}}{4.52}-(\overset{\text{g（Na₂CO₃）}}{2.0 \times 10^{-2} \times 106}+\overset{\text{g（NaHCO₃）}}{2.0 \times 10^{-2} \times 84})\,\overset{\text{g（H₂O）}}{}}{18}}$$

$=4.0 \times 10^{-2}$ mol

よって，求める物質量の比は，

$Na_2CO_3 : NaHCO_3 : H_2O = 2.0 \times 10^{-2} : 2.0 \times 10^{-2} : 4.0 \times 10^{-2} = 1 : 1 : 2$

問4　Na_2CO_3 と $NaHCO_3$ の物質量の比が 1:1 の水溶液なので，$[CO_3^{2-}]=[HCO_3^-]$ としてよい。

問2の②式，$K_2=\dfrac{[H^+][CO_3^{2-}]}{[HCO_3^-]}$ より，$[H^+]=K_2$ となる。

よって，求める pH は，

$pH=-\log_{10} K_2=10.33$

問5　ヒトの血液は中性に近い pH であることから，H_2CO_3 と HCO_3^- の混合溶液と見なせる。[※6]

そこで，酸（H^+）を微量加えると，

$HCO_3^- + H^+ \longrightarrow H_2CO_3$

塩基（OH^-）を微量加えると，

$H_2CO_3 + OH^- \longrightarrow HCO_3^- + H_2O$

が起こり，pH の変動をおさえ緩衝作用を示す。

※5　（第一反応）
$Na_2CO_3 + HCl$
　　　x　　　x
　　　　$\longrightarrow NaHCO_3 + NaCl$
　　　　　　　x　　　　x

（第二反応）
$NaHCO_3 + HCl$
$y+x$　　$y+x$
　　　　$\longrightarrow CO_2 + H_2O + NaCl$

※6
$[H_2CO_3]=[HCO_3^-]$ のとき，
　　$[H^+]=K_1$ となり，
pH=6.35 である。そこで，
中性付近は H_2CO_3 と HCO_3^-
の混合溶液と見なせる。

答

問1　ア：酸化　イ：還元　ウ：酸化　エ：還元　オ：酸化
①：8　②：5　③：16　④：10　Ⅰ：e^-　Ⅱ：Mn^{2+}　Ⅲ：Mn^{2+}
問2　3.00 mL　　問3　9.48 mg　　問4　2.40 mg

精講　まずは問題テーマをとらえる

■酸化還元滴定

　酸化還元反応を利用して，還元剤または酸化剤の濃度を求める方法を酸化還元滴定といい，「$KMnO_4$ 滴定（標問 46.47 ）」と「I_2 滴定（標問 48 ）」がよく出題される。

　「$KMnO_4$ を用いる滴定」の場合，$KMnO_4$ は「**酸化剤**」と「**指示薬**」の2つの役割をもっているために指示薬を必要としない。酸化剤である MnO_4^- の水溶液は赤紫色をして
いて，硫酸[注]で酸性にした条件のもとで，還元剤と反応してほぼ無色の Mn^{2+} の水溶液に変化する。この色の変化に注目して，反応の終点を知ることができる。

[注]　酸性にするのに，塩酸 HCl を使うと Cl^- が MnO_4^- によって酸化され MnO_4^- を消費してしまうため，正確な滴定を行うことができない。

■量的関係

　量的関係は，反応式の係数から読みとることができる。また，酸化還元の終点では，還元剤と酸化剤が過不足なく反応することに注目すると，次の関係が成り立つ。

還元剤が放出した e^- の物質量〔mol〕＝酸化剤が受けとった e^- の物質量〔mol〕

■化学的酸素要求量（COD）

　河川などの水質汚濁の原因の1つに，産業排水や家庭雑排水に含まれる有機化合物がある。この有機化合物の量は，化学的酸素要求量（Chemical Oxygen Demand：COD）などの指標によって表すことが多い。COD〔mg/L〕は，有機化合物を酸化するために消費された試料水1Lあたりの $KMnO_4$ などの酸化剤の量を，酸素の質量〔mg〕に換算して表す。COD の値が大きいほど汚染物質である有機化合物が多く含まれ，水質汚濁が進んでいることを示す。

標問 46 の解説

問1　物質の原子が電子 e^- を失ったとき，その原子は酸化されたことになり，物質の原子が電子 e^- を得たとき，その原子は還元されたことになる。

過マンガン酸イオン MnO_4^- は，酸性溶液では酸化$_{ウ}$剤として働く。

$$MnO_4^- + \underset{①}{8H^+} + \underset{②}{5e^-}_{\,I} \longrightarrow \underset{}{Mn^{2+}}_{\,II} + 4H_2O \quad \cdots(1)$$

シュウ酸イオン $C_2O_4^{2-}$ は，還元剤として働く。

$$C_2O_4^{2-} \longrightarrow 2CO_2 + 2e^- \quad \cdots(1)'$$

(1)式×2＋(1)'式×5 より，e^- を消去するとイオン反応式ができる。

$$\underset{+7}{2MnO_4^-} + \underset{+3}{5C_2O_4^{2-}} + \underset{③}{16H^+} \longrightarrow \underset{+2}{2Mn^{2+}}_{\,III} + \underset{④}{10CO_2}_{+4} + 8H_2O \quad \cdots(2)$$

還元$_{エ}$される（酸化数減少）

酸化$_{オ}$される（酸化数増加）

手順(A)～(C)の分析操作は次のようになる。

河川水 100 mL
H_2SO_4
酸性
→
0.002 mol/L
$KMnO_4$ 10 mL
5分煮沸
MnO_4^-余
→
0.002 mol/L
$Na_2C_2O_4$ 30 mL
$C_2O_4^{2-}$余
→
0.002 mol/L
$KMnO_4$ 5.00 mL
滴定完了

問2 (2)式より，$C_2O_4^{2-}$ 5 mol と反応する MnO_4^- が 2 mol であることがわかる。

0.002 mol/L の $Na_2C_2O_4$ 30 mL と反応した 0.002 mol/L $KMnO_4$ を V〔mL〕とすると，

$$\underset{\substack{Na_2C_2O_4\,\text{(mol)}}}{0.002 \times \frac{30}{1000}} \left| \underset{\substack{Na_2C_2O_4\,\text{と反応}\\ \text{した}\,KMnO_4\,\text{(mol)}}}{\times \frac{2}{5}} \right. = \underset{\substack{\text{使用した}\\ KMnO_4\,\text{(mol)}}}{0.002 \times \frac{V}{1000}} \qquad \text{よって，}V = 12\,\text{mL}$$

今回の滴定に使用された 0.002 mol/L の $KMnO_4$ は (10＋5.00) mL で，0.002 mol/L の $Na_2C_2O_4$ 30 mL と反応したのは $V=12$ mL なので，河川水 100 mL 中の有機物と反応した $KMnO_4$ は，

$$(10+5.00)-12 = 3.00\,\text{mL}$$

問3 河川水 100 mL 中の有機物と反応した $KMnO_4$（式量 158）は，問2より 3.00 mL なので，河川水 1 L＝1000 mL では，

1 L なので，$\frac{1000}{100} = 10$ 倍必要になることに注意

$$\underset{\substack{\text{反応した}\,KMnO_4\,\text{(mol)}\\ \text{(河川水}\,100\,\text{mL あたり)}}}{0.002 \times \frac{3.00}{1000}} \left| \underset{\substack{KMnO_4\,\text{(mol)}\\ \text{(河川水}\,1000\,\text{mL}\\ \text{あたり)}}}{\times \left(\frac{1000}{100}\right)} \right. \times \underset{\substack{KMnO_4\\ \text{(g)}}}{158} \times \underset{\substack{KMnO_4\\ \text{(mg)}}}{10^3} = 9.48\,\text{mg}$$

の $KMnO_4$ が反応したことがわかる。

問4 O_2 が酸化剤として反応すると次式のようになる。

$$O_2 + 4e^- \longrightarrow 2O^{2-} \quad \cdots(3)$$

MnO_4^- の代わりに O_2 を酸化剤として用いるなら，(1)式と(3)式×$\frac{5}{4}$ より，

受けとる e^- をそろえる

$$MnO_4^- + 8H^+ + \boxed{5e^-} \longrightarrow Mn^{2+} + 4H_2O$$

$$\frac{5}{4}O_2 \qquad\qquad + \boxed{5e^-} \longrightarrow \frac{5}{2}O^{2-}$$

となり，MnO_4^- 1 mol に相当する O_2 は $\dfrac{5}{4}$ mol となる。よって，$KMnO_4$ の物質量〔mol〕

の $\dfrac{5}{4}$ 倍の O_2 が必要となる。河川水 1 L の有機物と反応する $KMnO_4$ は問3より，

$$\underbrace{0.002 \times \dfrac{3.00}{1000}}_{\substack{KMnO_4\ 〔mol〕\\ （河川水\ 100\ mL\ あたり）}} \times \underbrace{\dfrac{1000}{100}}_{\substack{KMnO_4\ 〔mol〕\\ （河川水\ 1\ L\ あたり）}} = 6.00 \times 10^{-5}\ mol$$

なので，$KMnO_4$ の代わりに O_2 で分解すると $O_2 = 32.0$ より，

$$\underbrace{6.00 \times 10^{-5}}_{KMnO_4\ 〔mol〕} \times \overbrace{\underbrace{\left(\dfrac{5}{4}\right)}_{\substack{O_2\ の\ mol\\ に換算}}}^{KMnO_4\ の\ \frac{5}{4}\ 倍必要なので} \times \underbrace{32.0}_{O_2\ 〔g〕} \times \underbrace{10^3}_{O_2\ 〔mg〕} = 2.40\ mg$$

別解 河川水 100 mL について，e^- の物質量関係を線分図で表すと次図になる。

よって，有機物の放出した e^-〔mol〕$=3 \times 10^{-5}$ mol

この有機物を $KMnO_4$ の代わりに O_2 で分解するとすれば，e^- の物質量関係を表した線分図は次のようになる。

有機物の放出した e^-〔mol〕──── 還元剤の放出した e^-〔mol〕

O_2 の受けとる e^-〔mol〕──── 酸化剤の受けとった e^-〔mol〕

使用した O_2（分子量 32.0）を x〔mg〕とすると，次の関係式が成立する。

$$有機物の放出した\ e^-〔mol〕= x \times \underbrace{\dfrac{1}{10^3}}_{O_2\ 〔mg〕} \times \underbrace{\dfrac{1}{32.0}}_{O_2\ 〔g〕} \times \underbrace{④}_{\substack{O_2\ 〔mol〕\\ e^-〔mol〕}}\overbrace{}^{\substack{(3)式より\ O_2\ 1\ mol\\ は\ e^-\ を\ 4\ mol\ 受け\\ とるので}}$$

よって，$x = 0.240\ mg$ となる。したがって，河川水 $1\ L = 10^3\ mL$ では，

$$\underbrace{x}_{\substack{河川水\ 100\ mL\\ あたりの\ O_2〔mg〕}} \times \underbrace{\dfrac{1000}{100}}_{\substack{河川水\ 1\ L\\ あたりの\ O_2〔mg〕}} = 2.40\ mg$$

答　問1　3
　　　問2　2.4

標問 47 の解説

混合物 4.11 g 中に含まれている $FeSO_4 \cdot 7H_2O$（式量 278）を x〔g〕とすると，$Fe_2(SO_4)_3 \cdot nH_2O$（式量 $400+18n$）は $(4.11-x)$ g となる。よって，水溶液 A 100 mL 中には，

$$Fe^{2+} : \underbrace{\frac{x}{278}}_{\text{$FeSO_4 \cdot 7H_2O$〔mol〕$=Fe^{2+}$〔mol〕}} \text{〔mol〕} \qquad Fe^{3+} : \underbrace{\frac{4.11-x}{400+18n}}_{\text{$Fe_2(SO_4)_3 \cdot nH_2O$〔mol〕}} \times \underbrace{2}_{\text{Fe^{3+}〔mol〕}} \text{〔mol〕}$$

の Fe^{2+} と Fe^{3+} が存在している。

実験ア

$$\left.\begin{array}{l} FeSO_4 \cdot 7H_2O \\ \qquad x \text{〔g〕} \\ Fe_2(SO_4)_3 \cdot nH_2O \\ \qquad 4.11-x \text{〔g〕} \end{array}\right\} 4.11\,g \xrightarrow{\text{水}} \begin{array}{c} \text{水溶液A} \\ 100\,mL \\ Fe^{2+}, Fe^{3+} \end{array} \longrightarrow \begin{array}{c} 10.0\,mL \\ Fe^{2+}, Fe^{3+} \end{array} \xleftarrow{\text{注}} \begin{array}{c} 0.00200\,mol/L \\ KMnO_4\ 50.0\,mL \end{array}$$

注 酸化剤である Fe^{3+} は，酸化剤である $KMnO_4$ とは反応せず，還元剤である Fe^{2+} だけが $KMnO_4$ と反応する。

Fe^{2+} が，反応の終点までに放出した e^- は，

$$\underbrace{\frac{x}{278}}_{\substack{\text{水溶液A 100 mL} \\ \text{中の Fe^{2+}〔mol〕}}} \times \underbrace{\frac{10.0}{100}}_{\substack{\text{滴定に使用した} \\ \text{10.0 mL 中の Fe^{2+}〔mol〕}}} \times \underbrace{1}_{e^-\text{〔mol〕}} \overset{\substack{\underset{\sim}{1}\ Fe^{2+} \longrightarrow Fe^{3+} + \underset{\sim}{1}\ e^- \text{より}}}{\text{〔mol〕}} \quad \cdots ①$$

一方，MnO_4^- が反応の終点までに受けとった e^- は，

$$\underbrace{0.00200 \times \frac{50.0}{1000}}_{MnO_4^-\text{〔mol〕}} \times \underbrace{5}_{e^-\text{〔mol〕}} \overset{\substack{\underset{\sim}{1}\ MnO_4^- + 8H^+ + \underset{\sim}{5}\ e^- \longrightarrow Mn^{2+} + 4H_2O}}{\text{〔mol〕}} \quad \cdots ②$$

したがって，反応の終点では，①式＝②式が成立する。
よって，$x=1.39$ g

実験イ

注 硝酸を十分加えることで，Fe^{2+}を酸化し，すべてFe^{3+}にしている。

水溶液100 mLから取り出した50.0 mL中に含まれているFe^{2+} $\dfrac{x}{278}\times\dfrac{50.0}{100}$ 〔mol〕は，十分な量の硝酸を加えることで，すべてFe^{3+} $\dfrac{x}{278}\times\dfrac{50.0}{100}$ 〔mol〕に酸化される。

よって，硝酸を加えた後の水溶液中に存在しているFe^{3+}は，

$$\underbrace{\frac{x}{278}\times\frac{50.0}{100}}_{\substack{Fe^{2+}\text{が酸化されて}\\ \text{生成した}Fe^{3+}\text{〔mol〕}}}+\underbrace{\frac{4.11-x}{400+18n}\times2\times\frac{50.0}{100}}_{\substack{Fe_2(SO_4)_3\cdot nH_2O\text{から電離}\\ \text{して生成した}Fe^{3+}\text{〔mol〕}}}=\left(\frac{x}{278}+\frac{4.11-x}{400+18n}\times2\right)\times\frac{50.0}{100}\text{〔mol〕}$$

このFe^{3+}にNaOH aqを加えて塩基性にすると水酸化鉄（Ⅲ）が沈殿し，これを加熱するとFe_2O_3（式量160）0.680 gとなった。

Fe原子に注目すると，Fe^{3+}の物質量〔mol〕の$\dfrac{1}{2}$倍の物質量〔mol〕のFe_2O_3が生成することがわかる。

よって，次の関係式が成立する。

$$\underbrace{\left(\frac{x}{278}+\frac{4.11-x}{400+18n}\times2\right)\times\frac{50.0}{100}}_{Fe^{3+}\text{〔mol〕}}\times\underbrace{\frac{1}{2}}_{Fe_2O_3\text{〔mol〕}}=\underbrace{\frac{0.680}{160}}_{\substack{\text{得られた}\\ Fe_2O_3\text{〔mol〕}}}\quad\cdots(*)$$

問1　$(*)$式に実験アで求めた $x=1.39$ g を代入すると，$n=2.96≒3$

問2　水溶液A 100 mL中のFe^{2+}とFe^{3+}の濃度の比は，次のようになる。

$$[Fe^{2+}]:[Fe^{3+}]=\frac{\dfrac{x}{278}\text{〔mol〕}}{\dfrac{100}{1000}\text{L}}:\frac{\dfrac{4.11-x}{400+18n}\times2\text{〔mol〕}}{\dfrac{100}{1000}\text{L}}=\frac{x}{278}:\frac{4.11-x}{400+18n}\times2$$

ここで，$x=1.39$，$n=2.96$ を代入すると，

　　$[Fe^{2+}]:[Fe^{3+}]≒1:2.4$

答
問1　$O_3 + 2KI + H_2O \longrightarrow O_2 + I_2 + 2KOH$

問2　ヨウ素が残っているとヨウ素デンプン反応により青色に呈色するが，ヨウ素がなくなるとヨウ素デンプン反応の青色が消えるため。

問3　1.5%

精講 まずは問題テーマをとらえる

■ヨウ素滴定

　濃度のわからない還元剤を酸化剤である I_2 と反応させて余った I_2 の量を調べることや，濃度のわからない酸化剤を還元剤である I^- と反応させて生成した I_2 の量を調べることで，反応させた還元剤や酸化剤の濃度を求めることができる。この滴定をヨウ素滴定といい，一般に余った I_2 や生成した I_2 をデンプンを指示薬としてチオ硫酸ナトリウム $Na_2S_2O_3$ の標準溶液で滴定する。

　指示薬としてデンプンを使用するのはヨウ素デンプン反応がきわめて鋭敏な反応であり，I_2 が少しでも残っていると青〜青紫色に呈色しているが，I_2 がなくなると直ちに無色になるためである。

> **Point 39**
> ヨウ素滴定では，
> ① 指示薬は，デンプンを用いる。
> ② ヨウ素デンプン反応の青紫色が消えた点が，反応の終点。

標問 48 の解説

問1, 3　実験を図示すると次のようになる。

　KI の塩基性水溶液に酸化剤である O_3 を通じると次のように反応する。

$$O_3 + H_2O + 2e^- \longrightarrow O_2 + 2OH^- \quad \cdots ①$$
$$2I^- \longrightarrow I_2 + 2e^- \quad \cdots ②$$

①式＋②式，両辺に $2K^+$ を加えると化学反応式が完成する。

$$O_3 + 2KI + H_2O \longrightarrow O_2 + I_2 + 2KOH \quad \cdots ③ \leftarrow 問1$$

③式より，O_3 1 mol から I_2 1 mol が生成して，(1)式から I_2 1 mol と $Na_2S_2O_3$ 2 mol が反応することが読みとれる。このことから，KI 水溶液に通じた O_3 の物質量を x〔mol〕とすると次の関係式が成立する。

$$\underbrace{x}_{\substack{\text{通じた}\\O_3\text{〔mol〕}}} \times \underbrace{\frac{1}{1}}_{\substack{\text{生成する}\\I_2\text{〔mol〕}}} \times \underbrace{\frac{2}{1}}_{\substack{\text{反応に必要な}\\Na_2S_2O_3\text{〔mol〕}}} = \underbrace{5.0\times10^{-3}\times\frac{15.4}{1000}}_{\substack{\text{使った}\\Na_2S_2O_3\text{〔mol〕}}}$$

よって，$x = 3.85\times10^{-5}$ mol

O_3 を含んだ N_2 の体積が標準状態で 100 mL なので，その物質量は，

$$\underbrace{100}_{\text{mL}} \times \underbrace{\frac{1}{22.4\times10^3}}_{\text{mol}} = \frac{100}{22.4\times10^3} \text{ mol}$$

となり，N_2 の物質量〔mol〕は次のようになる。

$$\left(\frac{100}{22.4\times10^3} - \underbrace{3.85\times10^{-5}}_{O_3\text{の物質量〔mol〕}}\right) \text{mol}$$

よって，窒素ガス中のオゾンの質量パーセント濃度は，$N_2 = 28$，$O_3 = 48$ より，

$$\frac{\overbrace{\underbrace{3.85\times10^{-5}\times48}_{O_3\text{〔mol〕}}}^{O_3\text{〔g〕}}}{\underbrace{\underbrace{\left(\frac{100}{22.4\times10^3}-3.85\times10^{-5}\right)\times28}_{\substack{N_2\text{〔mol〕}\\N_2\text{〔g〕}}} + \underbrace{3.85\times10^{-5}\times48}_{\substack{O_3\text{〔mol〕}\\O_3\text{〔g〕}}}}} \times100 \fallingdotseq 1.5\,\% \leftarrow 問3$$

答

問1 ・弁Aを押して球部の空気をぬく。
　　・ホールピペットの先を量りとる溶液に入れる。
　　・弁Sを押して溶液を吸い込む。
　　・ホールピペットを溶液から出して，弁Eを押しながら液面を標線に合わせる。
　　・弁Eを押して，コニカルビーカーにホールピペット内の溶液を流し出す。
　　・ホールピペットの膨らんだ部分を手のひらで包んで温め，最後の1滴まで移す。

問2 （反応の名称）　ヨウ素デンプン反応
　　（理由）　ヨウ素が存在するとデンプン分子のらせん構造の内部に取
　　　　　　　り込まれて呈色するから。(38 字)

問3 $KIO_3+2H_3PO_4+5KI \longrightarrow 3I_2+3H_2O+2K_3PO_4$

問4 $\begin{cases} （アスコルビン酸の矢印の炭素） & +1 \\ （デヒドロアスコルビン酸の矢印の炭素） & +2 \end{cases}$

問5　158 mg

精講 まずは問題テーマをとらえる

　本問のように，見慣れない反応が出題されても慌てないこと。問題文をよく読んで，まず操作の目的を把握すること。さらにヒントを探しながら，基本的な知識と組み合わせて何が何に変化するか考えよう。

標問 49 の解説

　清涼飲料水に含まれるアスコルビン酸（ビタミンC）の量を求める実験である。
　問題文より操作をまとめると次のようになる。

〔操作1〕

〔操作2〕
ビュレット
1.0×10⁻³ mol/L KIO₃ 水溶液
滴下量
終点

問1 安全ピペッターの弁A（Air；空気）は球部の空気を抜くときに押す。弁S（Suck：吸う）は溶液を吸うときに押す。弁E（Empty：空）は中の溶液を押し出すときに押す。

問2 デンプン溶液にヨウ素溶液を加えると青〜青紫色に呈色する。この反応は<u>ヨウ素デンプン反応</u>とよ_{反応の名称}ばれる。これはデンプン分子がもつらせん構造の内部にI_2分子が取り込まれることで起こる。[※2]

　今回の実験では，下線部(c)の反応で生じたI_2は，アスコルビン酸が存在すると(I)の反応で消費される。アスコルビン酸がなくなるとI_2は消費されず，ヨウ素デンプン反応による溶液の青色が消えなくなる。ここを終点としている。

※2
デンプンのらせん構造

※3　H_3PO_4によって溶液は酸性となっている。

※4　ヨウ素酸イオンIO_3^-の I の酸化数は +5 である。

問3 リン酸H_3PO_4酸性条件下[※3]でヨウ素酸カリウムKIO_3が酸化剤[※4]，ヨウ化カリウムKIが還元剤として働き，ヨウ素I_2が生じたと考えられる。

$$\begin{cases} 酸化剤：2IO_3^-+12H^++10e^- \longrightarrow I_2+6H_2O & \cdots\cdots① \\ 還元剤：2I^- \longrightarrow I_2+2e^- & \cdots\cdots② \end{cases}$$

①+②×5 より e^- を消去すると，

$$2IO_3^-+12H^++10I^- \longrightarrow 6I_2+6H_2O$$

よって，　$IO_3^-+6H^++5I^- \longrightarrow 3I_2+3H_2O$

両辺にK^+を 6 つ，PO_4^{3-}を 2 つ加えて整理する[※5]。

$$\underset{\underset{K^+}{}}{IO_3^-}+\underset{\underset{2PO_4^{3-}}{}}{6H^+}+\underset{\underset{5K^+}{}}{5I^-} \longrightarrow 3I_2+3H_2O\underset{\underset{2PO_4^{3-}}{}}{6K^+}$$

よって，

$$KIO_3+2H_3PO_4+5KI \longrightarrow 3I_2+3H_2O+2K_3PO_4$$

※5　反応に関係のないイオンを両辺に加え，電離する前の化学式に直しておく。

問4 共有電子対を，それを共有する原子のうち電気陰性度の大きいほうへすべて割り当てたときに残る電荷が酸化数である。電気陰性度は O＞C＞H の順であるから，次ページの図のようになる。

※6 炭素の電子配置は
K(2)L(4)なので，L殻の電
子数が4のとき酸化数0で
ある。

(L殻の電子数は3)
⇩
酸化数 +1※6

(L殻の電子数は2)
⇩
酸化数 +2

アスコルビン酸がヨウ素によって酸化され，デヒドロアスコルビン酸に変化する。

還元剤：

酸化剤：$I_2 + 2e^- \longrightarrow 2I^-$

$$C_6H_8O_6 + I_2 \longrightarrow C_6H_6O_6 + 2HI$$

問5

①$KIO_3 + 2H_3PO_4 + 5KI \longrightarrow$ ③$I_2 + 3H_2O + 2K_3PO_4$

①$C_6H_8O_6 +$ ①$I_2 \longrightarrow C_6H_6O_6 + 2HI$ ……(I)

したがって，KIO_3 1 mol から I_2 は 3 mol 生じ，アスコルビン酸 1 mol は I_2 1 mol と反応する。

清涼飲料水 5.0 mL に n〔mol〕のアスコルビン酸が含まれていたとする。

$$\underbrace{n \times \frac{1\ \text{mol}\ (I_2)}{1\ \text{mol}\ (\text{アス})} \times \frac{1\ \text{mol}\ (KIO_3)}{3\ \text{mol}\ (I_2)}}_{\text{mol}\ (\text{アス})}$$

$$= \underbrace{1.0 \times 10^{-3}\ \text{mol/L} \times \frac{15.0}{1000}\ \text{L}}_{\substack{\text{滴定に要した}\ KIO_3 \\ \text{の物質量〔mol〕}}}$$

よって，$n = 4.5 \times 10^{-5}$ mol

したがって，$C_6H_8O_6$（分子量 176）は清涼飲料水 100 mL に，

$$4.5 \times 10^{-5}\ \text{mol} \times \underbrace{\frac{100\ \text{mL}}{5.0\ \text{mL}}}_{\substack{\text{5.0 mL を 100 mL} \\ \text{に換算する}}} \times \underbrace{176\ \text{g/mol}}_{〔g〕} \underbrace{\times 10^3}_{〔mg〕} = 158.4\ \text{mg}$$

含まれる。

132

標問 50 標準電極電位と電池の起電力

答

問1 ア：大きな　イ：小さな　ウ：負極　エ：正極　オ：放電
　　　カ：電位差　キ：活物質　ク：還元剤　ケ：負極活物質
　　　コ：酸化剤　サ：正極活物質

問2 (1) C＞A＞D＞B　　(2) 解説参照
　　　(3) 1.56 V（計算過程は解説参照）
　　　(4) 金属A：ニッケル　金属B：銀　金属C：亜鉛　金属D：銅

精講 まずは問題テーマをとらえる

　自発的に進む酸化還元反応によって得られる化学エネルギーを電気エネルギーとして取り出す装置を電池（化学電池）という。放電時は電位の低い負極から電位の高い正極へと電子が移動する。このとき負極で酸化される還元剤を負極活物質，正極で還元される酸化剤を正極活物質とよぶ。

※1　E〔V〕の電位差をq〔C〕の荷電粒子が移動すると$E \cdot q$〔J〕のエネルギーが生じる。

　本問では表に与えられた標準電極電位のデータをもとに，ダニエル型電池の起電力やイオン化傾向の大小を判断させている。標準電極電位は，極板や溶質と溶媒の相互作用などは無視した仮想的な条件で，熱力学的なデータからの計算値である。何を表している数値か意味を理解しておいたほうがよいだろう。

　例えば，表では「Zn^{2+}/Zn」の標準電極電位は -0.76 V となっている。これは次の条件で求めた値である。

　まず温度は 25 ℃ とする。$[Zn^{2+}]=1\,mol/L$ の溶液に浸した Zn 板と $[H^{+}]=1\,mol/L$ の溶液に 1 atm（$=1.013 \times 10^{5}\,Pa$）の H_2 ガスを通じた Pt 板の電位差に注目する。水素が付着した Pt 板の電位を基準として 0.00 V としたとき，Zn 板の電位は -0.76 V を示すということである。

両極の電位差（電池の起電力）は，（正極活物質の標準電極電位）−（負極活物質の標準電極電位）＝0.00−(−0.76)＝0.76 V であり，電気的に接続すると，電位の低い Zn 板（負極）から電位の高い Pt 板（正極）へ e^- が自発的に移動し，次の反応が進む[※2]。

$$\left\{\begin{array}{ll}（負極）& Zn \longrightarrow Zn^{2+}+2e^- \\ （正極）& 2H^++2e^- \longrightarrow H_2\end{array}\right.$$

$$\overline{\quad（全体）\quad Zn+2H^+ \longrightarrow Zn^{2+}+H_2\quad}$$

※2 イオン化傾向が Zn＞H₂ である。

> **Point 40**
> $M^{n+}+ne^- \rightleftarrows M$ の標準電極電位を $E^0_{M^{n+}/M}$ とすると
> $E^0_{M^{n+}/M}$ の値が低い $\longrightarrow$ M が e^- を放出して左に進みやすい
> $E^0_{M^{n+}/M}$ の値が高い $\longrightarrow$ M^{n+} が電子を受け取って右に進みやすい

金属の単体が水溶液中で陽イオンになろうとする傾向を金属のイオン化傾向という。これは，標準電極電位の値をもとにした尺度であり，次のように関連づけられる。

> **Point 41**
> 標準電極電位の低い金属ほど，イオン化傾向が大きく，電子 e^- を放出して水溶液中で陽イオンになりやすい。

標問 50 の解説

問1 [精講] 参照。

問2 (1)(2) 図のようなダニエル型電池では，標準電極電位の値が低く，イオン化傾向の大きな金属が負極になる。そこで，イオン化傾向は A＞B, A＞D, C＞D である(2)。

起電力（両極の電位差）は電池1が電池2よりも大きいので D＞B(2) だから，A＞D＞B とわかる。

また，電池3は電池2よりも起電力が大きいので C＞A(2) である。

よってイオン化傾向は，C＞A＞D＞B(1) となる。

以上をまとめると，次の図のようになる。

(3) (2)より, DとBの電位差(起電力)は

1.05−0.59＝0.46 V なので, CとBの電位差(起電力)は

1.10＋0.46＝1.56 V (3)となり, 右図のようなダニエル型電池ができる。

(4) 表の標準電極電位より, イオン化傾向は

Al＞Mn＞Zn＞Ni＞Sn＞Pb＞Cu＞Ag＞Pt

となる。

濃硝酸に加えると不動態をつくり, 溶解しない代表的な金属に Al, Fe, Ni, Co, Cr がある。

そこで, A は Al か Ni が候補になるが, Al は表の中で最もイオン化傾向が大きく, 今回はAはCよりもイオン化傾向が小さいので, A は Ni (ニッケル A) である。

電池1の起電力は 1.05 V で, イオン化傾向は A＞B なので, Bの標準電極電位を E_B [V] とすると,

電位差

$$1.05＝E_B−\underbrace{(−0.25)}_{Ni^{2+}/Ni の標準電極電位}$$

よって, $E_B＝0.80$ V

そこで表より, B は Ag (銀 B) である。

電池2の起電力は 0.59 V で, イオン化傾向は A＞D なので, Dの標準電極電位を E_D [V] とすると,

電位差

$$0.59＝E_D−\underbrace{(−0.25)}_{Ni^{2+}/Ni の標準電極電位}$$

よって, $E_D＝0.34$ V

そこで表より, D は Cu (銅 D) である。

電池3の起電力は 1.10 V で, イオン化傾向は C＞D なので, Cの標準電極電位を E_C [V] とすると,

電位差

$$1.10＝\underbrace{0.34}_{E_D}−E_C$$

よって, $E_C＝−0.76$ V

そこで表より, C は Zn (亜鉛 C) である。

答 問1 正極：$PbO_2 + 4H^+ + SO_4^{2-} + 2e^- \longrightarrow PbSO_4 + 2H_2O$
負極：$Pb + SO_4^{2-} \longrightarrow PbSO_4 + 2e^-$

問2 ア：2.5×10^{-1}　イ：4.5　ウ：1.93×10^4　エ：5.4

問3 下線部②：$H_2 + 2OH^- \longrightarrow 2H_2O + 2e^-$
下線部③：$O_2 + 2H_2O + 4e^- \longrightarrow 4OH^-$

問4 (1) $3.0\,mol$　(2) $-8.6 \times 10^2\,kJ$　(3) 67%

精講 まずは問題テーマをとらえる

■鉛蓄電池 $(-)\,Pb|H_2SO_4\,aq|PbO_2\,(+)$

希硫酸に鉛 Pb と酸化鉛(Ⅳ)PbO_2 を極板として浸して導線で結んだものを鉛蓄電池という。この電池では，金属単体の Pb が還元剤として，PbO_2 が酸化剤として使われていて，e^- が流れると Pb および PbO_2 は，ともに Pb^{2+} に変化する。ここで生成した Pb^{2+} は希硫酸中の SO_4^{2-} と結びつき，水に不溶な硫酸鉛(Ⅱ)$PbSO_4$ となって，極板の表面に付着する。

負極：$Pb + SO_4^{2-} \longrightarrow PbSO_4 + 2e^-$
正極：$PbO_2 + 4H^+ + SO_4^{2-} + 2e^- \longrightarrow PbSO_4 + 2H_2O$

鉛蓄電池全体の反応式は，負極＋正極より，次のようになる。

$$Pb + PbO_2 + 2H_2SO_4 \xrightarrow{\;e^-\,2\,mol\;} 2PbSO_4 + 2H_2O \quad \cdots(*)$$

鉛蓄電池の起電力は約 2.1 V であり，放電するにつれて $(*)$ の反応式より両極の表面に $PbSO_4$ が付着する。同時に，H_2SO_4 が減少し H_2O が生成するので電解液の濃度も低下する。その結果，次第に起電力が低下してくる。

そこで，外部直流電源の＋端子に正極を－端子に負極を接続し，放電のときとは逆向きに電流を流して逆反応を起こすと，起電力を回復させることができる。この操作を充電といい，充電によってくり返し使える電池を二次電池または蓄電池という。

■燃料電池

負極に燃料(H_2，CO，メタノール CH_3OH など)，正極に酸素 O_2 を用いて燃焼のときに放出されるエネルギーを電気エネルギーとして効率よくとり出す装置を燃料電池という。例として，次のような燃料電池がある。

【(−) H₂|KOHaq|O₂ (+)】

負極に還元剤である H₂，正極に酸化剤である O₂，電解質溶液に KOH 水溶液を用いた水素-酸素燃料電池では，正極で O₂ が OH⁻ になり，これが電解液中を移動し負極で H₂ と反応して H₂O となる。

$$\text{負極} \quad H_2 \longrightarrow 2H^+ + 2e^-$$
$$\underline{+)\ \ H^+ + OH^- \longrightarrow H_2O \quad \times 2}$$
$$H_2 + 2OH^- \longrightarrow 2H_2O + 2e^-$$

H⁺ が OH⁻ と反応して H₂O に変化する

$$\text{正極} \quad O_2 + 4e^- \longrightarrow 2O^{2-}$$
$$\underline{+)\ \ O^{2-} + H_2O \longrightarrow 2OH^- \times 2}$$
$$O_2 + 2H_2O + 4e^- \longrightarrow 4OH^-$$

O²⁻ が H₂O と反応して OH⁻ に変化する

$$O^{2-} + \underset{H}{\overset{H}{O}} \longrightarrow OH^- + OH^-$$

標問 51 の解説

問1 精講 参照。

問2 硝酸銀 AgNO₃ 水溶液を白金電極で電気分解すると各極で次の反応が起こる。

陰極(Pt)：$Ag^+ + e^- \longrightarrow Ag$

陽極(Pt)：$2H_2O \longrightarrow O_2 + 4H^+ + 4e^-$

陰極の反応から，Ag が 1 mol 析出するとき e⁻ 1 mol が流れたことがわかる。27.0 g の Ag が析出し，Ag=107.9 なので，この電気分解で流れた e⁻ は，

$$\underset{\text{Ag〔g〕}}{27.0} \times \underset{\text{Ag〔mol〕}}{\frac{1}{107.9}} \times \underset{\text{e⁻〔mol〕}}{\frac{1}{1}} \fallingdotseq 0.250 \text{ mol}$$

鉛蓄電池の放電時における全体の反応式

$$Pb + PbO_2 + 2H_2SO_4 \xrightarrow{\text{e⁻ 2 mol}} 2PbSO_4 + 2H_2O$$

から，e⁻ が 2 mol 流れると H₂SO₄ が 2 mol 減少し H₂O（分子量 18.0）が 2 mol 増加することがわかるので，電池の電解液中の H₂SO₄ の物質量と H₂O の質量はそれぞれ，

$$\underset{\text{e⁻〔mol〕}}{0.250} \times \underset{\text{H₂SO₄〔mol〕}}{\frac{2}{2}} = \underset{ア}{0.25} \text{ mol 減少し，} \underset{\text{e⁻〔mol〕}}{0.250} \times \underset{\text{H₂O〔mol〕}}{\frac{2}{2}} \times \underset{\text{H₂O〔g〕}}{18.0} = \underset{イ}{4.5} \text{ g 増加した。}$$

次に，放電時と逆向きに e⁻ を流して鉛蓄電池を充電した。このとき，水の電気分解も起こったので，各極では次の反応が起こる。

$$\begin{cases} \text{負極：} 2H^+ + 2e^- \longrightarrow H_2 \\ \text{正極：} 2H_2O \longrightarrow O_2 + 4H^+ + 4e^- \end{cases}$$

⬇ 全体

$$2H_2O \xrightarrow{\text{e⁻ 4 mol}} 2H_2 + O_2$$

負極×2＋正極

全体の反応式から O_2 1 mol が発生し，H_2O（分子量 18.0）が 2 mol 減少するときに e^- が 4 mol 流れたことがわかる。標準状態で 1.12 L の O_2 が発生したので，この電気分解で消費された電気量は，

$$1.12 \underset{O_2\,(L)}{} \times \frac{1}{22.4}\underset{O_2\,(mol)}{} \times \frac{4}{1}\underset{e^-\,(mol)}{} \times 9.65 \times 10^4 \underset{(C)}{} = \underset{\sim\sim\sim\,ウ}{1.93 \times 10^4}\,C$$

このとき減少した H_2O は次のようになる。

e^- 4 mol 流れると H_2O が 2 mol 減少するので

$$1.12 \underset{O_2\,(L)}{} \times \frac{1}{22.4}\underset{O_2\,(mol)}{} \times \frac{4}{1}\underset{e^-\,(mol)}{} \times \boxed{\frac{2}{4}}\underset{H_2O\,(mol)}{} \times 18.0 \underset{H_2O\,(g)}{} \times \frac{1}{10^3}\underset{H_2O\,(kg)}{} = 0.00180\,kg \quad \cdots ①$$

9.65 A の電流を 1.00×10^4 秒流したので，

$$9.65 \underset{(A)=(C/秒)}{} \times 1.00 \times 10^4 \underset{秒}{} = 9.65 \times 10^4 \underset{(C)}{}\,C$$

の電気量が使われ，残りの $(9.65 \times 10^4 - 1.93 \times 10^4)$ C の電気量が充電に使われた。

ここで，鉛蓄電池の充電時における全体の反応式

$$2PbSO_4 + 2H_2O \xrightarrow{\;e^-\,2\,mol\;} Pb + PbO_2 + 2H_2SO_4$$

から，e^- が 2 mol 流れると H_2O（分子量 18.0）が 2 mol 減少し H_2SO_4 が 2 mol 増加することがわかるので，充電により電池の電解液中の H_2O は，

$$(9.65 \times 10^4 - 1.93 \times 10^4)\underset{(C)}{} \times \frac{1}{9.65 \times 10^4}\underset{e^-\,(mol)}{} \times \frac{2}{2}\underset{H_2O\,(mol)}{} \times 18.0\underset{H_2O\,(g)}{} \times \frac{1}{10^3}\underset{H_2O\,(kg)}{} = 0.0144\,kg \quad \cdots ②$$

減少し，H_2SO_4 は，

$$(9.65 \times 10^4 - 1.93 \times 10^4)\underset{(C)}{} \times \frac{1}{9.65 \times 10^4}\underset{e^-\,(mol)}{} \times \frac{2}{2}\underset{H_2SO_4\,(mol)}{} = 0.800\,mol \quad \cdots ③$$

増加する。

放電後（充電前）の硫酸の質量モル濃度は 1.00 mol/kg で，電解液中の水の質量が 200 g＝0.200 kg であったために電解液中には H_2SO_4 が，

$$1.00 \underset{(mol/kg)}{} \times 0.200 \underset{(mol)}{} = 0.200\,mol$$

含まれており，①式，②式，③式より，充電後の硫酸の質量モル濃度〔mol/kg〕は次のように求めることができる。

$$\frac{H_2SO_4\,(mol)}{H_2O\,(kg)} = \frac{\overset{充電前\,(mol)\quad ③より\quad 充電後\,(mol)}{0.200 + 0.800}}{\underset{充電前\,(kg)\quad\quad ②より\quad ①より\quad 充電後\,(kg)}{0.200 - 0.0144 - 0.00180}} \fallingdotseq \underset{エ}{5.4}\,mol/kg$$

問3　精講 参照。

問4 (1) $1W = 1V \cdot A$ なので，出力 193 W，電圧 1.00 V で流れた電流を x 〔A〕とすると，

$$193\,W = 1.00\,V \times x\,〔A〕$$

となる。よって，$x = 193\,A$ の電流が流れたことがわかる。

ここで，燃料電池を 3.00×10^3 秒稼動させると，

$$\underset{\text{〔A〕=〔C/秒〕}}{193} \times \underset{\text{秒}}{3.00 \times 10^3} \times \underset{\substack{\\ e^-\text{〔mol〕}}}{\frac{1}{9.65 \times 10^4}} \Bigg|_{\text{〔C〕}} = 6.00\,mol$$

の e^- が流れ，燃料電池の負極の反応式から，e^- が 2 mol 流れると H_2 が 1 mol 反応することがわかるので，

$$\underset{e^-\text{〔mol〕}}{6.00} \times \underset{H_2\text{〔mol〕}}{\frac{1}{2}} = 3.00\,mol$$

の H_2 が反応したことがわかる。

(2) 与えられた反応式より，H_2（気）1 mol が完全燃焼したときのエンタルピー変化，すなわち水素の燃焼エンタルピーは，$\Delta H = -286$ kJ/mol である。そこで，H_2（気）3.00 mol を燃焼させたときのエンタルピー変化は，

$$\Delta H = \underset{\text{〔kJ/mol〕}}{-286} \times \underset{\text{〔kJ〕}}{3.00\,mol} = -858 \fallingdotseq -8.6 \times 10^2\,kJ$$

(3) 燃料電池から供給された電気エネルギーは，$1W = 1J/s$ より，

$$\underset{\text{〔W〕=〔J/s〕}}{193} \times \underset{\text{〔s〕}}{3.00 \times 10^3} \times \underset{\text{〔kJ〕}}{\frac{1}{10^3}} \Bigg|_{\text{〔J〕}} = 579\,kJ$$

なので，(2)における H_2 のエンタルピー変化の絶対値 858 kJ の

$$\frac{579}{858} \times 100 \fallingdotseq 67\,\%$$

となる。

答 28 g

■新しい実用二次電池

(1) **ニッケル–水素電池** 負極活物質に水素吸蔵合金(MH と記す), 正極活物質にオキシ水酸化ニッケル(III), 電解液に水酸化カリウム水溶液を用いる。

$$負極:\underset{0}{MH} + OH^- \rightleftarrows M(金属) + \underset{+1}{H_2O} + e^-$$

$$正極:\underset{+3}{NiO}(OH) + H_2O + e^- \rightleftarrows \underset{+2}{Ni}(OH)_2 + OH^- \quad(放電時 \longrightarrow, 充電時 \longleftarrow)$$

(2) **リチウムイオン電池** 負極には黒鉛の層間にリチウムが挿入されたもの, 正極にはコバルト酸リチウム $LiCoO_2$ などのリチウムと遷移金属などの複合酸化物, 電解液にリチウム塩を有機溶媒に溶かしたものを用いる。

$$負極:Li が挿入された黒鉛^{補足} \rightleftarrows 黒鉛 + xLi^+ + xe^-$$

$$正極:\underline{Li_{(1-x)}CoO_2} + xLi^+ + xe^- \rightleftarrows LiCoO_2 \quad(放電時 \longrightarrow, 充電時 \longleftarrow)$$

$LiCoO_2$ の Li^+ が, ところどころ失われている状態を表す。
$LiCoO_2$ と CoO_2 が混ざっていると考えるとよい

> 補足 最も多くの Li を挿入した黒鉛の組成式は LiC_6 と表す。上から見ると次のような構造をとるからである。
>
>
>
> 〈炭素とリチウムからなる化合物の構造〉

放電時に正極で起こる反応は, 問題文に次のように与えられている。

$$2Li_{0.5}CoO_2 + Li^+ + e^- \longrightarrow 2LiCoO_2$$

これは 精講 (2)にある正極の式に $x=0.5$ を代入し, 両辺に 2 をかけたものと同じである。

係数より, 満充電の状態で放電すると, $\underline{Li_{0.5}CoO_2}$ 2 mol が $LiCoO_2$ 2 mol となり,

e^- が 1 mol 移動し，9.65×10^4 C の電気量が取り出せることがわかる。

　そこで，充電前の状態で $\underline{LiCoO_2}$ が 2 mol あると，充電完了時で 2 mol の $Li_{0.5}CoO_2$ が得られるので，$\underline{9.65 \times 10^4}$ C の電気量が放電で取り出せる。

　取り出せる電気量が 3860 mAh のリチウムイオン電池をつくるのに必要な $LiCoO_2$（式量 98.0）を x〔g〕とすると，

$$\underbrace{\frac{x \,\text{〔g〕}}{98.0 \,\text{g/mol}}}_{\substack{\text{電池をつくるのに} \\ \text{必要な } LiCoO_2 \text{ の} \\ \text{物質量〔mol〕}}} \times \underbrace{\frac{9.65 \times 10^4 \,\text{C}}{2 \,\text{mol} \,(LiCoO_2)}}_{\substack{\text{取り出せる} \\ \text{電気量} \\ \text{〔C〕}}} = 3860 \times \overbrace{\frac{3.60 \,\text{C}}{1 \,\text{mAh}}}^{\text{問題より } 1\,\text{mAh}=3.60\,\text{C}}$$

　よって　$x = 28.2$ g

標 問 **53** **電気分解(1)**

答 問1 $9.7×10^2$ C 問2 気体の名称：水素 物質量：$5.0×10^{-3}$ mol

問3 0.20 A   問4 0.43 g

問5 $4OH^- \longrightarrow O_2 + 2H_2O + 4e^-$ 問6 (B)：(F)=3：2

精講 まずは問題テーマをとらえる

■電気分解

電池などの外部電源から加えた電気エネルギーによって，酸化還元反応を強制的に起こすことを電気分解という。電気分解では，

- **陰極(−)**：外部電源の負極(−)とつないだ電極
- **陽極(+)**：外部電源の正極(+)とつないだ電極

■電極反応

水溶液の電気分解について，陰極と陽極の反応に分けて考える。このとき，水のわずかな電離で生じている H^+，OH^- の存在に注意する。

(1) **陰極の反応** イオン化傾向の小さな陽イオンから還元されて，e^- を受けとり，単体が生じる。

> **補足** 条件によっては，イオン化傾向の小さくない金属陽イオン（Zn, Fe, Ni, Sn, Pb などの陽イオン）が反応することもあるが，そのときには問題中のヒントから判断できるようになっている。

> **注** イオン化傾向の小さな陽イオンとして H^+ が反応するとき，条件によって①，②のように反応式を書き分ける必要がある。
>
> ① 酸性下 $2H^+ + 2e^- \longrightarrow H_2$
>
> ② 中・塩基性下
> $$\begin{array}{r} 2H^+ + 2e^- \longrightarrow H_2 \\ +)\ 2OH^- \qquad\qquad 2OH^- \\ \hline 2H_2O + 2e^- \longrightarrow H_2 + 2OH^- \end{array}$$
> ←H^+ を H_2O にするために両辺に OH^- を加える

(2) **陽極の反応** 次の手順に従って考える。

> **手順1** 陽極板が炭素 C，白金 Pt，金 Au 以外の場合，陽極板自身が酸化される。
>
> 例 $Cu \longrightarrow Cu^{2+} + 2e^-$
>
> **手順2** 陽極板が炭素 C，白金 Pt，金 Au の場合
>
> - (a) Cl^- が存在 ➡ Cl^- が反応し，$2Cl^- \longrightarrow Cl_2 + 2e^-$ となる。
> - (b) Cl^- が存在しない ➡ OH^- が反応する。[注]
>
> **注** OH^- が酸化されるとき，電解液の液性によって①，②のように反応式を書き分ける必要がある。
>
> ① 塩基性下 $4OH^- \longrightarrow O_2 + 2H_2O + 4e^-$
>
> ② 中・酸性下
> $$\begin{array}{r} 4OH^- \longrightarrow O_2 + 2H_2O + 4e^- \\ +)\ 4H^+ \qquad 4H^+ \qquad\qquad\qquad \\ \hline 2H_2O \longrightarrow O_2 + 4H^+ + 4e^- \end{array}$$
> ←OH^- を H_2O にするために両辺に H^+ を加える

■直列回路と並列回路

(1) **直列の場合** 次図(左)のように電解槽を直列につないだとき，電解槽Ⅰ，Ⅱに流れた電気量 Q_1, Q_2 は等しくなる。

$$Q = Q_1 = Q_2$$

(2) **並列の場合** 次図(右)のように電解槽を並列につないだとき，電池から出た全電気量 Q は，電解槽Ⅰに流れた電気量 Q_1，電解槽Ⅱに流れた電気量 Q_2 の合計になる。

$$Q = Q_1 + Q_2$$

〈直列〉

〈並列〉

標問 53 の**解説**

〔操作１〕 スイッチ S_2 を開いた状態でスイッチ S_1 を閉じると，電解槽ⅠのNaOH水溶液の電気分解だけが起こる。

陰極(A)では，Na^+ よりイオン化傾向の小さな陽イオンである H^+ が反応する。このとき，NaOH水溶液が塩基性なので水が還元される。

電解槽Ⅰ

(A)⊖(Pt) $2H_2O + 2e^- \longrightarrow H_2 + 2OH^-$

陽極(B)では，Ptを使っているので電極自身の変化はなくNaOH水溶液が塩基性なので OH^- が酸化される。

(B)⊕(Pt) $4OH^- \longrightarrow O_2 + 2H_2O + 4e^-$ 問5

問1 G点を流れた電気量は，1.0 A＝1.0 C/秒，16分5秒＝965秒より，

$$\underset{[A]=[C/秒]}{1.0} \times \underset{[C]}{965} = 9.65 \times 10^2 \fallingdotseq 9.7 \times 10^2\ C$$

問2 電解槽Ⅰの陰極(A)では H_2 が発生し，反応式から e^- 2 mol 流れると H_2 1 mol が発生することがわかる。ファラデー定数 96500 C/mol より発生する H_2 の物質量は，

$$9.65 \times 10^2 \times \underset{e^-[mol]}{\frac{1}{96500}} \times \underset{H_2[mol]}{\frac{1}{2}} = 5.0 \times 10^{-3}\ mol$$

〔操作２〕 スイッチ S_2 と S_1 を閉じると，電解槽Ⅰ～Ⅲで次の反応が起こる。

電解槽Ⅰ $\left\{ \begin{array}{l} \text{(A)⊖(Pt)}\ 2H_2O + 2e^- \longrightarrow H_2 + 2OH^- \\ \text{(B)⊕(Pt)}\ 4OH^- \longrightarrow O_2 + 2H_2O + 4e^- \end{array} \right.$ ⎤〔操作1〕の説明を参照
NaOHaq

電解槽Ⅱ $\begin{cases} \text{(C)} \ominus \text{(C)} & Cu^{2+} + 2e^- \longrightarrow Cu \leftarrow \text{イオン化傾向の小さな陽イオンがe}^- \text{を受けとる} \\ \text{(D)} \oplus \text{(C)} & 2Cl^- \longrightarrow Cl_2 + 2e^- \leftarrow Cl^- \text{は} H_2O \text{よりも酸化されやすい} \end{cases}$
CuCl₂aq

電解槽Ⅲ $\begin{cases} \text{(E)} \ominus \text{(Pt)} & Ag^+ + e^- \longrightarrow Ag \leftarrow \text{イオン化傾向の小さな陽イオンがe}^- \text{を受けとる} \\ \text{(F)} \oplus \text{(Pt)} & 2H_2O \longrightarrow O_2 + 4H^+ + 4e^- \leftarrow NO_3^- \text{は酸化されにくい} \end{cases}$
AgNO₃aq

問3　電解槽Ⅱの陰極(C)では Cu が析出し，反応式から Cu が 1 mol 析出するときには e^- が 2 mol 流れることがわかる。ファラデー定数 96500 C/mol，Cu＝63.5 より，電解槽Ⅱには，

$$\underset{\text{Cu〔g〕}}{0.127} \times \underset{\text{Cu〔mol〕}}{\frac{1}{63.5}} \times \underset{e^-\text{〔mol〕}}{\frac{2}{1}} \times \underset{e^-\text{〔C〕}}{96500} = 386 \text{ C}$$

の電気量が流れたことがわかる。流れた電流を x〔A〕とすると，32 分 10 秒＝1930 秒より，次の関係式が成立する。

$$\underset{\text{〔A〕}=\text{〔C/秒〕}}{x} \times \underset{\text{〔C〕}}{1930} = 386 \text{ C} \qquad \text{よって，} \quad x = 0.20 \text{ A}$$

問4　電解槽Ⅱと電解槽Ⅲは，直列に接続されているので，

　　　　　電解槽Ⅱに流れた電気量 ＝ 電解槽Ⅲに流れた電気量

の関係式が成り立ち，電解槽Ⅲにも電解槽Ⅱと同じ 386 C の電気量が流れた。電解槽Ⅲの陰極(E)では Ag が析出し，反応式から e^- 1 mol 流れると Ag 1 mol が析出することがわかる。ファラデー定数 96500 C/mol，Ag＝107.9 から，

$$\underset{\text{〔C〕}}{386} \times \underset{e^-\text{〔mol〕}}{\frac{1}{96500}} \times \underset{\text{Ag〔mol〕}}{\frac{1}{1}} \times \underset{\text{Ag〔g〕}}{107.9} \fallingdotseq 0.43 \text{ g}$$

の Ag が析出したことがわかる。

問6　電解槽Ⅰと電解槽Ⅱ，Ⅲは並列に接続されているので，

　　　　　全電気量 ＝ 電解槽Ⅰに流れた電気量 ＋ 電解槽Ⅱ，Ⅲに流れた電気量　…(＊)

の関係式が成り立つ。全電気量は，〔操作2〕の 0.50 A の電流を 32 分 10 秒＝1930 秒流したことから，

$$\underset{\text{〔A〕}=\text{〔C/秒〕}}{0.50} \times \underset{\text{〔C〕}}{1930} = 965 \text{ C}$$

となり，電解槽Ⅰに流れた電気量を Q_{I}〔C〕とすると，(＊)式と電解槽Ⅱに流れた電気量（問3）から，次の関係式が成り立つ。

　　　　　$965 = Q_{\mathrm{I}} + 386$

　　　よって，$Q_{\mathrm{I}} = 579$ C となる。電解槽Ⅰの陽極(B)と電解槽Ⅲの陽極(F)では，ともに e^- 4 mol つまり 4×96500 C 流れると O_2 1 mol が発生する。このことから，流れた電気量と発生する O_2 の物質量が比例することがわかるので，

$$\underset{\text{物質量〔mol〕比}}{\text{(B)：(F)}} = \underset{\text{電気量の比}}{579：386} = 1.5：1 = 3：2$$

答　問1　ア：塩素　　イ：水素　　ウ：水酸化物イオン
　　　　　エ：ナトリウムイオン　　オ：水酸化ナトリウム
　　　問2　73.8 kA

標問 54 の解説

問1　NaCl 水溶液の電気分解を行う。

　　陰極では，Na^+ よりイオン化傾向の小さな陽イオンである H^+ が反応する。このとき，陰極室は中性なので H_2O が還元される。

　　陰極：$2H_2O + 2e^- \longrightarrow H_2 + 2OH^-$

　　陽極では，C を使っているので電極自身の変化はなく Cl^- が酸化される。

　　陽極：$2Cl^- \longrightarrow Cl_2 + 2e^-$

　　このとき電気的中性を保つため，Na^+ が陽極側から陽イオン交換膜を通って陰極側に移動する。陰極側に NaOH が生じるのである。

問2　毎分 10.0 kg ずつ水を供給して，5.00 mol/kg の NaOH aq を連続的に得るために x〔kA〕の電流で電気分解を行うとする。1 分間（＝60 秒）に流れる e^- の物質量〔mol〕は，ファラデー定数＝9.65×10^4 C/mol より，

$$\underset{\text{〔kA〕}}{x} \mid \underset{\text{〔A〕=〔C/秒〕}}{\times 10^3} \mid \underset{\text{〔C〕}}{\times 60} \mid \underset{e^-\text{〔mol〕}}{\times \frac{1}{9.65 \times 10^4}} = \frac{6x}{9.65} \text{〔mol〕}$$

となり，陰極室では H_2O が消費され NaOH が生成する。反応式から e^- 2 mol 流れると H_2O 2 mol が消費され，NaOH 2 mol が生成するので，

$$\underset{e^-\text{〔mol〕}}{\frac{6x}{9.65}} \mid \underset{\text{消費される }H_2O\text{〔mol〕}}{\times \frac{2}{2}} \text{〔mol〕}$$

の H_2O が消費され，

$$\underbrace{\frac{6x}{9.65}}_{e^- \text{(mol)}} \underbrace{\times \frac{2}{2}}_{\text{生成する NaOH (mol)}} \text{(mol)}$$

の NaOH が生成する。

よって，得られる NaOH 水溶液の質量モル濃度〔mol/kg〕が 5.00 mol/kg になることから，次の関係式が成り立つ。

$$\frac{\text{NaOH (mol)}}{H_2O \text{ (kg)}} = \cfrac{\overbrace{\frac{6x}{9.65} \times \frac{2}{2}}^{\text{生成する NaOH (mol)}} \text{(mol)}}{\left\{ \underbrace{10.0}_{\substack{\text{供給される} \\ H_2O \text{ (kg)}}} - \underbrace{\underbrace{\frac{6x}{9.65} \times \frac{2}{2}}_{\substack{\text{消費される} \\ H_2O \text{ (mol)}}} \times 18}_{H_2O \text{ (g)}} \times \frac{1}{10^3} \right\} \text{(kg)}} = 5.00 \text{ mol/kg}$$

よって，　$x \fallingdotseq 73.8 \text{ kA}$

補足　陽イオン交換膜ではなく素焼き板などの隔膜を使うと，Na^+ だけでなく OH^- も隔膜を通って陽極側へと移動し，陽極で発生した Cl_2 が OH^- と次のように反応してしまう。

$$\begin{array}{ll} Cl_2 + H_2O \rightleftharpoons \cancel{HCl} + \cancel{HClO} & \text{(右へ進む)} \\ \cancel{HCl} + OH^- \longrightarrow Cl^- + \cancel{H_2O} & \text{(中和)} \\ +) \underline{\cancel{HClO} + OH^- \longrightarrow ClO^- + H_2O} & \text{(中和)} \\ Cl_2 + 2OH^- \longrightarrow Cl^- + ClO^- + H_2O & \text{(全体)} \end{array}$$

標問 55 定性的な実験による塩の決定

精講 混乱しやすい事項の整理

■沈殿をつくるイオンの組み合わせ

沈殿を生じる陽イオンと陰イオンとの組み合わせは記憶する必要がある。

① 硝酸イオン NO_3^-

　NO_3^- は，たいていの金属イオンと沈殿をつくりにくい。

② 塩化物イオン Cl^-

　Ag^+，Pb^{2+}，Hg_2^{2+} と沈殿をつくる。AgCl には感光性があり，光があたると分解して Ag が析出する。 $2AgCl \xrightarrow{\text{光}} 2Ag + Cl_2$

　$PbCl_2$ は冷水には溶けにくいが，熱湯に溶ける。

③ 硫酸イオン SO_4^{2-}

　<u>Ba^{2+}，Ca^{2+}，Sr^{2+}</u>　，Pb^{2+} と沈殿をつくる。
Be^{2+} と Mg^{2+} を除く（2族）$^{2+}$

④ 炭酸イオン CO_3^{2-}

　アルカリ金属のイオン，NH_4^+ 以外のほとんどの金属イオンと沈殿をつくる。

　Ba^{2+}，Ca^{2+}，Mg^{2+} などの炭酸塩の白色沈殿がよく出題される。

⑤ クロム酸イオン CrO_4^{2-}

　Ba^{2+}，Pb^{2+}，Ag^+ などと沈殿をつくる。

⑥ 水酸化物イオン OH^-

　NaOH 水溶液や NH_3 水を<u>少量</u>加えて水溶液を塩基性にすると，（1族）$^+$，(Ca, Sr, Ba)$^{2+}$ を除く金属イオンが沈殿する。金属のイオン化列と対応させて覚えるとよい。

	Li^+ K^+ Ba^{2+} Ca^{2+} Na^+	Mg^{2+} Al^{3+} Mn^{2+} Zn^{2+} Fe^{3+} Fe^{2+} Ni^{2+} Sn^{2+} Pb^{2+} Cu^{2+}	Hg^{2+} Ag^+
OH^-	沈殿しにくい（$Ca(OH)_2$ はやや溶解度が小さい）	水酸化物が沈殿する（沈殿を加熱すると酸化物になる）	水酸化物が常温で分解し，酸化物が沈殿する

　ただし，NaOH 水溶液や NH_3 水を少量ではなく，<u>過剰</u>に加えると，一度できた沈殿が錯イオンとなり溶ける場合がある。

(a) NaOH の水溶液を__過剰__に加えたとき，一度できた沈殿が OH^- と錯イオンを形成し溶解するもの

Al^{3+} $\xrightarrow{NaOH}$ $Al(OH)_3\downarrow$ (白) $\xrightarrow{NaOH}$ $[Al(OH)_4]^-$ (無色)

Zn^{2+} $\xrightarrow{NaOH}$ $Zn(OH)_2\downarrow$ (白) $\xrightarrow{NaOH}$ $[Zn(OH)_4]^{2-}$ (無色)

Sn^{2+} $\xrightarrow{NaOH}$ $Sn(OH)_2\downarrow$ (白) $\xrightarrow{NaOH}$ $[Sn(OH)_4]^{2-}$ (無色) ⎫ 配位数は
Pb^{2+} $\xrightarrow{NaOH}$ $Pb(OH)_2\downarrow$ (白) $\xrightarrow{NaOH}$ $[Pb(OH)_4]^{2-}$ (無色) ⎬ 便宜的に4
⎭ としておく

Cr^{3+} (緑) $\xrightarrow{NaOH}$ $Cr(OH)_3\downarrow$ (灰緑) $\xrightarrow{NaOH}$ $[Cr(OH)_4]^-$ (濃緑)

(b) NH_3 水を__過剰__に加えたとき，一度できた沈殿が錯イオンとなり溶解するもの

Cu^{2+} (青) $\xrightarrow{NH_3}$ $Cu(OH)_2\downarrow$ (青白) $\xrightarrow{NH_3}$ $[Cu(NH_3)_4]^{2+}$ (深青)

Zn^{2+} $\xrightarrow{NH_3}$ $Zn(OH)_2\downarrow$ (白) $\xrightarrow{NH_3}$ $[Zn(NH_3)_4]^{2+}$ (無色)

Ni^{2+} (緑) $\xrightarrow{NH_3}$ $Ni(OH)_2\downarrow$ (緑) $\xrightarrow{NH_3}$ $[Ni(NH_3)_6]^{2+}$ (青紫)

Ag^+ $\xrightarrow{NH_3}$ $Ag_2O\downarrow$ (褐) $\xrightarrow{NH_3}$ $[Ag(NH_3)_2]^+$ (無色)

Cd^{2+} $\xrightarrow{NH_3}$ $Cd(OH)_2\downarrow$ (白) $\xrightarrow{NH_3}$ $[Cd(NH_3)_4]^{2+}$ (無色)

⑦ 硫化物イオン S^{2-}

H_2S を金属イオンの水溶液に通じると，その水溶液の液性(酸性・中性・塩基性)によって，沈殿のしやすさが異なる。金属のイオン化列と対応させて覚えるとよい。

	Li^+ K^+ Ba^{2+} Ca^{2+} Na^+ Mg^{2+} Al^{3+}	Mn^{2+} Zn^{2+} Fe^{3+} Fe^{2+} Ni^{2+}	Sn^{2+} Pb^{2+} Cu^{2+} Hg^{2+} Ag^+
S^{2-}	沈殿しにくい	中性・塩基性で硫化物が沈殿する (酸性では沈殿しない)	酸性・中性・塩基性いずれでも硫化物が沈殿する

注 Fe^{3+}, Fe^{2+} ともに中性・塩基性で FeS (黒) が沈殿する (Fe^{3+} は S^{2-} により，Fe^{2+} に還元されてから FeS が沈殿する)。

補足 Cd^{2+} は酸性・中性・塩基性いずれの水溶液でも CdS (黄) が沈殿する。

■イオンや化合物の色

イオンや化合物の色は覚える必要がある。

水溶液中のイオン	Fe^{2+}：淡緑　　Fe^{3+}：黄褐　　Cu^{2+}：青　　Cr^{3+}：緑←実際は共存する Co^{2+}：赤　Mn^{2+}：淡桃　Ni^{2+}：緑　CrO_4^{2-}：黄　　イオンによって $Cr_2O_7^{2-}$：赤橙　　MnO_4^-：赤紫　　$[Cu(NH_3)_4]^{2+}$：深青　色は異なる $[Cr(OH)_4]^-$：濃緑
塩化物	$AgCl$：白　　　$PbCl_2$：白　　　Hg_2Cl_2：白
硫酸塩	$CaSO_4$：白　　$SrSO_4$：白　　$BaSO_4$：白　　$PbSO_4$：白
炭酸塩	$CaCO_3$：白　　$SrCO_3$：白　　$BaCO_3$：白　　$MgCO_3$：白

酸化物	3～11族元素の →酸化物は有色 のものが多い	CuO：黒　　Cu₂O：赤　　　Ag₂O：褐　　MnO₂：黒 Fe₃O₄：黒　　Fe₂O₃：赤褐　　ZnO：白　　Al₂O₃：白
水酸化物		一般に典型元素と 12 族の水酸化物は白 Fe(OH)₂：緑白　　水酸化鉄（Ⅲ）※：赤褐　　Cu(OH)₂：青白 Cr(OH)₃：灰緑　　Ni(OH)₂：緑
クロム酸塩		BaCrO₄：黄　　PbCrO₄：黄　　Ag₂CrO₄：赤褐（あるいは暗赤）
硫化物		一般に黒 ZnS：白　　CdS：黄　　MnS：淡赤　　SnS：黒褐

※　Fe^{3+}, OH^-, O^{2-}, H_2O からなる混合物

標問 55 の解説

問1　同族元素のイオンには，1族の Li^+ と K^+，2族の Mg^{2+} と Ca^{2+}，11族の Cu^{2+} と Ag^+，12族の Zn^{2+} と Cd^{2+} の 4 組がある。例として挙げられている 1 族の Li^+ と K^+ を除いて答える。

問2，3　(1)　A と B，C と D が同族元素で，A のみが炎色反応を示すとの記述から，Ⅰ群の選択肢の中で，同族元素の組み合わせは次のようになる。

　　　　　1族：Li^+ と K^+　　2族：Mg^{2+} と Ca^{2+}　　11族：Cu^{2+} と Ag^+
　　　　　12族：Zn^{2+} と Cd^{2+}

　　この中で，炎色反応の色がよく知られているものは，

　　　　　Li^+ 赤，K^+ 赤紫，Ca^{2+} 橙赤，Cu^{2+} 青緑

　　の 4 つである。ここで，A と B のうち，A のみが炎色反応を示すので，A と B の組み合わせは次のどちらかになる。

　　　　　A：Ca^{2+}，B：Mg^{2+}　または，　A：Cu^{2+}，B：Ag^+

　　また，C と D はともに炎色反応を示さないので，C と D のどちらかが Zn^{2+} で，もう一方が Cd^{2+} である。

(2)　(1)の結果から，A は Ca^{2+} か Cu^{2+} であることがわかった。ここで，c を通じたものだけに白色沈殿の生成が認められるとの記述から，A が Cu^{2+} であるならば，Ⅱ群の選択肢との組み合わせから，㊀の H_2S を通じると CuS の黒色沈殿，㋮の NH_3 を加えると $Cu(OH)_2$ の青白色沈殿を生じるはずで，白色沈殿を生じることはない。よって，A は Cu^{2+} ではなく Ca^{2+} とわかり，A が Ca^{2+} なので，B は Mg^{2+} となる。また，A が Ca^{2+} であれば，a（NH_3）をごく少量加えたのち c（CO_2）を通じると生じる CO_3^{2-} と $CaCO_3$ の白色沈殿を生じるため，(2)の結果に矛盾しない。

　　　　　よって，A：㋭ Ca^{2+}　　B：㋤ Mg^{2+}　　a：㋮ NH_3　　c：㋠ CO_2
　　　　　C と D は，どちらかが Zn^{2+} で，もう一方が Cd^{2+}

(3)　(2)の結果，a が NH_3，c が CO_2 なので，b は HCl か H_2S となる。E の溶液のみ b を加えると白色の沈殿を生じ，加熱するとその沈殿が溶解するとの記述から E は Pb^{2+} で，b（HCl）を加えると加熱により溶解する白色の沈殿 $PbCl_2$ を生じたこと

がわかる。また，Eを除くA～Hに①のAg$^+$が含まれているとb(HCl)を加えるとAgClの白色の沈殿を生じてしまい，Eの溶液のみ白色の沈殿が生じるとの記述と矛盾する。つまり，Eを除くA～HにAg$^+$は含まれていなかったこともわかる。また，bがHClと決まれば，dはⅡ群の選択肢で残ったH$_2$Sとなる。

よって，E：⑪ Pb^{2+}　　b：㋕ HCl　　d：㈢ H$_2$S

Eを除くA～HにAg$^+$は含まれていない

b(HCl)を加えて酸性条件にしたA，B，C，D，F，G，Hの溶液に，d(H$_2$S)を通じると，Fの入った試験管のみ少し白く濁ったとの記述から，F(Fe^{3+})によりd(H$_2$S)が酸化されSが生じたことがわかる。

よって，F：㋬ Fe^{3+}

(4) C，D，Gの溶液に，a(NH$_3$)をごく少量加えて弱塩基性にしたのち，d(H$_2$S)を通じると，それぞれ黄色，白色，淡赤色の沈殿を生じるとの記述から，CdS(黄)，ZnS(白)，MnS(淡赤)の沈殿がそれぞれ生成したことがわかる。

よって，C：㊀ Cd^{2+}　　D：㋙ Zn^{2+}　　G：㋛ Mn^{2+}

(5) C(Cd^{2+})，D(Zn^{2+})，F(Fe^{3+})，Hのそれぞれの溶液にa(NH$_3$)を少量加えると，すべてのイオンから沈殿が生じ，さらに多量のa(NH$_3$)を加えると，C(Cd^{2+})，D(Zn^{2+})の沈殿が溶解したとの記述から，次のように錯イオン[Cd(NH$_3$)$_4$]$^{2+}$と[Zn(NH$_3$)$_4$]$^{2+}$を生じて沈殿が溶解したことがわかる。

C：Cd^{2+} $\xrightarrow{\text{a (NH}_3\text{)}}$ Cd(OH)$_2$↓(白) $\xrightarrow{\text{a (NH}_3\text{)}}$ [Cd(NH$_3$)$_4$]$^{2+}$

D：Zn^{2+} $\xrightarrow{\text{a (NH}_3\text{)}}$ Zn(OH)$_2$↓(白) $\xrightarrow{\text{a (NH}_3\text{)}}$ [Zn(NH$_3$)$_4$]$^{2+}$

F(Fe^{3+})とHのNH$_3$との沈殿に，さらに水酸化ナトリウム水溶液を加えるとHの沈殿が溶解するとの記述から，HはⅠ群の選択肢の中ではAl^{3+}，Pb^{2+}，Zn^{2+}のいずれかになる。ここで，すでにPb^{2+}はE，Zn^{2+}はDと決定しているので，Hは残ったAl^{3+}となる。

F：Fe^{3+} $\xrightarrow{\text{NH}_3}$ 水酸化鉄(Ⅲ)↓(赤褐) $\xrightarrow{\text{NaOH}}$ 水酸化鉄(Ⅲ)↓のまま

H：Al^{3+} $\xrightarrow{\text{NH}_3}$ Al(OH)$_3$↓(白) $\xrightarrow[\text{問5}]{\text{NaOH}}$ [Al(OH)$_4$]$^-$(沈殿溶解)

よって，H：㋺ Al^{3+}

(6) G(Mn^{2+})の溶液を硝酸と非常に強い酸化剤を加えて加熱，酸化すると赤紫色のMnO$_4$$^-$に変わったと考えられる。

問4　F(Fe^{3+})によりd(H$_2$S)が酸化され，硫黄の単体Sが生じて白く濁る。

Fe^{3+} + e$^-$ ⟶ Fe^{2+}　　　…①

H$_2$S ⟶ S + 2H$^+$ + 2e$^-$　…②

①式×2＋②式，両辺に6NO$_3$$^-$を加えると次のようになる。

2Fe(NO$_3$)$_3$ + H$_2$S ⟶ 2Fe(NO$_3$)$_2$ + S + 2HNO$_3$

答

問1　ア：$\dfrac{[H^+][HS^-]}{[H_2S]}$　　イ：$\dfrac{[H^+][S^{2-}]}{[HS^-]}$　　ウ：$\dfrac{[H^+]^2 + K_1[H^+] + K_1 K_2}{K_1 K_2}$

　　　エ：$[Cu^{2+}][S^{2-}]$　　オ：大きく

問2　カ：1.4×10^{-21}　　キ：1.3×10^{-4}

問3　FeS, MnS, NiS

精講 まずは問題テーマをとらえる

■溶解度積

　一般に，$A_m B_n(固) \rightleftharpoons mA^{a+} + nB^{b-}$ の平衡があるとき，温度が一定ならば，各イオンの濃度 $[A^{a+}]$，$[B^{b-}]$ について，

　　　$[A^{a+}]^m[B^{b-}]^n = 一定$

という関係が成立する。このときの $[A^{a+}]^m[B^{b-}]^n$ の値をこの温度における $A_m B_n$ の溶解度積という。

　溶解度積の値からは溶解平衡時の各イオンの濃度を求めることができ，また任意の濃度で各イオンを混合したとき沈殿が生じるか否かを判断することができる。例えば，ある温度での $A_m B_n(固)$ の溶解度積を K_{sp} とすると，

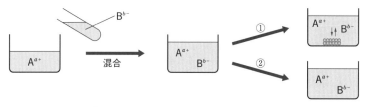

　A^{a+} を含む水溶液に B^{b-} を含む水溶液を加えて沈殿が生じないと仮定したときの濃度が，

① $[A^{a+}]^m[B^{b-}]^n > K_{sp}$ のとき
　➡ $[A^{a+}]^m[B^{b-}]^n = K_{sp}$ になるまで $A_m B_n(固)$ が析出する
② $[A^{a+}]^m[B^{b-}]^n \leqq K_{sp}$ のとき
　➡ 沈殿は生じない(等号が成立するときは，ちょうど飽和溶液)

と判断できる。

Point 42　溶解度積の値からは，次のことがわかる。
　　　　・溶解平衡時の各イオンの濃度
　　　　・沈殿生成の有無の判断

問1
$$\begin{cases} H_2S \rightleftharpoons H^+ + HS^- & K_1 = \dfrac{[H^+][HS^-]}{[H_2S]} \quad \cdots① \\[3mm] HS^- \rightleftharpoons H^+ + S^{2-} & K_2 = \dfrac{[H^+][S^{2-}]}{[HS^-]} \quad \cdots② \end{cases}$$

Sに注目すると，濃度に関する次の収支の式が成立する。

$$C = [H_2S] + [HS^-] + [S^{2-}] \quad \cdots③$$

最初に 1 L あたり C〔mol〕の H_2S があったなら，S 原子の物質量は変わらないので，平衡時の H_2S, HS^-, S^{2-} は全部で C〔mol〕である

$[H_2S]$ と $[HS^-]$ を $[S^{2-}]$ を用いて表すために，次のように変形する。

①式×②式より，

$$K_1 K_2 = \frac{[H^+][HS^-]}{[H_2S]} \times \frac{[H^+][S^{2-}]}{[HS^-]} = \frac{[H^+]^2[S^{2-}]}{[H_2S]}$$

よって，$[H_2S] = \dfrac{[H^+]^2[S^{2-}]}{K_1 K_2} \quad \cdots④$

②式より，

$$[HS^-] = \frac{[H^+][S^{2-}]}{K_2} \quad \cdots②'$$

③式に②′式と④式を代入すると，

$$C = \frac{[H^+]^2[S^{2-}]}{K_1 K_2} + \frac{[H^+][S^{2-}]}{K_2} + [S^{2-}]$$

$$= [S^{2-}] \times \left(\frac{[H^+]^2 + K_1[H^+] + K_1 K_2}{K_1 K_2} \right) \quad \cdots⑤$$

硫化銅（Ⅱ）溶解平衡を考える。

$$CuS \rightleftharpoons Cu^{2+} + S^{2-} \qquad K_{sp} = [Cu^{2+}][S^{2-}]$$

CuS は，溶液中の $[Cu^{2+}][S^{2-}]$ が K_{sp} より大きくなると沈殿する。

問2　強酸である塩酸が共存すると，水素イオン濃度が高く，ルシャトリエの原理より硫化水素の電離平衡は左へ移動している。そこで，$[H^+]$ は HCl からの電離分だけを考慮し，塩酸の濃度に等しいとしてよい。

$$[H^+] ≒ 3.0 \times 10^{-1}\,\text{mol/L}$$

$K_1 = 9.6 \times 10^{-8}\,\text{mol/L}$, $K_2 = 1.3 \times 10^{-14}\,\text{mol/L}$, $C = 1.0 \times 10^{-1}\,\text{mol/L}$ を⑤式に代入する。

$$1.0 \times 10^{-1} = [S^{2-}] \left\{ \frac{(3.0 \times 10^{-1})^2 + 9.6 \times 10^{-8} \times 3.0 \times 10^{-1} + 9.6 \times 10^{-8} \times 1.3 \times 10^{-14}}{9.6 \times 10^{-8} \times 1.3 \times 10^{-14}} \right\}$$

第2項と第3項は第1項より非常に小さいので無視する

よって，$[S^{2-}] ≒ \dfrac{1.24 \times 10^{-22}}{9.0 \times 10^{-2}} = 1.37\cdots \times 10^{-21} ≒ 1.4 \times 10^{-21}\,\text{mol/L}$

pH=11 とすると，$[H^+] = 1.0 \times 10^{-11}\,\text{mol/L}$ なので，上と同様に⑤式に代入すると，

$$1.0 \times 10^{-1} = [S^{2-}] \left\{ \frac{\cancel{(1.0 \times 10^{-11})^2} + 9.6 \times 10^{-8} \times 1.0 \times 10^{-11} + \cancel{9.6 \times 10^{-8} \times 1.3 \times 10^{-14}}}{9.6 \times 10^{-8} \times 1.3 \times 10^{-14}} \right\}$$

第1項と第3項は第2項より非常に小さいので無視する

よって，　$[S^{2-}] \fallingdotseq \dfrac{1.24 \times 10^{-22}}{9.6 \times 10^{-19}} = 1.29 \cdots \times 10^{-4} \fallingdotseq \underline{1.3 \times 10^{-4}}_{\ \ \ \ \text{キ}}$ mol/L

問3　金属イオンの濃度を $[M^{2+}]$〔mol/L〕とおく。問2より，金属硫化物 MS が沈殿しないと仮定したときの $[M^{2+}][S^{2-}]$ の値は，次のように計算できる。

	塩酸濃度 3.0×10^{-1} mol/L	pH＝11
$[H^+]$	3.0×10^{-1}	1.0×10^{-11}
$[S^{2-}]$	1.37×10^{-21}	1.29×10^{-4}
$[M^{2+}][S^{2-}]$	$1.0 \times 10^{-2} \times 1.37 \times 10^{-21}$ $= 1.37 \times 10^{-23}$	$1.0 \times 10^{-2} \times 1.29 \times 10^{-4}$ $= 1.29 \times 10^{-6}$

塩酸酸性時に硫化物 MS が沈殿しないためには，

　　$[M^{2+}][S^{2-}] = 1.37 \times 10^{-23} \leqq K_{sp}$

pH＝11 のときに硫化物 MS が沈殿するためには，

　　$[M^{2+}][S^{2-}] = 1.29 \times 10^{-6} > K_{sp}$

そこで，溶解度積 K_{sp} の値が $1.37 \times 10^{-23} \leqq K_{sp} < 1.29 \times 10^{-6}$ の範囲にあるものを表1から選ぶと，<u>FeS，MnS，NiS</u> である。

答

問1 ア：1.0×10^{-4}　イ：2.0×10^{-3}
問2 $9.8 \times 10^{-5}\,\mathrm{mol/L}$

精講 まずは問題テーマをとらえる

■沈殿滴定

沈殿反応を利用した滴定の1つにモール法がある。

Cl^- が含まれる試料溶液の一定体積をホールピペットを用いて正確にはかりとり，ビーカーに入れる。この水溶液に指示薬として CrO_4^{2-} を適量加える。これにビュレットを用いて濃度既知の硝酸銀 $AgNO_3$ 水溶液を滴下していく。すると，まず $AgCl$ の白色沈殿が析出するが，やがて Ag_2CrO_4 の赤褐色沈殿が生成しはじめる。このときまでに Cl^- のほとんどすべては沈殿してしまっているので，この時点で滴定を終了する。

よって，水溶液中の Cl^- の物質量を Ag_2CrO_4 の沈殿が見えはじめるまでに加えた Ag^+ の物質量とほぼ等しいとすることができ，塩化物イオンの物質量が求められるのである。

Point 43

上図で

　　滴下した Ag^+ の物質量 ≒ 試料溶液中に含まれる Cl^- の物質量

としてよい。

本問では，このようにしてよい理由を溶解度積から考察している。

問1 AgClの沈殿は $[Ag^+][Cl^-]=K_{sp}$ となると生じるとしてよい。

$[Ag^+]=\dfrac{2.0\times10^{-10}}{1.0\times10^{-1}}=2.0\times10^{-9}$ mol/L をほんの少しでも超えた途端にAgClは沈

殿する。どんどん $[Ag^+]$ を上げていくと，$[Ag^+][Cl^-]=K_{sp}$ が成立するまで，

$Ag^+ + Cl^- \longrightarrow AgCl$ の反応が進行していく。

次に，Ag_2CrO_4 の沈殿は $[Ag^+]^2[CrO_4{}^{2-}]=K_{sp}$ ※1 と

なった点から生じるとしてよい。

$$[Ag^+]=\sqrt{\dfrac{K_{sp}}{[CrO_4{}^{2-}]}}=\sqrt{\dfrac{1.0\times10^{-12}}{1.0\times10^{-4}}}$$
$$=\underset{\mathcal{T}}{\underline{1.0\times10^{-4}}}\ \text{mol/L}$$

※1

$[Ag^+][Cl^-]=K_{sp}$ が成立

をほんの少しでも超えたら，Ag_2CrO_4 は沈殿する。

このとき Cl^- は，

$$[Cl^-]=\dfrac{K_{sp}}{[Ag^+]}=\dfrac{2.0\times10^{-10}}{1.0\times10^{-4}}=2.0\times10^{-6}\ \text{mol/L}$$

しか溶液中に残っていない。つまり，

$$\dfrac{2.0\times10^{-6}}{1.0\times10^{-1}}\times100=\underset{\mathcal{A}}{\underline{2.0\times10^{-3}}}\ \%$$

しか，はじめの Cl^- は溶液中に残っておらず，Cl^- はほぼ全部 AgCl として沈殿した
といえる。

問2 Ag_2CrO_4 の沈殿が見えはじめた点を Cl^- がほぼ全部沈殿した点と考え「ここま
でに加えた Ag^+ の物質量＝はじめにあった Cl^- の物質量」としてもよいのだろうか。
これを検討してみよう。

Ag^+ と Cl^- の収支を考えれば，沈殿した固体中か溶液中のどちらかに存在してい
るので，それぞれの物質量に関して次式が成立する。

> ㊸ Ag^+ の物質量
> ＝液中㊺ Ag^+ の物質量＋㊼ AgCl 中の Ag^+ の物質量＋㊼ Ag_2CrO_4 中の Ag^+ の物質量
>
> 沈殿は少ないので無視できる
>
> ㊶ Cl^- の物質量
> ＝液中㊺ Cl^- の物質量＋㊼ AgCl 中の Cl^- の物質量

←AgCl では $Ag^+:Cl^-=1:1$

上式から下式を引き算する。このとき沈殿した AgCl 中の Ag^+ と Cl^- の物質量が
等しいこと，滴定の終点では Ag_2CrO_4 中の Ag^+ が無視できるほど少ないことを考
慮すると，

> ㊜＝液中㊺ Ag^+ の物質量－液中㊺ Cl^- の物質量

となる。溶液1Lあたりで考えると，

> ㊜＝1.0×10^{-4} mol-2.0×10^{-6} mol$=9.8\times10^{-5}$ mol

という非常に小さい値になり，㊸ Ag^+ の物質量≒㊶ Cl^- の物質量 としてよいこと
がわかる。

答

問1　α：Ag^+　　γ：Zn^{2+}

問2

問3　Fe

問4

$$\begin{array}{ccc} H_3N & \cdots & NH_3 \\ & Pt^{2+} & \\ Cl & \cdots & Cl \end{array} \qquad \begin{array}{ccc} H_3N & \cdots & Cl^- \\ & Pt^{2+} & \\ Cl & \cdots & NH_3 \end{array}$$

問5　$5.0×10^{-4}$ mol/L

問6　活性化エネルギー

精講　混乱しやすい事項の整理

■錯イオンの立体構造

配位数	2	4		6
形	直線	正四面体	正方形	正八面体
例	$H_3N \rightarrow Ag^+ \leftarrow NH_3$			

Point 44　配位数と錯イオンの立体構造

配位数　2	直線
配位数　4	正四面体（Zn^{2+} などの錯イオン）， 正方形（Cu^{2+} などの錯イオン）
配位数　6	正八面体

標問 58 の解説

問1　αは直線構造の配位数2の錯体なので，$[Ag(NH_3)_2]^+$ が考えられる。γは正四面体構造の配位数4の錯体なので $[Zn(NH_3)_4]^{2+}$ が考えられる。

問2　正八面体は立方体の各面の中心を結んでできる立体である。$[MX_4Y_2]$ 型の錯体では，金属イオン M が中心にあり，配位子 X と Y のうち2つの Y が正八面体の頂点のうち2つを占め，残りを X が占める。隣り合った頂点に Y が位置するシス形と，向かい合った頂点に Y が位置するトランス形の2種類の立体異性体が存在する。

本問では，M＝Co^{3+}，X＝NH$_3$，Y＝Cl$^-$ として，シス形とトランス形を描けばよい。

問3　ヘモグロビンは，ヘムという物質（Fe^{2+} とポルフィリンという有機化合物との錯体）を含むタンパク質で，赤血球に含まれる。

問4　[MX$_2$Y$_2$] 型の錯体の立体構造が正方形の場合，正方形の4つの頂点のうち2つがX，2つがYとなる。隣り合った頂点にXが位置するシス形，向かい合った頂点にXが位置するトランス形の2種類の立体異性体が存在する。

本問では，M＝Pt^{2+}，X＝NH$_3$，Y＝Cl$^-$ として，シス形とトランス形を描けばよい。

問5　エチレンジアミン四酢酸のナトリウム塩（EDTA）溶液に Ca^{2+} を加えると錯体を形成する。

※1　Ca-EDTA の錯体

$$Ca^{2+} + EDTA \rightleftarrows Ca\text{-}EDTA^{※1}$$

この反応の平衡定数Kの値は $3.9×10^{10}$ L/mol と非常に大きな値なので，かなり右に傾いた可逆反応であり，事実上，不可逆反応と考えてよい。

Ca^{2+} と EDTA は 1：1 で反応するから，

$$\underset{\underset{\text{mol(Ca}^{2+})}{\underbrace{\quad}}}{\underset{\text{mol/L}}{[Ca^{2+}]}×\underset{\text{L}}{0.10}}=\underset{\underset{\text{mol(EDTA)}}{\underbrace{\qquad\qquad}}}{\underset{\text{mol/L}}{0.010}×\underset{\text{L}}{\frac{5.0}{1000}}}$$

よって，　[Ca^{2+}]＝$5.0×10^{-4}$ mol/L

問6　触媒は，活性化エネルギーの小さな経路で反応を進ませ，反応速度を増加させる働きをもつ。

答

問1　ア：Ag_2S　　イ：Ag_2O　　ウ：$[Ag(NH_3)_2]^+$

問2　エ：赤褐　　オ：$[Fe(CN)_6]^{4-}$

　目的：硫化水素により2価に還元されていた鉄イオンを酸化して3価に
　　　　戻すため。(34字)

問3　ZnS

問4　$BaSO_4$

問5　$2.56×10^{-4}\,g$

問6　ク：Na^+　　ケ：炎色反応

　試料を白金線につけ，バーナーの外炎に入れると炎が黄色になること
　から。(34字)

精講　混乱しやすい事項の整理

■陽イオンの系統分析

　水溶液中の未知の金属イオンを数多く分離する場合，沈殿反応を使って性質の似て
いるグループに分離する方法を系統分析という。次の手順❶～❻がそのまま出題され
たり，一部分を変えて入試で出題されることが多いので知っておくとよい。

❶　Cl^- で沈殿するグループ　➡　Ag^+, Pb^{2+}, Hg_2^{2+}

❷　強酸性下で S^{2-} と沈殿するグループ

　　　　　　　　　　　➡　イオン化列で Sn 以下のイオンと Cd^{2+}

❸　比較的低い pH で OH^- と沈殿するグループ

　　　　　　　　　➡　3価の陽イオンである Fe^{3+}, Al^{3+}, Cr^{3+} など

❹　中～塩基性下で S^{2-} と沈殿するグループ

　　　　　　　　　➡　イオン化列で Zn 以下のイオンと Mn^{2+}

❺　CO_3^{2-} で沈殿するグループ　➡　Ca^{2+}, Ba^{2+}, Sr^{2+}

❻　最後まで残るグループ　➡　Na^+, K^+ などのアルカリ金属のイオン

　　　　　　　　　　　　└→ろ液の炎色反応で確認する

Point
45　系統分析で金属イオンは6つのグループに分けられる。

標問 59 の解説

　問1～4, 6　この実験における操作は次のようになる。

実験(1)：この溶液は金属イオンを含む硝酸水溶液なので，水溶液が酸性であること
に注意する。ここに硫化水素 H_2S を吹き込むと，酸性水溶液中では $[H^+]$ が大きく，

$$H_2S \rightleftharpoons 2H^+ + S^{2-}$$

の平衡が左に移動するので，$[S^{2-}]$ が小さくなっている。この $[S^{2-}]$ が小さい，酸
性条件の下であっても S^{2-} と沈殿するのが，「イオン化列で Sn 以下のイオンと
Cd^{2+}」になる。今回の溶液では，Ag^+ が Ag_2S を生成するので，これをろ過によ
って分離する。この分離して得られた Ag_2S に硝酸を加えて加熱すると，酸化力
のある硝酸により S^{2-} が酸化され S に変化するため Ag_2S が溶解する。この溶液
にアンモニア水を加えていくと，はじめに Ag_2O の酸化物が沈殿するが，さらに
加えると錯イオン $[Ag(NH_3)_2]^+$ を生じて溶解する。

実験(2)：Ag_2S を分離したろ液（Na^+, Zn^{2+}, Ba^{2+}, (Fe^{3+}), Fe^{2+}）をいったん煮沸し，
実験(1)で使用した H_2S を除く。このとき，ろ液中の Fe^{3+} は還元性をもつ H_2S に
よって，一部またはすべて Fe^{2+} に還元されているので，濃硝酸を数滴加えて Fe^{2+}
を酸化し，すべて Fe^{3+} に戻す（$Fe(OH)_2$ より水酸化鉄（Ⅲ）のほうが溶解度が小さ
いので，再び Fe^{3+} に戻す）。次に，アンモニア水を加えると水酸化鉄（Ⅲ）の赤
褐色沈殿が生成する。ここで加えたアンモニア水は過剰であったことに注意す
る。もし，過剰でなければ $Zn(OH)_2$ も沈殿してしまうことになり，問題文にある
「実験(1)～(5)を行い，各イオンを分離した」という記述と矛盾する。水酸化鉄（Ⅲ）
の沈殿をろ過により分離した後，塩酸を加えると中和反応が起こり沈殿が溶解する。

$$水酸化鉄（Ⅲ）\xrightarrow[酸性]{H^+} Fe^{3+} を含む水溶液$$

この Fe^{3+} を含んでいる溶液に，錯イオン $[Fe(CN)_6]^{4-}$ を含むヘキサシアニド
鉄（Ⅱ）酸カリウム水溶液を加えると濃青色沈殿を生じる。

実験(3)：水酸化鉄(Ⅲ)を分離したろ液 (Na^+, $[Zn(NH_3)_4]^{2+}$, Ba^{2+}) は，アンモニア水を過剰に加えたことにより塩基性になっており，ここへ再び H_2S を吹き込むと，

$$2NH_3 + H_2S \longrightarrow 2NH_4^+ + S^{2-}$$

の反応によって NH_3 が中和され，Zn^{2+} は NH_3 と錯イオンがつくれなくなる。また，$[S^{2-}]$ が大きくなっており，「イオン化列で Zn 以下のイオンと Mn^{2+}」である Zn^{2+} が ZnS の沈殿を生成する。
<u>カ</u>

実験(4)：ZnS を分離したろ液 (Na^+, Ba^{2+}) に H_2SO_4 を加えると，「Be^{2+} と Mg^{2+} を除く 2 族の陽イオン」である Ba^{2+} が SO_4^{2-} と BaSO_4 の沈殿を生成する。
<u>キ</u>

実験(5)：BaSO_4 を分離したろ液中に Na^+ が残っていることを炎色反応で確認する。
<u>ク</u> <u>ケ</u>

問5

沈殿が析出している溶液では，常に溶解度積 K_{sp} が成立する。

$$K_{sp} = [Ba^{2+}][SO_4^{2-}] = 1.11 \times 10^{-10} \ (mol/L)^2 \quad \cdots ①$$

状態(Ⅰ)では，$[SO_4^{2-}] = 1.00 \times 10^{-5}\,mol/L$ なので ①式より，

$$[Ba^{2+}] = \frac{K_{sp}}{[SO_4^{2-}]} = \frac{1.11 \times 10^{-10}}{1.00 \times 10^{-5}} = 1.11 \times 10^{-5}\,mol/L$$

となり，溶液 0.100 L 中に残っている Ba^{2+} の物質量〔mol〕は，

$$\underset{Ba^{2+}\,〔mol/L〕}{1.11 \times 10^{-5}} \times \underset{Ba^{2+}\,〔mol〕}{0.100} = 1.11 \times 10^{-6}\,mol$$

状態(Ⅱ)では，$[SO_4^{2-}] = 1.00 \times 10^{-3}\,mol/L$ なので ①式より，

$$[Ba^{2+}] = \frac{K_{sp}}{[SO_4^{2-}]} = \frac{1.11 \times 10^{-10}}{1.00 \times 10^{-3}} = 1.11 \times 10^{-7}\,mol/L$$

となり，溶液 0.100 L 中に残っている Ba^{2+} の物質量〔mol〕は，

$$\underset{Ba^{2+}\,〔mol/L〕}{1.11 \times 10^{-7}} \times \underset{Ba^{2+}\,〔mol〕}{0.100} = 1.11 \times 10^{-8}\,mol$$

状態(Ⅰ)と(Ⅱ)の Ba^{2+} の物質量〔mol〕の差が，さらに析出した BaSO_4 の物質量〔mol〕に相当する。よって，BaSO_4 の式量＝233.1 より，

$$\underset{析出した\,BaSO_4\,〔mol〕}{(\underset{状態(Ⅰ)}{1.11 \times 10^{-6}} - \underset{状態(Ⅱ)}{1.11 \times 10^{-8}})} \times \underset{BaSO_4\,〔g〕}{233.1} \fallingdotseq 2.56 \times 10^{-4}\,g$$

の BaSO_4 が析出する。

問6 アルカリ金属，Be と Mg を除くアルカリ土類金属，Cu などは炎色反応で特有の炎の色を呈する。

Li	Na	K	Cu	Ca	Ba	Sr
赤	黄	赤紫	青緑	橙赤	黄緑	紅

答

問1　(A)　②，酸化マンガン(Ⅳ)　　(B)　①，濃硫酸
　　　(C)　②，炭酸カルシウム　　(D)　①，水酸化カルシウム
　　　(E)　②，希硝酸

問2　(A)　③　(B)　③　(C)　③　(D)　①　(E)　②

問3　(A)　○　(B)　×　(C)　×　(D)　×　(E)　○

問4　(A)　⑥　(B)　⑤　(C)　④　(D)　②　(E)　①

問5　(A)　⑦　(B)　⑧　(C)　⑤　(D)　③　(E)　①

精講　混乱しやすい事項の整理

■気体の性質

気体のもつそれぞれの性質は暗記する必要がある。

有色の気体	O_3(淡青色)，F_2(淡黄色)，Cl_2(黄緑色)，NO_2(赤褐色)	
臭いのある気体	Cl_2，NH_3，HF，HCl，NO_2，SO_2(刺激臭)，H_2S(腐卵臭)，O_3(特異臭)	
水への溶解性と水溶液の液性	水に溶けにくい気体(中性気体)	NO，CO，H_2，O_2，O_3，N_2，CH_4，C_2H_4，C_2H_2
	水に溶け塩基性を示す気体	NH_3
	水に溶け酸性を示す気体	Cl_2，HF，HCl，H_2S，CO_2，SO_2，NO_2

■気体の発生実験

気体の発生実験は，おもに(1)～(4)に分類することができる。

(1) 酸・塩基反応の利用

「弱酸の塩＋強酸 ── 弱酸＋強酸の塩」(弱酸の遊離)や「弱塩基の塩＋強塩基 ── 弱塩基＋強塩基の塩」(弱塩基の遊離)を利用し，弱酸の気体や弱塩基の気体($\to NH_3$のみ出題される)を発生させることができる。

気体	製法	反応
硫化水素 H_2S	硫化鉄(Ⅱ)に希硫酸，または希硫酸を加える。	$FeS + 2HCl \longrightarrow H_2S + FeCl_2$ $FeS + H_2SO_4 \longrightarrow H_2S + FeSO_4$
二酸化炭素[注1] CO_2	石灰石や大理石に希塩酸を加える。	$CaCO_3 + 2HCl$ 　　$\longrightarrow H_2O + CO_2 + CaCl_2$
二酸化硫黄 SO_2	亜硫酸ナトリウムや亜硫酸水素ナトリウムに希硫酸を加える。	$Na_2SO_3 + H_2SO_4$ 　　$\longrightarrow Na_2SO_4 + H_2O + SO_2$ $NaHSO_3 + H_2SO_4$ 　　$\longrightarrow NaHSO_4 + H_2O + SO_2$
アンモニア[注2] NH_3	塩化アンモニウムに水酸化カルシウムを加えて加熱する。	$2NH_4Cl + Ca(OH)_2$ 　　$\longrightarrow CaCl_2 + 2NH_3 + 2H_2O$

炭酸 H_2CO_3 は H_2O と CO_2 に分解し，CO_2 が発生する。

　　弱酸である H_2CO_3 のイオン CO_3^{2-} に強酸の HCl を加えると，

$$CO_3^{2-} + 2HCl \longrightarrow H_2O + CO_2 + 2Cl^- \quad （弱酸の遊離）$$

の反応が起こる。この両辺に Ca^{2+} を加えると化学反応式が完成する。

$$CaCO_3 + 2HCl \longrightarrow H_2O + CO_2 + CaCl_2$$

　　ただし，希硫酸 H_2SO_4 を用いると，$CaCO_3$ の表面を難溶性の $CaSO_4$ が覆ってしまい反応がほとんど進まない。

注2 弱塩基である NH_3 のイオン NH_4^+ に強塩基の $Ca(OH)_2$ を混ぜて加熱すると，NH_4^+ と $Ca(OH)_2$ の OH^- が結びついて NH_3 になり，

$$NH_4^+ + OH^- \longrightarrow NH_3 + H_2O \quad （弱塩基の遊離）$$

の反応が起こる。これを2倍し，両辺に Cl^- を2つ，Ca^{2+} を1つ加えると化学反応式が完成する。

$$2NH_4Cl + Ca(OH)_2 \longrightarrow 2NH_3 + 2H_2O + CaCl_2$$

(2) **酸化・還元反応の利用**

気　体	製　法	反　応
水素[注3] H_2	水素よりもイオン化傾向の大きな金属と希塩酸や希硫酸を反応させる。	(例) $Zn + H_2SO_4$ 　$\longrightarrow ZnSO_4 + H_2$
二酸化窒素[注4] NO_2	銅に濃硝酸を加える。	$Cu + 4HNO_3$ 　$\longrightarrow Cu(NO_3)_2 + 2H_2O + 2NO_2$
一酸化窒素[注5] NO	銅に希硝酸を加える。	$3Cu + 8HNO_3$ 　$\longrightarrow 3Cu(NO_3)_2 + 4H_2O + 2NO$
二酸化硫黄 SO_2	銅に濃硫酸を加えて加熱する。	$Cu + 2H_2SO_4$ 　$\longrightarrow CuSO_4 + 2H_2O + SO_2$
酸素 O_2	過酸化水素水に酸化マンガン(IV)を触媒として加える。	$2H_2O_2 \longrightarrow 2H_2O + O_2$
塩素 Cl_2	酸化マンガン(IV)に濃塩酸を加えて加熱する。[注6]	$MnO_2 + 4HCl$ 　$\longrightarrow MnCl_2 + 2H_2O + Cl_2$

注3 (i) Fe を希塩酸 HCl や希硫酸 H_2SO_4 と反応させるときには，Fe は Fe^{2+} に変化する。Fe^{3+} には変化しないので注意する。

$$Fe + 2HCl \longrightarrow FeCl_2 + H_2$$

(ii) Pb は水素よりもイオン化傾向の大きな金属だが，希塩酸や希硫酸とはほとんど反応しない。難溶性の $PbCl_2$ や $PbSO_4$ が Pb の表面を覆ってしまい，反応がほとんど進まないからである。

注4 Fe, Ni, Al, Co, Cr などは，濃硝酸とは不動態となり，溶解しない。

注5 Cu に希硝酸 HNO_3 を加えて NO を発生させるときの化学反応式は，次のようにつくればよい。

$$Cu \longrightarrow Cu^{2+} + 2e^- \qquad \cdots ①$$
$$HNO_3 + 3H^+ + 3e^- \longrightarrow NO + 2H_2O \qquad \cdots ②$$

①式×3+②式×2，両辺に $6NO_3^-$ を加えると，

$$3Cu + 8HNO_3 \longrightarrow 3Cu(NO_3)_2 + 2NO + 4H_2O$$

注6 この実験は，発生装置が頻出するので次の図でチェックしておくこと。不純物を除

去する順序に注意する。

(3) 熱分解反応の利用

加熱し，バラバラにする反応を熱分解反応という。熱分解反応は，暗記が必要。
（次の熱分解反応は，いずれも酸化還元反応でもある。）

気 体	製 法	反 応
酸素 O_2	塩素酸カリウムに酸化マンガン（Ⅳ）を触媒として加えて加熱する。	$2KClO_3 \longrightarrow 2KCl + 3O_2$
窒素 N_2	亜硝酸アンモニウム水溶液を加熱する。	$NH_4NO_2 \longrightarrow N_2 + 2H_2O$

(4) 濃硫酸の利用

(a) 濃硫酸が<u>沸点の高い不揮発性の酸</u>であることを利用する。

気 体	製 法	反 応
塩化水素[注7] HCl	塩化ナトリウムに濃硫酸を加えて加熱する。	$NaCl + H_2SO_4 \longrightarrow NaHSO_4 + HCl$
フッ化水素 HF	ホタル石に濃硫酸を加えて加熱する。	$CaF_2 + H_2SO_4 \longrightarrow 2HF + CaSO_4$

[注7] 塩化ナトリウム NaCl に濃硫酸 H_2SO_4 を加えると，NaCl は Na^+ と Cl^- に，濃硫酸中の H_2SO_4 もわずかに H^+ と HSO_4^- に電離する。この溶液を加熱すると，沸点が高い濃硫酸（約 $300\,°C$）よりもはるかに沸点の低い HCl（$-85\,°C$）（揮発性の酸という）が追い出され，HCl が発生する。

(b) 濃硫酸が，反応物から H と OH を H_2O として奪う働き（<u>脱水作用</u>）を利用する。

気 体	製 法	反 応
一酸化炭素 CO	ギ酸に濃硫酸を加えて加熱する。	$HCOOH \longrightarrow CO + H_2O$ H_2O を奪う

■加熱を必要とする反応

実験装置に加熱が必要かどうかを判断する場合があり，加熱を必要とする反応は，次の 4 つを覚えておくこと。

- ① NH_3 を発生させる反応
- ② 濃塩酸 HCl と酸化マンガン（IV）MnO_2 の反応
- ③ 熱分解反応
- ④ 濃硫酸を使う反応

■気体の検出法

気　体	検　出　法
硫化水素 H_2S 二酸化硫黄 SO_2	H_2S 水に SO_2 を通じると，S が析出して水溶液が白濁する。 $2H_2S + SO_2 \longrightarrow 3S\downarrow（白濁）+ 2H_2O$
二酸化炭素 CO_2	石灰水（$Ca(OH)_2$ 飽和水溶液）に CO_2 を通じると白濁する。 $CO_2 + Ca(OH)_2 \longrightarrow CaCO_3\downarrow（白濁）+ H_2O$ [注8]
アンモニア NH_3 [注9] 塩化水素 HCl	NH_3 と HCl を接触させると，NH_4Cl の白煙を生じる。 $NH_3 + HCl \longrightarrow NH_4Cl$
一酸化窒素 NO	NO（無色）は空気中の O_2 に触れるとすぐに赤褐色の NO_2 になる。 $2NO（無色）+ O_2 \longrightarrow 2NO_2（赤褐色）$
塩素 Cl_2 [注10] オゾン O_3	湿ったヨウ化カリウムデンプン紙を青色に変色する。
塩素 Cl_2 オゾン O_3 二酸化硫黄 SO_2	Cl_2, O_3, SO_2 は漂白作用があるので，リトマス紙を最後には脱色する。

注8 白く濁った石灰水に，さらに CO_2 を通じ続けると，炭酸水素カルシウム $Ca(HCO_3)_2$ が生じ，$Ca(HCO_3)_2$ は水に溶けるので，$CaCO_3$ の白色沈殿が消える。

$CaCO_3 + H_2O + CO_2 \longrightarrow Ca(HCO_3)_2$

この炭酸水素カルシウム水溶液を加熱すると CO_2 が追い出され，再び $CaCO_3$ の白色沈殿が生成する。

$Ca(HCO_3)_2 \longrightarrow CaCO_3\downarrow + H_2O + CO_2\uparrow$

注9 NH_3 は水で湿らせた赤色リトマス紙を青色に変色することでも確認できる。

注10 湿ったヨウ化カリウム KI デンプン紙に Cl_2 をふきつけると，

$Cl_2 + 2e^- \longrightarrow 2Cl^-$

$2I^- \longrightarrow I_2 + 2e^-$

2 つの式を加え，両辺に $2K^+$ を加えると，

$Cl_2 + 2KI \longrightarrow 2KCl + I_2$

の反応が起こる。このとき生成する I_2 とデンプンのヨウ素デンプン反応により，ヨウ化カリウム KI デンプン紙が青色に変色する。

また，湿ったヨウ化カリウム KI デンプン紙に O_3 をふきつけたときの化学反応式は次のようにつくればよい。

$O_3 + H_2O + 2e^- \longrightarrow O_2 + 2OH^-$

$2I^- \longrightarrow I_2 + 2e^-$

2 つの式を加え，両辺に $2K^+$ を加える。

$O_3 + 2KI + H_2O \longrightarrow O_2 + I_2 + 2KOH$

問1　図(A)：濃塩酸と酸化マンガン (Ⅳ) を反応させて Cl_2 を発生させる。(酸化還元)

　　図(B)：塩化ナトリウムと濃硫酸を反応させて HCl を発生させる。(不揮発性)

　　図(C)：炭酸カルシウムと塩酸を反応させて CO_2 を発生させる。(弱酸の遊離)

　　図(D)：水酸化カルシウムと塩化アンモニウムを反応させて NH_3 を発生させる。(弱塩基の遊離)

　　図(E)：銅と希硝酸を反応させて NO を発生させる。(酸化還元)

問2　まず，水に溶けにくい気体 (**精講**参照) は，水上置換で集める。次に，水に溶けやすい気体の中で，空気の平均分子量 (見かけの分子量) 29 より分子量が小さい気体は，空気よりも密度が小さく空気より軽いために上方置換で集める。同様に考えると，分子量が 29 より大きい気体は，下方置換で集める。ただし，上方置換で集める気体は，NH_3 (分子量 17) だけが出題される。

> **参考**　フッ化水素の分子式は温度により異なり，90℃ 以上では HF (分子量 20) で，常温付近ではほぼ H_2F_2 (分子量 40) である。常温でフッ化水素を捕集するときは下方置換で捕集する。

問3　**精講**参照。

問4，5　図(A)：Cl_2 が発生する。ハロゲンの単体は，原子番号が小さくなるほど，他の物質から電子を奪う力 (酸化力) が大きくなる。

　　　　　　　酸化力：$F_2 > Cl_2 > Br_2 > I_2$

　　　例えば，臭化カリウム KBr の水溶液に塩素 Cl_2 を反応させると，Cl_2 のほうが Br_2 よりも酸化力が大きい，つまり陰イオンになりやすいので，Cl_2 は陰イオンになろうとして Br^- から e^- を奪う。

　　　　$Cl_2 + 2KBr \longrightarrow 2KCl + Br_2$

　　　よって，問5は⑦を選び，Cl_2 は湿ったヨウ化カリウムデンプン紙を青変するので問4は⑥を選ぶ。

　　図(B)：HCl が発生する。HCl は，水によく溶け強酸性を示すので問5は⑧を選び，NH_3 と接触させると，NH_4Cl の白煙を生じるので問4は⑤を選ぶ。

　　図(C)：CO_2 が発生する。石灰石 $CaCO_3$ の多い地域では，CO_2 を含んだ地下水が次のように反応し石灰石を溶かし，長い年月をかけ地下に鍾乳洞ができることがある。

　　　　$CaCO_3 + H_2O + CO_2 \longrightarrow Ca(HCO_3)_2$

　　　よって，問5は⑤を選ぶ。また，CO_2 は石灰水を白濁するので問4は④を選ぶ。

　　図(D)：NH_3 が発生する。NH_3 はオストワルト法の原料として使用されるので，問5は③を選ぶ。NH_3 と HCl を接触させると，NH_4Cl の白煙を生じるので問4は②を選ぶ。

　　図(E)：NO が発生する。無色の NO は，空気中の O_2 に触れるとすぐに赤褐色の NO_2 になるので，問4は①，問5も①を選ぶ。

　　　問5で残った選択肢は，②は無色・刺激臭・漂白剤で SO_2，④はオゾンの同素体で O_2，⑥はすべての気体の中で分子量が最小なので H_2 とわかる。

答　問1　ア：価電子（最外殻電子）　　イ：溶融塩（融解塩）　　ウ：潮解
　　　　　エ：風解
　　　問2　A：NaOH　　　B：Na₂CO₃
　　　問3　(1)　アンモニアソーダ法（ソルベー法）
　　　　　(2)　$2NH_4Cl + Ca(OH)_2 \longrightarrow 2NH_3 + 2H_2O + CaCl_2$
　　　　　(3)　48 kg

精講　混乱しやすい事項の整理

　水素を除く1族元素を**アルカリ金属元素**といい，すべて最外殻電子すなわち価電子が1個であり，1価の陽イオンになりやすい。

　単体は銀白色の金属で，融点が低く，密度の小さなやわらかい軽金属（ふつう密度 $4\,g/cm^3$ 以下の金属のこと）である。結晶はすべて体心立方格子をとり，すべて炎色反応を示す。

■単体

組成式	融点〔℃〕	密度〔g/cm³〕	炎色反応
Li	181	0.53	赤
Na	98	0.97	黄
K	64	0.86	赤紫
Rb	39	1.53	赤
Cs	28	1.87	青

（融点：上向き矢印　密度：下向き矢印，水よりも密度が小さい）

　イオン化傾向が非常に大きく，空気中の酸素，水，ハロゲンと反応する。[※1]

$$\begin{cases} 4Na + O_2 \longrightarrow 2Na_2O \\ 2Na + 2H_2O \longrightarrow H_2 + 2NaOH \\ 2Na + Cl_2 \longrightarrow 2NaCl \end{cases}$$

※1　空気中の酸素や水と反応するので，アルカリ金属の単体は灯油（石油）中に保存する。

　単体を得るには，イオン化傾向が大きいため，塩化物を融解し**溶融塩電解（融解塩電解）**を行う。

$$\begin{cases} 陽極：2Cl^- \longrightarrow Cl_2 + 2e^- \\ 陰極：Na^+ + e^- \longrightarrow Na \end{cases}$$

■化合物

【1】　水酸化ナトリウム NaOH

　吸湿性が大きな白色の固体で，空気中の水蒸気を吸収してべとべとになる。[※2]これを**潮解**という。

　酸化カルシウム（生石灰）CaO に NaOH 水溶液を吸収させてから焼き固めたものは**ソーダ石灰**といい，乾燥剤

※2

に用いる。

　工業的には，塩化ナトリウム水溶液を電気分解する（イオン交換膜法）ことで製造する。[※3]

※3 参照

$$陽極：2Cl^- \longrightarrow Cl_2 + 2e^-$$
$$陰極：2H_2O + 2e^- \longrightarrow H_2 + 2OH^-$$
$$全体：2Cl^- + 2H_2O \longrightarrow H_2 + Cl_2 + 2OH^-$$

⬇ 両辺に Na^+ を2個加えて整理

$$2NaCl + 2H_2O \longrightarrow H_2 + Cl_2 + 2NaOH$$

【2】炭酸ナトリウム Na_2CO_3

　炭酸ソーダともよばれ，ガラスやセッケンの原料として使われている。

　炭酸ナトリウムの水溶液は**塩基性**を示す。[※4]

$$CO_3^{2-} + H_2O \rightleftharpoons HCO_3^- + \underline{OH^-}$$

　炭酸ナトリウムの濃い水溶液を $32.4\,^\circ\mathrm{C}$ 以下で濃縮すると，無色透明な炭酸ナトリウム十水和物の結晶 $Na_2CO_3 \cdot 10H_2O$ が析出する。この結晶を乾いた空気中に放置すると，水和水の一部が失われ白色粉末になる。[※5]この現象を**風解**という。

　工業的には，塩化ナトリウムと石灰石を原料にし，NH_3 を用いた**アンモニアソーダ法（ソルベー法）**によって製造するのが一般的である。

> ① $CaCO_3 \xrightarrow{加熱} CaO + CO_2\uparrow$
> ② $NaCl + H_2O + CO_2 + NH_3 \longrightarrow NaHCO_3\downarrow + NH_4Cl$
> ③ $2NaHCO_3 \xrightarrow{加熱} Na_2CO_3 + CO_2\uparrow + H_2O$
> ④ $CaO + H_2O \longrightarrow Ca(OH)_2$
> ⑤ $2NH_4Cl + Ca(OH)_2 \longrightarrow 2NH_3\uparrow + 2H_2O + CaCl_2$

　CO_2，NH_3，H_2O などは回収し，再利用される。①〜⑤の5つの反応式を1つにまとめると次のように表される。

$$2NaCl + CaCO_3 \longrightarrow Na_2CO_3 + CaCl_2$$

※4 $NaHCO_3$ 水溶液も塩基性を示す。
$$HCO_3^- + H_2O$$
$$\rightleftharpoons H_2CO_3 + \underline{OH^-}$$

標問 61 の解説

問1　**精講** 参照。

問2　B：$NaOH$ と CO_2 が反応すると，Na_2CO_3 が生じる。
$$2NaOH + CO_2 \longrightarrow Na_2CO_3 + H_2O$$

問3　(2) 塩化ナトリウムの飽和水溶液にアンモニアと二酸化炭素を通じると，相対的に溶解度の小さい炭酸水素ナトリウムが析出する。[※6]

※6　水1Lに対する溶解度
(20 ℃)

組成式	溶解度 〔mol/L〕
$NaHCO_3$	1.1
$NaCl$	6.1
NH_4Cl	6.9
NH_4HCO_3	2.7

$$\underbrace{CO_2 + H_2O}_{H_2CO_3} + NH_3 \quad\xrightarrow{\quad\quad} HCO_3^- + NH_4^+$$

$$\frac{+)\quad Na^+ + HCO_3^- \quad\longrightarrow NaHCO_3\downarrow\qquad\qquad}{Na^+ + CO_2 + H_2O + NH_3 \longrightarrow NaHCO_3 + NH_4^+}$$

両辺に Cl^- を加えて整理する。

$$NaCl + CO_2 + H_2O + NH_3 \longrightarrow NaHCO_3 + NH_4Cl$$

よって，沈殿物 C は $NaHCO_3$，副生物 D は NH_4Cl である。炭酸水素ナトリウムを加熱すると，次のように分解する。

$$2NaHCO_3 \xrightarrow{\text{加熱}} Na_2CO_3 + CO_2 + H_2O \quad^{※7}$$

アンモニアソーダ法では，石灰石 (炭酸カルシウム) を加熱して得られた生石灰 (酸化カルシウム) を水と反応させる。

$$\begin{cases} CaCO_3 \longrightarrow CaO + CO_2 \\ CaO + H_2O \longrightarrow Ca(OH)_2 \end{cases}$$

生じた $Ca(OH)_2$ を用いて，副生物 D から弱塩基遊離反応によって，アンモニアを回収する。

$$2NH_4Cl + Ca(OH)_2 \longrightarrow 2NH_3 + 2H_2O + CaCl_2 \quad^{※8}$$

(3)
$$\begin{cases} NaCl + H_2O + CO_2 + NH_3 \longrightarrow NaHCO_3 + NH_4Cl & \cdots① \\ 2NaHCO_3 \longrightarrow Na_2CO_3 + CO_2 + H_2O & \cdots② \\ 2NH_4Cl + Ca(OH)_2 \longrightarrow 2NH_3 + 2H_2O + CaCl_2 & \cdots③ \end{cases}$$

①式の係数より，$NaCl$ 1 mol から $NaHCO_3$ が 1 mol 生じ，②式より Na_2CO_3 は 0.5 mol 得られる。このとき NH_3 が 1 mol 必要で，NH_4Cl 1 mol が得られるが，③式より NH_3 1 mol が回収される。$^{※9}$

$$\underbrace{\frac{150\times10^3\,\text{g}}{106\,\text{g/mol}}}_{\text{mol}(Na_2CO_3)} \times \underbrace{\frac{1\,\text{mol}\,(NH_3)}{0.5\,\text{mol}\,(Na_2CO_3)}}_{\text{mol}(NH_3)} \times \underbrace{17}_{\text{g}(NH_3)} \times \underbrace{10^{-3}}_{\text{kg}(NH_3)} \quad^{※10}$$

$$\fallingdotseq 48\,\text{kg}$$

答

問1 ア：アルカリ土類　イ：高く　ウ：大きい

問2 ③

問3 $Ca + 2H_2O \longrightarrow H_2 + Ca(OH)_2$

問4 (2) $Ca(OH)_2 + CO_2 \longrightarrow CaCO_3 + H_2O$

(3) $CaCO_3 + CO_2 + H_2O \rightleftarrows Ca(HCO_3)_2$

(4) $CaCO_3 \longrightarrow CaO + CO_2$

問5 ②：$CaSO_4 \cdot \frac{1}{2}H_2O$　③：$CaSO_4$

精講 混乱しやすい事項の整理

　2族の元素をアルカリ土類金属元素とよぶ。単体，化合物とも Be, Mg とそれ以外では性質の違う点が多い。

■単体

組成式	融点〔℃〕	密度〔g/cm³〕	水との反応
Be	1282	1.85	反応しにくい
Mg	649	1.74	熱水なら反応[※1]
Ca	839	1.55	常温でも反応
Sr	769	2.54	常温でも反応
Ba	729	3.59	常温でも反応

※1
$Mg + 2H_2O$
$\longrightarrow Mg(OH)_2 + H_2$
また，二酸化炭素中でも，加熱すると反応する。
$2Mg + CO_2$
$\longrightarrow 2MgO + C$

■化合物

陽イオン M²⁺	水酸化物 M(OH)₂	硫酸塩 MSO₄	炭酸塩 MCO₃	炎色反応
Be²⁺ Mg²⁺	水に溶けにくい (Mg(OH)₂はやや溶解度大)	水に溶けやすい	水に溶けにくい	示さない
Ca²⁺ Sr²⁺ Ba²⁺	水に溶けやすい (Ca(OH)₂はやや溶解度小)	水に溶けにくい		橙赤 紅 黄緑

標問 62 の解説

問1　2族の元素は最外殻電子数が2であり，アルカリ金属元素より価電子が多いため，単体の金属結合は強く，融点が高い。また，密度もアルカリ金属の単体に比べると大きい。

問2　アルカリ土類金属はイオン化傾向がかなり大きいので，溶融塩電解（融解塩電

解）によって単体を製造する。原料としては，比較的融点の低い塩化物を用いる。[※2]

	融点
CaO	2572 ℃
CaCl₂	772 ℃

例 塩化カルシウムの溶融塩電解

陽極：$2Cl^- \longrightarrow Cl_2 + 2e^-$

陰極：$Ca^{2+} + 2e^- \longrightarrow Ca$

全体：$CaCl_2 \longrightarrow Ca + Cl_2$

よって，正解は③である。

問3 Ca, Sr, Ba は，イオン化傾向が非常に大きく，常温でも水を還元し，水素が発生する。

$$\left\{ \begin{array}{l} 還元剤：Ca \longrightarrow Ca^{2+} + 2e^- \\ 酸化剤：2\underset{+1}{H_2}O + 2e^- \longrightarrow \underset{0}{H_2} + 2OH^- \end{array} \right.$$

全　体：$Ca + 2H_2O \longrightarrow H_2 + Ca(OH)_2$

問4 (2) $Ca(OH)_2$ の飽和水溶液は石灰水とよばれ，二酸化炭素を吹き込むと炭酸カルシウムの白色沈殿が生じる。

$$\left\{ \begin{array}{l} CO_2 + \cancel{H_2O} \longrightarrow H_2CO_3 \\ Ca(OH)_2 + H_2\cancel{CO_3} \longrightarrow CaCO_3 + \cancel{2}H_2O \end{array} \right.$$

全体：$Ca(OH)_2 + CO_2 \longrightarrow CaCO_3\downarrow + H_2O$

(3) 炭酸イオンを含む水溶液に二酸化炭素を吹き込むと，次の可逆反応が形成される。

$$CO_3^{2-} + \boxed{CO_2 + H_2O} \overset{H^+}{\rightleftharpoons} 2HCO_3^- \quad \cdots ⓐ$$

炭酸カルシウムの白色沈殿が生じている水溶液は，次の溶解平衡の状態にある。

$$CaCO_3 \rightleftharpoons Ca^{2+} + CO_3^{2-} \quad \cdots ⓑ$$

ここに二酸化炭素を吹き込むと，ⓐ式の平衡が右へ移動し，炭酸イオン CO_3^{2-} の濃度が小さくなるため，ⓑ式の平衡が右へ移動し，$CaCO_3$ は再溶解する。

よって，ⓐ式＋ⓑ式より，次の可逆反応が右へ移動することになる。[※3]

$$CaCO_3 + CO_2 + H_2O \rightleftharpoons Ca(HCO_3)_2 \quad \cdots ⓒ$$

(4) 2族の炭酸塩を加熱すると，酸化物と二酸化炭素に分解する。

$$CaCO_3 \longrightarrow CaO + CO_2$$

石灰石という名前は，加熱すると灰のような白色粉末状の酸化カルシウムとなるからである。酸化カルシウムは生石灰とよばれ，水を加えると発熱する。

$$CaO + H_2O \longrightarrow Ca(OH)_2 \quad \Delta H = -63\,kJ$$

なお，水酸化カルシウムの固体を消石灰といい，水酸化カルシウムの飽和水溶液を石灰水という。

問5　<u>$CaSO_4 \cdot 2H_2O$</u> の式量は 172 である。
136　$+2\times18=172$

　　加熱による質量の変化より,[4]

②の式量は,

$$172 \times \frac{72.5\,g}{86\,g} = 145$$

③の式量は,

$$172 \times \frac{68\,g}{86\,g} = 136$$

となる。そこで③は $CaSO_4$ であり，②を $CaSO_4 \cdot nH_2O$
とおくと,

$$136 + n \times 18 = 145$$

　　よって,　　$n = \dfrac{1}{2}$

となるので，②は $CaSO_4 \cdot \dfrac{1}{2}H_2O$[5] である。

　　市販されているセッコウの粉末は，この半水和物であり，これを焼きセッコウと
いう。水を加えると二水和物となり，体積が増加して硬化する。

$$CaSO_4 \cdot \frac{1}{2}H_2O \ + \ \frac{3}{2}H_2O \ \longrightarrow \ CaSO_4 \cdot 2H_2O$$

※4

※5　$CaSO_4 \cdot \dfrac{1}{2}H_2O$ は,

　　$Ca^{2+} : SO_4{}^{2-} : H_2O$
　　$=2 : 2 : 1$
の割合で固体中に存在すると
いう意味である。

答

問1　ア：CO　イ：Fe_3O_4　ウ：FeO　エ：CO_2　オ：H_2
　　　カ：$K_3[Fe(CN)_6]$

問2　a：銑鉄　b：2または +2　c：3または +3　d：酸化

問3　1：$3Fe_2O_3 + CO \longrightarrow 2Fe_3O_4 + CO_2$
　　　2：$CO_2 + C \longrightarrow 2CO$

問4　3：濃青色　4：淡緑色　5：黄褐色　6：赤色

精講　混乱しやすい事項の整理

■単体
(1) **性質**
① 融点 1535 ℃ の銀白色の固体
② 強磁性体で，クロム，ニッケルとの合金 (Fe+Cr+Ni) がステンレス鋼
③ 希塩酸や希硫酸に水素を発生しながら溶解する。
$$Fe + 2H^+ \longrightarrow Fe^{2+} + H_2$$
④ 高温の水蒸気と反応する。
$$3Fe + 4H_2O \underset{}{\overset{高温}{\rightleftharpoons}} Fe_3O_4 + 4H_2$$
⑤ 濃硝酸には不動態となり，溶解しない。

(2) **製法**
① 酸化鉄 (Ⅲ) の粉末とアルミニウムの粉末を混ぜて点火する (テルミット反応)。
$$Fe_2O_3 + 2Al \longrightarrow 2Fe + Al_2O_3$$
② 赤鉄鉱や磁鉄鉱などの鉄鉱石をコークス C から生じる CO で還元する (解説 参照)。

■化合物
【1】 **酸化物**

酸化鉄 (Ⅲ) Fe_2O_3	赤褐色	天然には赤鉄鉱に含まれる。赤さびとよばれる。
四酸化三鉄 Fe_3O_4	黒色	天然には磁鉄鉱や砂鉄に含まれる。黒さびとよばれる。

【2】 **塩化鉄 (Ⅲ) $FeCl_3$**
ⓐ 沸騰水中に $FeCl_3$ 水溶液を加えると，水酸化鉄 (Ⅲ) のコロイドが生じる。
ⓑ フェノール類と呈色反応

■鉄の製錬

単体の鉄 Fe は，工業的には溶鉱炉の中にコークス C，石灰石 CaCO$_3$ を入れ，その酸化物（鉄鉱石）を還元してつくる（**解説** 参照）。

■鉄（Ⅱ）イオン Fe^{2+} と鉄（Ⅲ）イオン Fe^{3+} の色と検出

	Fe^{2+}	Fe^{3+}
水溶液の色	淡緑色	黄褐色
アンモニア水または水酸化ナトリウム水溶液を加える	沈殿を生じる Fe(OH)$_2$↓（緑白色）	沈殿を生じる 水酸化鉄（Ⅲ）↓（赤褐色）
ヘキサシアニド鉄（Ⅱ）酸カリウム K$_4$[Fe(CN)$_6$] 水溶液を加える	［青白色の沈殿を生じる］	濃青色の沈殿を生じる
ヘキサシアニド鉄（Ⅲ）酸カリウム K$_3$[Fe(CN)$_6$] 水溶液を加える	濃青色の沈殿を生じる	［褐色溶液になる］
チオシアン酸カリウム KSCN 水溶液を加える	変化なし	血赤色の水溶液になる

［　　　］はあまり出題されない。

Point 46

Fe^{2+} ➡ ヘキサシアニド鉄（Ⅲ）酸カリウム K$_3$[Fe(CN)$_6$] 水溶液で濃青色（ターンブル青※）の沈殿

Fe^{3+} ➡ ・ヘキサシアニド鉄（Ⅱ）酸カリウム K$_4$[Fe(CN)$_6$] 水溶液で濃青色（プルシアンブルー※）の沈殿
・チオシアン酸カリウム KSCN 水溶液で血赤色の水溶液

※ターンブル青とプルシアンブルーは区別できない。ともに理想的な組成は Fe$_4$[Fe(CN)$_6$]$_3$ であるが，一定の組成をもたない。

標問 63 の解説

(A) 溶鉱炉の上部から Fe$_2$O$_3$ を主成分とする赤鉄鉱などの鉄鉱石，コークス C，石灰石 CaCO$_3$ を入れ，炉の下部から高温の空気を送り込むと，コークス C は燃焼，石灰石は熱分解反応を起こし，それぞれ高温に加熱されることで一酸化炭素 CO$_{ア}$（還元剤）が発生する。

$$C + O_2 \longrightarrow CO_2$$
$$CaCO_3 \longrightarrow CaO + CO_2$$
$$CO_2 + C \longrightarrow 2CO$$

炉の上部から供給された Fe$_2$O$_3$ は炉の下から上昇してくる熱い CO と接触し，Ⅰ～Ⅲの各温度域で段階的に還元され，溶融状態の鉄 Fe を溶鉱炉の底から得ることができる。それぞれの段階でどのような物質に変化するのかは，Fe の酸化数が段階的に減少していくことに注目しながら考えるとよい。

温度域　　　　　　　Ⅰ　　　　　Ⅱ　　　　　Ⅲ

Fe の酸化数　Fe$_2$O$_3$ $\xrightarrow{CO}$ Fe$_3$O$_4$ $_{イ}$ $\xrightarrow{CO}$ FeO$_{ウ}$ $\xrightarrow{CO}$ Fe
　　　　　　　+3　　　(FeO・Fe$_2$O$_3$)　　+2　　　　0
　　　　　　　　　　　　+2 +3

第2章　無機化学　　173

このとき，CO は I ～ III の温度域でそれぞれ酸化され二酸化炭素 CO_{2} になる。これで，反応物と生成物がわかるので，各温度域の化学反応式は係数を合わせるだけで書くことができる。

（温度域 I）　$3Fe_2O_3 + CO \longrightarrow 2Fe_3O_4 + CO_2$　←1

（温度域 II）　$Fe_3O_4 + CO \longrightarrow 3FeO + CO_2$

（温度域III）　$FeO + CO \longrightarrow Fe + CO_2$

ここで，鉄の生成過程全体を通して，十分な CO の供給は次の反応により確保されている。

　　　　$CO_2 + C \longrightarrow 2CO$　←2

一方，鉄鉱石，コークスとともに加えられた石灰石 $CaCO_3$ は温度域 II と III の間あたりで熱分解反応を起こし，生石灰 CaO と二酸化炭素 CO_2 が生成する。

　　　　$CaCO_3 \longrightarrow CaO + CO_2$

ここで生成する塩基性酸化物の CaO は，鉄鉱石に含まれる酸性酸化物の SiO_2 と，炉の最も熱い部分で反応し，ケイ酸カルシウム $CaSiO_3$ に変化する。

　　　　$CaO + SiO_2 \longrightarrow CaSiO_3$

このケイ酸塩は，鉄よりも密度が小さいため鉄と分離し，鉄の上に浮遊する。これをスラグという。分離した鉄は高密度の層を形成して炉の底にたまる。これを引き出し，凝固させた鉄は炭素含有量が高く，硫黄，リンなどを含み銑鉄とよばれる。この銑鉄はかたくてもろく，鋳物などとしてマンホールのふたなどに使用する。

この銑鉄を転炉にうつして，炭素の含有量を減らすと鋼を得ることができる。鋼は強じんで弾性があり，丈夫なのでおもに建築や機械の材料として利用する。

(B)　水素よりもイオン化傾向の大きな鉄 Fe は，希硫酸 H_2SO_4 から電離し生じる水素イオン H^+ と反応して水素 H_2 を発生しながら溶けていく。このとき，Fe は Fe^{2+} に変化することに注意して化学反応式を書く必要がある。

　　　　$Fe \longrightarrow Fe^{2+} + 2e^-$　…①

　　　　$2H^+ + 2e^- \longrightarrow H_2$　…②

①式＋②式，両辺に SO_4^{2-} を加えて，

　　　　$Fe + H_2SO_4 \longrightarrow FeSO_4 + H_2$

この 2 価のイオン Fe^{2+} を含む水溶液を 2 つに分け，一方にヘキサシアニド鉄(III)酸カリウム $K_3[Fe(CN)_6]$ の水溶液を加えると濃青色の沈殿が生じる。もう一方の水溶液に，過酸化水素 H_2O_2（酸化剤）を加えると淡緑色の Fe^{2+} は黄褐色の 3 価の Fe^{3+} に酸化される。この水溶液に無色のチオシアン酸カリウム KSCN 水溶液を加えると，Fe^{3+} が SCN^- と錯体を形成するため血赤色の溶液になる。

答

問1 イオン化傾向の異なる2種類の金属を，電解質の水溶液をしみこませたろ紙の上に並べ導線で結んだことで，電池ができたから。

問2 (あ) 1→2　　(い) 1→2　　(う) 1→2　　(え) 2→1
　　 (お) 1→2

問3 鉄板からFe²⁺が溶け出し，ヘキサシアニド鉄（Ⅲ）酸イオンと濃青色の沈殿をつくった。

問4 負極，Fe ⟶ Fe²⁺ + 2e⁻

問5 正極，$O_2 + 2H_2O + 4e^- \longrightarrow 4OH^-$

問6 ブリキ：鉄よりもイオン化傾向の小さなスズが鋼板の腐食を防ぐ。
　　 トタン：鉄よりイオン化傾向の大きな亜鉛が酸化されて陽イオンとなることで，傷がついた鋼板の腐食を防ぐ。

標問 64 の解説

問1，2 表に与えられている4種類の金属を，イオン化傾向の大きい順に並べると，
$$Zn > Fe > Sn > Cu$$
となる。

　ここで，イオン化傾向の異なる2種類の金属板を電解質の水溶液に浸し，電池をつくった場合，イオン化傾向の大きい金属板が負極，イオン化傾向の小さい金属板が正極となる。電流の流れる方向は正極から負極になることから電流の向きを判断することができる。

(あ) $Zn > Fe$ なので，金属2のZnが負極，金属1のFeが正極となる。電流は，正極から負極に向かって流れるので 金属1 → 金属2 の方向に流れる。

(い) $Sn > Cu$ なので，金属2のSnが負極，金属1のCuが正極となる。したがって電流は，金属1 → 金属2 の方向に流れる。

(う) $Fe > Sn$ なので，金属2のFeが負極，金属1のSnが正極となる。したがって電流は，金属1 → 金属2 の方向に流れる。

(え) $Fe > Cu$ なので，金属1のFeが負極，金属2のCuが正極となる。したがって電流は，金属2 → 金属1 の方向に流れる。

(お) $Zn > Sn$ なので，金属2のZnが負極，金属1のSnが正極となる。したがって電流は，金属1 → 金属2 の方向に流れる。

問3〜5 炭素を微量に含む鉄板の表面に，ヘキサシアニド鉄（Ⅲ）酸カリウム $K_3[Fe(CN)_6]$ 水溶液とフェノールフタレインを含む3%食塩水を滴下する。

　しばらくすると，鉄板上の溶液のある部分に青色物質が生じ，液滴の一部が赤くなったことから鉄板上で起こった反応を推測することができる。

　まず，青色物質が生じたことから，この部分の鉄板からFe²⁺が溶け出し，

$K_3[Fe(CN)_6]$ と反応して濃青色の沈殿をつくったと判断できる。

　次に，液滴の一部が赤くなったことから，フェノールフタレインは塩基性で赤色になるので，溶液が塩基性になった，つまり OH^- が生成したことがわかる。

　ここで，OH^- がどのような反応によって生成したのか考えてみよう。問5の「青色物質を生じた結果，液中の酸素と水が反応したもの」という記述がヒントになる。$Fe \longrightarrow Fe^{2+} + 2e^-$ の反応によって生じた e^- が移動し，水滴に溶けた酸素 O_2 が受けとると次の反応が起こり，OH^- が生じる。

$$O_2 + 2H_2O + 4e^- \longrightarrow 4OH^-$$

　つまり，酸化反応と還元反応が別の場所で起こり，一種の電池を形成している。これを局部電池とよぶ。

　問題文中には，ある部分としか書いていないが，実際には酸素の供給量の少ない溶液の中央付近で青色の物質が生成し，供給量の多い周辺部分が赤色に変色する（次図）。

青色部分が負極，
赤色部分が正極となり，
電池を形成する。これを
局部電池という。

　その後，中央付近で生成した Fe^{2+} と周辺部分で生成した OH^- は拡散し接触すると，

$$Fe^{2+} + 2OH^- \longrightarrow Fe(OH)_2\downarrow（緑白色）$$

の反応が起こり $Fe(OH)_2$ の沈殿を生成する。この沈殿は酸化を受けやすいので，溶液中に溶けている酸素 O_2 により酸化され次第に赤褐色の水酸化鉄（Ⅲ）を生じ，これが徐々に水を失って，赤サビ（$Fe_2O_3 \cdot xH_2O$）に変化する。

問6　さびやすい金属の表面を，他の金属の薄膜で覆うことをめっきという。
　　鋼板（Fe）の表面にスズ Sn をめっきしたものをブリキという。

　イオン化傾向が Fe＞Sn であるため，傷がついていないブリキは鋼板だけのときよりもさびにくい。ところが，ブリキの表面に傷がついて Fe が露出すると，イオン化傾向の大きな Fe が Sn より先に Fe^{2+} となり Fe の腐食が進行し，めっきの効果がなくなる。

鋼板 (Fe) の表面に亜鉛 Zn をめっきしたものをトタンという。

トタンは，Zn の表面にできるち密な酸化被膜が酸素を遮断して Fe の腐食を防いでいる。また，傷がついて Fe が露出してもイオン化傾向は Zn>Fe であるため，イオン化傾向の大きな Zn が Fe より先に酸化されて Zn^{2+} となり，Fe の腐食を防ぐことができる。

答　〔Ⅰ〕問1　①　　問2　⑤　　問3　④　　問4　③　　問5　④
　　　〔Ⅱ〕問1　⑥　　問2　⑦

精講　混乱しやすい事項の整理

■単体

(1) **性質**

①　赤色の金属

②　融点 1083℃

③　希硝酸，濃硝酸，熱濃硫酸に溶ける。

$$\begin{cases} 3Cu + 8HNO_3\,(希硝酸) \longrightarrow 2NO + 3Cu(NO_3)_2 + 4H_2O \\ Cu + 4HNO_3\,(濃硝酸) \longrightarrow 2NO_2 + Cu(NO_3)_2 + 2H_2O \\ Cu + 2H_2SO_4 \longrightarrow SO_2 + CuSO_4 + 2H_2O \end{cases}$$

④　電気伝導性，熱伝導性が Ag の次に大きい。

(2) **用途**

①　導線，10 円硬貨，装飾品などに利用する。

②　合金として利用する。

名称	成分	用途
青銅（ブロンズ）	$Cu - Sn$	美術品
黄銅（真ちゅう）	$Cu - Zn$	楽器，5 円硬貨
白銅	$Cu - Ni$	50 円硬貨，100 円硬貨
洋銀	$Cu - Zn - Ni$	食器，時計
ジュラルミン	$Al - Cu - Mg$	航空機の機体

(3) **製法**　次ページの「■銅の電解精錬」参照。

■化合物

【1】 酸化銅（Ⅱ）CuO

(1) **性質**　①　黒色の固体

　　　　　②　水に溶けにくいが，酸と反応して溶ける。

$$CuO + 2H^+ \longrightarrow Cu^{2+} + H_2O$$

(2) **製法**　①　Cu を空気中で加熱する。

$$2Cu + O_2 \xrightarrow{加熱} 2CuO$$

　　　　　②　水酸化銅（Ⅱ）Cu(OH)_2 を加熱する。

$$Cu(OH)_2 \xrightarrow{加熱} CuO + H_2O$$

【2】 酸化銅（I）Cu_2O

(1) **性質** 赤色（または赤褐色）の固体

(2) **製法** ① フェーリング液をアルデヒドなどで還元する。

② CuO を 1000 ℃ 以上に加熱する。

$$4CuO \xrightarrow{\text{加熱}} 2Cu_2O + O_2$$

【3】 水酸化銅（II）$Cu(OH)_2$

(1) **性質** ① 青白色の固体

② 水に溶けにくいがアンモニア水を十分加えると溶ける。

$$Cu(OH)_2 + 4NH_3 \longrightarrow [Cu(NH_3)_4]^{2+} + 2OH^-$$
$$\text{（深青色）}$$

(2) **製法** Cu^{2+} を含む水溶液を塩基性にする。

$$Cu^{2+} + 2OH^- \longrightarrow Cu(OH)_2\downarrow$$

【4】 硫酸銅（II）五水和物 $CuSO_4 \cdot 5H_2O$

(1) **性質** ① 青色の結晶。次のように $[Cu(H_2O)_4]^{2+}$ と SO_4^{2-}，SO_4^{2-} や配位子の H_2O 分子と水素結合した H_2O 分子からなる。

② 加熱すると段階的に水和水がなくなる。

$CuSO_4$（白色）は，水に触れると再び $CuSO_4 \cdot 5H_2O$（青色）に戻るので，水の検出に用いる

【5】 オキシ炭酸銅（II）$CuCO_3 \cdot Cu(OH)_2$

(1) **性質** 緑色の固体

(2) **製法** 緑青ともよばれ，湿った空気中に Cu を放置すると生成する。

$$2Cu + CO_2 + H_2O + O_2 \longrightarrow CuCO_3 \cdot Cu(OH)_2$$

■銅の電解精錬

(1) **粗銅の生成**

銅の電解精錬をする前に，純度約 99 % 程度の粗銅を生成する必要がある。工業的には黄銅鉱を含む鉱石（黄銅鉱 $CuFeS_2$，他に SiO_2 などを含む），コークス C，石灰石 $CaCO_3$ などを溶鉱炉に入れて熱すると，硫黄分の一部は燃え，鉄分はケイ酸塩となり，硫化銅（I）Cu_2S が得られる。

$$2CuFeS_2 + 4O_2 + 2SiO_2 \longrightarrow Cu_2S + 2FeSiO_3 + 3SO_2$$ ← 参考程度にみるだけでよい

次に，炉の中で上に浮かぶ $FeSiO_3$（密度が Cu_2S より小さいため）をとり除き，分離した硫化銅（Ⅰ）Cu_2S を転炉に移し，強熱しながら空気を吹き込むと，その一部が酸化されて酸化銅（Ⅰ）Cu_2O と二酸化硫黄 SO_2 を生じる。

$$2Cu_2S + 3O_2 \longrightarrow 2Cu_2O + 2SO_2$$

このとき生じた酸化銅（Ⅰ）Cu_2O が未反応の硫化銅（Ⅰ）Cu_2S と反応し，二酸化硫黄 SO_2 の発生とともに銅 Cu が遊離する。

$$Cu_2S + 2Cu_2O \longrightarrow 6Cu + SO_2$$

ここで得られた銅は，純度約 99 % 程度の粗銅であり，不純物として鉄 Fe，ニッケル Ni，亜鉛 Zn，鉛 Pb，金 Au，銀 Ag などを含んでいる。また，上記の反応で生じた二酸化硫黄 SO_2 は硫酸製造に用いられる。

(2) 銅の電解精錬

この得られた純度約 99 % の粗銅を電気分解することにより，99.99 % 以上の高純度の銅に精錬する。この電気分解のことを電解精錬という。

粗銅板　純銅板
陽極泥　硫酸銅（Ⅱ）
（Ag, Au など）　水溶液

陽極　　　　　　　　　　　陰極
粗銅板　　　　　　　　　　純銅板
陽極泥　　硫酸酸性
（Ag, Au など）　硫酸銅（Ⅱ）水溶液

硫酸で酸性にした硫酸銅（Ⅱ）$CuSO_4$ 水溶液中で，陽極に粗銅，陰極には純銅を使って電気分解すると，陽極では銅 Cu が銅（Ⅱ）イオン Cu^{2+} となって溶け出し，陰極上には純銅が析出する。このとき，粗銅の中に含まれる金 Au や銀 Ag などの銅よりもイオン化傾向の小さい金属は，陽イオンにならずに単体のまま陽極の下に陽極泥として沈殿し，亜鉛 Zn，鉄 Fe，ニッケル Ni，鉛 Pb などの銅よりもイオン化傾向の大きい金属は，陽イオンになって溶け出して水溶液中に残る。ただし，鉛 Pb については Pb^{2+} として溶け出し，すぐに溶液中の SO_4^{2-} と反応して，難溶性の $PbSO_4$ となって金 Au や銀 Ag などといっしょに陽極泥の中に含まれる。

このようにして，陰極に純粋な銅を得ることができ，陽極泥の中から金 Au，銀 Ag などの貴金属を回収する。

Point 47　銅 Cu の電解精錬について

| 陽　極：粗銅 |
| 陰　極：純銅 |
| 電解液：硫酸銅（Ⅱ）水溶液 |

大 ← イオン化傾向 → 小

$$Zn,\ Fe,\ Ni > Cu > Ag,\ Au$$

陽イオンとなって溶液中に溶出　　陽極泥として沈殿

〔**Ⅰ**〕 問1 塩基性酸化物である CuO は，酸に溶ける。また，得られた溶液を濃縮させると $CuSO_4 \cdot 5H_2O$ が生じることから，試薬 R は希硫酸 H_2SO_4 になる。

$$O^{2-} + 2H^+ \longrightarrow H_2O$$

の両辺に Cu^{2+} と SO_4^{2-} をそれぞれ加えまとめる。

$$CuO + H_2SO_4 \longrightarrow \underbrace{CuSO_4} + H_2O$$

$\hookrightarrow$ 濃縮し，$CuSO_4 \cdot 5H_2O$（青色結晶 Q）を得る

問2 配位結合には非共有電子対が必要であり，SO_4^{2-} の S や H_2O の H には非共有電子対が存在しない。 精講 の $CuSO_4 \cdot 5H_2O$ の図も確認しておくこと。

問3 $CuSO_4 \cdot 5H_2O$（式量 250，結晶 Q）を 130℃ に加熱して得られる水和物を $CuSO_4 \cdot aH_2O$（式量 $160+18a$）とする。また，加熱後得られた $CuSO_4 \cdot aH_2O$ は $13.56-10.000=3.56$ g であり，$CuSO_4 \cdot 5H_2O$ 1 mol から $CuSO_4 \cdot aH_2O$ 1 mol が生じるので，次の式が成り立つ。

$$\underbrace{\frac{5.000}{250}}_{CuSO_4 \cdot 5H_2O \,[mol]} = \underbrace{\frac{3.56}{160+18a}}_{CuSO_4 \cdot aH_2O \,[mol]} \quad より，a=1$$

よって，得られたのは $CuSO_4 \cdot H_2O$ であり，$CuSO_4 \cdot 5H_2O$ 1 式量あたり 4 分子の H_2O がなくなったことがわかる。

問4 $CuSO_4 \cdot H_2O$ を 250℃ まで加熱したのち，ルツボに残った粉末は，$CuSO_4$ の白色粉末になる。

補足 $CuSO_4$ の分解は 250℃ では起こらない。解答群の色に，CuO の黒色がないことも手がかりにしたい。

$$CuSO_4 \xrightarrow{\text{約 600℃}} \underset{黒色}{CuO} + SO_3$$

問5 ルツボに残った粉末は $CuSO_4$ であり，この質量は $CuSO_4 \cdot 5H_2O$ 5.000 g 中に含まれている $CuSO_4$ の質量に相当する。

$$\underbrace{x}_{CuSO_4 \,[g]} = \underbrace{5.000}_{CuSO_4 \cdot 5H_2O \,[g]} \times \underbrace{\frac{160}{250}}_{CuSO_4 \,[g]} \quad より，x=3.2 \text{ g}$$

〔**Ⅱ**〕 問1 不純物として粗銅の中に含まれている Cu よりもイオン化傾向の大きな Zn, Fe, Ni は水溶液中に溶け出しイオンとなって存在するが，Cu よりもイオン化傾向の小さな Au, Ag はイオンにならずに単体のまま陽極泥に含まれる。

問2

y〔g〕溶け出す　　┌─ x〔g〕溶け出す　⊕ ⊖

| Zn | Fe | Ni | Cu | Ag | Au | 粗銅 | | 純銅 |

Zn²⁺　Fe²⁺　Ni²⁺　　　　　　　　　　Cu²⁺　　Cu²⁺(水溶液中)　　1000 mL

陽極泥(Ag, Au)0.34 g 沈殿　　　　0.0400 mol/L だけ減少

　粗銅の減少量 67.14 g の内訳は，イオンとなって溶け出した Cu, Zn, Fe, Ni と陽極泥に含まれる Au, Ag となる。ここで，溶け出した Cu を x〔g〕，Cu 以外の溶け出した Zn, Fe, Ni の合計を y〔g〕とすると，陽極泥の Au, Ag が 0.34 g なので，次の関係式が成立する。

$$67.14 \text{ g} = \underbrace{x\text{〔g〕}}_{Cu} + \underbrace{y\text{〔g〕}}_{Zn, Fe, Ni} + \underbrace{0.34 \text{ g}}_{Au, Ag} \quad \cdots ①$$

　次に，純銅の増加量 66.50 g の内訳について考える。ここで，水溶液中の銅(Ⅱ)イオン Cu^{2+} の濃度が減少していることに注意する。つまり，粗銅から溶け出した Cu に相当する x〔g〕だけが析出するのでなく，水溶液中に最初から存在していた銅(Ⅱ)イオン Cu^{2+} も電気分解によって陰極に析出したので，その濃度が減少している。

　水溶液中で減少した銅(Ⅱ)イオン Cu^{2+} に相当する物質量〔mol〕は，

$$0.0400 \times \frac{1000}{1000} = 0.0400 \text{ mol}$$

となり，水溶液中で減少した Cu^{2+} と同じ物質量〔mol〕に相当する Cu が析出する。その質量は，

$$\underbrace{0.0400}_{Cu\,〔mol〕} \times \underbrace{63.5}_{Cu\,〔g〕} = 2.54 \text{ g}$$

となる。この 2.54 g と粗銅から溶け出した Cu に相当する x〔g〕が陰極に析出するので，次の関係式が成立する。

$$\underbrace{66.50 \text{ g}}_{析出した純銅} = 2.54 \text{ g} + x\text{〔g〕} \quad \cdots ②$$

　②式より，$x = 63.96$ g となり，この値を①式に代入すると $y = 2.84$ g となる。

　よって，溶け出した不純物 Zn, Fe, Ni の合計質量は，2.84 g となる。

答

問1　ア：同族　　イ：陽　　ウ：価電子　　エ：両性

問2　(a)　$Zn + 2H^+ \longrightarrow Zn^{2+} + H_2$

　　　(b)　$Zn^{2+} + 2OH^- \longrightarrow Zn(OH)_2$

　　　(c)　$Zn(OH)_2 + 2OH^- \longrightarrow [Zn(OH)_4]^{2-}$

問3　(i)　アンモニア水を十分に加える。

　　　(ii)　塩酸を加えて強酸性にしたのち，硫化水素を加える。

問4　(i)　水銀は水素よりイオン化傾向が小さく，銀より大きい。

　　　(ii)　水銀の沸点が銀より低い。

精講　混乱しやすい事項の整理

　亜鉛 Zn，カドミウム Cd，水銀 Hg は，12族の遷移元素で融点が低い重金属[※1]である。

> ※1　重金属とは，密度が $4\,g/cm^3$ 以上の金属である。これに対し，$4\,g/cm^3$ 以下の金属を軽金属という。

■単体

【1】　**亜鉛 Zn**

①　銀白色のやわらかい金属で，融点は $420\,℃$ である。

②　イオン化傾向が比較的大きく，単体は高温の水蒸気や酸と反応し水素が発生する。

$$\begin{cases} Zn + H_2O\,(気) \xrightarrow{\text{高温}} ZnO + H_2\uparrow \\ Zn + 2H^+ \longrightarrow Zn^{2+} + H_2\uparrow \end{cases}$$

③　酸の水溶液とも，強塩基の水溶液とも反応し，水素が発生する（このような金属を両性金属という）。

$$Zn + 2OH^- + 2H_2O \longrightarrow [Zn(OH)_4]^{2-} + H_2\uparrow$$

④　コークス（主成分 C）を用いて，酸化亜鉛を高温で還元すると得られる。

$$ZnO + C \xrightarrow{\text{高温}} Zn + CO$$

⑤　ダニエル電池，マンガン乾電池などの負極活物質に用いる。

【2】　**水銀 Hg**

①　銀白色の金属で融点は $-39\,℃$，沸点は $357\,℃$ であり，常温常圧では液体である。

②　白金，マンガン，鉄，コバルト，ニッケルなどを除く多くの金属と合金をつくる。これをアマルガムという。

③　水素よりイオン化傾向が小さく，硝酸，熱濃硫酸には酸化されるが，塩酸や希硫酸には溶けない。

■化合物

【1】　**酸化亜鉛 ZnO**

①　白色物質で，水には溶けにくい。亜鉛華とよばれる。

② 酸や強塩基の水溶液に溶ける (このような酸化物を両性酸化物という)。

$$\begin{cases} ZnO + 2H^+ \longrightarrow Zn^{2+} + H_2O \\ ZnO + H_2O + 2OH^- \longrightarrow [Zn(OH)_4]^{2-} \end{cases}$$

【2】 水酸化亜鉛 Zn(OH)₂

① 白色物質で，水には溶けにくい。

② 亜鉛イオンを含む水溶液に，少量の塩基を加えると生じる。

③ 加熱すると酸化亜鉛が生じる。

$$Zn(OH)_2 \xrightarrow{\text{加熱}} ZnO + H_2O$$

④ アンモニア水を十分に加えると溶ける。

$$Zn(OH)_2 + 4NH_3 \longrightarrow [Zn(NH_3)_4]^{2+} + 2OH^-$$

⑤ 酸の水溶液や強塩基の水溶液に溶ける (このような酸化物を両性水酸化物という)。

$$\begin{cases} Zn(OH)_2 + 2H^+ \longrightarrow Zn^{2+} + 2H_2O \\ Zn(OH)_2 + 2OH^- \longrightarrow [Zn(OH)_4]^{2-} \end{cases}$$

【3】 硫化亜鉛 ZnS

① 白色物質で，水には溶けにくいが希塩酸や希硫酸などの強酸には溶ける。

$$ZnS + 2H^+ \longrightarrow Zn^{2+} + H_2S$$

② 亜鉛イオンを含む水溶液を中〜塩基性にし，硫化水素を吹き込むと生じる。

$$Zn^{2+} + H_2S \longrightarrow ZnS\downarrow + 2H^+$$

③ 蛍光塗料に用いられる。

【4】 硫化カドミウム CdS

① 黄色物質で，水にも強酸にも溶けにくい。

② 黄色顔料に用いられる。

【5】 硫化水銀(Ⅱ) HgS

① 水銀(Ⅱ)イオンを含む水溶液に硫化水素を吹き込むと，黒色沈殿として生じる。

$$Hg^{2+} + H_2S \longrightarrow HgS\downarrow + 2H^+$$

② ①の黒色沈殿を昇華すると赤色に変化し，これは朱色の顔料に用いられる。

【6】 水銀 Hg の塩化物

塩化水銀(Ⅰ) Hg_2Cl_2	水銀(Ⅰ)イオン Hg_2^{2+} を含む水溶液に塩化物イオンを加えると，白色沈殿として生じる。甘コウという。
塩化水銀(Ⅱ) $HgCl_2$	水によく溶ける。昇コウという。

標問 66 の解説

問1, 2 亜鉛は原子番号30で，電子配置はK殻(2) L殻(8) M殻(18) N殻(2)である。最外殻電子が価電子ウとなり，2価の陽イイオンとなる。

$$Zn \longrightarrow Zn^{2+} + 2e^-$$

カドミウムと水銀は，亜鉛と同族ア元素である。

亜鉛は水素よりイオン化傾向が大きく，塩酸や希硫酸に水素を発生しながら溶解する。

$$Zn + 2H^+ \longrightarrow Zn^{2+} + H_2\uparrow$$

ここに，水酸化ナトリウム水溶液を加えると，最初は白色沈殿が生じる。

$$Zn^{2+} + 2OH^- \longrightarrow Zn(OH)_2\downarrow$$

水酸化亜鉛は両性水酸化物であるため，水酸化ナトリウム水溶液をさらに加えると錯イオンを形成し溶解する。

$$Zn(OH)_2 + 2OH^- \longrightarrow [Zn(OH)_4]^{2-}$$

問3 (i) Al^{3+}，Zn^{2+} ともに両性金属のイオンなので，水酸化ナトリウム水溶液では分離できない。

※2 ▨ 沈殿 ▨ 溶液中

$$\begin{array}{ccccc} Zn^{2+} & \xrightarrow[\text{少量}]{NaOHaq} & Zn(OH)_2 & \xrightarrow[\text{十分量}]{NaOHaq} & [Zn(OH)_4]^{2-} \\ Al^{3+} & & Al(OH)_3 & & [Al(OH)_4]^- \end{array}$$ ※2

Zn^{2+} は NH_3 と錯イオンを形成するので，アンモニア水を十分加えて分離する。

$$\begin{array}{ccccc} Zn^{2+} & \xrightarrow[\text{少量}]{NH_3aq} & Zn(OH)_2 & \xrightarrow[\text{十分量}]{NH_3aq} & [Zn(NH_3)_4]^{2+} \\ Al^{3+} & & Al(OH)_3 & & Al(OH)_3 \end{array}$$

注 中〜塩基性下で H_2S を加えると，ZnS の沈殿とともに $Al(OH)_3$ が沈殿する。$Al(OH)_3$ の溶解度積（$[Al^{3+}][OH^-]^3 \fallingdotseq 10^{-33}$ $(mol/L)^4$）は非常に小さな値であり，$[Al^{3+}]=1\times10^{-2}$〔mol/L〕程度なら中〜塩基性下では $Al(OH)_3$ が沈殿するのである。

(ii) Cd^{2+} と Zn^{2+} を含む水溶液から Cd^{2+} のみを硫化物として分離するには，水溶液を強酸性にし，硫化物イオン濃度 $[S^{2-}]$ を小さくすれば，溶解度の小さな CdS のみ沈殿する。※3 そこで塩酸を加えたあと，硫化水素を加える。

※3 溶解度積〔$(mol/L)^2$〕は，
$[Cd^{2+}][S^{2-}] \fallingdotseq 10^{-28}$
$[Zn^{2+}][S^{2-}] \fallingdotseq 10^{-23}$

$$\begin{array}{ccc} Cd^{2+} & \xrightarrow[\ ]{\text{塩酸} \quad H_2S} & CdS \text{（黄色）}\downarrow \\ Zn^{2+} & & Zn^{2+} \end{array}$$

問4 (i) Hg は H_2 よりイオン化傾向が小さいため，次の反応は起こらない。

$$Hg + 2H^+ \underset{\text{起こらない}}{\xrightarrow{\quad\times\quad}} Hg^{2+} + H_2$$

ただし，イオン化傾向が Ag より大きいため，硝酸のような酸化力の強い酸には溶ける。

(ii) 水銀は多くの金属と合金をつくり，これをアマルガムという。水銀は沸点が357℃と低いため，アマルガムから水銀を分離するには，加熱して水銀のみを蒸発させればよい。

答　〔Ⅰ〕　問1　(a)　$2Al + 6HCl \longrightarrow 2AlCl_3 + 3H_2$

(b)　$2Al + 2NaOH + 6H_2O \longrightarrow 2Na[Al(OH)_4] + 3H_2$

問2　$Al^{3+} + 3OH^- \longrightarrow Al(OH)_3$

問3　$Al(OH)_3 + NaOH \longrightarrow Na[Al(OH)_4]$

問4　テルミット反応（またはテルミット法）

〔Ⅱ〕　問5　陽極：（A が生じる反応）$C + O^{2-} \longrightarrow CO + 2e^-$

（B が生じる反応）$C + 2O^{2-} \longrightarrow CO_2 + 4e^-$

陰極：$Al^{3+} + 3e^- \longrightarrow Al$

問6　(1)　108 g　　(2)　36 g

精講 混乱しやすい事項の整理

　アルミニウム Al は 13 族の元素で，3 つの価電子をもち 3 価の陽イオンになりやすい。

■単体

① 軽くてやわらかい軽金属で，延性・展性に富む。

② 少量の銅，マグネシウムなどとの合金をジュラルミンといい，航空機の機体などに利用される。

③ 両性金属で，酸や強塩基の水溶液と反応し，水素が発生する。ただし，濃硝酸には不動態になり溶けない。

④ 常温では水と反応しにくいが，高温の水蒸気と反応する。

$$2Al + 3H_2O \xrightarrow{\text{高温}} Al_2O_3 + 3H_2$$

⑤ 表面にち密な酸化アルミニウムの被膜をつけた製品をアルマイトという。

⑥ 工業的には，ボーキサイトを原料にし，精製して得られる酸化アルミニウム（アルミナ）を氷晶石 Na_3AlF_6 とともに溶融塩電解することで製造する。

■化合物

【1】 酸化アルミニウム Al_2O_3

① 白色の粉末であり，水には溶けないが，酸や強塩基の水溶液には溶解する両性酸化物である。

$$\begin{cases} Al_2O_3 + 6H^+ \longrightarrow 2Al^{3+} + 3H_2O \\ Al_2O_3 + 2OH^- + 3H_2O \longrightarrow 2[Al(OH)_4]^- \end{cases}$$

② アルミナともよばれる。ルビーやサファイアは酸化アルミニウムを主成分とする結晶であり，ルビーには Cr，サファイアには Fe や Ti が含まれる。

【2】 水酸化アルミニウム $Al(OH)_3$

① 白色の沈殿で，酸や強塩基の水溶液には溶解する両性水酸化物である。

$$\begin{cases} Al(OH)_3 + 3H^+ \longrightarrow Al^{3+} + 3H_2O \\ Al(OH)_3 + OH^- \longrightarrow [Al(OH)_4]^- \end{cases}$$

② 強熱すると酸化アルミニウムになる。

$$2Al(OH)_3 \xrightarrow{\text{加熱}} Al_2O_3 + 3H_2O$$

【3】 (カリウム) ミョウバン

① 組成式 $AlK(SO_4)_2 \cdot 12H_2O$ で表される正八面体の無色の結晶で，**複塩**の一種である。

② 水溶液は次の加水分解により，**弱酸性**を示す。

$$[Al(H_2O)_6]^{3+} + H_2O \rightleftharpoons [Al(OH)(H_2O)_5]^{2+} + \underline{H_3O^+}$$

標問 67 の解説

〔Ⅰ〕 問1 (a) アルミニウムは水素よりイオン化傾向が大きい。

$$Al + 3H^+ \longrightarrow Al^{3+} + \frac{3}{2}H_2$$

両辺に $3Cl^-$ を加えて整理し，両辺を 2 倍する。

$$2Al + 6HCl \longrightarrow 2AlCl_3 + 3H_2$$

(b) $\underset{0 \longrightarrow +3}{\underline{Al}}$ が $[Al(OH)_4]^-$ へと酸化されるのと同時に，$\underset{+1 \longrightarrow 0}{\underline{H_2O}}$ が還元されて $\underline{H_2}$ が生じる。

$$\begin{cases} \text{還元剤：} Al + 4OH^- \longrightarrow [Al(OH)_4]^- + 3e^- & \cdots① \\ \text{酸化剤：} 2H_2O + 2e^- \longrightarrow H_2 + 2OH^- & \cdots② \end{cases}$$

①式×2＋②式×3 より，

$$2Al + 2OH^- + 6H_2O \longrightarrow 2[Al(OH)_4]^- + 3H_2$$

両辺に $2Na^+$ を加えて整理する。

$$2Al + 2NaOH + 6H_2O \longrightarrow 2\underset{\substack{\text{テトラヒドロキシド} \\ \text{アルミン酸ナトリウム}}}{Na[Al(OH)_4]} + 3H_2$$

問2 $Al^{3+} + 3OH^- \longrightarrow Al(OH)_3\downarrow$

問3 $Al(OH)_3 + OH^- \longrightarrow [Al(OH)_4]^-$

両辺に Na^+ を加えて整理する。

$$Al(OH)_3 + NaOH \longrightarrow Na[Al(OH)_4]$$

問4 アルミニウムはイオン化傾向が大きく，酸素との親和性が強い。この性質を利用して，鉄，クロム，コバルトなどの酸化物を還元して，単体を得ることができる。

$$2Al + Fe_2O_3 \longrightarrow Al_2O_3 + 2Fe \quad \Delta H = -852\,kJ$$

　発熱量が大きく高温になるため，生じる金属の単体は融解した状態で得られ，溶接などに用いられる。このようにアルミニウムを用いて金属酸化物を還元して金属単体を得る方法をテルミット反応 (あるいはテルミット法) という。テルミットとはアルミニウムと金属酸化物の粉末混合物をさす。この方法は 1894 年にドイツの化学者ハンス・ゴールドシュミットによって開発された。

〔Ⅱ〕 問5 単体のアルミニウム Al は，ボーキサイト (主成分 $Al_2O_3 \cdot nH_2O$) を濃い水酸化ナトリウム NaOH 水溶液で化学的に処理し，得られる純粋な酸化アルミニウム

Al_2O_3(別名アルミナ)を溶融塩電解して製造する。

【酸化アルミニウム Al_2O_3 までの工程】

ボーキサイトから純粋な Al_2O_3 を得るまでの工程は次のようになる。

ボーキサイト (不純物 Fe_2O_3 など)	(i) Fe_2O_3 沈殿物	ろ液 $[Al(OH)_4]^-$	(ii)	沈殿物 $Al(OH)_3$	(iii)	アルミナ Al_2O_3

(ⅰ) 原料であるボーキサイトを，濃 NaOH 水溶液に加熱溶解させる。このとき，Al_2O_3 は両性酸化物，Fe_2O_3 は塩基性酸化物なので，強塩基の NaOH とは両性酸化物である Al_2O_3 だけが次のように反応し，$[Al(OH)_4]^-$ をつくって溶解する。

$$Al_2O_3 + 2NaOH + 3H_2O \longrightarrow 2Na[Al(OH)_4]$$

この化学反応式は次のように分けて考えるとよい。

$$Al_2O_3 \longrightarrow 2Al^{3+} + 3O^{2-} \quad \cdots ①$$
$$Al^{3+} + 4OH^- \longrightarrow [Al(OH)_4]^- \cdots ②$$
$$O^{2-} + H_2O \longrightarrow 2OH^- \quad \cdots ③$$

①式＋②式×2＋③式×3，両辺に $2Na^+$ を加えて，化学反応式をつくることができる。

塩基と反応しない Fe_2O_3 などの不純物は，得られた水溶液をろ過することで除くことができる。

(ⅱ) 得られたろ液に，多量の水を加えて水溶液の pH を下げる，つまり OH^- の濃度を小さくすると，ルシャトリエの原理より次の可逆反応が右に移動し $Al(OH)_3$ の沈殿が生成する。

$$[Al(OH)_4]^- \rightleftarrows Al(OH)_3 + OH^-$$

(ⅲ) $Al(OH)_3$ の沈殿を加熱し，純粋な Al_2O_3(アルミナ)をつくる。

$$2Al(OH)_3 \longrightarrow Al_2O_3 + 3H_2O$$

【溶融塩電解(融解塩電解)】

これら(ⅰ)〜(ⅲ)の工程を経て，得られた純粋な酸化アルミニウム Al_2O_3(アルミナ)を加熱し融解させ，その溶液の中で電気分解(溶融塩電解)する。

> 補足　ここで，Al^{3+} を含む水溶液を電気分解しても，Al はイオン化傾向が大きいので陰極では H_2O が還元されて H_2 が発生し，Al を得ることはできない。

純粋な Al_2O_3(アルミナ)の融点は約 2000℃ と非常に高いため，融点の低い氷晶石(主成分 Na_3AlF_6)を融解して溶媒とし，ここに Al_2O_3 を溶解することで，約 1000℃ というより低い温度で電気分解ができる。

$$Al_2O_3 \longrightarrow 2Al^{3+} + 3O^{2-}$$

この融解液を陽極，陰極のどちらにも炭素 C を使って電気分解すると，陰極では融解液中の Al^{3+} が還元され Al となり電解槽の底に沈む。

陰極での反応：$Al^{3+} + 3e^- \longrightarrow Al$

陽極では，融解液中の O^{2-} が反応するが，非常に高い温度で溶融塩電解しているので発生した O_2 がただちに陽極の炭素 C と反応して，一酸化炭素 CO や二酸化炭素 CO_2 が生成する。

　これは，酸化物イオン O^{2-} が酸化されて生じた酸素原子が，高温下で炭素を酸化するからである。

$$O^{2-} \longrightarrow O + 2e^- \quad \cdots ④$$

$$\begin{cases} C + O \longrightarrow CO & \cdots ⑤ \\ C + 2O \longrightarrow CO_2 & \cdots ⑥ \end{cases}$$

④式＋⑤式より，CO が生成するときの反応は，

$$\underline{C + O^{2-} \longrightarrow CO + 2e^-}$$

④式×2＋⑥式より，CO_2 が生成するときの反応は，

$$\underset{\sim}{C + 2O^{2-} \longrightarrow CO_2 + 4e^-}$$

CO がさらに酸化されると CO_2 となるので，A が CO，B が CO_2 となる。

問6　(1)　流れた電子の物質量は，

$$\frac{1.158 \times 10^6 \ \cancel{C}}{9.65 \times 10^4 \ \cancel{C}/mol} = 12 \ mol$$

である。よって，生じた Al の質量〔g〕は，Al＝27 より，

$$12 \underset{\overline{mol(e^-)}}{\Big|} \times \underset{\overline{mol(Al)}}{\frac{1 \ mol \, (Al)}{3 \ mol \, (e^-)}} \times \underset{g(Al)}{27 \ g/\cancel{mol}} \Big| = 108 \ g$$

(2)　CO が 1 mol 生じるときは e^- が 2 mol，CO_2 が 1 mol 生じるときは e^- が 4 mol 流れる。CO と CO_2 の物質量比が 1：1 なので，x〔mol〕ずつ生じたとすると，流れた e^- が 12 mol なので，

$$x \, \underset{}{[\cancel{mol(CO)}]} \times \frac{2 \ mol \, (e^-)}{1 \ \cancel{mol(CO)}} + x \, [\cancel{mol(CO_2)}] \times \frac{4 \ mol \, (e^-)}{1 \ \cancel{mol(CO_2)}} = 12$$

よって，　$x = 2$

　したがって，CO が生成する反応によって生じる Al の質量〔g〕は，Al＝27 より，

$$2 \ \cancel{mol(CO)} \times \frac{2 \ mol \, (e^-)}{1 \ \cancel{mol(CO)}} \underset{\overline{mol(e^-)}}{\Big|} \times \underset{mol(Al)}{\frac{1 \ mol \, (Al)}{3 \ \cancel{mol(e^-)}}} \times \underset{g(Al)}{27 \ g/\cancel{mol}} \Big|$$

　$-36 \ g$

答
問1　ア：同素体　イ：3　ウ：移動　エ：もつ
　　　オ：ファンデルワールス力　カ：4　キ：正四面体　ク：硬い
　　　ケ：もたない
問2　358 kJ/mol　問3　1.71 g/cm³

精講　混乱しやすい事項の整理

　炭素の単体にはいくつかの同素体が存在し，古くはダイヤモンド，黒鉛（グラファイト），無定形炭素（ススなど）があり，近年発見されたものとしてフラーレン（球状分子の総称），カーボンナノチューブ，グラフェンなどがある。ダイヤモンドと黒鉛の性質は高校化学ではとくに大切である。

■単体

同素体	性質
ダイヤモンド	非常に硬い無色の結晶で，熱伝導性は非常に大きいが，電気伝導性はほとんどない。
黒鉛（グラファイト）	黒色の金属光沢をもつ結晶で，はがれやすい。価電子の一部が平面上を動けるため，面方向に大きな電気伝導性をもつ。

■化合物

化学式	構造式	性質
二酸化炭素 CO_2	O=C=O	常温常圧で無色・無臭の気体で，水にわずかに溶けて酸性を示す。
一酸化炭素 CO	$^-C≡O^+$ ^-C, O^+ はともに N と同じ電子配置	常温常圧で無色・無臭の気体で，水には溶けにくい。血液中のヘモグロビンに吸着し，酸素の運搬を阻害する。

標問 68 の解説

問1　同じ元素でできた単体のうち，性質が異なる単体どうしを互いに同素体という。炭素の同素体の1つである黒鉛（グラファイト）は，炭素原子の共有結合によってできた正六角形網目状の平面構造が，ファンデルワールス力で積み重なったような構造をもつ。[※1]

ファンデルワールス力

黒鉛（グラファイト）

　黒鉛（グラファイト）を構成する1枚の平面構造をグラフェンといい，ナノ炭素材料として研究開発が進められている。

　黒鉛（グラファイト）やグラフェンでは，1つの炭素原子が3つの炭素原子と共有結合し，残った価電子が平面構造上を移動できるため，電気伝導性をもつ。

ダイヤモンドは，1つの炭素原子が4 <u>つの炭素原子</u>と共有結合し，それらが<u>正四面体</u>の頂点方向に配置された共有結合の結晶で非常に硬い。^{※2}<u>電気伝導性をほとんどもたない</u>が，<u>熱運動が三次元的に伝搬しやすいため熱伝導性が大きい</u>。

　カーボンナノチューブ^{※3}は，日本で開発された炭素の同素体の1つで，グラフェンを丸めて円筒状にした構造をもつ。単位断面積あたりの硬さは鋼鉄の100倍以上といわれ，太さやねじれ具合で電気伝導性が変化する。

　フラーレンは，多数の炭素原子からなる中心が空洞の球状分子の総称である。最初に発見されたフラーレンC_{60}^{※4}は，60個の炭素原子が単結合と二重結合をくり返し，サッカーボール状の対称性の高い形をしている。フラーレンの結晶は電気伝導性をもたないが，アルカリ金属を添加したものが超伝導性を示すことが知られている。

※2

ダイヤモンド

※3

カーボンナノチューブ

※4
$C=$ が繰り返している

C_{60} フラーレン

※5　C が 1 mol あり，$-\overset{|}{C}-$ の $-$ が 4 mol あると，$C{:}{:}{:}{:}{:}C$ で C–C 結合が 1 つできるので，C–C 結合は $\frac{4}{2}=2$ mol となる。

※6　矢印の向きをそろえるため，
CO_2（気）$\longrightarrow$ C（ダイヤモンド）$+O_2$ $\Delta H=395$ kJ
と逆向きの反応を考える。

※7

C_{60} 分子

問2　ダイヤモンドのC–C結合の結合エネルギーをE_{C-C}〔kJ/mol〕とする。1 mol のC原子からなるダイヤモンドは4 mol の価電子があり，2 mol のC–C結合をもつ。^{※5}
C（ダイヤモンド）$+ O_2$（気）$\longrightarrow CO_2$（気）$\Delta H=-395$ kJ
と，結合エネルギーの値をもとにエネルギー図をつくると，

　ヘスの法則より，
　　$395+E_{C-C}\times2+498=804\times2$
　よって，　$E_{C-C}\fallingdotseq358$ kJ/mol

問3　C_{60} の結晶は，ファンデルワールス力で C_{60} 分子が集まった分子結晶で，下線部より，面心立方格子をとる。^{※7}単位格子内の C_{60} 分子数は，

$$\underset{\text{頂点}}{\frac{1}{8}\times8}+\underset{\text{面の中心}}{\frac{1}{2}\times6}=4$$

であるから，1 辺 1.41×10^{-7} cm の立方体に C_{60} 分子（分子量 720）が 4 分子含まれるので，結晶の密度〔g/cm³〕は，

$$密度〔\text{g/cm}^3〕=\frac{\frac{720}{6.02\times10^{23}}\times4}{(1.41\times10^{-7})^3}\fallingdotseq1.71 \text{ g/cm}^3$$

答

問1 ア：共有　イ：半導体　ウ：光ファイバー　エ：ケイ酸ナトリウム
　　オ：炭化ケイ素（またはカーボランダム）　あ：⑩　い：①　う：⑬

問2 $x = 0.23\,nm$　$y = 2.4\,g/cm^3$

問3 (b)　$SiO_2 + Na_2CO_3 \longrightarrow Na_2SiO_3 + CO_2$

　　(c)　$Na_2SiO_3 + 2HCl \longrightarrow H_2SiO_3 + 2NaCl$

問4 多孔質で表面積が極めて大きく，その表面に親水性のヒドロキシ基
　　を多くもつから。(38字)

問5 (A)　$SiO_2 + 2C \longrightarrow Si + 2CO$

　　(B)　$SiO_2 + 3C \longrightarrow SiC + 2CO$

問6 $SiO_2 + 2Mg \longrightarrow Si + 2MgO$

問7 (C)　$SiO_2 + 4HF \longrightarrow SiF_4 + 2H_2O$

　　(D)　$SiO_2 + 6HF \longrightarrow H_2SiF_6 + 2H_2O$

精講 混乱しやすい事項の整理

■単体

　ケイ素 Si の単体は，ダイヤモンドと同じ構造をもつ灰色で金属
光沢がある共有結合の結晶である。硬くて融点が高く，金属と非
金属の中間の電気伝導性をもつ。また，高純度の結晶は半導体の
材料としてコンピュータの IC（集積回路）や太陽電池などに使わ
れる。

　ケイ素 Si の単体は，自然界には存在しないので，ケイ素の酸化
物である二酸化ケイ素 SiO_2 をコークス C で還元して得られる。

　　　$SiO_2 + 2C \longrightarrow Si + 2CO$

Si 原子

ケイ素 Si

Point 48 ケイ素は，ダイヤモンドと同じ構造をもち，硬くて融点が高い。半導体
の材料として利用。

■化合物

【1】 二酸化ケイ素 SiO_2

　二酸化ケイ素 SiO_2 はシリカともよばれ，石英やケイ砂（石英が砂
状になったもの），水晶（石英の透明な結晶）などとして天然に存在
している。これらの結晶は，立体的な網目構造をもつ共有結合の結
晶で，硬く，融点も高い。

SiO_2 の構造

① 塩基との反応

　酸性酸化物の二酸化ケイ素 SiO_2 を水酸化ナトリウム NaOH や炭酸ナトリウム

Na_2CO_3 のような塩基とともに加熱すると，ケイ酸ナトリウム Na_2SiO_3 が得られる。ここでは，NaOH との反応式（Na_2CO_3 との反応は問3の 解説 参照）をつくってみる。

この関係をイオン反応式で表すと，

$$SiO_2 + 2OH^- \longrightarrow SiO_3^{2-} + H_2O$$

となり，両辺に $2Na^+$ を加えて，

$$SiO_2 + 2NaOH \longrightarrow Na_2SiO_3 + H_2O$$

② シリカゲル

ケイ酸ナトリウム Na_2SiO_3 に水を加えて加熱すると，粘性の大きな水あめ状の液体である水ガラスが得られ，水ガラスの水溶液に塩酸 HCl を加えるとケイ酸 H_2SiO_3 が析出する。

$$SiO_3^{2-} + 2HCl \longrightarrow H_2SiO_3 + 2Cl^- \quad （弱酸の遊離）$$

両辺に $2Na^+$ を加えて，

$$Na_2SiO_3 + 2HCl \longrightarrow H_2SiO_3 + 2NaCl$$

ケイ酸 H_2SiO_3 を加熱し脱水したものをシリカゲルといい，多孔質で水蒸気や他の気体分子などを吸着するので，乾燥剤や吸着剤として使われる。

③ フッ化水素やフッ化水素酸との反応

フッ化水素やフッ化水素酸（フッ化水素の水溶液）は，ガラスや石英の主成分である二酸化ケイ素 SiO_2 とは，それぞれ次のように反応し SiO_2 を溶かす。

$$SiO_2 + 4HF \longrightarrow SiF_4 + 2H_2O$$
フッ化水素　　四フッ化ケイ素

$$SiO_2 + 6HF \longrightarrow H_2SiF_6 + 2H_2O$$
フッ化水素酸　　ヘキサフルオロケイ酸

SiO_2 と反応するので，HF はくもりガラスの製造やガラスの目盛りつけに利用される。また，フッ化水素酸はガラスを溶かすので，保存するときにはポリエチレン製の容器を使う。

Point 49

① SiO_2 は，石英，ケイ砂，水晶として天然に存在し，硬く，融点が高い。
② SiO_2 を NaOH や Na_2CO_3 とともに加熱し Na_2SiO_3 を生成させ，次のようにシリカゲルを得る。

$$Na_2SiO_3 \xrightarrow{水} 水ガラス \xrightarrow{HCl} H_2SiO_3 \xrightarrow{加熱・脱水} シリカゲル$$

③ フッ化水素酸は，ガラスを溶かすのでポリエチレン製の容器で保存する。

次にケイ酸塩工業（または窯業）を見ていこう。ケイ酸塩工業とは，粘土，ケイ砂などに含まれるケイ酸塩を使い，ガラス，陶磁器，セメントなどのセラミックス（窯業製品）をつくる工業のことをいう。

【2】 ガラス

ガラスは，構成粒子の配列に規則性をもたない固体で非晶質（アモルファス）とよばれ，決まった融点を示さず，ある温度幅で軟化する。用途により金属酸化物を加えて着色したり，原料を使い分けて耐熱性・耐薬品性をもたせたりする。

① ソーダ石灰ガラス

ふつうのガラスであるソーダ石灰ガラス（ソーダガラス）は，ケイ砂 SiO_2 を炭酸ナトリウム（炭酸ソーダ）Na_2CO_3 や石灰石 $CaCO_3$ とともに高温で融解させた後，冷却してつくられ，窓ガラスやガラスびんなどに使われる。ソーダ石灰ガラスは，Si と O がつくる正四面体が不規則につながった立体網目構造の中に，Na^+ や Ca^{2+} などが入り込んだ構造をもっている。

② 石英ガラス

二酸化ケイ素 SiO_2 を加熱・融解し，急激に冷やしてできるものを石英ガラスという。石英ガラスは，耐熱ガラスとして実験器具などに利用される。また，不純物を減らし透明度を高めた石英ガラスを長い繊維状にし，屈折率を変化させて光が逃げないように工夫したものを光ファイバーといい，光通信に利用されている。

結晶質	非晶質（アモルファス）	
石英	ソーダ石灰ガラス	石英ガラス
ケイ素 酸素	ナトリウムイオン	

【3】 セメント

　石灰石 $CaCO_3$，粘土 (SiO_2, Al_2O_3 など) などの原料を粉砕し混ぜ合わせ，加熱し焼結 (粒子が互いに接着して固まること) させると塊 (クリンカー) が生じる。これに，少量のセッコウ $CaSO_4 \cdot 2H_2O$ を加えて微粉砕した混合物をポルトランドセメント (セメント) という。セメントに水を加えて練ると，発熱しながら水と反応し，しだいに固まる。セッコウはセメントが急激に固まるのを防いでいる。

　セメントに砂と砂利を混ぜたものをコンクリートという。コンクリートは，圧縮には強いが，引っぱる力には弱いので，逆の性質をもつ鉄をコンクリートと組み合わせると，互いの弱点を補った鉄筋コンクリートができる。

Point 50

> ケイ酸塩工業とは，ガラス，陶磁器，セメントなどのセラミックスをつくる工業。
>
> ├ ソーダ石灰ガラス (ふつうのガラス) ➡ SiO_2 ＋ Na_2CO_3 ＋ $CaCO_3$
> └ 石英ガラス ➡ SiO_2 を加熱・融解し，急冷してできる。

標問 69 の解説

問 1, 3～7　Si は地殻中では，O の次に存在率 (質量％) の高い元素で，その順は O＞Si＞Al＞Fe＞… になる。Si の単体は天然に存在せず，ダイヤモンドと同様の構造をもつ共有結合結晶である。

　高純度の Si はわずかに電気伝導性をもつ半導体 の性質をもつ。Si の結晶中に，15 族元素のリン P やヒ素 As を少量加えた半導体を n 型半導体という。n 型の n は，negative (負 (マイナス)) を表す。·P· や ·As· が ·Si· と共有結合すると 1 個の価電子が余り，余った電子が自由電子と同じように電気を運ぶ。[※1]

※1　窒素 N も 15 族元素だが，N と Si の化合物である窒化ケイ素 Si_3N_4 はファインセラミックスとしてタービンなどに使われる。

　Si の結晶中に，13 族元素のホウ素 B やアルミニウム Al を少量加えた半導体を p 型半導体という。p 型の p は，positive (正 (プラス)) を表す。·B· や ·Al· が ·Si· と結合すると 1 個の電子が不足し，ホール (正孔) ができ，これが電気を運ぶ。

　高純度の SiO_2 を繊維化し，光通信に利用されるものは光ファイバー とよばれる。SiO_2 の粉末を Na_2CO_3 と強熱し，融解するとケイ酸ナトリウム Na_2SiO_3 が生成する。この化学反応式は，次のように分けて考えるとよい。

　$CO_3{}^{2-}$ を加熱すると，O^{2-} と CO_2 に分解する。

　　　$CO_3{}^{2-} \longrightarrow O^{2-} + CO_2$　…①　← $O=C\overset{O}{\underset{\boxed{O}}{}} \to O=C=O$
　　　　　　　　　　　　　　　　　　　　　　　　　　　　$\boxed{O} \to O^{2-}$

次に，O^{2-} と SiO_2 が反応する。

　　　$O^{2-} + SiO_2 \longrightarrow SiO_3{}^{2-}$　…②

①式＋②式，両辺に $2Na^+$ を加えて，

　　　$SiO_2 + Na_2CO_3 \longrightarrow Na_2SiO_3 + CO_2$　←問 3，下線部(b)

Na_2SiO_3 の水溶液を長時間加熱すると，水ガラス(粘性の大きな液体)が得られる。水ガラスに塩酸を加えると，ケイ酸 H_2SiO_3 が析出する。

$$Na_2SiO_3 + 2HCl \xrightarrow{\text{弱酸の遊離}} H_2SiO_3 + 2NaCl \quad \leftarrow \text{問3，下線部(c)}$$

ケイ酸を加熱乾燥するとシリカゲルが得られる。シリカゲルは，多孔質で表面積が極めて大きく，その表面に親水性のヒドロキシ基を多くもつので，問4，乾燥剤に使われる。

Si の単体は，電気炉中でケイ砂 SiO_2 を融解し，コークス C により還元し，工業的につくる。このとき，C の含有量の違いにより化学反応式が変わる。下線部(e)にある「CO を発生させる」をヒントに化学反応式をつくるとよい。

・コークスの量が少ない場合

$$SiO_2 + 2C \longrightarrow Si + 2CO \quad \leftarrow \text{問5(A)}$$

・コークスの量が多い場合

$$SiO_2 + 3C \longrightarrow \underset{\text{炭化ケイ素}}{SiC} + 2CO \quad \leftarrow \text{問5(B)}$$

炭化ケイ素 SiC はカーボランダムともよばれ，非常に硬く，研磨剤に用いられる。
Si の単体は，ケイ砂 SiO_2 に還元剤として Mg を反応させてつくることもできる。

$$SiO_2 + 2Mg \longrightarrow Si + 2MgO \quad \leftarrow \text{問6，下線部(f)}$$

また，ケイ砂 SiO_2 はフッ化水素やフッ化水素酸と反応し溶ける(それぞれの化学反応式問7(C),(D) のつくり方は[精講]参照)。

問2 Si の結晶はダイヤモンドと同様の単位格子である。ケイ素原子間の結合距離 x 〔nm〕は，単位格子の一辺の長さを a 〔nm〕とすると，$x = \dfrac{\sqrt{3}}{4}a$ と表すことができる([標問 12] 問1の[解説]参照)。$a = 0.54\,\text{nm}$ なので，

$$x = \frac{\sqrt{3}}{4} \times 0.54 = \frac{1.7}{4} \times 0.54 \fallingdotseq 0.23\,\text{nm} \qquad \text{※2} \quad 1\,\text{nm} = 10^{-9}\,\text{m}$$

また，$a = 0.54\,\text{nm} = 5.4 \times 10^{-8}\,\text{cm}^{※2}$ より，

ケイ素原子1個の質量　単位格子中の個数

$$\text{ケイ素単体の結晶の密度 } y\,〔\text{g/cm}^3〕 = \frac{\dfrac{28}{6.0 \times 10^{23}} \times 8\,\text{g}}{(5.4 \times 10^{-8}\,\text{cm})^3} \fallingdotseq 2.4\,\text{g/cm}^3$$

標問 70 | 14族（Sn，Pb）

答

問1　ア：+2　イ：+4　ウ：還元剤　エ：酸化剤

問2　$3Sn^{2+} + Cr_2O_7^{2-} + 14H^+ \longrightarrow 3Sn^{4+} + 2Cr^{3+} + 7H_2O$

問3　②　$Cr_2O_7^{2-} + 2OH^- \longrightarrow 2CrO_4^{2-} + H_2O$

　　　③　$Pb^{2+} + CrO_4^{2-} \longrightarrow PbCrO_4$

問4　反応によって生じる塩化鉛（Ⅱ）や硫酸鉛（Ⅱ）が水に難溶な化合物であり，これらが鉛の表面を覆うから。

精講　混乱しやすい事項の整理

■単体

① Sn，Pb とも典型元素の金属であり，融点が低い[※1]Sn と Pb の合金ははんだ[※2]とよばれている。

② Sn には同素体があり，13.2 ℃ 以上では金属的な白色スズ（β-スズ），13.2 ℃ 以下では非金属的な灰色スズ（α-スズ）が安定である。

③ Sn，Pb とも両性金属である。[※3]

[※1]

	融点〔℃〕
Sn	232
Pb	328

[※2] 近年は環境への配慮で鉛を使わない無鉛はんだの普及が進められている。

[※3] Pb は塩酸や希硫酸には溶けにくい。水に難溶な $PbCl_2$ や $PbSO_4$ が表面を覆うためである。

■イオンや化合物

① Sn^{2+} は還元剤として作用し，Sn^{4+} となる。

$$Sn^{2+} \longrightarrow Sn^{4+} + 2e^-$$

② Pb^{2+} は多くの陰イオンと沈殿をつくる。[※4]

[※4] ▨ 沈殿
▩ 水溶液中

[※5] $PbCl_2$ は冷水には溶けにくいが，熱湯には溶ける。

③ PbO_2 は鉛蓄電池の正極に用いられる。

$$PbO_2 + 4H^+ + 2e^- + SO_4^{2-} \longrightarrow PbSO_4 + 2H_2O$$

問1 スズと鉛は化合物中で，代表的な酸化数として $+2$ ア
と $+4$ イ をとる。一般に，スズは酸化数 $+4$ になりやす
く，Sn^{2+} は還元剤 ウ となる。[*6] 一方，鉛は酸化数 $+2$ に
なりやすく，PbO_2 は酸化剤 エ となる。[*7]

問2 スズと希硫酸が反応すると，スズが溶解する。
$$Sn + 2H^+ \longrightarrow Sn^{2+} + H_2\uparrow$$
硫酸酸性下で二クロム酸カリウムによって，Sn^{2+} は
Sn^{4+} となる。

$$\begin{cases} 還元剤：Sn^{2+} \longrightarrow Sn^{4+} + 2e^- & \cdots① \\ 酸化剤：Cr_2O_7{}^{2-} + 14H^+ + 6e^- \longrightarrow 2Cr^{3+} + 7H_2O & \cdots② \end{cases}$$

①式×3＋②式より，
$$3Sn^{2+} + Cr_2O_7{}^{2-} + 14H^+ \longrightarrow 3Sn^{4+} + 2Cr^{3+} + 7H_2O$$

問3 ② 水溶液中で二クロム酸イオンとクロム酸イオンは，次のような平衡状態に
ある。
$$2CrO_4{}^{2-} + 2H^+ \rightleftarrows Cr_2O_7{}^{2-} + H_2O$$
ここに酸を加えると，右へ平衡移動する。
$$2CrO_4{}^{2-} + 2H^+ \longrightarrow Cr_2O_7{}^{2-} + H_2O$$
塩基を加えると，H^+ が中和されて左へ平衡移動する。そこで，

$$\begin{array}{r} Cr_2O_7{}^{2-} + H_2O \rightleftarrows 2CrO_4{}^{2-} + 2H^+ \\ +)\ 2H^+ + 2OH^- \longrightarrow 2H_2O \\ \hline Cr_2O_7{}^{2-} + 2OH^- \longrightarrow 2CrO_4{}^{2-} + H_2O \end{array}$$

③ $CrO_4{}^{2-}$ は，Pb^{2+}，Ba^{2+}，Ag^+ などと沈殿をつくる。
$$Pb^{2+} + CrO_4{}^{2-} \longrightarrow PbCrO_4\downarrow$$

問4 $PbSO_4$ や $PbCl_2$ は水に難溶であり，表面を覆うため内部まで反応が進まない。

Pb　塩酸または硫酸　→　Pb ← $PbCl_2$ や $PbSO_4$

答

問1 ア：ハーバー・ボッシュ（またはハーバー）　　イ：オストワルト
　　ウ：二酸化炭素（またはメタン）

問2 (a) 温度を高くすると，吸熱方向つまり与えられた反応を左に移動
　　　　させるので，アンモニアの生成量が減少してしまうから。

　　 (b) 温度を低くすると，反応速度が小さくなり，平衡に達するまで
　　　　の時間が長くなって生産効率が悪くなるから。

問3 ② $4NH_3 + 5O_2 \longrightarrow 4NO + 6H_2O$

　　 ③ $3NO_2 + H_2O \longrightarrow 2HNO_3 + NO$

問4 $4NH_3 + 3O_2 \longrightarrow 2N_2 + 6H_2O$

問5 冷水で処理すると硝酸と亜硝酸の混合物になってしまうため。

問6 2.2×10^5 L

問7 (A) $+3$　　 (B) $+2$

精講 混乱しやすい事項の整理

■単体

【1】 **窒素 N_2**

　単体の窒素は，空気中に体積で約 80％ 含まれる無色・無臭の気体。他の物質と反応しにくい。工業的には，液体空気の分留によりつくられる。実験室での製法は，標問 **60** 参照。また，液体窒素は冷却剤として使う。

　　　└→ N_2（液）$\longrightarrow N_2$（気）$\Delta H = 5.58$ kJ より，
　　　　液体窒素は蒸発時に熱を吸収する

■化合物

【1】 **アンモニア NH_3**

　アンモニアは無色・刺激臭の気体。水によく溶け，弱塩基性を示す。

　　$NH_3 + H_2O \rightleftarrows NH_4^+ + OH^-$

　工業的には，窒素と水素から直接アンモニアをつくる。この工業的製法をハーバー（・ボッシュ）法という（**解説** 参照）。実験室での製法は，標問 **60** 参照。

　また，塩化アンモニウム（塩安）NH_4Cl や尿素などの窒素肥料の原料になる。例え
　　　　　　　　　　　　　　　　　　　　　└→肥料の三要素は，N・P・K

ば，CO_2 と NH_3 を高温・高圧下で反応させると尿素が得られる。

　　$CO_2 + 2NH_3 \longrightarrow (NH_2)_2CO + H_2O$
　　　　　　　　　　　　　　　　尿素

【2】 **一酸化窒素 NO**

　一酸化窒素は無色・水に溶けにくい気体。火花放電などで空気を高温にすると発生する。

$$N_2 + O_2 \longrightarrow 2NO$$

実験室での製法は，[標問 60] 参照。

また，空気中の酸素とすみやかに反応し，赤褐色の二酸化窒素になる。

$$2NO(無色) + O_2 \longrightarrow 2NO_2(赤褐色)$$

【3】 二酸化窒素 NO_2

二酸化窒素は赤褐色・刺激臭・有毒で，水に溶けやすい気体。実験室での製法は [標問 60] 参照。

常温で一部が，無色の四酸化二窒素に変化する。

$$2NO_2(赤褐色) \rightleftharpoons N_2O_4(無色)$$

【4】 硝酸 HNO_3

濃硝酸，希硝酸ともに，次のように電離し強酸性を示す。

$$HNO_3 \longrightarrow H^+ + NO_3^-$$

濃硝酸，希硝酸ともに，**強い酸化剤**なので，水素よりもイオン化傾向の小さな銅や銀などと反応し，それぞれ NO_2，NO を発生する。Fe, Ni, Al, Co, Cr などの金属は，濃硝酸には不動態となり溶解しない。

$$Cu + 4HNO_3 \longrightarrow Cu(NO_3)_2 + 2NO_2 + 2H_2O$$

$$3Cu + 8HNO_3 \longrightarrow 3Cu(NO_3)_2 + 2NO + 4H_2O$$

硝酸は光や熱で分解しやすく，<u>褐色びんに入れて冷暗所に保存する</u>。

$$4HNO_3 \xrightarrow{光や熱} 4NO_2 + O_2 + 2H_2O$$

工業的には，アンモニアから硝酸を合成する。この方法をオストワルト法という（[解説] 参照）。

Point 51 気体の色，臭い，水への溶解性，毒性の有無などを中心におさえておく。

標問 71 の解説

問2　窒素Nは植物の生育に大きな影響をもつ元素である。窒素分子 N_2 が空気中に体積で約80％含まれてはいるが，ほとんどの植物は安定な N_2 をそのまま利用することができない。そのため，窒素が不足しそうな植物には，化学肥料である窒素肥料を使用する。この窒素肥料の原料として使われるアンモニアを初めて工業的に製造したのが，ドイツのハーバーとボッシュで，この製法を**ハーバー（・ボッシュ）法**といい，$8.0 \times 10^6 \sim 3.0 \times 10^7$ Pa，400～500℃で鉄を主成分とした触媒を使って，窒素 N_2 と水素 H_2 から直接アンモニア NH_3 をつくる。

$$N_2(気) + 3H_2(気) \rightleftharpoons 2NH_3(気) \quad \Delta H = -92.2 \text{ kJ} \quad \cdots(*)$$

ここで，「アンモニアの生成量を多くする」，つまり「(*) の平衡を正反応の向き（右）に移動させる」にはどうすればよいか，ルシャトリエの原理にもとづいて考えてみよう。(*) の平衡を正反応の向きに移動させるには，

$\left[\begin{array}{l}\text{「右向きがエンタルピーの減少方向，つまり発熱方向」なので，「温度を低く」する}\\\text{「右向きが気体分子数が減少方向」なので，「圧力を高く」する}\end{array}\right.$

とよいはずである。ただし，「温度を低く」すると反応速度が小さくなり，平衡に達するまでの時間 (反応時間) が長くなり生産効率が悪くなる。そこで，温度については $400\sim500\,^{\circ}\mathrm{C}$ とし，さらに触媒を用いて，反応時間を短くする。圧力については，あまりに高くしすぎると，装置の強度や耐久性に問題を生じるので $8.0\times10^{6}\sim$ $3.0\times10^{7}\,\mathrm{Pa}$ の条件のもとでアンモニアを合成している。

問3　ハーバー（・ボッシュ）法で生成されたアンモニアの一部は，**オストワルト** 法による硝酸 HNO_3 の工業的製法に使われる。オストワルト法は，次の 3 つの基本工程からなる。　　　　　　　　　　　　　　　　　　　　　　　　　　問1イ

(i)　アンモニアの酸化：アンモニア NH_3 を白金 Pt 触媒のもと，約 $800\,^{\circ}\mathrm{C}$ で空気中の酸素 O_2 と反応させて，一酸化窒素 NO と水蒸気 H_2O をつくる。

$$4NH_3 + 5O_2 \longrightarrow 4NO + 6H_2O \quad \cdots\text{①} \quad \leftarrow\text{下線部②}$$

(ii)　一酸化窒素の酸化：冷却し，NO をさらに余っている酸素 O_2 と反応させて NO_2 とする。

$$2NO + O_2 \longrightarrow 2NO_2 \quad \cdots\text{②}$$

(iii)　二酸化窒素と水の反応：NO_2 を温水に吸収させると硝酸 HNO_3 と一酸化窒素 NO が得られる。

$$\boxed{\text{次に}x\text{とおく}} \quad \overbrace{}^{\text{H の数を調整する}}$$
$$x NO_2 + 1H_2O \longrightarrow 2HNO_3 + (x-2)NO$$
$$\underbrace{}_{\boxed{\text{最初に 1 とおき，}}} \quad \underbrace{}_{\boxed{\text{最後に N の数に注目すると }x-2\text{ となる}}}$$

O の数に注目すると，$2x+1=3\times2+(x-2)$ となり，$x=3$

よって，$3NO_2 + H_2O \longrightarrow 2HNO_3 + NO \quad \cdots\text{③} \quad \leftarrow\text{下線部③}$

③式の反応で，生成した NO は②式の反応を起こすのに再利用される。

注　$NO_2 + H_2O \longrightarrow HNO_3 + H^+ + e^- \quad \cdots\text{(a)}$
　　$NO_2 + 2H^+ + 2e^- \longrightarrow NO + H_2O \quad \cdots\text{(b)}$
(a)$\times2+$(b) から③式をつくることもできる。

　　オストワルト法全体の化学反応式は，①式＋②式×3＋③式×2 で 1 つにまとめ，最後に全体の係数を 4 で割るとできる。

$$NH_3 + 2O_2 \longrightarrow HNO_3 + H_2O$$

問4　工程(i)での反応時に酸素が不足すると窒素 N_2 と水 H_2O になるとあるので，

$$\overbrace{}^{\text{N と H の数を調整}}$$
$$1NH_3 + \frac{3}{4}O_2 \longrightarrow \frac{1}{2}N_2 + \frac{3}{2}H_2O \quad \leftarrow NH_3\text{ は }N_2\text{ と }H_2O\text{ に変化する}$$
$$\underbrace{}_{\boxed{\text{最初に 1 とおく}}} \quad \underbrace{}_{\boxed{\text{最後に O の数を調整}}}$$

とし，全体を 4 倍すればよい。

問5　NO_2 を冷水と反応させると，硝酸 HNO_3 と亜硝酸 HNO_2 が生成する。

$$NO_2 + H_2O \longrightarrow HNO_3 + H^+ + e^-$$ ←NO_2 の一部は HNO_3 に変化
$$\underline{+)\quad NO_2 + H^+ + e^- \longrightarrow \qquad\qquad HNO_2}$$ ←NO_2 の一部は HNO_2 に変化
$$2NO_2 + H_2O \longrightarrow HNO_3 + HNO_2$$

N の酸化数　+4　　　　　冷水　　　　+5　　　+3

問6　NH_3 のもつ N 原子は，直接 HNO_3 に変化するものと再利用されてから HNO_3 に変化するものがある。そのため，オストワルト法において NH_3 と HNO_3 の物質量の関係を考えるときは，全体の反応式

$$1NH_3 + 2O_2 \longrightarrow 1HNO_3 + H_2O$$ → HNO_3 1 mol 合成するには，NH_3 1 mol が必要になる

を利用するとよい。標準状態で必要な NH_3 を V〔L〕とすると，$HNO_3 = 63$ より，次の式が成り立つ。

$$\left. 1000 \middle| \times 10^3 \middle| \times \frac{63}{100} \middle| \times \frac{1}{63} \middle| = V \middle| \times \frac{1}{22.4} \right.$$

濃硝酸〔kg〕　濃硝酸〔g〕　HNO_3〔g〕　HNO_3〔mol〕　NH_3〔L〕　NH_3〔mol〕

よって，$V \fallingdotseq 2.2 \times 10^5$ L

問7　脱窒素菌は，菌体内で次のように変化していく。

硝酸イオン　　亜硝酸イオン　　一酸化窒素　　一酸化二窒素　　窒素
$$\underline{NO_3^-} \longrightarrow \underline{NO_2^-} \longrightarrow \underline{NO} \longrightarrow \underline{N_2O} \longrightarrow \underline{N_2}$$
N の酸化数　+5　　　　+3　　　　+2　　　　+1　　　0

　このときに，菌体内の N_2O の一部が大気中に漏れることがあり，安定な N_2O は，大気圏に蓄積し，二酸化炭素 CO_2（またはメタン CH_4）などと同様に地球温暖化の一因となるおそれがある。

問1ウ　　　　　　　問1ウ

補足　温室効果ガス

　地表は太陽から吸収したエネルギーを赤外線として大気中に放射しており，この赤外線の一部を大気中の CO_2 や CH_4 などが吸収し，地表に再放射する。大気中の CO_2 や CH_4 などが増加すると，大気が熱を逃がさない現象である温室効果が強くなり，地球の気温が上昇していく。これを地球温暖化といい，CO_2 や CH_4 などは地球温暖化をもたらす温室効果ガスとよばれる。

答 問1 a：$Ca_3(PO_4)_2$　b：SiO_2　c：C　d：P_4　　問3
　　　ア：黄リン（白リン）　イ：自然発火
　　　ウ：赤リン　エ：十酸化四リン
　　問2 (1) $4P + 5O_2 \longrightarrow P_4O_{10}$
　　　　(2) $P_4O_{10} + 6H_2O \longrightarrow 4H_3PO_4$
　　　　(3) $Ca_3(PO_4)_2 + 4H_3PO_4 \longrightarrow 3Ca(H_2PO_4)_2$

精講 混乱しやすい事項の整理

■単体

リンにはいくつかの同素体が存在する。代表的なものを次表に示す。

単体名と化学式	黄リン（白リン）P_4 分子式	赤リン P 組成式
外観	淡黄色～無色，ろう状固体	暗赤色，粉末
融点〔℃〕	44	590 ℃（加圧）
発火点〔℃〕	34	260
二硫化炭素 CS_2 への溶解 無極性溶媒	溶ける	溶けない
毒性	猛毒	毒性は少ない
その他	空気中で自然発火することがあるので水中に保存する	マッチの箱の側薬などに利用する
構造	正四面体形	網目状に結合

（黄リンは，精製すると白色になるので，白リンともいう）

Point 52 黄リン➡淡黄色・有毒の固体
　　　　　空気中で自然発火することがあるので水中に保存
　　　　赤リン➡暗赤色・毒性の少ない粉末

標問 72 の解説

　リンを工業的に製造するには，リン酸カルシウム $Ca_3(PO_4)_2$ を含むリン鉱石にケイ砂 SiO_2 とコークス C とを混合して電気炉内で加熱し蒸気を発生させる。ここで，「発生する蒸気を水中に導いて固化させる」という記述から，ここで得られる物質は水中に保存する黄リン P_4 だとわかる。

　この反応は，次のように分けて考えるとよい。リン酸カルシウム $Ca_3(PO_4)_2$ が加熱によって，塩基性酸化物の CaO と酸性酸化物の P_4O_{10} に分解する。

$$2Ca_3(PO_4)_2 \longrightarrow 6CaO + P_4O_{10} \quad \cdots ①$$

次に，塩基性酸化物の CaO と酸性酸化物の SiO_2 が反応する。

$$CaO + SiO_2 \longrightarrow CaSiO_3 \quad \cdots ②$$

最後に，①式で生成する P_4O_{10} が C によって還元されて生じたリンの蒸気を水中に導くと黄リン P_4 が生じる。

$$P_4O_{10} + 10C \longrightarrow 4P + 10CO \quad \cdots ③$$
$$4P \longrightarrow P_4 \quad \cdots ④$$

①式＋②式×6＋③式＋④式より，

$$2Ca_3(PO_4)_2 + 6SiO_2 + 10C \longrightarrow 6CaSiO_3 + P_4 + 10CO$$

得られた黄リン P_4 は，反応性に富んでいるので，空気中に放置すると自然発火する危険性がある。黄リン P_4 を約 250℃ で空気を遮断して長時間加熱すると，同素体の赤リン P が得られる。この黄リン P_4 や赤リン P を，空気中で燃焼させると，潮解性のある白色粉末状の十酸化四リン P_4O_{10} が生成する。

$$4P + 5O_2 \longrightarrow P_4O_{10} \quad ←問2(1)$$

ここで問3の P_4O_{10} の分子構造を考える。無極性分子とあるので，右図のように，P を中心に P より電気陰性度の大きな O を正四面体の頂点に配置する（このくり返し単位は，P 1 個に O が $1 + \frac{1}{2} \times 3 = 2.5$ 個分が結合している）。次に，この $(P_1O_{2.5})$ を 1 分子中に 4 か所つくり，$(P_1O_{2.5})_4 = P_4O_{10}$ にすればよい（結局，4 個の P が正四面体の頂点にあり，O をはさんで結合した構造になる）。

〈P_4O_{10} の描き方1〉
$P_1O_{2.5}$ を 1 分子中に
4 か所つくる

〈P_4O_{10} の描き方2〉
正四面体の頂点
に P を配置し，
間に O をはさむ

問3 →　　同じ P_4O_{10} ≡

P だけを抜き出した図

正四面体
の頂点の
位置にある

酸性酸化物の十酸化四リン P_4O_{10} に水を加えて加熱するとリン酸 H_3PO_4 が生成する。

$$P_4O_{10} + 6H_2O \longrightarrow 4H_3PO_4 \quad ←問2(2)$$

リン酸は，無色の結晶で，潮解性が強く，水によく溶け，その水溶液は中程度の強さの酸性を示す。このとき，第1電離はあまり大きくなく，第2電離，第3電離になるにつれて電離度はさらに小さくなる。

$$H_3PO_4 \rightleftharpoons H^+ + H_2PO_4^-$$
$$H_2PO_4^- \rightleftharpoons H^+ + HPO_4^{2-}$$
$$HPO_4^{2-} \rightleftharpoons H^+ + PO_4^{3-}$$

〈リン酸の構造式〉

リンは植物の成長に必要な元素であるが，リン鉱石の主成分 $Ca_3(PO_4)_2$ は水に溶けにくく，このままでは植物が吸収することができない。リン鉱石が水に溶けにくいのは，$Ca_3(PO_4)_2$ の構成イオンは Ca^{2+} と PO_4^{3-} であり，塩を構成しているイオンの価数の組み合わせが大きくクーロン力が強いからである。$CaHPO_4$ もその構成イオンが Ca^{2+} と HPO_4^{2-} であり，同じ理由で水に溶けにくい。ところが，$Ca(H_2PO_4)_2$ になると，その構成イオンは Ca^{2+} と $H_2PO_4^-$ となり，水に溶けるようになる。そこで，水に溶け，植物が吸収できるリン酸二水素カルシウム $Ca(H_2PO_4)_2$ をつくるため，$Ca_3(PO_4)_2$ と硫酸 H_2SO_4 を反応させる。すると，リン酸二水素カルシウム $Ca(H_2PO_4)_2$ と硫酸カルシウム $CaSO_4$ の混合物が得られる。この混合物を**過リン酸石灰**という。

$$PO_4^{3-} + H_2SO_4 \longrightarrow H_2PO_4^- + SO_4^{2-} \quad (弱酸の遊離)$$

　全体を 2 倍して，両辺に $3Ca^{2+}$ を加えると，

$$Ca_3(PO_4)_2 + 2H_2SO_4 \longrightarrow Ca(H_2PO_4)_2 + 2CaSO_4$$

　過リン酸石灰には，セッコウの成分である $CaSO_4$ が含まれていて，土が固くなり根の発育を阻害するという欠点がある。そこで，H_2SO_4 の代わりに $Ca_3(PO_4)_2$ をリン酸 H_3PO_4 で処理すると，リン酸二水素カルシウム $Ca(H_2PO_4)_2$ のみが生じる。これを**重過リン酸石灰**とよぶ。

$$PO_4^{3-} + 2H_3PO_4 \longrightarrow 3H_2PO_4^-$$

　全体を 2 倍して，両辺に $3Ca^{2+}$ を加えると，

$$Ca_3(PO_4)_2 + 4H_3PO_4 \longrightarrow 3Ca(H_2PO_4)_2 \quad \leftarrow 問2(3)$$

答　問1　ア：同素体　　イ：SO₂　　ウ：SO₃　　エ：接触

問2　$FeS + H_2SO_4 \longrightarrow H_2S + FeSO_4$

問3　水に濃硫酸を少しずつ，よくかき混ぜながら加えていく。

理由：濃硫酸は密度や溶解熱が大きいため，濃硫酸に水を加えると，液面で蒸発した水が飛び散るから。

問4　① 電離度：0.148

② 電離度：0.414　　pH：1.55

精講　混乱しやすい事項の整理

■単体

硫黄には，いくつかの同素体が存在する。代表的なものを紹介する。

名称	分子式	形状など	色	二硫化炭素（無極性溶媒）に
斜方硫黄 ※室温で最も安定	S₈	斜方晶系に属する塊状結晶	黄	溶ける
単斜硫黄 ※斜方硫黄を95.6℃以上に加熱	S₈	単斜晶系に属する針状結晶	黄	溶ける
ゴム状硫黄 ※250℃以上に加熱	Sₓ	無定形高分子	黄 （不純物を含むと褐色）	溶けにくい

　　　　　x は数十万以上　単位格子の形状が異なる

■接触法（硫酸の工業的製法）

(a)　黄鉄鉱（FeS₂）や硫黄の単体（S）を空気酸化する。

$$4FeS_2 + 11O_2 \longrightarrow 8SO_2 + 2Fe_2O_3$$

$$S + O_2 \longrightarrow SO_2$$

(b)　SO₂ を触媒（V₂O₅）下 400〜500℃ で O₂ と反応させる。

$$2SO_2 + O_2 \longrightarrow 2SO_3$$

(c) SO_3 を濃硫酸に吸収させて発煙硫酸とし，これに希硫酸を加えて希釈して濃硫酸にする。[※1]

$$SO_3 + H_2O \longrightarrow H_2SO_4$$

※1　SO_3 を直接水に吸収させると，発熱によって水が蒸発してしまうので，このような手順をふむ。

標問 73 の解説

問1　ア：同じ元素でできた性質や構造の異なる単体を互いに<u>同素体</u>ア という。

イ，ウ，エ：硫化物や硫黄の単体を空気によって燃焼すると，二酸化硫黄が生じる。

$$\underset{S}{硫化物} \xrightarrow[燃焼]{O_2} \underset{イ}{SO_2}$$

　二酸化硫黄がさらに酸化され三酸化硫黄に変化する反応は，活性化エネルギーの値が大きく反応速度が小さい。そのため，硫酸の工業的製法である<u>接触</u>エ 法では，触媒として酸化バナジウム（Ⅴ）V_2O_5 をつめ込んだ触媒室（接触塔）内で反応させる。

$$2SO_2 + O_2 \xrightarrow{[V_2O_5]} \underset{ウ}{2SO_3}$$

問2　$FeS \rightleftharpoons Fe^{2+} + S^{2-}$　…①

　希塩酸や希硫酸のような酸化力の強くない酸を加えると，次の反応が起こる。

$$S^{2-} + 2H^+ \longrightarrow H_2S　（弱酸遊離）$$

　これにより，①式の平衡が右へ移動し，FeS が溶解する。

$$FeS + 2H^+ \longrightarrow H_2S + Fe^{2+}$$

　両辺に SO_4^{2-} を加えて整理すると，化学反応式が得られる。

$$FeS + H_2SO_4 \longrightarrow H_2S + FeSO_4$$

問3　濃硫酸（密度 $1.84\,\mathrm{g/cm^3}$）は水より密度が大きく，また溶解による発熱量が大きいため，水に濃硫酸を少しずつ加える。[※2] 逆にすると，濃硫酸の液面に浮いた水が蒸発し，飛び散って危険である。

問4　硫酸の濃度を C〔mol/L〕，第 2 段の電離度を α とする。[※3]

$$\begin{cases} H_2SO_4 \longrightarrow H^+ + HSO_4^- & \cdots(1) \\ \quad\quad\quad\quad\; C \quad\quad\quad\; C \\ HSO_4^- \rightleftharpoons H^+ + SO_4^{2-} & \cdots(2) \\ C(1-\alpha) \quad\; C\alpha \quad\; C\alpha \end{cases}$$

平衡状態での各化学種の濃度は，

※2

濃硫酸　　　水

※3　H_2O の電離による H^+ の増加は，この設問の濃度では無視できる。

$$\begin{cases} [\text{H}^+] = C + C\alpha \quad \leftarrow \text{第1電離と第2電離の両方を考慮すること} \\ [\text{HSO}_4{}^-] = C(1-\alpha)^{※4} \\ [\text{SO}_4{}^{2-}] = C\alpha \end{cases}$$

※4　α の値が大きいので，
$1-\alpha ≒ 1$
の近似はできない。

(2)式の電離定数を K_2 とすると，

$$K_2 = \frac{[\text{H}^+][\text{SO}_4{}^{2-}]}{[\text{HSO}_4{}^-]} = \frac{(C+C\alpha) \times C\alpha}{C(1-\alpha)} = \frac{C\alpha(1+\alpha)}{1-\alpha}$$

α について整理すると，

$$C\alpha^2 + (C+K_2)\alpha - K_2 = 0 \quad \cdots (3)$$

① $C = 1.00 \times 10^{-1}\,\text{mol/L}$ のとき

$K_2 = 2.00 \times 10^{-2}\,\text{mol/L}$ を(3)式に代入して，

$$0.1\alpha^2 + (0.1+0.02)\alpha - 0.02 = 0$$

整理すると，

$$5\alpha^2 + 6\alpha - 1 = 0$$

解の公式より，$\alpha = \dfrac{-3 \pm \sqrt{14}}{5}$

$\alpha > 0$ なので，

$$\alpha = \frac{-3+\sqrt{14}}{5} = \frac{-3+1.414 \times 2.646}{5} ≒ 0.148^{※4}$$

② $C = 2.00 \times 10^{-2}\,\text{mol/L}$ のとき

①と同様に(3)式より，

$$0.02\alpha^2 + (0.02+0.02)\alpha - 0.02 = 0$$

整理すると，

$$\alpha^2 + 2\alpha - 1 = 0$$

解の公式より，$\alpha = -1 \pm \sqrt{2}$

$\alpha > 0$ なので，

$$\alpha = -1 + \sqrt{2} ≒ 0.414^{※4}$$

$[\text{H}^+] = C + C\alpha$ なので，$C = 2.00 \times 10^{-2}\,\text{mol/L}$，$\alpha = -1 + \sqrt{2}$ を代入すると，

$$[\text{H}^+] = 0.02 + 0.02(-1+\sqrt{2}) = 2\sqrt{2} \times 10^{-2}$$

よって，$\text{pH} = -\log_{10}[\text{H}^+]$　代入

$$= -\log_{10}(2 \times 2^{\frac{1}{2}} \times 10^{-2}) = 2 - \frac{3}{2}\log_{10}2 = 2 - \frac{3}{2} \times 0.301 ≒ 1.55$$

答

問1 ア：7 イ：1 ウ：二（または2）

問2 ⓐ, ⓒ 問3 ⓑ, ⓒ

問4 $2F_2 + 2H_2O \longrightarrow 4HF + O_2$

問5 $Cl_2 + H_2O \rightleftharpoons HClO + HCl$

問6 HF

問7 $SiO_2 + 6HF \longrightarrow H_2SiF_6 + 2H_2O$

問8 2.6×10^{-7} g

問9 (1) $2AgBr \longrightarrow 2Ag + Br_2$

(2) $AgBr + 2Na_2S_2O_3 \longrightarrow NaBr + Na_3[Ag(S_2O_3)_2]$

精講 混乱しやすい事項の整理

■単体

	F_2	Cl_2	Br_2	I_2
存在状態（常温）	気 体	気 体	液 体	固 体
色	淡黄色	黄緑色	赤褐色	黒紫色
酸 化 力	強 ←			弱
水との反応	$2F_2 + 2H_2O \longrightarrow 4HF + O_2$	$X_2 + H_2O \rightleftharpoons HX + HXO$		水に溶けにくい[注]
水素との反応 ($H_2 + X_2 \longrightarrow 2HX$)	冷暗所でも爆発的に進行	光や熱によって爆発的に進行	高温で進行	高温で進行するが平衡になる

注 I_2 はヨウ化カリウム水溶液にはよく溶ける。

$$I_2 + I^- \rightleftharpoons I_3^-$$

これをヨウ素溶液（ヨウ素ヨウ化カリウム溶液）といい，三ヨウ化物イオン I_3^- のため褐色を呈する。

■化合物

	ハロゲン化水素		カルシウム塩	銀塩
F	HF[※1]	酸としての強さ	$CaF_2\downarrow$（白）	AgF [※2]
Cl	HCl	強酸	CaCl₂	$AgCl\downarrow$（白）
Br	HBr	強酸	CaBr₂	$AgBr\downarrow$（淡黄）
I	HI	強酸	CaI₂	$AgI\downarrow$（黄）

※1 HF は分子間水素結合により沸点が高い。

※2 ◯ は水溶性

Point 53 フッ化物は，残りのハロゲン化物と性質が異なることが多い。

問 1 ハロゲンは最外殻電子数 7，すなわち価電子は 7 _ア
個である。不対電子が 1 つ，電子対は 3 組あり，[※3] 1 _イ 価
の陰イオンになりやすい。単体はすべて二 _ウ 原子分子で
あり，酸化力は，$F_2 > Cl_2 > Br_2 > I_2$ である。

[※3]

問 2 ⓐ 正しい。
ⓑ 塩素は気体である。
ⓒ 正しい。
ⓓ 臭素は液体である。
ⓔ ヨウ素は固体である。
ⓕ ヨウ素は黒紫色である。

問 3 酸化力は，$F_2 > Cl_2 > Br_2 > I_2$ であるから，1 価の陰イオンへのなりやすさも
$F_2 > Cl_2 > Br_2 > I_2$ である。

ⓐ $2Cl^- + Br_2 \rightleftarrows 2Br^- + Cl_2$ [※4]

ⓑ $2Br^- + Cl_2 \longrightarrow 2Cl^- + Br_2$

ⓒ $2I^- + Cl_2 \longrightarrow 2Cl^- + I_2$

ⓓ $2Cl^- + I_2 \rightleftarrows 2I^- + Cl_2$ [※4]

ⓔ $2F^- + I_2 \overset{\times}{\longrightarrow} 2I^- + F_2$

[※4] ⓐ，ⓓは，逆反応なら
進む。理論上はⓔの逆反応も
起こりうるが，F_2 を KI 水溶
液に加えると，
$$2F_2 + 2H_2O$$
$$\longrightarrow 4HF + O_2$$
などの反応も進む。

問 4 F_2 は酸化力が非常に強く，H_2O 分子を酸化する。

酸化剤：$(F_2 + 2e^- \longrightarrow 2F^-) \quad \times 2$
還元剤：$2\underset{-2}{H_2O} \longrightarrow \underset{0}{O_2} + 4H^+ + 4e^-$
$$+) \overline{}$$
$$2F_2 + 2H_2O \longrightarrow 4HF + O_2$$

問 5 Cl_2 は水溶液中で自己酸化還元反応をする。

$$Cl_2 \rightleftarrows Cl^+ + Cl^-$$
$$Cl^+ + H_2O \rightleftarrows \underset{\text{HClO と書く}}{Cl\text{-}O\text{-}H} + H^+$$
$$+) \overline{}$$
$$Cl_2 + H_2O \rightleftarrows \underset{\text{次亜塩素酸}}{HClO} + HCl$$

問 6 ハロゲン化水素酸 (ハロゲン化水素の水溶液) の酸としての強さは，次のように
なる。

$$\underset{\text{強酸}}{HI > HBr > HCl} \gg \underset{\text{弱酸}}{HF} \quad \leftarrow \text{ハロゲンの原子半径が小さいほど}$$
結合エネルギーは強く，解離しにくい

問 7 フッ化水素酸は二酸化ケイ素と反応する。

$$SiO_2 + 6HF \longrightarrow H_2SiF_6 + 2H_2O$$

問8　AgCl $\rightleftharpoons$ Ag$^+$ + Cl$^-$　では，塩化物イオン濃度 [Cl$^-$] を大きくすると平衡が左へ移動し，AgCl の溶解度が減少する。これを共通イオン効果という。

　　1.0×10^{-2} mol/L の HClaq に溶解する AgCl が 1.0 L あたり x 〔mol〕とする。平衡状態では，

$$\begin{cases} [\text{Ag}^+]=x \text{〔mol/L〕} & \cdots① \\ [\text{Cl}^-]=1.0\times10^{-2}+x \text{〔mol/L〕} & \cdots② \end{cases}$$

　　　　　　　　HCl の電離による

　　共通イオン効果により x は非常に小さく，$x \ll 1.0\times10^{-2}$ mol としてよいので，

$$[\text{Cl}^-]=1.0\times10^{-2}+x \fallingdotseq 1.0\times10^{-2} \text{ mol/L} \cdots②'$$

　　　　　　　　　　無視

と近似できる。

　　$K_{sp}=[\text{Ag}^+][\text{Cl}^-]=1.8\times10^{-10}$ (mol/L)^2 に①式と②′式を代入すると，

　　　　$x\cdot(1.0\times10^{-2})=1.8\times10^{-10}$

　　よって，　$x=1.8\times10^{-8}$ mol

　　AgCl の式量は，$107.9+35.5=143.4$ なので，溶液 100 mL に溶解した AgCl の質量は，

$$1.8\times10^{-8} \text{ mol/L} \times \frac{100}{1000} \text{ L} \times 143.4 \text{ g/mol} \fallingdotseq 2.6\times10^{-7} \text{ g}$$

問9　(1)　ハロゲン化銀 AgX に光を照射すると Ag と X$_2$ に分解し，生じた Ag により黒く変化する。

$$2\text{AgX} \xrightarrow{\text{光}} 2\text{Ag} + \text{X}_2$$

(2)[※5]　Ag$^+$ はチオ硫酸イオン S$_2$O$_3$$^{2-}$ と錯イオンをつくるので，臭化銀はチオ硫酸ナトリウム水溶液に溶解する。

※5　(2)の操作は，定着とよばれている。

$$\begin{aligned} \text{AgBr} &\rightleftharpoons \text{Ag}^+ + \text{Br}^- \\ +)\ \text{Ag}^+ + 2\text{S}_2\text{O}_3{}^{2-} &\longrightarrow [\text{Ag}(\text{S}_2\text{O}_3)_2]^{3-} \\ \hline \text{AgBr} + 2\text{S}_2\text{O}_3{}^{2-} &\longrightarrow [\text{Ag}(\text{S}_2\text{O}_3)_2]^{3-} + \text{Br}^- \end{aligned}$$

　　　　　　　　　　　ビス (チオスルファト) 銀 (I) 酸イオン

両辺に 4Na$^+$ を加えて整理すると，化学反応式が得られる。

$$\text{AgBr} + 4\text{Na}^+ + 2\text{S}_2\text{O}_3{}^{2-} \longrightarrow 3\text{Na}^+ + [\text{Ag}(\text{S}_2\text{O}_3)_2]^{3-} + \text{Na}^+ + \text{Br}^-$$

より，

$$\text{AgBr} + 2\text{Na}_2\text{S}_2\text{O}_3 \longrightarrow \text{Na}_3[\text{Ag}(\text{S}_2\text{O}_3)_2] + \text{NaBr}$$

答

(1) 体積で x〔%〕の Ar が含まれるとすると，

$$1.2572 = 1.2505 \times \frac{100-x}{100} + \frac{x}{100} \times \frac{1}{22.4} \times 39.95$$

(2) 最外殻電子数が8で安定な電子配置であり，他原子と結合しにくいから。(33字)

(3) ヘリウム，ネオン，クリプトン，キセノン から3つ書く。

精講 混乱しやすい事項の整理

18族の元素は貴（希）ガスとよばれる。価電子の数は0個で，安定な電子配置をもち化学結合をつくりにくい。単体は単原子分子であり，常温常圧ですべて気体である。

名　称	元素記号	電子配置
ヘリウム	$_2$He	K (2)
ネオン	$_{10}$Ne	K (2)　L (8)
アルゴン	$_{18}$Ar	K (2)　L (8)　M (8)
クリプトン	$_{36}$Kr	K (2)　L (8)　M (18)　N (8)
キセノン	$_{54}$Xe	K (2)　L (8)　M (18)　N (18)　O (8)
ラドン	$_{86}$Rn	K (2)　L (8)　M (18)　N (32)　O (18)　P (8)

最外殻電子の数は，He 2個，ほかは8個

Point 54 貴（希）ガスの電子配置は安定で，単原子分子として存在する。

標問 75 の解説

(1) レーリーが空気から得た窒素 N_2 とアルゴン Ar の混合気体は，成分気体の体積比で x〔%〕の Ar を含み，P, T 一定で Ar と N_2 が単独で示す体積をそれぞれ V_{Ar}, V_{N_2} とすると，

$$\begin{cases} V_{Ar} = 1.0000 \times \dfrac{x}{100} = \dfrac{x}{100} \ \text{〔L〕} \\[2mm] V_{N_2} = 1.0000 \times \dfrac{100-x}{100} = \dfrac{100-x}{100} \ \text{〔L〕} \end{cases}$$

となる。

この混合気体の質量は 1.2572 g で，純粋な窒素 N_2 は 0 °C，$1.013×10^5$ Pa の標準状態で 1.2505 g/L なので，

$$\underbrace{1.2572\ \text{g}}_{\text{全質量}}=\underbrace{1.2505\ \text{g/L}×\frac{100-x}{100}\ \text{[L]}}_{N_2\text{の質量}}+\underbrace{\underbrace{\frac{\dfrac{x}{100}\ \text{[L]}}{22.4\ \text{L/mol}}}_{\text{mol (Ar)}}×39.95\ \text{g/mol}}^{\text{Ar の質量}}$$

(2)　最外殻電子数が 8 のときの電子配置は安定である。

(3)　空気に含まれる貴ガスの割合（体積比〔%〕）は次のようになる。

He	$5.24×10^{-4}$ %	Ne	$1.82×10^{-3}$ %	Ar	$9.34×10^{-1}$ %
Kr	$1.14×10^{-4}$ %	Xe	$8.7×10^{-6}$ %		

　ラドン Rn は放射性元素で，大気にはほとんど含まれていない。

標問 76　元素分析

答

問1　A：H_2O　　B：CO_2

問2　ソーダ石灰は二酸化炭素だけでなく水も吸収するため，逆にすると二酸化炭素と水の質量を別々に測定できないから。

問3　$C_4H_{10}O$　　問4　$C_4H_{10}O$

精講　まずは問題テーマをとらえる

■元素分析

有機化合物は，$CaCO_3$ のような炭酸塩や CO, CO_2, KCN のようなシアン化物などを除く炭素Cの化合物である。C, H, O からなる化合物は，本問のように O_2 によって燃焼し，CO_2 や H_2O の質量から組成式を決定することができる。

$$C_xH_yO_z + \left(x + \frac{y}{4} - \frac{z}{2}\right)O_2 \longrightarrow \frac{y}{2}H_2O + xCO_2$$

先に，塩化カルシウムに吸収　　　次に，ソーダ石灰に吸収

■分子式の決定

組成式は物質を構成する元素の最も簡単な原子の数の比であり，分子量がわかれば分子式が求められる。

（組成式）$_n$ ＝ 分子式

（式量）$\times n$＝分子量　（n は整数）

Point 55

（C, H, O）　$\longrightarrow$　組成式　$\longrightarrow$　分子式

元素分析　　　　　分子量

標問 76 の解説

問1　白金ボート上の試料を燃焼し，CO_2 や H_2O が生じる。不完全燃焼によって CO が生じた場合は，横にある CuO によって CO_2 へと酸化される。

$$CO + CuO \longrightarrow CO_2 + Cu$$

［このとき生じた Cu は O_2 によって再び CuO となる。

$$2Cu + O_2 \longrightarrow 2CuO$$

］

Aの塩化カルシウム（無水物）は H_2O ｡ を吸収し，その分，質量が増加する。

$$CaCl_2 + nH_2O \longrightarrow CaCl_2 \cdot nH_2O$$

Bのソーダ石灰（CaO に NaOH 水溶液を吸収させ焼き固めたもの）は CO_2 を吸収し，その分，質量が増加する。

$$\begin{cases} CaO + CO_2 \longrightarrow CaCO_3 \\ 2NaOH + CO_2 \longrightarrow Na_2CO_3 \cdot H_2O \end{cases}$$

問2　塩基性の乾燥剤であるソーダ石灰は H_2O も吸収するため，A をソーダ石灰管にすると，酸性酸化物の CO_2 と H_2O の両方を吸収し，CO_2 と H_2O の質量が別々に測定できない。

問3　CO_2 の分子量 44 のうち，12 が炭素原子の相対質量に相当するから，

$$\text{試料中の炭素原子の質量〔mg〕}=\underset{\substack{\text{生じた }CO_2\text{ の質量}}}{17.6\,\text{mg}}\times\underset{\substack{\leftarrow C \\ \leftarrow CO_2}}{\frac{12}{44}}=4.8\,\text{mg}$$

H_2O の分子量 18 のうち，$1.0\times2=2.0$ が水素原子の相対質量に相当するから，

$$\underset{\substack{H_2O\text{ には H が 2 つ}}}{}$$

$$\text{試料中の水素原子の質量〔mg〕}=\underset{\substack{\text{生じた }H_2O\text{ の質量}}}{9.0\,\text{mg}}\times\underset{\substack{\leftarrow H\,2\text{つ分} \\ \leftarrow H_2O}}{\frac{2.0}{18}}=1.0\,\text{mg}$$

試料中の酸素原子の質量は，$\underset{\text{試料}}{7.4}-(\underset{C}{4.8}+\underset{H}{1.0})=1.6\,\text{mg}$

と求められる。組成式は最も簡単な原子の数の比なので，

$$\underset{\substack{\text{試料中の各原子}\\\text{の物質量の比}}}{C:H:O}=\frac{4.8\,\text{mg}}{12\,\text{g/mol}}:\frac{1.0\,\text{mg}}{1.0\,\text{g/mol}}:\frac{1.6\,\text{mg}}{16\,\text{g/mol}}\quad\substack{\leftarrow\text{単位は}\\\boxed{\substack{\text{ミリ}\\\text{m}}\text{ mol}}}$$

$$=4:10:1$$

から，$\underset{\wr\wr\wr}{C_4H_{10}O}$　と求まる。

問4　式量は，$12\times4+1.0\times10+16=74$ なので，分子量と一致する。よって，分子式は組成式と一致し，$\underset{\wr\wr\wr}{C_4H_{10}O}$　である。（分子式が $C_4H_{10}O$ で表される異性体については[標問] 83 を参照。）

別解　問3，4　**分子量が既知**のときは，次のように解くと容易に分子式が求められる。

この有機化合物は C，H，O からなるので分子式を $C_xH_yO_z$ とすると，完全燃焼の式

$$1C_xH_yO_z\xrightarrow{O_2}\quad xCO_2\quad+\quad\frac{y}{2}H_2O$$

$\underset{\substack{\text{問4より既知}}}{7.4\,\text{mg}\,(\text{分子量 74})}\quad17.6\,\text{mg}\,(\text{分子量 44})\quad9.0\,\text{mg}\,(\text{分子量 18})$

より，$C_xH_yO_z$ 1 mol から CO_2 x〔mol〕と H_2O $\dfrac{y}{2}$〔mol〕が生じる。つまり，

$$\underset{C_xH_yO_z\,\text{〔mol〕}}{\frac{7.4\times10^{-3}}{74}}\underset{CO_2\,\text{〔mol〕}}{\times x}=\underset{CO_2\,\text{〔mol〕}}{\frac{17.6\times10^{-3}}{44}}\quad\text{より，}\;\underset{\substack{\uparrow \\ x,\,y\text{ は自然数であることがわかって}\\\text{いるので，比較的計算が楽になる}\\\downarrow}}{x=4}$$

$$\underset{C_xH_yO_z\,\text{〔mol〕}}{\frac{7.4\times10^{-3}}{74}}\underset{H_2O\,\text{〔mol〕}}{\times\frac{y}{2}}=\underset{H_2O\,\text{〔mol〕}}{\frac{9.0\times10^{-3}}{18}}\quad\text{より，}\;y=10$$

となり，分子式は $C_4H_{10}O_z$ になる。分子量が 74 なので，

$$12\times4+1.0\times10+16z=74\quad\text{が成り立ち，}z=1$$

よって，分子式が $C_4H_{10}O$ と先にわかり，組成式も $C_4H_{10}O$ になる。

精講 まずは問題テーマをとらえる

■不飽和度の求め方

　分子式から異性体を数える際に，まず分子式から不飽和度を求めると可能な構造を推定しやすくなる。二重結合や環状構造が1つ生じると，鎖状飽和のときに比べ水素原子が2個失われる。そのため，失われた水素原子の数を2で割ると，含まれている二重結合や環状構造の数がわかる。これを不飽和度といい，次式のようになる。

$$\text{不飽和度} = \frac{\overset{\text{失われたHの数}}{(\text{炭素数})\times 2 + 2 - \text{水素数}}}{2} = \text{炭素数} - \frac{\text{水素数}}{2} + 1$$

最大に結合できる（鎖状飽和のときの）Hの数

注 分子内に炭素-炭素三重結合が1つ生じると，鎖状飽和のときに比べ水素原子が4個失われるので不飽和度は2になる。

■炭素，水素以外の原子を含む化合物の不飽和度の求め方

(1) **ハロゲン原子(F, Cl, Br, I)を含む化合物**

　ハロゲン原子は分子式中の水素原子を置き換えたことに相当する。よって，不飽和度はハロゲン原子を水素原子と見なして求める。

例 C_3H_7Cl の場合 ➡ C_3H_7Cl を C_3H_8 と見なして不飽和度を求める。

$$\text{不飽和度} = \frac{3 \times 2 + 2 - 8}{2} = 0 \quad \leftarrow \text{鎖状飽和（二重結合や環状構造を生じない）}$$

(2) **酸素原子を含む化合物**

　酸素原子を含んでも水素原子の数や炭素原子の数に変化はない。よって，不飽和度は酸素原子を無視して求める。

例 C_3H_6O の場合

$$\text{不飽和度} = \frac{3 \times 2 + 2 - 6}{2} = 1 \quad \leftarrow \begin{cases} \text{二重結合（C=C や C=O）が1つ生じる} \\ \text{または} \\ \text{環状構造（Cのみの環やCとOの環）が1つ生じる} \end{cases}$$

Point 56

C_xH_y，$C_xH_yO_z$ の不飽和度は，$\dfrac{2x+2-y}{2}$ ← Oを無視して求める

注 ハロゲン原子を含む場合
ハロゲン原子は水素原子とみなして不飽和度を求める。

■異性体の数え方

　分子式から異性体を数える場合，次の Step に従って数えるとよい。

Step 1 不飽和度を求める。

不飽和度	対応する構造
0	すべて単結合からなる
1	二重結合1つ / 環状構造1つ
2	三重結合1つ / 二重結合2つ / 環状構造2つ / 二重結合1つ＋環状構造1つ
4	ベンゼン環1つ ／ 不飽和度4になるように三重結合，二重結合，環状構造を組み合わせたもの

Step 2 炭素骨格で分類する。

Step 3 官能基を炭素骨格に導入することや環状構造を検討する。

Step 4 立体異性体(シス-トランス異性体，鏡像異性体)が存在しないか探す。

標問 77 の**解説**

問1 求める炭素数4の炭化水素を C_4H_y とすると，不飽和度を求める式から，

不飽和度 $= 4 - y \div 2 + 1 = 1$　　よって，$y = 8$

となり，この炭化水素の分子式は C_4H_8 となる。

Step 1 不飽和度が1なので，この炭化水素は二重結合または環状構造が1つ生じることがわかる。

Step 2 炭素骨格で分類すると，C_4 なので次の2通りが考えられる。

Step 3 (1) 鎖状骨格に C=C が1つ生じる場合，C=C 結合は次の⑦〜⑨に入ることができる。

⑦ CH₂=CH-CH₂-CH₃　　　　① CH₃-CH=CH-CH₃

⑨ CH₂=C-CH₃
　　　 |
　　　CH₃

(2) 環状構造が1つ生じる場合，次の⑤，⑦が考えられる。

⑤ 4員環 → CH₂-CH₂ / CH₂-CH₂

⑦ 3員環 → CH₂ / CH₂——CH-CH₃

よって，構造異性体は⑦〜⑦の5種類が考えられる。ただし本問では<u>不飽和度1の化合物を求めるので，立体異性体も含めて考える必要がある。</u>

Step 4 ①には，次のシス-トランス異性体(幾何異性体)が存在する。

①₁ シス形　　①₂ トランス形

そのため，求める化合物は⑦，①₁，①₂，⑨，⑤，⑦の6個になる。

問2 酸素原子は不飽和度には無関係。(**精講**参照)

精講 混乱しやすい事項の整理

■シス-トランス異性体

　炭素原子間の二重結合 (C=C) や環構造内の結合は自由な回転が困難である。これらの結合の両側に結合する 2 つの原子や原子団がそれぞれ同じではないときに，シス-トランス異性体 (幾何異性体) とよばれる立体異性体が生じる。

　次の例に示したように，C=C 結合や環の同じ側に 2 つの基があるものをシス形，反対側にあるものをトランス形という。

マレイン酸 (シス形)　　フマル酸 (トランス形)

鏡像異性体の関係になっている

シス-1,2-ジメチルシクロプロパン(シス形)　トランス-1,2-ジメチルシクロプロパン(トランス形)

■鏡像異性体

　4 つの異なる原子または原子団が結合している炭素を不斉炭素原子 (＊をつけて区別することがある) という。不斉炭素原子を 1 つもつとき，次の例のような，実像と虚像の関係にあり，完全に重ね合わせることができない分子が 1 組存在する。これらを互いに鏡像異性体 (光学異性体) という。両者は，化学的性質や沸点，融点などの物理的性質はほぼ等しいが，平面偏光の偏光面を回転させる性質である旋光性が異なり，味やにおいなどの生理作用が異なる場合がある。

例1 乳酸

実像と鏡像の関係にある
(C＊は不斉炭素原子)

例2 トランス-1,2-ジメチルシクロプロパン

トランス形には実像と鏡像の関係にある
鏡像異性体が存在する

注1　シス-1,2-ジメチルシクロプロパンは，不斉炭素原子をもつが鏡像異性体をもたない (次ページ図 1)。分子に鏡像異性体が存在するかどうかを判断するには，分子を 2 つに分割するように真ん中に線を引いてみるとよい。分子内に対称面が存在すれば，鏡像異性体は存在しない (次ページ図 2)。

シス形は，実像と鏡像が同じ配置である
（図1）

分子内に存在する対称面
（図2）

このように不斉炭素原子をもつが，分子内に対称面（あるいは対称心）が存在する化合物は，鏡像異性体が存在せず，光学不活性である（旋光性を示さない）。このような化合物をメソ体という。よって，1,2-ジメチルシクロプロパンには，立体異性体がシス形1種とトランス形2種の合計3種存在することになる。

注2 実像と鏡像の関係にある1組の鏡像異性体の等量混合物（ラセミ体とよぶ）は，旋光性が逆になるものを等量混合するので旋光性が打ち消し合い光学不活性になる。

注3 不斉炭素原子をもたない鏡像異性体も存在する。

例

立体障害のため2個のベンゼン環が中央
のC-C結合を軸として回転できない

(ア)と(イ)は鏡像異性体の関係にある。

標問 78 の解説

C_5H_{10} について異性体を調べる（**標問 77** 参照）。

Step 1　C_5H_{10} の不飽和度を求める。

$$不飽和度 = \frac{5 \times 2 + 2 - 10}{2} = 1$$

不飽和度が1なので，この炭化水素は二重結合（C=C）または環状構造（Cのみの環）が1つ生じる。

Step 2　炭素骨格で分類すると C_5 なので次の3通りが考えられる。

$$C-C-C-C-C \qquad C-C-\overset{\displaystyle C}{C}-C \qquad C-\overset{\displaystyle C}{\underset{\displaystyle C}{C}}-C$$

Step 3　(1)　鎖状骨格に C=C が1つ生じる場合，C=C 結合は次の⑦～⑦に入ることができる。

$C-C-C-C-C \longrightarrow$　⑦ $CH_2=CH-CH_2-CH_2-CH_3$　　⑦ $CH_3-CH=CH-CH_2-CH_3$

$C-\overset{\displaystyle C}{C}-C-C \longrightarrow$　⑦ $CH_2=CH-\overset{\displaystyle CH_3}{CH}-CH_3$　　⑦ $CH_3-CH=\overset{\displaystyle CH_3}{C}-CH_3$　　⑦ $CH_3-CH_2-\overset{\displaystyle CH_3}{C}=CH_2$

注 C-C-C に C=C を導入するのは，C-C=C となり，真ん中の C が 5 本の共有結合を

つくってしまうので不可。

(2) 環状構造が 1 つ生じる場合，次の㋕〜㋙が考えられる。

五員環   四員環   三員環

㋕   ㋖   ㋗   ㋘   ㋙

↓

(A)に相当   (B)に相当   (C)に相当   (D)に相当

互いに構造異性体 の関係にある

Step 4 ㋑には，次のシス-トランス異性体が 2 種存在する。

㋙には，立体異性体が 3 種（トランス形 2 種，シス形 1 種）存在する。

トランス形   鏡   トランス形   シス形   鏡

↓   ↓   ↓   ↓

(E)に相当   (E)の鏡像体   (F)に相当   (F)の鏡像体

(E) には鏡像異性体 が存在する

(F)は分子内に対称な面をもち
鏡像体との区別ができないので
鏡像異性体が存在しない
➡ ㋙₃ と ㋙₄ は同一化合物
（メソ体）となり 1 種

(E)と(F)は 2 つのメチル基の空間的な結合方向が
異なっているので互いに立体異性体（シス-ト
ランス異性体）の関係にある

(E)，(F)の両化合物は不斉炭素原子（＊をつけて区別）を 2 個もっている。
したがって，鏡像異性体を含めた C_5H_{10} の異性体の総数は，

鎖状化合物 ㋐，㋑₁，㋑₂，㋒，㋓，㋔の 6 個 と

シス-トランス異性体

環状化合物 ㋕，㋖，㋗，㋘，㋙₁，㋙₂，㋙₃，㋙₄ の 7 個

同じ化合物なので 1 種と数える

を合わせて 13 個となる。

標問 79 の解説

問1　鏡像異性体は，右手と左手，あるいは鏡に対する実像と鏡像の関係にある。まず，L-トレオニンを鏡にうつした鏡像異性体は右のようになる。

（図：L-トレオニン（C*は不斉炭素原子）／鏡／L-トレオニンの鏡像異性体）

次に（図：L-トレオニンの鏡像異性体）を探すことになるが，-NH₂ に注目すると図1の1〜3のいずれも -NH₂ は紙面の右側に書いてあるので， を裏返して -NH₂ を紙面の右側にくるように書くと，（図）となり，これと同じものは2となる。よって，L-トレオニンの鏡像異性体は2。

問2　互いに鏡像の関係にはない立体異性体をジアステレオ異性体という。図1の1〜3はL-トレオニンの立体異性体なので，L-トレオニンと鏡像関係にある2を除いた1と3がジアステレオ異性体の関係にあるものになる。

問3　2個の -OH に注目すると，図2の5と7は2個の -OH が2個とも手前に向かっている（図2の5）ことと2個とも裏側へ向かっている（図2の7）ことに気づく。まず，5と7の関係について調べる。

（図：5　分子内に存在する対称面）の手前に向かっている2個の -OH が裏側に向かうように

 の を裏返すと，（図）となり，7と同一化合物になる。

メソ体（標問 78 参照）になる

　　次に，2個の -OH のうち片方が手前側へ向かい，もう片方が裏側へ向かっている4と6について調べる。4と6は，互いに鏡像の関係つまり鏡像異性体の関係にあり，同一化合物にはならないことがわかる。

（図：4　D-酒石酸／鏡／6　D-酒石酸の鏡像異性体）

4と6はいずれも分子内に対称面が存在しない

答

(1) ア：付加 イ：置換 ウ：シス-トランス (幾何)

(2) $CH_3COONa + NaOH \longrightarrow CH_4 + Na_2CO_3$

(3) A：6種類 B：4種類

(4)

    (C, D は順不同)

精講 混乱しやすい事項の整理

■アルカン (C_nH_{2n+2})

炭化水素の中で，炭素原子間がすべて単結合からできていて鎖状のものをアルカン (C_nH_{2n+2}) といい，環状のものをシクロアルカン (C_nH_{2n}) という。

最も簡単なアルカンであるメタン CH_4 の場合，実験室では酢酸ナトリウムの固体と水酸化ナトリウムの固体を混ぜて加熱してつくる (右図)。

$$CH_3\boxed{COONa + NaO}H$$
$$\longrightarrow CH_4 + Na_2CO_3$$

CH₃COONa と NaOH

固体どうしの反応なので，加熱する

メタン CH_4 は水に溶けにくいので，水上置換で集める

CH₄

■アルカンの反応

アルカンは，常温では比較的安定であり，反応しにくい。ただし，① O_2 を混ぜて加熱したり，② Cl_2 と混ぜて光 (紫外線) をあてると反応する。

① **O_2 との反応 (燃焼反応)**

$$C_nH_{2n+2} + \frac{3n+1}{2}O_2 \longrightarrow nCO_2 + (n+1)H_2O$$

② **Cl_2 との反応 (置換反応)**

$$CH_4 \xrightarrow[光]{Cl_2} CH_3Cl \xrightarrow[光]{Cl_2} CH_2Cl_2 \xrightarrow[光]{Cl_2} CHCl_3 \xrightarrow[光]{Cl_2} CCl_4$$

メタン クロロメタン ジクロロメタン トリクロロメタン テトラクロロメタン
(塩化メチル) (塩化メチレン) (クロロホルム) (四塩化炭素)

■アルケン (C_nH_{2n})

炭化水素の中で，炭素-炭素二重結合 (C=C) を1つもち鎖状のものをアルケン (C_nH_{2n}) という。

エチレン (エテン) C_2H_4 の場合，実験室ではエタノールに濃硫酸を加えて，約160〜170℃ に加熱してつくる (次ページの図)。

エタノール $\xrightarrow[\text{[H}_2\text{SO}_4]}{160\sim170℃}$ エチレン ＋ H₂O

脱水

反応の温度（蒸気の温度ではない！）を知るために，温度計の球部を濃硫酸の中に入れて約170℃を保つように加熱する

突発的な沸騰を防ぐために入れる

100℃以上に加熱するので水浴でなく油浴を使う

安全びん 水槽の水が逆流してフラスコ内に入る事故を防ぐ

エチレン CH₂＝CH₂ は水に溶けにくいので，水上置換で集める

■ アルケンの反応

アルケンの C＝C 結合のうち 1 本の結合は反応しやすく，いろいろな分子（酸 HX，ハロゲン X₂，水素 H₂ など）と付加反応が起こる。

① **酸 HX の付加**

$CH_2＝CH-CH_3 \xrightarrow{\text{H-Cl}}$

Hが2個 Hが1個

多く得られる → 主生成物　　　副生成物 ← 少量しか得られない

主生成物は，次の マルコフニコフ則 で判断することができる。

【マルコフニコフ則】

C＝C に HX が付加するとき，より多くの H 原子をもつ C 原子にさらに H が結合した生成物が主に生じる。

② **ハロゲン（Br₂ など）の付加**（標問 81 参照）

$CH_2＝CH_2 \xrightarrow{\text{Br-Br}}$ CH₂-CH₂（Br₂ の赤褐色が消える）

|　　|
Br Br → C＝C の検出反応に利用できる

1,2-ジブロモエタン

③ **水素 H₂ の付加**

$CH_2＝CH-CH_3 \xrightarrow[\text{[Pt]}]{\text{H-H}}$ CH₂-CH-CH₃

|　|
H H

Pt，Ni，Pd などの触媒が必要である

注 付加や置換などの有機化合物の反応では，炭素原子数や炭素骨格が保存することが多い。

例 アルケンの水素付加

枝の位置も同じ

$$CH_3-CH=CH-\overset{\overset{\textstyle CH_3}{|}}{CH}-CH_3 \xrightarrow[\text{触媒}]{H_2} CH_3-CH_2-CH_2-\overset{\overset{\textstyle CH_3}{|}}{CH}-CH_3$$

C 数 ➡ 6 個　　　　　6 個

Point 57 構造式の決定問題では，炭素原子数や炭素骨格に注意せよ。

アルケンに水素を付加~~~(1)ア するとアルカンが生じる。

$$C_nH_{2n} + H_2 \longrightarrow C_nH_{2n+2}$$

酢酸ナトリウムに水酸化ナトリウムを加えて加熱するとメタンが生じる。

$$CH_3COONa + NaOH \longrightarrow CH_4 + Na_2CO_3 \text{※1} \leftarrow (2)$$

この反応は脱炭酸反応といわれている。酢酸カルシウムの乾留によってアセトンが得られるのも同様の反応である。

空気を断って加熱分解すること

$$(CH_3COO)_2Ca \longrightarrow CH_3\text{-}\underset{O}{\overset{}{C}}\text{-}CH_3 + CaCO_3 \text{※2}$$

アセトン

分子式 C_5H_{12} は，不飽和度 $= \dfrac{2\times5+2-12}{2} = 0$ であり鎖状飽和の炭化水素，すなわちアルカンである。構造異性体は次の3つである。

① $CH_3\text{-}CH_2\text{-}CH_2\text{-}CH_2\text{-}CH_3$

② $CH_3\text{-}CH_2\text{-}\underset{CH_3}{\overset{}{C}H}\text{-}CH_3$

③ $CH_3\text{-}\underset{CH_3}{\overset{CH_3}{C}}\text{-}CH_3$

①，②，③のH原子を1つCl原子に置換~~~(1)イ すると，

次に，HClを脱離させてアルケンを合成する。(viii)では，隣接する炭素原子にH原子がないため，アルケンは生じない。

(viii)

$$CH_3\text{-}\underset{\underset{Cl}{CH_3}}{\overset{CH_3}{C}}\text{-}CH_2 \qquad \times \qquad アルケンは生じない$$

—H原子がない!!

224

そこで，AとBは①，②のいずれかである。[※3]

(右上)
※3　C_5H_{10} のアルケン

(直鎖)
C-C-C-C=C
C-C-C=C-C
　（シス，トランス）

(枝1つ)
```
          C
C=C-C-C
          C
C-C=C-C
          C
C-C-C=C
```
を書いてから予想してもかま
わない。

ⓐ，ⓑ 2つの構造異性体が得られ，ⓑにはシス-トランス異性体が存在する。

シス形（シス-2-ペンテン）　　　トランス形（トランス-2-ペンテン）

ⓒ，ⓓ，ⓔ 3つの構造異性体が得られる。

シス-トランス異性体が存在するのはⓑのみなので，これがCとDに相当し，Bは①である。Bからは(i)(ii)(iii)の一塩素置換体が得られ，(ii)に不斉炭素原子が1つ存在し，1組の鏡像異性体があるので，全部で4種類の異性体が得られる。

そこでAは②であり，(iv)(v)(vi)(vii)の一塩素置換体が得られ，(v)と(vii)にそれぞれ不斉炭素原子が1つ存在するので，それぞれ1組の鏡像異性体があり，全部で6種類の異性体が得られる。

注　本文中では C_5H_{12} の2つの異性体を沸点の差を利用し，化合物A②と化合物B①に分離している。これは，分子式（分子量）が同じ C_5H_{12} で表されるアルカンは，分子が直線的な形状に近づくほどにファンデルワールス力が強くなるので沸点が高くなることを利用している。

③球状　②化合物A　やや直線状　①化合物B　直線状

沸点の順：　沸点10℃　　　　　沸点28℃　　　　　沸点36℃
（枝分かれが少ない分子のほうが，分子どうしの接触面積が大きくなる）

答

問1　5個　$CH_2=CH-CH_2-CH_3$　　　$CH_3-CH=CH-CH_3$

$$CH_2=\underset{\underset{\displaystyle CH_3}{|}}{C}-CH_3 \qquad \underset{\underset{\displaystyle CH_2-CH_2}{|}}{CH_2-CH_2} \qquad \underset{\underset{\displaystyle CH_2}{|}}{CH_2-CH-CH_3}$$

問2　シス-2-ブテンの場合　　　　　　　トランス-2-ブテンの場合

標問 81 の解説

問1　[標問 77] 参照。構造異性体を探すことに注意（立体異性体は考えない）。

問2　アルケンに Br_2 が付加するときは，炭素-炭素二重結合の面の上下から付加する。

〈シス-2-ブテンの場合〉　(C^*は不斉炭素原子)

（ア）と（イ）は，互いに鏡像の関係つまり鏡像異性体の関係にあり，同一化合物にはならない。

〈トランス-2-ブテンの場合〉

となり，（エ）と同じ化合物であることがわかる。

メソ体でもある

　よって，シス形からは2種，トランス形からは1種の付加生成物が得られる。

標問 82 炭化水素の反応(3)

答

〔Ⅰ〕問1 C：CH₃-CH-CH₂-CH₂-CH₂-CH₃ D：CH₂-CH₂-CH₂-CH₂-CH₂-CH₃
         | |
         OH   OH

問2 A：H-C≡C-CH₂-CH₂-CH₂-CH₃

〔Ⅱ〕問1 A：CH₃-CH₂-CH₃ B：CH₂=CH-C≡C-H

問2 銀アセチリド

精講 混乱しやすい事項の整理

■アルキン(C_nH_{2n-2})

炭化水素の中で，炭素-炭素三重結合 C≡C を 1 つもち鎖状のものをアルキン(C_nH_{2n-2})という。

アセチレン C_2H_2 の場合，実験室では炭化カルシウム(カーバイド)に水を加えてつくる(次図)。

$$\overset{-}{C}\!\equiv\!\overset{-}{C} + \underset{(K_a=10^{-15.74})}{\begin{matrix}H\!-\!O\!-\!H\\H\!-\!O\!-\!H\end{matrix}} \longrightarrow \underset{(K_a=10^{-25})}{H\!-\!C\!\equiv\!C\!-\!H} + \begin{matrix}OH^-\\OH^-\end{matrix}$$

⬇ 両辺に Ca^{2+} を加えると

$$CaC_2 + 2H_2O \longrightarrow C_2H_2 + Ca(OH)_2$$

くびれのある側に固体を入れ，反対側に液体を入れる

ふたまた試験管

くびれのある側に傾けて水を注ぐと反応が起こる

気体の発生を止めるときは水をもとに戻す

水 H_2O

くびれ

炭化カルシウム CaC_2

CH≡CH は水に溶けにくいので，水上置換で集める

水

水槽

■アルキンの反応

アルキンの C≡C は，アルケンの C=C と同じように付加反応を起こしやすい。

$$H\!-\!C\!\equiv\!C\!-\!H \xrightarrow[触媒]{H\!-\!Cl} H\!-\!\overset{\displaystyle |}{\underset{\displaystyle |}{C}}\!=\!\overset{\displaystyle |}{\underset{\displaystyle |}{C}}\!-\!H \quad 塩化ビニル$$
（H Cl）

$$H\!-\!C\!\equiv\!C\!-\!H \xrightarrow{Br\!-\!Br} H\!-\!\overset{\displaystyle |}{\underset{\displaystyle |}{C}}\!=\!\overset{\displaystyle |}{\underset{\displaystyle |}{C}}\!-\!H \quad (Br_2 の赤褐色が消える)$$
（Br Br） → C≡C の検出反応に利用できる

$$H\!-\!C\!\equiv\!C\!-\!H \xrightarrow[触媒]{H\!-\!H} H\!-\!\overset{\displaystyle |}{\underset{\displaystyle |}{C}}\!=\!\overset{\displaystyle |}{\underset{\displaystyle |}{C}}\!-\!H \quad エチレン$$
（H H）

アルキンに H_2O を付加させるときには，注意が必要になる。アセチレンに硫酸水銀(Ⅱ)$HgSO_4$ などを触媒として H_2O を付加させると生じるエノール形のビニルアルコ

第3章 有機化学　227

ールは不安定であり，すぐにケト形のアセトアルデヒドに変化する。

ビニルアルコール（不安定）
エノール形

アセトアルデヒド
ケト形

補足　**アセチレンの重合**

（ i ）　2 分子重合（二量化）

$$2H-C{\equiv}C-H \xrightarrow[\text{触媒：Cu}^+\text{塩}]{} \begin{array}{c}H\\H\end{array}C=C\begin{array}{c}H\\C{\equiv}C-H\end{array}$$

ビニルアセチレン

（ ii ）　3 分子重合（三量化）

$$3H-C{\equiv}C-H \xrightarrow[\text{触媒：Fe}]{}$$

ベンゼン

（iii）　重合

$$nH-C{\equiv}C-H \xrightarrow[(C_2H_5)_3Al-TiCl_4]{\text{チーグラー・ナッタ触媒}} -[CH=CH]_n-$$

ポリアセチレン
（導電性高分子）

■アルキンの検出反応

$-C{\equiv}C-H$ は，$\underset{K_a=10^{-25}}{-\overset{|}{C}-\overset{|}{C}-H}$ や $\underset{K_a=10^{-44}}{>C=C\overset{|}{\underset{H}{}}}$ よりも電離定数 K_a の値が大きくブレンステッド酸として強いことが知られており，H^+ が解離しやすい。

とくに，塩基性溶液中では H^+ が引きぬかれて $-C{\equiv}C^-$ が生じやすく，Ag^+ や Cu^+ と沈殿をつくる。

$$H-C{\equiv}C-H \begin{cases} \xrightarrow[\text{アンモニア性硝酸銀溶液}]{[Ag(NH_3)_2]^+} AgC{\equiv}CAg \downarrow(白) \\ \xrightarrow[\text{アンモニア性塩化銅（ I ）溶液}]{[Cu(NH_3)_2]^+} CuC{\equiv}CCu \downarrow(赤) \end{cases}$$

アセチレン

銀アセチリド

銅（ I ）アセチリド

加熱や衝撃により爆発しやすい

標問 **82** の**解説**

〔 I 〕　問 1，2　炭化水素 A（分子式 C_6H_{10}）の構造を決定する（ 標問 **77** 参照）。

Step 1　C_6H_{10} の不飽和度を求める。

$$不飽和度 = \frac{6\times2+2-10}{2}=2$$

ここで，A に H_2 1 mol 反応させ B を得た後，B に H_2O を付加するとアルコール C が生じることと，A に水銀塩触媒を用いて水を付加して生成物を還元すると C が得られたことから，A は $C{\equiv}C$ 結合を 1 つもっていると考えられる。

Step 2　炭素骨格で分類する。

Aは枝分かれした構造をもたないので，直鎖とわかる。

C-C-C-C-C-C

Step 3　Aは直鎖でC≡C結合を1つもっているので，C≡C結合は次の⑦～⑦に入ることができる。

$$C\!-\!C\!-\!C\!-\!C\!-\!C\!-\!C \begin{cases} ⑦ & H\!-\!C≡C\!-\!CH_2\!-\!CH_2\!-\!CH_2\!-\!CH_3 \\ ⑦ & CH_3\!-\!C≡C\!-\!CH_2\!-\!CH_2\!-\!CH_3 \\ ⑦ & CH_3\!-\!CH_2\!-\!C≡C\!-\!CH_2\!-\!CH_3 \end{cases}$$

ここで，⑦と⑦にそれぞれ H_2 1 mol を反応させると，シス-トランス異性体が存在するアルケンが得られる。

⑦　$CH_3\!-\!C≡C\!-\!CH_2\!-\!CH_2\!-\!CH_3 \xrightarrow[\text{[Pt]}]{H/H} CH_3\!-\!CH\!=\!CH\!-\!CH_2\!-\!CH_2\!-\!CH_3$ ⎤
⑦　$CH_3\!-\!CH_2\!-\!C≡C\!-\!CH_2\!-\!CH_3 \xrightarrow[\text{[Pt]}]{H/H} CH_3\!-\!CH_2\!-\!CH\!=\!CH\!-\!CH_2\!-\!CH_3$ ⎦ シス-トランス異性体が存在する

> **注**　シス-トランス異性体は，次の条件のときに生じる。
>
> $$\begin{matrix} X \\ Y \end{matrix}\!\!>\!\!C\!=\!C\!\!<\!\!\begin{matrix} Z \\ W \end{matrix} \quad で \quad X \neq Y \;かつ\; Z \neq W$$

よって，Aに H_2 を反応させるとシス-トランス異性体が存在しないBが得られるので，⑦がAとなる。

⑦　$H\!-\!C≡C\!-\!CH_2\!-\!CH_2\!-\!CH_2\!-\!CH_3 \xrightarrow[\text{[Pt]}]{H/H}$ $H\!-\!C\!=\!C\!-\!CH_2\!-\!CH_2\!-\!CH_2\!-\!CH_3$ ←B
　　Aとなる　　　　　　　　　　　　　　　　　　　　 $\;\;H\;\;H$
　　　　　　　　　　　　　　　　　　　　　　　　シス-トランス異性体が存在しない

次にBに対して酸性条件下，H_2O を付加させると第二級アルコールであるCが選択的に得られる。

B　$CH_2\!=\!CH\!-\!CH_2\!-\!CH_2\!-\!CH_2\!-\!CH_3 \longrightarrow$
　　　$\;\;H\!-\!OH$ （①）
　　　$HO\!-\!H$ 　（②）

Cとなる↑
①　$CH_3\!-\!CH\!-\!CH_2\!-\!CH_2\!-\!CH_2\!-\!CH_3$
　　　　　　OH
　　　　第二級アルコール

②　$CH_2\!-\!CH_2\!-\!CH_2\!-\!CH_2\!-\!CH_2\!-\!CH_3$
　　　OH
　　第一級アルコール

—異性体の関係

①がCなので②がDとなる

注　「第二級アルコールであるC」という記述から決定できるが，マルコフニコフ則から予想できる。

また，Aに水銀塩触媒を用いて H_2O を付加させた後，得られた化合物を還元してもCが得られることからも構造式を決めることができる。

CH₂-CH₂-CH₂-⋯
　　　　OH

第一級アルコールは，C 骨格
のはしに -OH がついている

⋯-CH₂-CH₂-CH₂-⋯
　　　　OH

第二級アルコールは，C 骨格
の途中に -OH がついている

CH₂
⋯-CH₂-C-CH₂-⋯
　　　OH

第三級アルコールは，C 骨格
の枝分かれ部分に -OH がつ
いている

〔Ⅱ〕　問1　AとBの混合気体の全物質量を n〔mol〕とすると，理想気体の状態方程式より，

$$n = \frac{PV}{RT} = \frac{4.15 \times 10^4 \times 7.0}{8.3 \times 10^3 \times (77+273)} = 0.10 \text{ mol}$$

分子式 C_xH_y の炭化水素の燃焼反応は次のように表せる。

$$C_xH_y + \left(x + \frac{y}{4}\right)O_2 \longrightarrow xCO_2 + \frac{y}{2}H_2O \quad \cdots①$$

なお，不飽和度の値に関係なく y は必ず偶数であり次式が成立する。◁──標問 **77** 参照

$$y \leqq 2x+2 \quad \cdots②$$

A，Bともに完全燃焼に同じ量の酸素が必要で，0.10 mol の混合気体の完全燃焼に 0.50 mol の酸素だから，

$$①の化学反応式の O_2 の係数 = x + \frac{y}{4} = \frac{0.50 \text{ mol}}{0.10 \text{ mol}} = 5 \quad \cdots③$$

②式，③式を満たす自然数 x と y の組み合わせは

$$(x, y) = (3, 8), (4, 4) \quad のみである。$$

Aは臭素水を脱色しないことから分子式 C_3H_8 のプロパンと決まる。

Bは分子式 C_4H_4（不飽和度3）であり，炭化水素Cの二量化で得られたことから，Cは分子式 C_2H_2 のアセチレンであり，Bはビニルアセチレンと決まる。

$$2H-C \equiv C-H \xrightarrow{Cu^+ 塩}$$

アセチレン

$$\begin{matrix} H \\ H \end{matrix} C = C \begin{matrix} H \\ C \equiv C-H \end{matrix}$$

ビニルアセチレン

問2　アンモニア性硝酸銀水溶液にアセチレンを通じると，銀アセチリドの白色沈殿が生じる。

$$H-C \equiv C-H + 2[Ag(NH_3)_2]^+ \longrightarrow AgC \equiv CAg \downarrow (白) + 2NH_3 + 2NH_4^+$$

答

〔Ⅰ〕 問1　水素結合　　　　　　　問2　4種類　(い)

問3　CH₃-C-CH₂-CH₃　　　　問4　CH₂=CH-CH-CH₃　など
　　　　　‖　　　　　　　　　　　　　　　　　|
　　　　　O　　　　　　　　　　　　　　　　　OH

問5　$T_C > T_A > T_B$　　　　問6　13種類

〔Ⅱ〕 (1)　エーテル，アルコール

(2)　CH₃-C-CH₂-CH₂-CH₃,　CH₃-CH₂-C-CH₂-CH₃,　CH₃-C-CH-CH₃
　　　　　‖　　　　　　　　　　　　　　‖　　　　　　　　‖　|
　　　　　O　　　　　　　　　　　　　　O　　　　　　　　O CH₃

(3)　　　　　 CH₃
　　　　　　　|
　　　CH₃-CH₂-CH-CH₂
　　　　　　　　　|
　　　　　　　　　OH

(4)　CH₃-O-CH₂-CH₂-CH₂-CH₃,　CH₃-CH₂-O-CH₂-CH₂-CH₃

(5)　　　　　　　　　　　　　　　　　　CH₃
　　　　　　　　　　　　　　　　　　　|
　　　CH₃-CH-CH₂-CH₂-CH₃,　CH₃-CH-CH-CH₃
　　　　　|　　　　　　　　　　　　　|
　　　　　OH　　　　　　　　　　　　OH

(6)　CH₂-CH₂-CH₂-CH₂-CH₃
　　　|
　　　OH

精講 混乱しやすい事項の整理

■アルコールの沸点

　アルコールは -OH 間で<u>水素結合</u>を形成するので，構造異性体のエ
ーテルや同じくらいの分子量の炭化水素に比べると沸点がはるかに
高くなる。

水素結合

$$R-O\cdots H-O$$
$$\quad | \qquad\qquad |$$
$$\quad H \qquad\qquad R$$

　分子間での水素結合の形成のしやすさが沸点に影響する。つまり，
-OH が結合している炭素原子に<u>多く</u>のアルキル基 $C_nH_{2n+1}-$ が結合していると立体障
害が<u>大きく</u>なり，分子間で水素結合を形成し<u>にくく</u>なる。$C_4H_{10}O$ で表されるアルコー
ルの沸点を比べると，第三級アルコールの沸点が最も低く，立体障害が小さくなる第
二級，第一級の順に沸点が高くなる。また，同じ第一級のアルコールでは，枝分かれが
少ない分子のほうが分子どうしの接触面積が大きくなり，沸点が高い。

【$C_4H_{10}O$ で表されるアルコールの沸点】

	1-ブタノール	2-メチル-1-プロパノール	2-ブタノール	2-メチル-2-プロパノール
沸点	118℃	108℃	99℃	83℃
	第一級	第一級	第二級	第三級

■アルデヒドの検出反応

アルデヒド R–CHO は塩基性条件下でとくに酸化されやすく，$\underline{Cu^{2+} や Ag^+}$ によって酸化されてカルボン酸の陰イオン R–COO⁻ に変化する。
　　　　　　　　　　　　　　　　　　　　　　酸化剤

(1) **フェーリング液の還元**

Cu²⁺ を含むフェーリング液にアルデヒドを加えて加熱すると，Cu₂O の赤色沈殿が生じる。

$$R–CHO + 2Cu^{2+} + 5OH^- \longrightarrow R–COO^- + Cu_2O \downarrow (赤) + 3H_2O$$

(2) **銀鏡反応**

アンモニア性硝酸銀水溶液にアルデヒドを加えて温めると，Ag が析出する。

$$R–CHO + 2[Ag(NH_3)_2]^+ + 3OH^- \longrightarrow R–COO^- + 2Ag + 4NH_3 + 2H_2O$$

■ヨードホルム反応

右の構造をもつアルコール，アルデヒドやケトンは，I₂ と NaOH 水溶液を加えて加熱すると特有の臭いをもつヨードホルム CHI₃ の黄色沈殿が生じる（反応後，炭素原子の数がもとの化合物よりも 1 個減少したカルボン酸の塩を生じる）。

$$CH_3–CH–R + 4I_2 + 6NaOH \longrightarrow CHI_3 \downarrow (黄) + R–COONa + 5NaI + 5H_2O$$
$$\quad | \\ \quad OH$$

$$CH_3–C–R + 3I_2 + 4NaOH \longrightarrow CHI_3 \downarrow (黄) + R–COONa + 3NaI + 3H_2O$$
$$\quad || \\ \quad O$$

標問 83 の解説

〔Ⅰ〕　C₄H₁₀O について調べる（**標問 77** 参照）。

Step 1　C₄H₁₀O の不飽和度は，$\dfrac{4 \times 2 + 2 - 10}{2} = 0$ となり，鎖状飽和になる。

Step 2　炭素骨格で分類すると C₄ なので次の 2 通りが考えられる。

$$\begin{array}{c} & C \\ & | \\ C–C–C–C & C–C–C \end{array}$$

Step 3　(1)　C–C 間に O を入れてエーテル結合 C–O–C をつくる場合，O は次の⑦〜⑨に入れることができる。

$$C\underset{⑦}{-}C\underset{①}{-}C–C \Rightarrow ⑦\ CH_3–O–CH_2–CH_2–CH_3 \quad ①\ CH_3–CH_2–O–CH_2–CH_3$$

$$\begin{array}{c} C \\ | \\ C\underset{⑨}{-}C–C \end{array} \Rightarrow ⑨\ CH_3–O–\overset{\displaystyle CH_3}{\underset{|}{CH}}–CH_3 \qquad ⑦〜⑨はエーテル$$

(2)　C–H 間に O を入れてヒドロキシ基 –OH をつくる場合，O は次の①〜⑨に入れることができる。

232

$-\overset{|}{\underset{\underset{\text{オ}}{\underset{|}{\text{エ}}}}{C}}-\overset{|}{\underset{|}{C}}-\overset{|}{\underset{|}{C}}-\overset{|}{\underset{|}{C}}-$ ➡ エ $CH_2-CH_2-CH_2-CH_3$ $\qquad$ オ $CH_3-\underset{\underset{OH}{|}}{CH}-CH_2-CH_3$

$\qquad\qquad\qquad\qquad\qquad\qquad\qquad\underset{OH}{|}$

$\qquad\qquad\qquad\qquad\qquad\qquad$ 第一級アルコール $\qquad\qquad\qquad$ 第二級アルコール

$-\overset{|}{\underset{\underset{\text{カ}}{\underset{|}{\text{カ}}}}{C}}-\overset{\overset{|}{C}-}{\underset{|}{C}}-\overset{|}{\underset{|}{C}}-$ ➡ カ $CH_2-\overset{\overset{CH_3}{|}}{CH}-CH_3$ $\qquad$ キ $CH_3-\overset{\overset{CH_3}{|}}{\underset{\underset{OH}{|}}{C}}-CH_3$ $\qquad$ エ～キはアルコール

$\qquad\qquad\qquad\qquad\qquad\qquad\qquad\underset{OH}{|}$

$\qquad\qquad\qquad\qquad\qquad\qquad$ 第一級アルコール $\qquad\qquad\qquad$ 第三級アルコール

Step 4 Step 3 までで構造異性体が⑦～⑩の7種あるが, すべての異性体8種類を用意していることから, 立体異性体を考える必要が出てくる。

$\qquad$⑩には, 不斉炭素原子(C^*で表す)が存在するので, 鏡像異性体⑩$_1$と⑩$_2$が存在する。 ⑩ $CH_3-\overset{*}{\underset{\underset{OH}{|}}{CH}}-CH_2-CH_3$

A_3 と A_4 の沸点が完全に同一という記述から, 鏡像異性体の関係にある⑩$_1$, ⑩$_2$ が A_3, A_4, または, A_4, A_3 になることがわかる。 ← 鏡像異性体の物理的性質(沸点・融点)は同じ

$\qquad$アルコールはエーテルと異なり分子間で水素結合を形成するために, エーテルよりも沸点が高くなる。よって, A_6～A_8 よりもかなり沸点の高い A_1～A_5 の5種はアルコールエ～キとなり, 沸点の低い A_6～A_8 はエーテル⑦～⑨になる。

$\qquad$アルコールの沸点は, 第一級>第二級>第三級, 同じ級数では直鎖>枝分かれの順なので(**精講**参照), A_1～A_5 は次のように決定する。

エ
$CH_2-CH_2-CH_2-CH_3$ > カ $CH_2-\overset{\overset{CH_3}{|}}{CH}-CH_3$ > ⑩$_1$, ⑩$_2$ $CH_3-\overset{*}{CH}-CH_2-CH_3$ > キ $CH_3-\overset{\overset{CH_3}{|}}{C}-CH_3$

$\underset{OH}{|}$ 第一級・直鎖 $\qquad$ $\underset{OH}{|}$ 第一級・枝分かれ $\qquad$ $\underset{OH}{|}$ 第二級 $\qquad\qquad$ $\underset{OH}{|}$ 第三級

⬇ $\qquad\qquad\qquad\qquad$ ⬇ $\qquad\qquad\qquad\qquad$ ⬇ $\qquad\qquad\qquad\qquad$ ⬇

A_1 (118 ℃) $\qquad\quad$ A_2 (108 ℃) $\qquad\quad$ A_3, A_4 (99 ℃) $\qquad\quad$ A_5 (83 ℃)

〔実験1〕 酸化剤である二クロム酸カリウム $K_2Cr_2O_7$ を作用させると第一級アルコールの A_1, A_2 と第二級アルコールの A_3, A_4 だけが酸化を受けてアルデヒド B_1, B_2 とケトン B_3, B_4 に変化する。[※1]

A_1 $\underset{\underset{\text{第一級アルコール}}{\underset{OH}{|}}}{CH_2}-CH_2-CH_2-CH_3$ $\overset{酸化}{\longrightarrow}$ B_1 $\underset{\underset{\text{アルデヒド}}{\overset{\|}{O}}}{H-C}-CH_2-CH_2-CH_3$

$\qquad$ ─────同一

A_2 $\underset{\underset{\text{第一級アルコール}}{\underset{OH}{|}}}{CH_2}-\overset{\overset{CH_3}{|}}{CH}-CH_3$ $\overset{酸化}{\longrightarrow}$ B_2 $\underset{\underset{\text{アルデヒド}}{\overset{\|}{O}}}{H-C}-\overset{\overset{CH_3}{|}}{CH}-CH_3$

A_3, A_4 $\underset{\underset{\text{第二級アルコール}}{\underset{OH}{|}}}{CH_3-\overset{*}{C}H}-CH_2-CH_3$ $\overset{酸化}{\longrightarrow}$ $B_3=B_4$ $\underset{\underset{\text{ケトン}}{\overset{\|}{O}}}{CH_3-C}-CH_2-CH_3$

※1 B_1, B_2, $B_3=B_4$ のアルデヒドやケトンは-OHを失うために分子間で水素結合を形成することができなくなり, 酸化前のアルコールに比べて沸点が低くなる。

〔実験2〕 アンモニア性硝酸銀水溶液を作用させると，ホルミル（アルデヒド）基をもつ B_1，B_2 だけが酸化されてカルボン酸イオンに変化し Ag が析出する。その後，酸性にすると弱酸遊離反応が起こり，カルボン酸 C_1，C_2 が得られる[※2]。

B_1 H-C-CH$_2$-CH$_2$-CH$_3$ $\xrightarrow{[\text{Ag}(\text{NH}_3)_2]^+}$ $^-$O-C-CH$_2$-CH$_2$-CH$_3$
　　 ‖　　　　　　　　　　　　　　　　　　　　　　 ‖
　　 O　アルデヒド　　　　　　　　　　　　　　　　 O

$\xrightarrow{\text{H}^+}$ C_1 H-O-C-CH$_2$-CH$_2$-CH$_3$
　　　　　　　　　　 ‖
　　　　　　　　　　 O　カルボン酸

B_2 H-C-CH-CH$_3$ $\xrightarrow{[\text{Ag}(\text{NH}_3)_2]^+}$ $^-$O-C-CH-CH$_3$
　　 ‖　 |　　　　　　　　　　　　　　　　　 ‖　 |
　　 O　CH$_3$（上）　　　　　　　　　　　　　 O　CH$_3$（上）
　　　　アルデヒド

$\xrightarrow{\text{H}^+}$ C_2 H-O-C-CH-CH$_3$
　　　　　　　　　　 ‖　 |
　　　　　　　　　　 O　CH$_3$（上）　カルボン酸

※2 C_1，C_2 のカルボン酸は，酸化前の第一級アルコール A_1，A_2 に比べて分子量が大きくなり，次のように分子間で水素結合を形成するために沸点が高くなる。

R-C（O……H-O）C-R
（O-H……O）

さらに，C_1 は直鎖，C_2 は枝分かれをもつので C_1 の沸点は C_2 よりも高くなる。

$A_5 \sim A_8$ は，〔実験1〕，〔実験2〕では変化を受けないので $A_5 = B_5 = C_5$，$A_6 = B_6 = C_6$，$A_7 = B_7 = C_7$，$A_8 = B_8 = C_8$ となり，$B_3 = B_4$ は〔実験2〕では変化を受けないので $B_3 = B_4 = C_3 = C_4$ となる。

問2　〔実験1〕で酸化されるのは A_1，A_2，A_3，A_4 の4種類で，アルコールからアルデヒドやケトンに変化すると分子間で水素結合を形成することができなくなり，すべて沸点が低くなる。したがって，(い)。

問4　B_1 H-C-CH$_2$-CH$_2$-CH$_3$（不飽和度1）の構造異性体の中で不斉炭素原子（C* で
　　　　　‖
　　　　　O
表す）を有する化合物には，

CH$_2$=CH-C*H-CH$_3$　　　　（エポキシド）-C*-CH$_2$-CH$_3$　　　CH$_2$（エポキシド）C*H　　　（エポキシド）C*H-C*H
　　　　　|　　　　　　　　　　　　　 |　　　　　　　 |　　 |　　　　　 |　　 |
　　　　 OH　　　　　　　　　　　　 H　　　　　　 CH$_3$ OH　　　　 CH$_3$ CH$_3$

などがある。

問5　最も沸点の高いものは，試料群Aでは A_1，試料群Bでは $B_5 = A_5 = C_5$，試料群Cでは C_1 となる。よって，沸点の大小関係は，
　　　　　　　　　　　　　　　　　　　　　　　　　　　　　　 $B_5 = A_5 = C_5$

C_1　　　　　　　　　　　　　　 A_1　　　　　　　　　 CH$_3$
H-O-C-CH$_2$-CH$_2$-CH$_3$　$>$　CH$_2$-CH$_2$-CH$_3$　$>$　CH$_3$-C-CH$_3$
　　 ‖　　　　　　　　　　　　 |　　　　　　　　　　 |
　　 O　T_C　　　　　　　 OH　 T_A　　　　　 OH　T_B

問6　A_1，B_1，C_1，A_2，B_2，C_2，A_3，A_4，$B_3 = B_4 = C_3 = C_4$，$A_5 = B_5 = C_5$，$A_6 = B_6 = C_6$，$A_7 = B_7 = C_7$，$A_8 = B_8 = C_8$ の13種類の化合物が存在する。

〔Ⅱ〕〔Ⅰ〕と同じように異性体を探すことができる。

Step 1　$C_5H_{12}O$ の不飽和度は，$\dfrac{5 \times 2 + 2 - 12}{2} = 0$ となり鎖状飽和になる。

Step 2　炭素骨格には，次の3通りが考えられる。

$$
\begin{array}{c}
\text{C–C–C–C–C} \\
\underset{\text{キ ク ケ}}{\uparrow\ \uparrow\ \uparrow}
\end{array}
\qquad
\begin{array}{c}
\text{C} \\
\text{C–C–C–C} \\
\underset{\text{コ サ シ ス}}{\uparrow\ \uparrow\ \uparrow\ \uparrow}
\end{array}
\qquad
\begin{array}{c}
\text{C} \\
\text{C–C–C} \\
\text{C} \\
\underset{\text{セ}}{\uparrow}
\end{array}
$$

Step 3　(1)　C–C 間に O を入れるとできるエーテルには，㋐～㋕の6種類の構造異性体がある。

㋐ CH₃-O-CH₂-CH₂-CH₂-CH₃　　　　㋑ CH₃-CH₂-O-CH₂-CH₂-CH₃

㋒ CH₃-O-CH₂-$\overset{\text{CH}_3}{\underset{}{\text{CH}}}$-CH₃　　　　　㋓ CH₃-CH₂-O-$\overset{\text{CH}_3}{\underset{}{\text{CH}}}$-CH₃

㋔ CH₃-CH₂-$\overset{\text{CH}_3}{\underset{*}{\text{CH}}}$-O-CH₃　　　　　㋕ CH₃-$\overset{\text{CH}_3}{\underset{\text{CH}_3}{\text{C}}}$-O-CH₃　　　（㋐～㋕はエーテル）

（C* は不斉炭素原子を表す）

(2)　C–H 間に O を入れるとできるアルコールには，㋖～㋞の8種類の構造異性体がある。

㋖ CH₂-CH₂-CH₂-CH₂-CH₃　　　　㋗ CH₃-$\overset{*}{\text{CH}}$-CH₂-CH₂-CH₃
　　OH　第一級アルコール　　　　　　　OH　第二級アルコール

㋘ CH₃-CH₂-CH-CH₂-CH₃　　　　㋙ CH₃-CH₂-$\overset{\text{CH}_3}{\text{CH}}$-CH₃
　　　　　OH　第二級アルコール　　　　OH　第一級アルコール

㋚ CH₃-$\overset{\text{CH}_3}{\underset{*}{\text{CH}}}$-CH-CH₃　　　　㋛ CH₃-CH₂-$\overset{\text{CH}_3}{\underset{\text{CH}_3}{\text{C}}}$-CH₃
　　　OH　第二級アルコール　　　　OH　第三級アルコール

㋜ CH₃-CH₂-$\overset{\text{CH}_3}{\underset{*}{\text{CH}}}$-CH₂　　　　㋝ CH₃-$\overset{\text{CH}_3}{\underset{\text{CH}_3}{\text{C}}}$-CH₂　（㋖～㋞はアルコール）
　　　　　　　OH　　　　　　　　　　　OH

　第一級アルコール　　　　　　　　第一級アルコール

よって構造異性体は㋐～㋞の14種。問題文より，鏡像異性体については考えない（Step 4）。

(1)　エーテル結合 -O- をもつエーテルと，ヒドロキシ基 -OH をもつアルコールに分類できる。

(2)　エーテルや第三級アルコールは，K₂Cr₂O₇ で酸化されにくい。第一級アルコールは酸化されると還元性を示すアルデヒド，さらに酸化されると酸性を示すカルボン酸になる。よって，㋗，㋘，㋚の第二級アルコールを酸化して得られるケトン（ケトンは還元性を示さず，中性）を答える。

(3)　不斉炭素原子 C* に官能基（-O- や -OH）が直接結合している㋔，㋗，㋚以外の㋜を答える。

(4)　単体の Na と反応しない（H₂ を発生しない）化合物はエーテルであり，㋐～㋕のエーテルの中で炭素鎖に枝分かれがない（C が直鎖）の㋐と㋑を答える。

(5)　CHI₃ の黄色沈殿を生成するので，CH₃-$\underset{\text{OH}}{\text{CH}}$-R の構造をもつ㋗と㋚を答える。

(6)　〔Ⅰ〕の解説参照。第一級・直鎖の㋖を答える。

答

〔Ｉ〕 問1

$$H-O-C-\overset{*}{C}-C-C-O-H$$

（構造式：HO-CO-CH(OH)-CH(OH)-...）

問2 A：マレイン酸　B：フマル酸

問3 HO-CO-CH₂-CH₂-CO-OH

問4 シス-トランス（または幾何）

〔Ⅱ〕

H-C(=O)-O-CH₂-（ベンゼン環）, H-C(=O)-O-（ベンゼン環-CH₃ オルト）, H-C(=O)-O-（ベンゼン環-CH₃ メタ）,

H-C(=O)-O-（ベンゼン環-CH₃ パラ）, CH₃-C(=O)-O-（ベンゼン環）, （ベンゼン環）-C(=O)-O-CH₃

〔Ⅲ〕

HO-C(=O)-CH(CH₃)-C(=O)-O-CH₂-CH₃

精講 混乱しやすい事項の整理

■カルボン酸とその酸性の強さ

カルボキシ基 –COOH をもつ化合物をカルボン酸という。カルボン酸は弱酸だが，炭酸 (CO_2+H_2O) よりは強い酸なので，次の反応が起こる。

$$\text{R-COOH} + \text{HCO}_3^- \longrightarrow \text{R-COO}^- + \text{H}_2\text{CO}_3$$

より強い酸　より弱い酸のイオン　　H_2O と CO_2 に分解　←弱酸遊離反応が起こる

一方，カルボン酸は HCl より弱い酸なので，次の反応は起こらない。

$$\text{Cl}^- + \text{R-COOH} \xrightarrow{\quad\times\quad} \text{HCl} + \text{R-COO}^-$$

より強い酸の　より弱い酸　　←起こらない
イオン

Point 58　酸の強さ

$$\text{H}_2\text{SO}_4,\ \text{HCl} > \text{RCOOH} > \text{CO}_2+\text{H}_2\text{O}\ (\text{H}_2\text{CO}_3) > \text{（フェノール）-OH}$$

希硫酸　塩酸　　カルボン酸　　　炭酸　　　　　フェノール

■酸無水物

カルボン酸の2個のカルボキシ基から水1分子がとれた形の化合物を酸無水物（カルボン酸無水物）といい，次のようにつくることができる。

① **分子間から水1分子がとれる場合**

酢酸に十酸化四リン P_4O_{10} のような脱水剤を加えて加熱すると，無水酢酸が生じる。

236

$$2CH_3COOH \xrightarrow{\text{脱水剤, 加熱}} (CH_3CO)_2O + H_2O \leftarrow CH_3CO\boxed{OH} \quad \boxed{CH_3COO}\boxed{H}$$

無水酢酸

② 分子内から水 1 分子がとれる場合

2 つのカルボキシ基が近くにあり, 生じる酸無水物が五員環や六員環のような安定な環構造になる場合, 加熱するだけで脱水により酸無水物が生じやすい.

マレイン酸 → 加熱 H₂O とる → 無水マレイン酸 (五員環)

フタル酸 → 加熱 H₂O とる → 無水フタル酸 (五員環)

〔Ⅰ〕 問 1 ～ 4 $C_4H_6O_5$ の不飽和度は $\dfrac{4 \times 2 + 2 - 6}{2} = 2$ となるので, リンゴ酸は不飽

和度 1 の C=O を含むカルボキシ基 $-\overset{\overset{O}{\parallel}}{C}-O-H$ を 2 つもつ以外は単結合からなる鎖式化合物である. また, 問題文からヒドロキシ基 -OH が 1 つあることもわかる. -COOH を 2 つもつので, 残った C 原子は 2 個となり, その C 骨格は C-C しかない.

① C-C の 2 つの C 原子に 1 つずつ -COOH を導入すると,

C-C ← に -COOH を導入 → H-O-C-C-C-C-O-H

となり, さらに -OH を 1 つ導入すると,

H-O-C-C-C-C-O-H (㋐)に -OH を導入 → ㋐ H-O-C-C-C-C-O-H となる. (C* は不斉炭素原子)

② C-C の 1 つの C 原子に 2 つ -COOH を導入すると,

C-C ← に -COOH を導入 → H-O-C, C-C, H-O-C

となり, さらに -OH を 1 つ導入すると,

H-O-C, C-C, H-O-C ㋑や㋒に -OH を導入 → ㋑ H-O-C-C-CH₃ ㋒ H-O-C-C-CH₂ となる.

よって、㋐～㋒のいずれかがリンゴ酸となる。㋐～㋒の中で、加熱することで H_2 を付加することのできる $C_4H_4O_4$ の分子式をもつ化合物 A と B の混合物が得られるのは㋐だけである。よって、㋐がリンゴ酸と決定する。

化合物 A は加熱すると脱水し化合物 D となるが、化合物 B は脱水されないので、シス形のマレイン酸が化合物 A、トランス形のフマル酸が化合物 B と決定する。

マレイン酸 → 無水マレイン酸 → フマル酸 → 変化しない

化合物 A と決定　　　　化合物 D と決定　　　　化合物 B と決定

また、化合物 A や B に H_2 を付加させたものが、化合物 C となる。

マレイン酸 と フマル酸 $\xrightarrow{H_2\text{付加}}$ H-O-C-CH₂-CH₂-C-O-H
化合物 A　　　化合物 B　　　　　　　　　化合物 C
　　　　　　　　　　　　　　　　　　A からも B からも C になる

補足 マレイン酸やフマル酸を決定してから、リンゴ酸を決定してもよい。

〔**Ⅱ**〕 ベンゼン環を有するエステル $C_8H_8O_2$ の不飽和度は $\dfrac{8\times2+2-8}{2}=5$ であり、

エステル結合 $-\overset{O}{\overset{\|}{C}}-O-$（不飽和度 1）1 つとベンゼン環（不飽和度 4）1 つをもつ。
よって、次の㋐～㋕の 6 種類が考えられる。

㋐ H-C-O-CH₂-〔ベンゼン環〕
ここが H の場合
から考えていく

㋑ H-C-O-〔ベンゼン環 H₃C〕
o 体

㋒ H-C-O-〔ベンゼン環 CH₃〕
m 体

㋓ H-C-O-〔ベンゼン環 CH₃〕
p 体

㋔ CH₃-C-O-〔ベンゼン環〕
C 1 個の場合

㋕ 〔ベンゼン環〕C-O-CH₃
C 6 個（ベンゼン環）の場合

238

〔**Ⅲ**〕 ㋐から，Aの組成式が次のような手順で決まる。

$$
\begin{cases}
\text{Cの質量}：39.6 \times \dfrac{12}{44} = 10.8 \text{ mg} \\[2mm]
\text{Hの質量}：13.5 \times \dfrac{2.0}{18} = 1.5 \text{ mg} \\[2mm]
\text{Oの質量}：21.9 - (10.8 + 1.5) = 9.6 \text{ mg}
\end{cases}
$$

$$
\text{C：H：O} = \dfrac{10.8}{12} : \dfrac{1.5}{1.0} : \dfrac{9.6}{16} \quad \leftarrow \text{物質量 (mmol) の比}
$$
$$
= 0.90 : 1.5 : 0.60 = 3 : 5 : 2
$$

よって，Aの組成式は $C_3H_5O_2$ となる。

炭素，水素，酸素のみからなる有機化合物の水素原子数は必ず**偶数**[※1]であり，分子量が150以下であることから，Aの分子式は $C_6H_{10}O_4$（分子量146）となる。Aの不飽和度は，$\dfrac{2 \times 6 + 2 - 10}{2} = 2$ であり，エステル結合以外にもう1つ二重結合あるいは環をもつ。㋒から考えて，Aはカルボキシ基を1つもつモノエステルである。A，B，Cに関する情報を整理すると次のようになる。

※1 C n〔個〕，O m〔個〕からなる不飽和度 x の有機化合物のH原子数は，
$2n + 2 - 2x$ である。

※2
$$
\underset{\text{CH}_3\text{-C}}{\overset{\displaystyle \text{O}}{\big\|}}\text{-}\!\otimes \text{ あるいは}
$$
$$
\underset{\text{CH}_3\text{-CH}}{\overset{\displaystyle \text{OH}}{|}}\text{-}\!\otimes \text{ の構造をもつ化}
$$
合物がヨードホルム反応を示す。（⊗＝炭素 あるいは 水素）

分子式 $C_6H_{10}O_4$
A ──加水分解──→ B（C* なし）
　（C* あり）
－COOH をもつモノエステル
　　　　　　　　　　　C（C* なし，ヨードホルム反応を示す）[※2]
　　　　　　　　　　　アルコール

Bはジカルボン酸，Cは $CH_3\text{-}\overset{\text{OH}}{\underset{}{CH}}\text{-}$ の構造をもつアルコールとわかる。

炭素原子数はBとC合わせて6であり，ともに不斉炭素原子をもたないが，縮合すると不斉炭素原子を1つもつモノエステルAになることから，それぞれの構造が決まる。[※3]

※3 Cの炭素原子数が3以上だと，Bの炭素原子数が3以下となり，A，B，Cの不斉炭素原子の有無の条件に合わない。

標 問 **85** **エステルの合成**

答

(1) $CH_3COOH + CH_3CH_2OH$
$$\longrightarrow CH_3COOCH_2CH_3 + H_2O$$

(2) 触媒として働く。(8字)

(3)

(4) 理由：有機層に含まれる酢酸と反応して水溶性の大き
な酢酸ナトリウムとし，水層に移すため。
反応式：$CH_3COOH + NaHCO_3$
$$\longrightarrow CH_3COONa + CO_2 + H_2O$$

(5) $2CH_3CH_2OH \longrightarrow CH_3CH_2OCH_2CH_3 + H_2O$

(6) 40.9 %

精講 混乱しやすい事項の整理

■エステルの合成

① **酸触媒を用いる**

② **カルボン酸無水物を用いる**

■エステルの加水分解

① **酸触媒を用いる**

$$R-O-\overset{O}{\overset{\|}{C}}-R' + H_2O \xrightarrow{\text{酸触媒，加熱}} R-OH + R'-\overset{O}{\overset{\|}{C}}-OH$$
エステル　　　　　　　　　　　　　アルコール　カルボン酸

② **水酸化ナトリウム水溶液とともに加熱する（けん化）**

$$R-O-\overset{O}{\overset{\|}{C}}-R' + NaOH \xrightarrow{\text{加熱}} R-OH + R'-\overset{O}{\overset{\|}{C}}-ONa$$
エステル　　　　　　　　　　　アルコール　　カルボン酸のナトリウム塩

Point 59　酸触媒を用いる場合は可逆反応である。

(A) 酢酸とエタノールを原料に濃硫酸を触媒にして酢酸エチルを合成する反応は可逆反応である。還流冷却器は反応中に生じる蒸気を凝縮し，丸底フラスコに戻すためにとりつける。

(1) $CH_3-CH_2-O\boxed{H + HO}-\overset{\overset{O}{\|}}{C}-CH_3 \rightleftharpoons CH_3-CH_2-O-\overset{\overset{O}{\|}}{C}-CH_3 + H_2O$ …①

　　濃硫酸は触媒なので反応式に書く必要はない。可逆反応であるが問題には「酢酸エチルが生成する反応式を書け」とあるので，右向きの──→だけで表してよい。

(2) 濃硫酸の出す H^+ が触媒となる。また，濃硫酸は

　　$H_2SO_4 + H_2O \longrightarrow HSO_4^- + H_3O^+$　という反応によって，エステル化で生じた水を除去し，①式の平衡を右へ移動させ，酢酸エチルの収率を上げる。

(B) 反応後の液を分液ろうと (次図) に移し，炭酸水素ナトリウム水溶液を加えると，炭酸より強い酸である酢酸 (未反応分) が HCO_3^- に H^+ を与え，二酸化炭素 CO_2 が生じる。

　　②式の両辺に Na^+ を加えて整理すると，

　　$CH_3COOH + NaHCO_3 \longrightarrow CO_2 + H_2O + CH_3COONa$　←(4)

　　これにより，有機層 (酢酸エチル層) に混入している酢酸を水層に移動させ，とり除くことができる。

(C) エタノールに濃硫酸を加えて加熱すると，130〜140°C でジエチルエーテル，160〜170°C でエチレンが生じる。

〔分子間脱水〕

$$2CH_3CH_2OH \xrightarrow[130\sim140\,℃]{H_2SO_4} CH_3CH_2OCH_2CH_3 + H_2O \quad \cdots③$$
ジエチルエーテル

〔分子内脱水〕

$$CH_3CH_2OH \xrightarrow[160\sim170\,℃]{H_2SO_4} CH_2=CH_2 + H_2O$$
エチレン

　本問では，反応液の温度が書かれていないが，エチレン $CH_2=CH_2$ が常温・常圧で気体であり，還流冷却器を用いても凝縮して液体となり丸底フラスコに戻ることがないことを考えれば，Xはジエチルエーテルと考えられ，副反応として③式の分子間脱水が起こったと予想される。

$$2CH_3CH_2OH \longrightarrow CH_3CH_2OCH_2CH_3 + H_2O \quad \leftarrow(5)$$

(6)　酢酸の分子量は 60.0 なので，用意した酢酸の物質量は，

$$\frac{30.0\,g}{60.0\,g/mol} = 0.500\,mol$$

であり，エタノールより少ない。そこで，酢酸がすべて酢酸エチルに変化するならば酢酸エチルは 0.500 mol 生じる。

$$収率〔\%〕 = \frac{実際に得られた量}{理論上得られる最大量} \times 100$$

$$= \frac{\dfrac{18.0\,g}{88.0\,g/mol}}{0.500\,mol} \times 100$$
　　　　　　　酢酸エチルの分子量

$$\fallingdotseq 40.9\,\%$$

答

問1　(CH)₆　問2　B：2　D：3

問3

問4
ベンゼン + 3H-H ⟶ シクロヘキサン　問5

精講　まずは問題テーマをとらえる

■ベンゼン

　ベンゼン C_6H_6 については，次の①〜⑤の特徴を確認しておきたい。

① 水に溶けにくく，水よりも密度が小さく，特有のにおいをもつ無色の液体。炭素の含有率が大きく，空気中ですすを出して燃える。

② すべての炭素原子，水素原子が同一平面上にある。

③ 炭素原子間の結合は単結合と二重結合の中間の状態で，その形は正六角形である。

炭素原子間の距離はすべて等しい

（構造式を略記したもの）

（分子の模型）

● 炭素原子
・ 水素原子

120°

正六角形

A　　B

注　（構造式A）では，単結合と二重結合を交互にもっているが，実際のベンゼンの炭素−炭素二重結合は決まった炭素原子の間に固定されておらず，厳密には（構造式A）は正しい構造とはいえない。ただし，（構造式A）は便利なので，実際の構造を正しく示していないことを認めたうえで，ベンゼンの構造式として（構造式B）とともに用いる。

④ 炭素−炭素間結合の長さは，単結合より短く，二重結合より長くなる。

結合距離：　エタン > ベンゼン 0.14 nm > エチレン 0.13 nm > アセチレン 0.12 nm

0.15 nm　　0.14 nm　　　0.13 nm　　　0.12 nm

⑤ ベンゼン環は非常に安定で壊れにくい。

問1 構造式A〜Dに共通するのは，水素原子1個と結合している炭素原子が6か所ある点なので，その一般的な化学式は $(CH)_6$ となる。

問2 ベンゼンは，分子内に存在するすべての水素原子が同じ環境にあるため，水素原子1個を他の置換基（Xとする）に変えた一置換ベンゼンは置換位置の異なる異性体が存在しない。

構造式Bの分子内に存在する水素原子には，異なる環境にある H_a と H_b がある。よって，一置換ベンゼンには<u>2種類の置換位置の異なる異性体が存在する</u>。

また，構造式Dには異なる環境にある H_a, H_b, H_c があるので<u>3種類の置換位置の異なる異性体が存在する</u>。

注 構造式Dの角度を少し変えると，異なる環境の H_a, H_b, H_c を見つけやすくなる。

問3 ケクレの構造式Aで，下線部③の性質を考慮しないと炭素原子間の結合距離が $C=C < C-C$ なのでベンゼンは次のようないびつな形になる。

よって，2つの同じ置換基（メチル基）をもつ二置換ベンゼンは，
キシレンに相当

244

CH₃ の結合している場所を右まわりに動かしていくと…

同じものなので1種となる

の4種類が予想される。

注 結局，*o*-キシレンに相当するものが（「近い」・「遠い」の） 2種類 ，*m*-キシレンに相当するものが1種類，*p*-キシレンに相当するものが1種類の合計4種類になる。

o-キシレンに相当するものは， ［図］ と ［図］ の2種類になる。

問4 ベンゼンは，Ni などの触媒を用いて水素付加するとシクロヘキサンを生成する。

問5 シクロプロパンの開環水素付加は次のようになる。

開環水素付加

炭素原子間の結合は，ひずみが大きく不安定なので，容易に開環する

$CH_3-CH_2-CH_3$
プロパン

つまり，正三角形の1辺が H_2 の攻撃を受けていることがわかる。

と表現すると H_2 の反応のしかたは次の3通りが考えられる。
（△ の・は H_2 の攻撃を受けている所を表す。）

構造式 C

開環水素付加 → ［図］ → ［図］

開環水素付加 → ［図］

同じもの

開環水素付加 → ［図］

→ ［図］

答

問1　ア：③　イ：②　ウ：④　エ：⑤

問2　a：①　b：②　c：⑤

問3　

$$\text{C}_6\text{H}_5-\underset{\underset{\text{CH}_3}{|}}{\overset{\overset{\text{CH}_3}{|}}{\text{C}}}-\text{O}-\text{O}-\text{H}$$

問4　フェニル-N=N-フェノール型構造

問5　(L)

■ベンゼンからの反応　ベンゼンからの反応をまとめると次のようになる。

それぞれの反応の覚え方のポイントを次に示す。

① ⬡ H Cl─CH₃
　　　　└→とる

② CH₂=CH-CH₃
　　⬡ H
　　付加

③ ⬡ CH₃-C-H ←O₂ 間に入れる
　　　　　CH₃

④ ⬡ CH₃-C-O-OH
　　　　CH₃
　　　　　└→とる

⑤ ⬡-SO₃(H) 中和→ ⬡-(SO₃⁻)Na⁺ → ⬡-O(H)
　　Na⁺OH⁻　　　　Na⁺(OH⁻)　　　　中和
　　　　　　　　　　　　　　　　　　Na⁺OH⁻

⑥ (H₂O + CO₂) 弱酸遊離
　　⬡-O⁻ H⁺→ ⬡-OH

⑦ ⬡-(Cl) → ⬡-O(H)
　　Na⁺(OH⁻)　　中和
　　　　　　　　Na⁺OH⁻

⑧ O⁻Na⁺
　　⬡ H → ⬡ Na⁺O⁻ COO(H)
　　　CO₂
　　間に入れる

⑨ ⬡ O-H CH₃-C-O-C-CH₃
　　　COOH 　　O 　　O
　　アセチル化　　└→とる

⑩ OH
　　⬡ C-O-H H-O-CH₃　エステル化
　　　O 　　└→とる

⑪ ⬡ N O₂ ←H 還元→ ⬡-NH₂ (H)Cl 中和→ ⬡-NH₃⁺ Cl⁻
　　　　　O　　　　　　　　　　　　　　　

⑫ ⬡-(NH₃⁺ H⁺)Cl⁻
　　Na⁺OH⁻　弱塩基遊離

⑬ ⬡ N-H CH₃-C-O-C-CH₃
　　　H 　　O 　　O
　　　└→とる　　アセチル化

⑭ ⬡ N H O=N-O⁻ H⁺ Na⁺Cl⁻
　　　　H 　　　　H⁺Cl⁻
　　└→とる　└→とる
　　O=N-O-Na⁺ (H⁺)Cl⁻ 弱酸遊離

⑮ [⬡-N≡N]⁺ → ⬡⊕ ←δ⁻O-Hδ⁺
　　　　　　　　　　　　δ⁺H

⑯ ⬡-O(H) 中和→ (H)-⬡-O⁻
　　Na⁺OH⁻　　[⬡-N=N]⁺

注 正六角形の構造式で表すことが多いシクロヘキサンは，実際は平面構造ではない。シクロヘキサンには，いす形や舟形とよばれる立体構造があり，いす形のほうが安定になる。

いす形（安定）　　　舟形（不安定）
常温で99.9%以上がいす形

➡シクロヘキサンは平面構造ではなく，全炭素原子が同一平面上に存在することもない。

Hどうしが反発

答

問1　Cu_2O　　問2　$O=C$—〈　〉—$C=O$　　問3　CH_3—〈　〉—C〈^O_H〉
　　　　　　　　　　　　HO　　　　OH

問4　CHI_3　　問5　CH_3—C—CH_2—C〈^{H}〉　　問6　4種
　　　　　　　　　　　　$\|$　　　$\|$
　　　　　　　　　　　　O　　　O

問7　CH_3—〈　〉—CH_2—CH—CH_2—CH_2—CH_2—〈　〉—CH_3　　問8　B
　　　　　　　　　　　　　$|$
　　　　　　　　　　　　CH_3

精講　まずは問題テーマをとらえる

■C=C の酸化

C=C 結合は酸化されやすく，O_3 や $KMnO_4$ を使って酸化的に切断することができる。

① **O_3 酸化**

C=C 結合に O_3 を作用させた後，亜鉛などの還元剤で処理すると，C=C が切断されケトンまたはアルデヒドが得られる。

$$\underset{}{>}C\dot{=}C\underset{H}{<} \xrightarrow{O_3} \xrightarrow{Zn} >C=O \ + \ O=C\underset{H}{<} \quad \left(\begin{array}{l}\text{C=C を}\vdots\text{で切断し,}\\ \text{O とつなぐ}\end{array}\right)$$

② **$KMnO_4$ 酸化**

硫酸酸性の $KMnO_4$ 水溶液で酸化すると C=C が切断されケトンやアルデヒドになり，アルデヒドはさらに酸化されてカルボン酸になる。

$$>C\dot{=}C\underset{H}{<} \xrightarrow{KMnO_4} >C=O \ + \ \underset{\boxed{\text{アルデヒド}}}{O=C\underset{H}{<}} \qquad \underset{\text{カルボン酸}}{O=C\underset{O-H}{<}}$$

$\underset{}{\qquad\qquad\qquad\qquad\qquad\qquad\quad}$ さらに酸化される ↑

■芳香族化合物の酸化反応

① **ベンゼン環に結合した炭化水素基（側鎖）の酸化**

ベンゼン環は酸化されにくいので，次のような化合物を $KMnO_4$ などの酸化剤と反応させると，ベンゼン環に直接結合した C が酸化を受ける。

〈　〉—CH_3 $\xrightarrow[\text{酸化}]{KMnO_4}$ 〈　〉—COO^- $\xrightarrow{H^+}$ 〈　〉—$COOH$
トルエン　　　　　　　　　　　　　　　　　　　　　安息香酸

〈　〉—CH_2—CH_3 $\xrightarrow[\text{酸化}]{KMnO_4}$ 〈　〉—COO^- $\xrightarrow{H^+}$ 〈　〉—$COOH$
エチルベンゼン　　　　　　　ベンゼン環の横の C だけが $-COOH$
　　　　　　　　　　　　　　として残る

② **ベンゼン環の酸化**

条件しだいでは，ベンゼン環を酸化することができる。ベンゼンやナフタレンに，酸化バナジウム(V) V_2O_5 を触媒に高温の下，空気によって酸化すると次のようになる。

実験1よりA1分子にはH₂が2分子付加し、実験2でAはオゾン分解を受けているので、Aは分子内にC=Cを2個もっていることがわかる。また、実験2からAをオゾン分解して得られるCとDはアルデヒドかケトンであることがわかる（精講 参照）。

〈Eの決定（問2）〉

実験4より、Eは *p*-キシレンから合成でき、エチレングリコールと縮合重合させるとポリエステルになるのでテレフタル酸と決定できる。

〈Cの決定（問3）〉

① 実験2より、分子式がC_8H_8Oなので、その不飽和度は$\dfrac{8 \times 2 + 2 - 8}{2} = 5$ となる。

② 実験3より、フェーリング液の還元が起こるのでCはホルミル基 $-CHO$ をもち、分子式はOが1個のC_8H_8Oなのでホルミル基の個数は1個になる。フェーリング液の還元では、Cu_2O（赤色）が沈殿する。

③ 実験4より、$KMnO_4$でCを酸化するとEのテレフタル酸になるため、Cの部分構造は次のようになる。

Cの部分構造は、炭素原子が8個、②、③を考慮すると、右のようになる。

①よりCの構造は右のように決定する。

〈Dの決定（問5）〉

④ 実験2より、分子式が$C_4H_6O_2$なので不飽和度は$\dfrac{4 \times 2 + 2 - 6}{2} = 2$ となる。

⑤　実験5より，銀鏡反応が陽性なので，ホルミル基 -CHO をもつ。

⑥　実験6より，ヨードホルム反応が陽性なので，CH₃-CH-R または CH₃-C-R の構
　　　　　　　　　　　　　　　　　　　　　　　　　　　　　OH　　　　　　O

造をもつ可能性があるが，Dはアルデヒドかケトンなので CH₃-CO-R の構造をもつ。

　　よって，Dの構造は，④〜⑥より右のよう
に決定する。
　　ヨードホルム反応では，CHI₃（黄）が沈
　　　　　　　　　　　　問4
殿する。

〈A，Bの決定（問7）〉

　　A（C₂₀H₂₂）に対してオゾン分解を行ってCとDが得られたので，Aの部分構造は

$$H_3C-\bigcirc-C\fbox{O\ O}C-\bigcirc-C\fbox{O\ O}C\cdots$$
　　　　　　　　H とってつなぐ CH₃　　H
　　　　　　　└─── C ───┘　└── D(表) ──┘→炭素数 8＋4＝12 個

　または　$H_3C-\bigcirc-C\fbox{O\ O}C-CH_2-C\fbox{O\ O}C\cdots$
　　　　　　　　　　　H　　　　　　H　　　CH₃
　　　　　　　　└─── C ───┘　└── D(裏) ──┘→炭素数 8＋4＝12 個

となり，AはC=Cを2個もち，分子式がC₂₀H₂₂なので，炭素数8個のC2分子と炭
素数4個のD1分子からなる。よって，Aは，

$$H_3C-\bigcirc-C\fbox{O\ O}C-CH_2-C\fbox{O\ O}C-\bigcirc-CH_3$$
　　　　　　　　H　　　　　CH₃　　　H
　　　　　　　└ C ┘　　└── D(表) ──┘　　　└ C ┘

　または　$H_3C-\bigcirc-C\fbox{O\ O}C-CH_2-C\fbox{O\ O}C-\bigcirc-CH_3$
　　　　　　　　　H　　　　　　H　　　CH₃　　H
　　　　　　　　└ C ┘　　　└── D(裏) ──┘　　└ C ┘

が考えられそうだが，この2つの構造式は180°表・裏に回転すると同じ炭化水素に
なるので結局，炭化水素Aは次のようになる。

$$H_3C-\bigcirc-C=C-CH_2-C=C-\bigcirc-CH_3 \quad \leftarrow A$$
　　　　　　　　H CH₃　　H H

AにH₂を付加させたものがBなので，Bは，

$$H_3C-\bigcirc-CH_2-\overset{*}{C}H-CH_2-CH_2-CH_2-\bigcirc-CH_3 \quad \leftarrow B（C*は不斉炭素原子）$$
　　　　　　　　　　　CH₃
　　　　　　　　　　　　　　　　　　　　　　　　　　　　　　　問7

問6　Aには2か所のC=Cに対してそれぞれシス-トランス異性体が考えられるので
　　2×2＝4通りが可能になる。

問8　A〜Eのうち，不斉炭素原子をもつのはBだけである。

答

問1　C_8H_{10}　　問2　4

問3　① ⓒ　　② ⓐ　　③ ⓓ　　④ ⓔ

問4　ア：⟨benzene⟩-NH₃Cl　　イ：⟨benzene⟩-NO₂　　ウ：⟨benzene⟩-CH₂CH₃

エ：⟨benzene⟩-C-ONa　　オ：⟨benzene⟩-OH
　　　　　　　║
　　　　　　　O

精講　まずは問題テーマをとらえる

■抽出

　芳香族化合物は一般に水に溶けにくく，ジエチルエーテルや四塩化炭素 CCl_4 のような有機溶媒によく溶ける。ただし，酸性または塩基性の官能基をもつものは，水溶性の塩にすることで水によく溶けるようになる。この性質を利用し，分液ろうとを用いて分離することができる。

ジエチル
エーテル　⟨benzene⟩-OH

水

→

ジエチル
エーテル　⟨benzene⟩-OH（中和される）

↓ NaOHaq

水酸化ナトリウム
水溶液　　⟨benzene⟩-O⁻ + Na⁺（電離状態）

Point 60　水に溶けにくい有機化合物も，塩にすることで水溶性に！

標問 89 の解説

問1　芳香族化合物はベンゼン環をもち，炭素原子数は 6 以上である。分子式を $C_{6+x}H_y$ とおくと，

$$分子量 = 12(6+x) + 1 \times y = 12x + y + 72$$
$$= 106$$

よって，$12x + y = 34$

　x と y は整数なので，$(x, y) = (2, 10), (1, 22), (0, 34)$ が条件を満たすが，不飽和度から考えて $(x, y) = (2, 10)$ すなわち $\underline{C_8H_{10}}$ のみ可である。

問2　$C_8H_{10} = C_6H_6 \cdot C_2H_4 = $ ⟨benzene⟩ + (CH₂) + (CH₂)

と分解し，

に (CH_2) を↓に差し込んで数えるとよい。

① 　② 　③ 　④

エチルベンゼン　　o-キシレン　　m-キシレン　　p-キシレン

以上，4つの構造異性体が存在する。

問3，4　アニリンが塩基性，安息香酸とフェノールが酸性の官能基をもつことに注意する。ニトロベンゼンや芳香族炭化水素(ウ)は酸や塩基とは反応しない。

　まずアニリンは塩酸①と反応し，アニリン塩酸塩となり水溶性となる。

　安息香酸とフェノールは水酸化ナトリウム②と反応し，水溶性のナトリウム塩となる。

　カルボン酸である安息香酸は炭酸より強い酸であるが，フェノールは炭酸より弱い酸なので，ナトリウムフェノキシドを含む水溶液に二酸化炭素③を吹き込むと，フェノールが遊離する。

　よって，(ⅳ)は安息香酸ナトリウムである。

　④の反応で安息香酸ナトリウムに変化することから，ウは一置換体であり，④は⑥である。そこで，ウはエチルベンゼンであり，残りより，イはニトロベンゼンである。

252

答

問1　$C_{17}H_{16}O_2$　　問2　(i) 抽出　　(ii) 分液ろうと　　(iii) 上層

問3　(i) CH₃-CH⟨benzene⟩ (ii) 鏡像異性体　問4　CH₃-C⟨benzene⟩
　　　　　　|　　　　　　　　（光学異性体）　　　　　　‖
　　　　　　OH　　　　　　　　　　　　　　　　　　　O

問5　(i) ⟨benzene⟩-CH=CH-C⟨OH, =O⟩ (ii) シス-トランス異性体（幾何異性体）

　　　　　　　　　　　　　　　　　CH₃
　　　　　　　　　　　　　　　　　|
問6　⟨benzene⟩-CH=CH-C-O-CH-⟨benzene⟩　　問7　4
　　　　　　　　　　　‖
　　　　　　　　　　　O

精講 混乱しやすい事項の整理

■エステルとアミド

　カルボン酸から OH，アルコールから H がとれた構造をもつ化合物をエステル，カルボン酸から OH，アミンから H がとれた構造をもつ化合物をアミドという。

■加水分解

　塩酸や水酸化ナトリウム水溶液を加えて加熱しているときは，エステルやアミドの加水分解である可能性が高い。

① 酸を使った場合

② 塩基を使った場合

問1，2 元素分析値より，この化合物Aの物質量の比＝原子の数の比は次のようになる。

$$C : H : O = \frac{81.0}{12.0} : \frac{6.3}{1.0} : \frac{100-(81.0+6.3)}{16.0}$$

$$\fallingdotseq 8.5 : 8 : 1 = 17 : 16 : 2$$

よって，Aの組成式は $C_{17}H_{16}O_2$ でその式量は 252 であり，分子量は 252 なのでA の分子式は $C_{17}H_{16}O_2$ ₍問1₎ となる。

AはC，H，Oからなり，KOH水溶液で加水分解を受けるためエステル結合をもつ ことがわかる。加水分解（けん化）後，ジエチルエーテルを加えてエーテル層と水層 に分け（抽出）₍問2(ⅰ)₎，水層に希塩酸を加えると次のようになりアルコールBとカルボ ン酸Cが得られる。

$$
\underset{\text{エステル(A)}}{\overset{\overset{\displaystyle O}{\overset{\displaystyle \|}{}}}{R-C-O-R'}} \xrightarrow[\text{加水分解}]{\text{KOH aq}} \xrightarrow{\text{エーテル}}
\begin{cases}
\text{〔エーテル層〕} \\
R'-OH \xrightarrow{\text{濃縮}} R'-OH\,(B : C_8H_{10}O) \\
\text{〔水層〕} \\
R-COO^- \xrightarrow{\text{HCl}} R-COOH\,(C)
\end{cases}
$$

注 水よりも密度が小さいためエーテル層が上層₍問2(ⅲ)₎ となる。

〈BとDの決定（問3，4）〉

① Bは，分子式が $C_8H_{10}O$ なので不飽和度は $\dfrac{8 \times 2 + 2 - 10}{2} = 4$ となり，芳香族化 合物であることからベンゼン環（不飽和度4）をもち，他は単結合からなることが わかる。

② Bは，アルコールなので -OH をもっている。←Bは R'-OH

③ Bは，ヨードホルム反応が陽性なので， $\underset{\overset{|}{OH}}{CH_3-CH-R}$ または $\underset{\overset{\|}{O}}{CH_3-C-R}$ の構造を

もつ。①より $\diagup C=O$（不飽和度1）をもたないので， $\underset{\overset{|}{OH}}{CH_3-CH-R}$ の構造をもつ。

（②よりアルコールで，分子式よりOを1個だけもつことから決めてもよい。）

①～③より，Bの構造は次のように決定する。

$$CH_3-\overset{*}{CH}-\hspace{-0.5em}\bigcirc\hspace{-2em}\underset{\overset{|}{OH}}{}$$

—— ①よりベンゼン環をもつ

（C*は不斉炭素原子）₍問3(ⅰ)₎

③より

$C_8H_{10}O$

Bは不斉炭素原子を1個もつので鏡像異性体₍問3(ⅱ)₎ が存在する。

DはBを二クロム酸カリウムで酸化すると得られるので次のように決定する。

CH₃–*CH–⟨benzene ring⟩ → 酸化 → CH₃–C–⟨benzene ring⟩
       | ‖
       OH 第二級   O   ケトン
       B   アルコール   D
                                      └─問4

〈Cの決定（問5）〉

④ AからBとCが得られる反応は，次のように表すことができるので，

$$C_{17}H_{16}O_2(A) + H_2O \longrightarrow C_8H_{10}O(B) + C$$

Cの分子式は $C_9H_8O_2$ となる。不飽和度は $\dfrac{9 \times 2 + 2 - 8}{2} = 6$ となり，芳香族化合物

なのでベンゼン環（不飽和度4）をもち，他の部分で不飽和度2となる。

⑤ カルボン酸なので –COOH をもっている。←Cは R–COOH

⑥ C＝C をもっている。

⑦ KMnO₄ で酸化すると開裂し，安息香酸が得られる。

C $\xrightarrow{\text{KMnO}_4}$ ⟩C=O   O=C–⟨benzene⟩
                                    |
                                    O–H
                           安息香酸

よって，C は ⟩C=C–⟨benzene⟩ の部分構造をもつことがわかる。
              |
              H

④〜⑦より，C はシス–トランス異性体 の関係にある次のどちらかに決定する。
                          └─問5(ii)

        H
H–O–C–⟨benzene⟩   または   H–O–C–⟨benzene⟩
    ‖ C=C   ‖ C=C
    O   H   O   H

                                           答えはシス–
                                           トランス異性
                                           体の区別をし
                                           なくてよい
                                    └─問5(i)
└─⑤より─┘
    $C_9H_8O_2$

〈Aの決定（問6, 7）〉

エステルAはカルボン酸CとアルコールBから脱水した次の形になる。

⟨benzene⟩–CH=CH–C–[O–H H]–O–CH–⟨benzene⟩ → ⟨benzene⟩–CH=CH–C–O–CH–⟨benzene⟩
                ‖ | ‖ |
                O   CH₃   O   CH₃
                                   *   *
        C   とってつなぐ   B   A
                                                              └─問6

不斉炭素原子を1個もち，シス–トランス異性体が存在する C＝C の部分を1か所
もっているので最大 $2 \times 2 = 4$ 通りの立体異性体が存在する。
              └問7

答

問1　E：窒素　　H：アセトアニリド　　I：アニリン

問2　A：H₂N-SO₂-⟨⟩-NH-C-CH₃　　C：H₂N-SO₂-⟨⟩-NH₂（Br, Br）
　　　　　　　　　　　　　‖
　　　　　　　　　　　　O

　　　F：H₂N-SO₂-⟨⟩-OH

　　　G：H₂N-SO₂-⟨⟩-N=N-⟨⟩-N(CH₃)(CH₃)

問3　サルファ剤

精講 混乱しやすい事項の整理

■配向性

(1) オルト・パラ配向性の置換基[※1]

　一般に，これらが先住置換基として導入されていると
ベンゼンより置換反応が起こりやすい。主にオルト体と
パラ体が生じる。

> ※1　オルト・パラ配向性の置換基は，ベンゼン環に電子を供与し，次の置換反応を起こりやすくするものが多い。

トルエン　──(濃硝酸+濃硫酸, 加熱)──→　（o-ニトロトルエン, p-ニトロトルエン）──(さらに高温)──→　2,4,6-トリニトロトルエン (TNT)

フェノール　──(濃硝酸+濃硫酸, 高温)──→　ピクリン酸 (2,4,6-トリニトロフェノール)

(2) メタ配向性の置換基[※2]

-NO₂　　-C-H（O）　　-C-OH（O）　　など

　一般に，これらが先住置換基として導入されていると，
ベンゼンより置換反応が起こりにくい。オルト体とパラ
体が生じにくく，相対的にメタ体が多く生じる。

> ※2　メタ配向性の置換基は，ベンゼン環の電子を吸引し，次の置換反応を起こりにくくするものが多い。

ベンゼン　濃硝酸＋濃硫酸　50℃～60℃　ニトロベンゼン　濃硝酸＋濃硫酸　95℃以上　m-ジニトロベンゼン

■アゾ染料

　アゾ基 -N=N- をもつ芳香族化合物は黄色，橙色，赤色の化合物であり，染料として用いられる。

p-ヒドロキシアゾベンゼン （*p*-フェニルアゾフェノール）	橙赤	⟨benzene⟩-N=N-⟨benzene⟩-OH
p-アミノアゾベンゼン （*p*-フェニルアゾアニリン）	黄	⟨benzene⟩-N=N-⟨benzene⟩-NH$_2$
1-フェニルアゾ-2-ナフトール	橙赤	⟨structure⟩

　中和滴定の指示薬として有名なメチルオレンジもアゾ染料の一種である。

例　メチルオレンジ

NaO$_3$S-⟨benzene⟩-N=N-⟨benzene⟩-N(CH$_3$)(CH$_3$)　（黄色）　⇄ (H$^+$ / OH$^-$) ⇄　NaO$_3$S-⟨benzene⟩-N(H)-N=⟨ring⟩=N$^{\oplus}$(CH$_3$)(CH$_3$)　（赤色）

■医薬品

(1) 化学療法薬

　① サルファ剤[※3]

　　　細菌の葉酸合成酵素の作用を阻害する。

　　例　スルファニルアミド　H$_2$N-⟨benzene⟩-SO$_2$NH$_2$

　② 抗生物質

　　　微生物によってつくられる化学物質で，他の細菌の発育を阻害する。

　　例　ペニシリン[※4]

(2) 対症療法薬

　① 解熱鎮痛剤

　　例

アセチルサリチル酸　　アセトアミノフェン

※3　サルファ剤は，スルファニルアミドと同じ部分構造をもつ抗菌物質の一般名である。

※4　ペニシリンは，イギリスのフレミングによって，1928年にアオカビから発見された。

② 消炎剤

例
サリチル酸メチル

③ その他

例
$$CH_2\text{-}O\text{-}NO_2$$
$$CH\text{-}O\text{-}NO_2$$
$$CH_2\text{-}O\text{-}NO_2$$
ニトログリセリン ← 狭心症の発作を抑える

■フェノール類とアニリンの検出反応

フェノール類	塩化鉄（Ⅲ）水溶液を加えると，青や紫など特有の呈色反応を示す ┗ Fe^{3+} がフェノール性ヒドロキシ基と錯イオンを形成
アニリン	さらし粉を加えると赤紫色を呈し，二クロム酸カリウム硫酸酸性溶液を加えるとアニリンブラックとよばれる黒色物質が生じる ┗ アニリンは酸化されやすい

標問 91 の解説

問題文の流れを図にすると次のようになる。

$$A \xrightarrow{\text{HCl}} \xrightarrow{\text{NaHCO}_3} B \xrightarrow{\text{Br}_2} C$$

冷 → D（薄黄） $\xrightarrow[\text{CH}_3\text{COONa}]{\text{ジメチルアニリン}}$ G(↓)（橙）

NaNO₂ HCl

熱 → F $\xrightarrow{\text{FeCl}_3}$ 紫色
↓
E(↑)

p 位に -SO₂-NH₂ を導入

H $\xrightarrow{\text{無水酢酸}}$ I $\xrightarrow{\text{さらし粉}}$ 赤紫色

問1，2　Ⅰの組成式は，問題文の数値から次のように決定できる。

$$C : H : N = \frac{77.5}{12} : \frac{7.5}{1} : \frac{15.0}{14} = 6.45\cdots : 7.5 : 1.07\cdots \fallingdotseq \frac{6.45}{1.07} : \frac{7.5}{1.07} : \frac{1.07}{1.07}$$

$$\fallingdotseq 6 : 7 : 1$$

よって，Ⅰの組成式は C_6H_7N である。

　HやⅠはベンゼンの一置換体と考えられ，さらし粉を加えると赤紫色を呈することと組成式からⅠはアニリンであり，Hがアセトアニリドとなる。

$$\text{〈アニリン〉}\xrightarrow[\text{アセチル化}]{\text{無水酢酸}}\text{〈アセトアニリド〉}$$

アニリン Ⅰ
（分子式 C_6H_7N）

アセトアニリド H

　そこで，Hのパラ位の水素原子をアミノスルホ基で置換したものがAとなる。

$$H_2N\text{-}S(O_2)\text{-}\langle\ \rangle\text{-}NH\text{-}C(O)\text{-}CH_3 \quad A$$

　Aに塩酸を加えた後，炭酸水素ナトリウムを加えると生じるBが分子量172であ

ることから，Aのアミド結合を塩酸で加水分解し弱塩基遊離反応によって生じた芳香族アミンがBであると考えられる。

A　　　　　　　　→（加水分解）　　　　B（分子量172）

　Bのもつアミノ基はオルト・パラ配向性であり，次の置換反応がオルト位やパラ位で起こりやすいため，臭素を作用させると触媒がなくとも次のような置換反応が起こり，化合物が得られたと考えられ，この化合物は問題に与えられたCの分子式と一致する。

B（オルト・パラ配向性）　→ Br₂ →　C（分子式 $C_6H_6Br_2N_2O_2S$）

　芳香族アミンであるBを氷冷下でジアゾ化したものがDである。これをジメチルアニリンと反応させるとジアゾカップリングによってアゾ染料Gが得られる。

B　→（ジアゾ化 氷冷）→　D

→（ジアゾカップリング）→　G

　Dを含む水溶液を氷冷せず室温に温めると，次のような加水分解反応が起こり，窒素が発生する。Fはフェノール性ヒドロキシ基をもつため塩化鉄(Ⅲ)水溶液中で錯イオンを形成し紫色を呈する。

→（温める）→　F　＋　N≡N↑（窒素）E　＋　H⁺

問3　スルファニルアミドBおよびその誘導体は，細菌が葉酸を合成するのを阻害することによって作用する医薬品の一種であり，一般にサルファ剤とよばれている。

答　問1　サリチル酸：4種類　　アセトアミノフェン：2種類
　　　　問2　異性体：4つ　　構造式：

精講　まずは問題テーマをとらえる

　現在では，有機化合物の構造は，質量分析法（Mass Spectrometry, 略称 MS）で分子量と分子式を決定し，核磁気共鳴法（Nuclear Magnetic Resonance, 略称 NMR）や赤外分光法（略称 IR）などの進んだ技術で炭素−水素の構成や存在する官能基を決定することが多い。とくに，NMR については，説明を入れて出題されることがあり注意したい。

　核磁気共鳴分光装置により，有機化合物の測定を行うと，分子中に性質の異なる H 原子（または C 原子）が何種類存在するかを調べることができる。性質の異なる H 原子の種類・個数を調べる方法を ^{1}H-NMR（C 原子のときは，^{13}C-NMR）といい，本問は ^{1}H-NMR に関する問題である。

　ベンゼンを測定すると，

となり，トルエンを測定すると，

となる。

標問 **92** の解説

問1　ベンゼン環に直接結合している性質の異なる H 原子は，サリチル酸では H_a〜H_d の 4 種類になり，アセトアミノフェンでは H_a，H_b の 2 種類になる。

問2　フェノールのもつベンゼン環の2つの -H を -NO₂ 2つで置換したジニトロフェノールは「ジニトロベンゼンの o-体，m-体，p-体に残り1つの -OH を導入する」と異性体をはやく探すことができる。つまり，ジニトロフェノールの異性体は次の⑦〜⑰の6種類が考えられる。

　⑦〜⑰の中で性質の異なる H 原子が3種類 (Hₐ，H_b，H_c) 観測され，その数の比が1：1：1になるのは⑦，④，④，⑰の4つある。

　また，$-\overset{\cdot\cdot}{\underset{\cdot\cdot}{O}}-$H はオルト・パラ配向性の置換基なので，これら4つの異性体のうち最も収率が高いと考えられるジニトロフェノールは，フェノールの o-位と p-位がニトロ化された④になる。

答

問1　$C_8H_7N_3O_2$　　問2　N_2　　問3　酸化剤

問4　

問5　$\begin{matrix} O=C-O \\ O=C-O \end{matrix}$

問6　㋒　理由：温度が高くなり，シュウ酸ジフェニルと過酸化水素の
　　　　　　　反応の速度が上がると，単位時間あたりに生成する中
　　　　　　　間体が増加し，励起状態の蛍光物質が増加するから。

問7　蛍光物質はベンゼン環が少ないほど，放出される光の波長が短くな
　　るので，ナフタレンでは可視光より短波長領域の紫外線が放出されるか
　　ら。

精講　まずは問題テーマをとらえる

■光とは

　光とは，波長がおよそ 200 nm から 800 nm の領域にある電磁波をさす。ヒトが見る
ことのできる，およそ 400 nm から 800 nm の波長領域の光を可視光という。

（可視光）

（紫外線）　紫　藍　青　　緑　　黄　　橙　　　　赤　　　　（赤外線）

400　　　　500　　　　600　　　　700　　　　800　波長〔nm〕

大 ◀――――――――― エネルギー ―――――――――▶ 小

　光は粒子としての性質をもち，これを光子とよぶ。光子のもつエネルギーは波長に
反比例する。すなわち，波長が短いほど，光子のもつエネルギーは大きい。

■化学発光

　反応によって化学エネルギーが減少すると，その差分（あるいはその一部）が光エネ
ルギーに変換されて，発光する現象。

例1　ルミノールは，血液中のヘモグロビンなどが触媒となって，過酸化水素と反応し
て，青く発光する。

例2　ケミカルライトは，チューブの中でシュウ酸ジフェニルが過酸化水素と反応す
るときに放出される化学エネルギーを蛍光物質に与えることで発光する。

問1 炭素数 8，水素数 7，窒素数 3，酸素数 2 である。ベンゼン環に結合している水素を数え忘れないように。

問2 ルミノール の ■ 部分が分解されて，窒素を含む気体Aが生じる。捜査現場の血痕分析で使う反応なので，有害な気体ではないと考えられるから，N_2 と予想できる。

なお，この反応は，次のような過酸化物を経由して反応していると推定されている。

ルミノール　　　　　　過酸化物　　　　　　励起状態　　　　　　基底状態

問3 より電気陰性度の大きな元素と結合するように反応が進んでいるので，ルミノールは酸化されており，過酸化水素はルミノールに対して酸化剤として働いている。

（酸化剤）　$H_2O_2 + 2e^- + 2H^+ \longrightarrow 2H_2O$

問4，5 シュウ酸ジフェニルという名称から，シュウ酸とフェノールのジエステルだと予想できる。与えられた組成式を 2 倍すると，$C_{14}H_{10}O_4$ となり，分子式に一致する。

シュウ酸（分子式 $H_2C_2O_4$）　　　　シュウ酸ジフェニル（分子式 $C_{14}H_{10}O_4$）

ペルオキシシュウ酸無水物の"ペルオキシ"は，クメン法の中間体として有名なクメンヒドロペルオキシドと同様に，$-O-O-$結合をもつ過酸化物を表している。

問題文の（注1）に与えられた IUPAC 名 "1,2-ジオキセタンジオン" は二酸化炭素が 2 つぶんの分子式であることから，ペルオキシシュウ酸無水物は次のような構造式と予想できる。

ペルオキシシュウ酸無水物　　クメンヒドロペルオキシド
（1,2-ジオキセタンジオン）

シュウ酸ジフェニルと過酸化水素の反応は，形式的には次のようにエステルが分解して，最終的に二酸化炭素とフェノールが生じると考えられる。ペルオキシシュウ酸無水物が分解して二酸化炭素が生じるときに放出されるエネルギーを蛍光物質が受け取って，高いエネルギー状態(励起状態)となり，再び低いエネルギー状態(基底状態)に戻るときに光エネルギーを放出する。これを利用したものが，ケミカルライトであり，用いる蛍光物質の種類によって，発する光の色が異なる。

問6　一般に温度が上がると，反応速度は大きくなる。同じ反応では，反応経路でのエネルギーのやりとりが同じなので，一つの反応から，同じ波長(すなわち同じ色)の光子が放出される。ただし，反応速度が大きくなり，単位時間あたりに多くの反応が起こると，同じ波長の光子が多く放出され，色はそのままで，明るく感じる。そこで，熱水では発光が強くなると予想できる。

問7　下線部(2)の記述に注目する。テトラセンからルブレンとベンゼン環が増加すると色が青緑色から橙色，すなわち光の波長の長いほうへ変化している。この傾向から，ナフタレンはテトラセンよりベンゼン環が少ないので，青緑色より波長の短い光を放出すると予想できる。ただし紫色より波長の短い紫外線領域になってしまうと肉眼では見えなくなる。

264

答

問1　$C_{17}H_{30}O_{12}$　　問2　$CH_3-CH_2-\underset{\underset{CH_3}{|}}{CH}-\underset{\underset{O}{\|}}{C}-OH$

問3　スクロース中のグルコースおよびフルクトース単位は，水溶液中で鎖状構造をとらず還元性を示さないから。(49字)

問4

問5　A：⑤　　B：⑧

精講　混乱しやすい事項の整理

■単糖類

　単糖類には，Cを6個もつヘキソース(六炭糖)とCを5個もつペントース(五炭糖)がある。ヘキソースには，グルコース・フルクトース・ガラクトースなどがあり，いずれも分子式が$C_6H_{12}O_6$(分子量180)で表され互いに異性体の関係にある。ペントースには，RNA(リボ核酸)の構成成分であるリボース$C_5H_{10}O_5$などがある。

(1)　**グルコース $C_6H_{12}O_6$**

　　グルコースは**ブドウ糖**ともいう。デンプンやセルロースを希酸で加水分解すると得られ，水溶液中では次の3種類の異性体が平衡状態となり存在する。グルコースは，すべての構造式を書けるようにすること。

⑥CH_2OH　ヘミアセタール構造 **注1**　⑥CH_2OH　ホルミル基：還元性を示す　⑥CH_2OH

⑤$C-O$　①　　⑤$C-OH$　①　　⑤$C-O$　①

④C　　③②①　　④C　　③②　　④C　　③②①

⑧-グルコース 37% **注2**　　グルコース 微量　　⑧-グルコース 63%
(環状構造)　　　　　　(鎖状構造)　　　　(環状構造)

①のCに結合した-OHの位置によって区別される

注1　ヘミアセタール構造は，C-O-C-OH(エーテル結合にOH)と覚えるとよい。環状構造の糖がヘミアセタール構造をもつと，その糖の水溶液は還元性を示す。

注2　25℃の水溶液中の存在パーセント〔%〕

注3　グルコースの環状構造は，実際には次のページのようないす形(折れ曲がった六角形)になっている。なお，①～⑤のCはすべて不斉炭素原子である。

α-グルコースと β-グルコースは互いに立体異性体の関係にあり、グルコースの鎖状構造にはホルミル基 $-CHO$ があるので、グルコースの水溶液は還元性を示す。よって、銀鏡反応を示し、フェーリング液を還元する。

(2) **フルクトース** $C_6H_{12}O_6$

フルクトースは**果糖**ともいう。結晶中では六員環構造（β形）をしており、水溶液中では次のような5種類の異性体が平衡状態になり存在する。

α-フルクトース（五員環）9%　　ヘミアセタール構造　　この構造式を書けるようにしておくこと　　β-フルクトース（五員環）31%

還元性を示す部分　　フルクトース（鎖状構造）微量

α-フルクトース（六員環）3%　　β-フルクトース（六員環）57%

フルクトースは、鎖状構造中の $-\overset{②}{C}O-\overset{①}{C}H_2OH$ の部分が塩基性水溶液中で

$-\overset{②}{C}(OH)=\overset{①}{C}H(OH)$ を経て、$-\overset{②}{C}H-\overset{①}{C}\!\!\begin{smallmatrix}O\\\\H\end{smallmatrix}$（OH付）と平衡状態になる。よって、銀鏡反応を示し、フェーリング液を還元する。

グルコースやフルクトースのような単糖は、酵母に含まれる酵素の混合物（チマーゼ）の働きで、エタノールと二酸化炭素を生じる。この反応をアルコール発酵という。

$$C_6H_{12}O_6 \longrightarrow 2C_2H_5OH + 2CO_2$$

(3) **ガラクトース** $C_6H_{12}O_6$

ガラクトースは、グルコースの立体異性体で、グルコースと4位の $-H$ と $-OH$ の立体配置が異なる。

α-ガラクトース　　ヘミアセタール構造　　ガラクトース（鎖状構造）　　β-ガラクトース

グルコースのようにホルミル基 -CHO をもつ単糖類をアルドース，フルクトースのようにカルボニル基 (ケトン基) $\diagdown C=O$ をもつ単糖類をケトースという。

■ 二糖類 $C_{12}H_{22}O_{11}$

二糖類は，2分子の単糖類が脱水縮合した化合物であり，
$C_6H_{12}O_6 + C_6H_{12}O_6 - H_2O = C_{12}H_{22}O_{11}$ の分子式をもつ。二糖類の還元性の有無と加水分解する酵素は **Point 61** にまとめてあるので押さえておこう。

(1) **マルトース** $C_{12}H_{22}O_{11}$

マルトースは**麦芽糖**ともいう。マルトースは，デンプンを酵素アミラーゼによって加水分解すると得られる。

$$2(C_6H_{10}O_5)_n + nH_2O \longrightarrow nC_{12}H_{22}O_{11}$$

α-マルトースは，α-グルコース2分子が，互いに1位と4位の -OH の間で脱水縮合した構造をもつ。

ヘミアセタール構造をもつため，水溶液中で鎖状構造を生じ還元性を示す（水溶液中では右側のグルコースが β-グルコース構造の β-マルトースも存在する）

注4 単糖の C^1 に結合した -OH と他の分子との間でつくられるエーテル結合 $C-O-C$ をとくにグリコシド結合という。

(2) **スクロース** $C_{12}H_{22}O_{11}$

スクロースは**ショ糖**ともいう。スクロースは，α-グルコースの1位の -OH と β-フルクトース (五員環構造) の2位の -OH の間で脱水縮合した構造をもつ。

左右うら返すので，例えば②のCに結合している -OH は環の上側にあったものが下側にくる

スクロースには，ヘミアセタール構造がない

スクロースは，希酸や酵素インベルターゼ (またはスクラーゼ) によって加水分解されるとグルコースとフルクトースの等量混合物 (転化糖) になる。

$$\underset{\text{スクロース}}{C_{12}H_{22}O_{11}} + H_2O \xrightarrow[\text{転化}]{} \underset{\text{グルコース}}{C_6H_{12}O_6} + \underset{\text{フルクトース}}{C_6H_{12}O_6}$$

> スクロースがグルコースとフルクトースの混合物になると、旋光性が逆転（転化）する

　スクロースの水溶液は，スクロース中のグルコースおよびフルクトース単位が鎖状構造をとって -CHO や -CO-CH$_2$OH にならないので**還元性を示さない**。しかし，加水分解されて転化糖になると，グルコースもフルクトースも還元性を示すので，転化糖の水溶液は還元性を示す。

(3) **セロビオース C$_{12}$H$_{22}$O$_{11}$**

　β-セロビオースは，β-グルコース 2 分子が，互いに 1 位と 4 位の -OH の間で脱水縮合した構造をもつ。

> ヘミアセタール構造をもつため，水溶液中で鎖状構造を生じ還元性を示す（水溶液中では右側のグルコースが α-グルコース構造の α-セロビオースも存在する）

(4) **ラクトース C$_{12}$H$_{22}$O$_{11}$**

　ラクトースは**乳糖**ともいい，β-ラクトースは β-ガラクトースの 1 位の -OH と β-グルコースの 4 位の -OH との間で脱水縮合した構造をもつ。

> ヘミアセタール構造をもつため，水溶液中で鎖状構造を生じ還元性を示す（水溶液中では右側のグルコースが α-グルコース構造の α-ラクトースも存在する）

Point 61

名称	構成単糖	加水分解する酵素	水溶液の還元性
マルトース （麦芽糖）	α-グルコース（1 位の OH） +グルコース（4 位の OH）	マルターゼ	あり
セロビオース	β-グルコース（1 位の OH） +グルコース（4 位の OH）	セロビアーゼ	あり
ラクトース （乳糖）	β-ガラクトース（1 位の OH） +グルコース（4 位の OH）	ラクターゼ	あり
スクロース （ショ糖）	α-グルコース（1 位の OH） +β-フルクトース（2 位の OH）	インベルターゼ （またはスクラーゼ）	なし

問1 エステル 42.6 mg を完全燃焼させると，CO_2（分子量 44.0）が 74.8 mg，H_2O（分子量 18.0）が 27.0 mg 得られたので，このエステル 42.6 mg 中の炭素，水素，酸素の質量は，それぞれ

$$C：74.8 \times \frac{12.0}{44.0} = 20.4 \, mg \qquad H：27.0 \times \frac{2.0}{18.0} = 3.0 \, mg$$

$$O：42.6 - (20.4 + 3.0) = 19.2 \, mg$$

となり，

$$C：H：O = \frac{20.4}{12.0} : \frac{3.0}{1.0} : \frac{19.2}{16.0} = 1.7 : 3 : 1.2 = 17 : 30 : 12$$

よって，組成式は $C_{17}H_{30}O_{12}$ となる。

組成式の式量は $12.0 \times 17 + 1.0 \times 30 + 16.0 \times 12 = 426.0$ であり，このエステルの分子量は 500 以下なので，分子式は組成式と同じ $C_{17}H_{30}O_{12}$ となる。

問2 このエステル $C_{17}H_{30}O_{12}$ は，二糖類 $C_{12}H_{22}O_{11}$ よりも酸素 O 原子が 1 個だけ増加していることから，二糖類 $C_{12}H_{22}O_{11}$ が 1 価のカルボン酸との間で 1 か所だけエステル結合をつくっていたことがわかる。

$$C_{12}H_{21}O_{10}(OH) + R\text{-}C\overset{O}{\underset{O\text{-}H}{\diagdown}} \rightleftharpoons C_{12}H_{21}O_{10}(OCOR) + H_2O$$

二糖類（アルコール）　1価のカルボン酸　エステル $C_{17}H_{30}O_{12}$
$C_{12}H_{22}O_{11}$　　　　　　　　　O 原子が 1 個増加

よって，1 価のカルボン酸の分子式は，次のように求めることができる。

$$\underset{\text{エステルの分子式}}{C_{17}H_{30}O_{12}} + H_2O - \underset{\text{二糖類の分子式}}{C_{12}H_{22}O_{11}} = \underset{\text{1価のカルボン酸の分子式}}{C_5H_{10}O_2}$$

この 1 価のカルボン酸は，分子式が $C_5H_{10}O_2$（不飽和度 1）であるため，次の⑦〜㊀の 4 個の構造異性体が考えられる。

⑦ $CH_3\text{-}CH_2\text{-}CH_2\text{-}CH_2\text{-}\overset{O}{\overset{\|}{C}}\text{-}OH$　　④ $CH_3\text{-}\overset{CH_3}{\underset{|}{CH}}\text{-}CH_2\text{-}\overset{O}{\overset{\|}{C}}\text{-}OH$　　㊀ $CH_3\text{-}\overset{CH_3}{\underset{\underset{CH_3}{|}}{C}}\text{-}\overset{O}{\overset{\|}{C}}\text{-}OH$

⑦ $CH_3\text{-}CH_2\text{-}\overset{CH_3}{\underset{|}{CH}}\text{-}\overset{O}{\overset{\|}{C}}\text{-}OH$

⑦〜㊀の中で，不斉炭素原子が含まれているのは⑦だけなので，⑦がこのエステルを加水分解して生成するカルボン酸と決定する。

$CH_3\text{-}CH_2\text{-}\overset{CH_3}{\underset{|}{C^*}}H\text{-}\overset{O}{\overset{\|}{C}}\text{-}OH$

C^*は不斉炭素原子

問4 マルトースの場合，グリコシド結合のみを選択的に切断するとグルコースが得られる。

α-形，鎖状構造，β-形が共存する

希塩酸

グリコシド結合
加水分解する

α-マルトース

グルコース

水溶液中で鎖状構造
を生じ還元性を示す

グルコース

　得られた化合物の中で還元性を示さないものが存在するには，上図の矢印（⟵）の部分がカルボン酸とエステル結合を形成していればよい。よって，条件を満たすマルトースのエステルは次のようになる。

α-マルトース

カルボン酸

　セロビオースの場合，マルトースと同じ要領で考えることができるので，右図の矢印（⟵）の部分がカルボン酸とエステル結合を形成していればよい。よって，条件を満たすセロビオースのエステルは次のようになる。

セロビオース

β-セロビオース

カルボン酸

　スクロースの場合，グリコシド結合のみを選択的に切断するとグルコースとフルクトースの混合物が得られる。

スクロース

希塩酸

グルコース

フルクトース

α-形，鎖状構造，β-形が共存する

＝

還元性を示す

六員環の α-，β-形，鎖状構造，五員環の α-，β-形が共存する

270

得られた化合物の中で還元性を示さないものが存在するためには，前ページ左下のスクロースの矢印（◀━━）の部分がカルボン酸とエステル結合を形成していればよい。よって，条件を満たすスクロースのエステルは次のようになる。

問5　環状構造の糖がヘミアセタール構造をもつと，その糖の水溶液は還元性を示す。ヘミアセタール構造は，C-O-C-OH（エーテル結合にOH）と覚えるとよい。よって，①，②，⑤がフェーリング試験陽性となり，③と④がフェーリング試験陰性になる。

▨▨▨部分：ヘミアセタール構造

　また，①と②は，C_4 に結合した $-H$ と $-OH$ の向きが異なる（立体配置が異なる）ので立体異性体の関係になる。④と⑤は，分子式が同じで分子の構造式が異なる構造異性体の関係になり，立体異性体の関係にはならない。

参考　③と④のように，その水溶液が還元性を示さない二糖はスクロース以外にも存在する。例えば，α-グルコース2分子が1位の炭素原子どうしの間で結びついたトレハロース（下図）は，ヘミアセタール構造をもたず，還元性を示さない。

グリコシド結合

トレハロースには，ヘミアセタール構造がない

α-グルコース構造　　　α-グルコース構造
トレハロース

答

問1　ア：セルロース　　イ：ビスコースレーヨン
　　　ウ：銅アンモニアレーヨン（キュプラ）　　エ：ヨウ素デンプン
問2　オ：ⓔ　　カ：ⓓ　　キ：ⓜ
問3　(1)　*β*-グルコース　　　　問4　(1)　ホルミル基
　　　(2)　　　　　　　　(2)　Cu_2O
　　　　　　　　　　　　　　　　　　　(3)　ⓑ
　　　　　　　　　　　　　　　　問5　$8.0×10^2$

精講　混乱しやすい事項の整理

■デンプン（$C_6H_{10}O_5)_n$

　デンプンは，多数の *α*-グルコースが脱水縮合した高分子化合物で，分子内の –OH
どうしの水素結合によって保持されたらせん構造をもつ。還元性を示さない多糖類で
あり，「熱水に溶ける直鎖状のアミロース」と「熱水に溶けない枝分かれを多くもつア
ミロペクチン」とからできている。

【ヨウ素デンプン反応】　デンプンの水溶液にヨウ素溶液（ヨウ素 I_2 ヨウ化カリウム KI
水溶液）を加えると，青～青紫色に呈色する。デンプン分子のらせん構造の長さに
より色が変わり，アミロースの場合は濃青色，アミロペクチンの場合は赤紫色にな
る。ヨウ素デンプン反応は，らせん構造の中に I_2 などがとり込まれることで起こり，
加熱するとその色が消え，冷却すると再び呈色する。

■セルロース（$C_6H_{10}O_5)_n$ または $[C_6H_7O_2(OH)_3]_n$

　セルロースは植物の細胞壁の主成分で，木綿，麻，木材などに多く含まれている。多
数の *β*-グルコースが脱水縮合した高分子化合物で，直鎖状の構造をもつ。また，平行
に並んだ分子間で水素結合を形成し集まっており，熱水に溶けず，還元性やヨウ素デ
ンプン反応を示さない。

■グリコーゲン $(C_6H_{10}O_5)_n$

　動物が摂取した糖の一部は，肝臓にグリコーゲンとして蓄えられる。グリコーゲンは動物デンプンともよばれ，多数の α-グルコースからなり，その構造はアミロペクチンと似ているが，枝分かれがさらに多く，ヨウ素デンプン反応は赤褐色になる。

標問 95 の解説

問1　セルロース $[C_6H_7O_2(OH)_3]_n$ を化学的に処理して溶液とし，これを再び繊維状にしたものを**再生繊維（レーヨン）**という。

　セルロースを水酸化ナトリウム水溶液および二硫化炭素 CS_2 と反応させ，その後に溶液にしたものを**ビスコース**という。このビスコースを細孔から希硫酸中に押し出して繊維状にしたものが**ビスコースレーヨン**である（薄膜状にしたものはセロハン）。

　水酸化銅（II）$Cu(OH)_2$ を濃アンモニア水に溶かした**シュワイツァー試薬**にセルロースを溶かし，細孔から希硫酸中に引き出して繊維状にしたものが**銅アンモニアレーヨン（キュプラ）**である。

　デンプンは，**ヨウ素デンプン**反応により青～青紫色に呈色する。

問2，3　デンプンを完全に加水分解するとグルコースが得られる。

　グルコースの水溶液は，次の平衡混合物になっている。

　　　α-グルコース　$\rightleftharpoons$　鎖状構造　$\rightleftharpoons$　β-グルコース

　この3つの状態のうち，「構造Cの分子が**フェーリング液によって酸化される**」という記述から，構造Cは鎖状構造であるとわかる。よって，構造Aの分子からなる結晶 I，構造Bの分子からなる結晶 II は，どちらかが α-グルコースで，もう一方が β-グルコースとなる。ここで，「構造Aの分子はデンプンの構成単位である」という問3の記述から構造Aが α-グルコースになるので，構造Bは β-グルコースになる。これら2種類の結晶は還元性を示さないが，水溶液にすると生じる鎖状構造のグルコース（構造C）にホルミル基があるため，還元性を示すようになる。

　フェーリング液を加えて温めると，溶液中の Cu^{2+} が還元されて（構造Cのホルミル基が酸化されて），**青**色が消え，**赤**色の酸化銅（I）Cu_2O の生成が観察できる。

問4　(3)　構造A（α-グルコース）の分子からなる結晶 I を水に溶かすと，水溶液中では次のような平衡状態になる。

　　　（構造A）　　　　　　（構造C）　　　　　　　　　　　　（構造B）
　　α-グルコース　$\rightleftharpoons$　鎖状構造（極めて少量）　$\rightleftharpoons$　β-グルコース

　この溶液に，フェーリング液を加えて温めると構造C（鎖状構造）が反応して減少するので，構造Cが生成する方向に平衡が移動して構造A（α 形）および構造B（β 形）が構造C（鎖状構造）に変化し，さらにフェーリング液と反応していく。

完全に反応させ沈殿を生成させた後，「フェーリング液の色が消えなかった」つまりCu^{2+} が残っていたとの記述から，過剰のフェーリング液が使われたことがわかり，構造A（α形）および構造B（β形）が構造C（鎖状構造）を通してすべて反応し，Cu_2O が沈殿したことがわかる。

さらに，「構造C 1 mol から Cu_2O 1 mol が生成する」という記述から，フェーリング液を加える前の水溶液中に存在する構造A（α形），構造B（β形），構造C（鎖状構造）の物質量の和に相当する Cu_2O が生成することになる。ただし，構造C（鎖状構造）は極めて少量（全体の0.02%）なので，その量は無視できる。よって，

生成する Cu_2O の物質量〔mol〕＝構造Aの物質量＋構造Bの物質量＋構造Cの物質量
≒構造Aの物質量＋構造Bの物質量　　　極めて少量

問5 アミロース（$(C_6H_{10}O_5)_n$）は，水溶液中で右末端1位の炭素の部分がグルコースと同じようにホルミル基を生じるので，フェーリング試験が陽性になるはずである。ただ，アミロース1分子中に1個だけしかホルミル基を生じることができる糖が存在しないため，n が大きくなってくると沈殿する Cu_2O の物質量が極めて少なくなり，沈殿が確認できなくなる。ここでは，n がいくつ以上になると沈殿が確認できなくなるかを調べている。

ホルミル基を生じるのは右端の1個だけ

構造Aの分子（α-グルコース）からなる結晶 I 1.8 g の水溶液 50 mL のモル濃度は，

$$\frac{1.8}{180} \div \frac{50}{1000} \ \text{mol/L} \quad \leftarrow C_6H_{12}O_6 = 180 \ \text{より}$$

となる。結晶 I の代わりに，重合度 n のアミロース $H{-}(C_6H_{10}O_5)_{\overline{n}}OH$ 1.8 g を水に溶かして 50 mL にした試料溶液を用いると，結晶 I のモル濃度の720分の1になるまでは沈殿を確認できたので，720分の1よりも濃度が小さくなると沈殿を確認することができなくなる。[1]

※1 ここでは，アミロースについて n の最小値を調べようとしているので，両端を無視する $(C_6H_{10}O_5)_n$（分子量 $162n$）ではなく，両端を無視しない $H{-}(C_6H_{10}O_5)_{\overline{n}}OH$（分子量 $162n+18$）で考えた。

したがって，このアミロースの水溶液について沈殿を確認できない条件は，
720分の1より小さいと確認できないので

$$\frac{\dfrac{1.8}{162n+18}}{\dfrac{50}{1000}} < \frac{\dfrac{1.8}{180}}{\dfrac{50}{1000}} \times \frac{1}{720}$$

アミロース〔mol/L〕　結晶 I〔mol/L〕

よって，$n > 799.8\cdots$　　n が 8.0×10^2 以上になると沈殿が確認できなくなる。

注 正誤問題などで答えるときは，n が非常に大きなアミロースを考えるので，アミロース（デンプン）は還元性を示さないとする。

標問 96 多糖

答　イ：2500　　ロ：3　　ハ：2　　ニ：4　　ホ：23　　ヘ：25　　ト：100

標問 96 の解説

イ：デンプンの分子式を $(C_6H_{10}O_5)_n$ とすると，$C_6H_{10}O_5 = 162$ より，

$$n = \frac{4.05 \times 10^5}{162} = 2500$$

　　このデンプンは，2500 個のグルコースが縮合したものである。

ロ～ニ：デンプンの $-OH$ をすべて $-OCH_3$ にした（メチル化という）後，希硫酸で加水

分解すると，グリコシド結合の部分 だけが，

うに，色矢印（↓）で加水分解を受けて のように $-OH$ となる。

　　2500 個のグルコースからなるデンプンを書いて考えるのは難しいので，次のような 10 個のグルコースからなるデンプンを使って考えてみる。

↓ $-OH$ をすべて $-OCH_3$ にしたのち，加水分解すると，

ここの $-OH$ も $-OCH_3$ に変化するが，グリコシド結合と同じように加水分解を受けるので A になる

（※）A が最も多く得られる（7個）

グリコシド結合に使われていなかった –OH が –OCH₃ に変化したグルコース A ～ C が得られる。

ホ：このデンプン 2.431 g を用いたとき，A(分子量 222) は 3.064 g，B(分子量 208) は 0.125 g，C(分子量 236) は 0.142 g 生じたことから，その物質量〔mol〕比は，

$$A : B : C = \frac{3.064}{222} : \frac{0.125}{208} : \frac{0.142}{236} \fallingdotseq \underset{\text{ホ}}{23} : 1 : 1$$

で，物質量〔mol〕比＝分子数比 (個数比)　となる。

ヘ：枝分かれをしている部分の –OH を –OCH₃ にした後，加水分解すると B が得られるので，このデンプンでは，グルコース (23＋1＋1) mol あたり 1 mol の枝分かれがあることがわかり，物質量〔mol〕比＝個数比　なので，$\underset{\text{ヘ}}{23＋1＋1}$ 個あたり 1 個の枝分かれがある。

ト：　イ　より，このデンプン 1 分子あたり 2500 個のグルコースが縮合したものであるので，

$$2500 \times \frac{1}{\underset{\underset{\boxed{\text{ヘ}}\ \text{より}}{\uparrow}}{23＋1＋1}} = \underset{\text{ト}}{100} \ 個$$

の枝分かれがある。

答

問1 指示薬：デンプン水溶液
滴定の終点：溶液が青色から無色へ変化することで判断できる。

問2 79.9 問3 879

問4 空気中の酸素によって油脂中の炭素原子間二重結合の周辺が架橋されるため。

精講 混乱しやすい事項の整理

■油脂

脂質は，糖類やタンパク質とともに栄養源として必要なもので，単純脂質（油脂など）と複合脂質（リン脂質など）に分けることができる。

油脂は，3価のアルコールであるグリセリン $C_3H_5(OH)_3$ 1分子と1価のカルボン酸である脂肪酸3分子とからできたエステルで，動物の体内や植物の種子などに存在している。

$$
\begin{array}{l}
H_2C\text{-}OH + HOOC\text{-}R_1 \\
HC\text{-}OH + HOOC\text{-}R_2 \longrightarrow \\
H_2C\text{-}OH + HOOC\text{-}R_3
\end{array}
\quad
\begin{array}{l}
\overset{O}{H_2C\text{-}O\text{-}\overset{\|}{C}\text{-}R_1} \\
\overset{O}{HC\text{-}O\text{-}\overset{\|}{C}\text{-}R_2} + 3H_2O \\
\overset{O}{H_2C\text{-}O\text{-}\overset{\|}{C}\text{-}R_3}
\end{array}
$$

グリセリン　　脂肪酸　　　　　油脂　エステル結合

天然の油脂を構成している脂肪酸は，炭素原子数が16と18の高級脂肪酸が多い。

炭素数	示性式	名称	C=C の数	分子量	融点[注]	
16	$C_{15}H_{31}COOH$	パルミチン酸	0	256	63℃	飽和脂肪酸
18	$C_{17}H_{35}COOH$	ステアリン酸	0	284	71℃	
	$C_{17}H_{33}COOH$	オレイン酸	1	282	13℃	不飽和脂肪酸
	$C_{17}H_{31}COOH$	リノール酸	2	280	−5℃	
	$C_{17}H_{29}COOH$	リノレン酸	3	278	−11℃	

C=C 数が増すと融点は低くなる

注 天然の不飽和脂肪酸は一般にシス形なので，C=C 結合が増えるほど C=C の部分で分子が折れ曲がるために分子が接近して密な配列がとりにくくなり，融点が低くなる。

油脂を構成している脂肪酸の種類は，油脂の性質に関係する。つまり，パルミチン酸などの高級飽和脂肪酸を多く含む油脂は，常温で固体の脂肪（牛脂や豚脂など），リノール酸などの高級不飽和脂肪酸を多く含む油脂は，常温で液体の脂肪油（ひまわり油，ごま油など）になる。

問1 デンプンの水溶液をヨウ素 I_2 ヨウ化カリウム KI 水溶液（ヨウ素溶液）に加えると，青～青紫色に呈色する。この反応をヨウ素デンプン反応といい，きわめて鋭敏なので，微量のデンプンやヨウ素の検出に用いられる。

問2 滴定に使用した一定量の ICl を a〔mol〕とする。

〈油脂 A を加えた場合〉

$$\text{油脂A 300 mg} \atop \text{CCl}_4 \text{ 10 mL}\Bigg\rangle \xrightarrow{\text{溶解}} \xrightarrow[a\,(\text{mol})]{\text{一定量 ICl}} \xrightarrow[\text{放置}]{1\,\text{時間}} \xrightarrow[\text{KI}]{\text{蒸留水}} \mathop{I_2}_{\text{生成}} \xleftarrow{\text{デンプン水溶液}} \text{0.100 mol/L} \atop \text{Na}_2\text{S}_2\text{O}_3\ x\,(\text{mL})$$

滴定に使用した 0.100 mol/L の $Na_2S_2O_3$ を x〔mL〕とする。ここで，油脂 A 1 mol 中に –CH=CH– が n〔mol〕含まれているとすると，油脂Aの –CH=CH– はまとめて，$-(CH=CH)_{\overline{n}}$ と表すことができる。油脂 A の $-(CH=CH)_{\overline{n}}$ と ICl は，次のように反応する。

$$1\text{-}(CH=CH)_{\overline{n}} \ + \ n\text{ICl} \longrightarrow \left[\begin{matrix} CH\text{-}CH \\ | \qquad | \\ I \qquad Cl \end{matrix} \right]_n \quad \cdots ①'$$

①'式から，油脂 A 1 mol に付加する ICl が n〔mol〕なので，油脂Aの平均分子量を $\overline{M}_A$ とすると，油脂 A 300 mg に付加する ICl の物質量は，

$$\underbrace{\frac{300 \times 10^{-3}}{\overline{M}_A}}_{\text{油脂 A 〔mol〕}} \times \underbrace{n}_{\text{付加する ICl 〔mol〕}} \ (\text{mol})$$

となり，付加せずに余った ICl の物質量は，

$$\left(a - \frac{300 \times 10^{-3}}{\overline{M}_A} \times n \right) (\text{mol})$$

と求められる。②式から，付加せずに余った ICl 1 mol から I_2 1 mol が生成し，③式から I_2 1 mol に対して $Na_2S_2O_3$ 2 mol が滴定に必要になることがわかる。よって，今回の滴定に使用した $Na_2S_2O_3$ が x〔mL〕であることから次式が成立する。

$$\underbrace{\left(a - \frac{300 \times 10^{-3}}{\overline{M}_A} \times n \right)}_{\substack{\text{付加せず余っ} \\ \text{た ICl 〔mol〕}}} \times \underbrace{1}_{\substack{\text{生成する} \\ I_2\,\text{〔mol〕}}} \times \underbrace{2}_{\substack{\text{滴定に必要な} \\ Na_2S_2O_3\,\text{〔mol〕}}} = \underbrace{0.100 \times \frac{x}{1000}}_{\substack{\text{滴定に使用した} \\ Na_2S_2O_3\,\text{〔mol〕}}} \quad \cdots(1)$$

〈油脂 A を加えない場合（ブランク試験）〉

$$\text{CCl}_4 \text{ 10 mL} \xrightarrow[a\,(\text{mol})]{\text{一定量 ICl}} \xrightarrow[\text{放置}]{1\,\text{時間}} \xrightarrow[\text{KI}]{\text{蒸留水}} \mathop{I_2}_{\text{生成}} \xleftarrow{\text{デンプン水溶液}} \text{0.100 mol/L} \atop \text{Na}_2\text{S}_2\text{O}_3\ (x+18.9)\,(\text{mL})$$

油脂Aを加えない場合，①'式の付加が起こらないので加えた ICl a〔mol〕すべてが残り，②式で生成する I_2 が油脂Aを加えた場合に比べて増加する。そのため，滴定に必要な $Na_2S_2O_3$ が 18.9 mL 増えて $(x+18.9)$ mL となる。よって，ブランク試験に使用した $Na_2S_2O_3$ が $(x+18.9)$ mL であることから次式が成立する。

$$\underset{\substack{\text{余った ICl} \\ \text{[mol]}}}{a} \Bigg| \times \underset{\substack{\text{生成する} \\ I_2\,\text{[mol]}}}{1} \Bigg| \times \underset{\substack{\text{滴定に必要な} \\ Na_2S_2O_3\,\text{[mol]}}}{2} \Bigg| = 0.100 \times \underset{\substack{\text{滴定に使用した} \\ Na_2S_2O_3\,\text{[mol]}}}{\dfrac{x+18.9}{1000}} \Bigg| \quad \cdots(2)$$

(2)式－(1)式より，

$$\frac{300\times10^{-3}\times n}{M_A}\times 2 = 0.100\times\frac{18.9}{1000} \qquad \text{よって，} \quad \frac{n}{M_A} = 3.15\times10^{-3} \quad \cdots(*)$$

ここで，油脂に付加するハロゲンの物質量をヨウ素の物質量に換算すると，①′ 式より油脂 A 1 mol に付加する ICl は n [mol] なので，I_2 n [mol] と換算できる。また，ヨウ素価は油脂 100 g に付加する I_2 の質量 [g] の数値なので，$I_2=253.8$ と (*) 式よりヨウ素価は，

$$\underset{\substack{\text{油脂 A 100 g} \\ \text{の [mol]}}}{\dfrac{100}{M_A}} \Bigg| \times \underset{\substack{\text{付加する ICl [mol]} \\ \downarrow \text{換算} \\ I_2\,\text{[mol]}}}{n} \Bigg| \times \underset{\substack{I_2\,\text{[g]} \\ \downarrow \\ \text{ヨウ素価}}}{253.8} = \underset{\substack{(*)\text{ 式より }\frac{n}{M_A}=3.15\times10^{-3}}}{\dfrac{n}{M_A}\times 100 \times 253.8} = 3.15\times10^{-3}\times100\times253.8$$

$$= 79.94\cdots \fallingdotseq 79.9$$

問3 パルミチン酸 $C_{15}H_{31}COOH$ の分子内には，$-CH=CH-$ は存在しない。また，オレイン酸 $C_{17}H_{33}COOH$ の分子内には，$-CH=CH-$ が 1 個存在する。油脂 A から検出された脂肪酸は，パルミチン酸とオレイン酸のみなので，油脂 A は，

$$C_3H_5(OCOC_{17}H_{33})_x(OCOC_{15}H_{31})_{3-x}$$

と表すことができる。油脂 A と ICl は，$C_{17}H_{33}-$ 中に $-CH=CH-$ が 1 個存在することに注意すると次のように反応する。

$$C_3H_5(OCOC_{17}H_{33})_x(OCOC_{15}H_{31})_{3-x} + x\ ICl \longrightarrow \cdots\cdots$$

ここで，油脂 A の平均分子量 $\overline{M}_A$ は，$C_3H_5=41.07$，$C_{17}H_{33}COO=281.4$，$C_{15}H_{31}COO=255.4$ より，

$$\overline{M}_A = 41.07 + 281.4x + 255.4(3-x) \quad \cdots(\text{i})$$

問2より油脂 A のヨウ素価が 79.94 であることから，

$$\underset{\substack{\text{油脂 A 100 g} \\ \text{の [mol]}}}{\dfrac{100}{M_A}} \Bigg| \times \underset{\substack{\text{付加する ICl [mol]} \\ \downarrow \text{換算} \\ I_2\,\text{[mol]}}}{x} \Bigg| \times \underset{\substack{I_2\,\text{[g]} \\ \text{ヨウ素価}}}{253.8} = 79.94 \quad \cdots(\text{ii})$$

となる。(i)式，(ii)式より，

$$x \fallingdotseq 2.77, \quad \overline{M}_A \fallingdotseq 879$$

問4 アマニ油や桐油のようにヨウ素価の高い油脂には，多くの二重結合 $-CH=CH-$ が含まれている。このヨウ素価の高い油脂を空気中で物体の表面に塗って放置しておくと，二重結合の周辺部分が空気中の酸素によって酸化され，分子どうしが酸素原子で架橋されて分子量が大きくなり，固まってくる。

答

問1
$$\begin{array}{c} COO^- \\ | \\ H-C-R \\ | \\ NH_3^+ \end{array}$$

問2　6.0　問3　ア：$2.0×10$　イ：$2.0×10^{-9}$

問4　ア：い，2.3　イ：え，9.7　ウ：う

精講　混乱しやすい事項の整理

■アミノ酸

　タンパク質を酸や酵素で加水分解すると，多数のアミノ酸を得ることができる。アミノ酸とは，アミノ基 $-NH_2$ とカルボキシ基 $-COOH$ をもつ化合物のことで，$-NH_2$ と $-COOH$ が同一の炭素原子Cに結合したものはとくに α-アミノ酸という。α-アミノ酸を単にアミノ酸とよぶことが多い。

α-アミノ酸

　側鎖Rが $-H$ であるグリシン以外の α-アミノ酸には不斉炭素原子があり，右のような鏡像異性体が存在する。天然のタンパク質から得られるアミノ酸は，ほとんどが鏡像異性体の一方（L形）になる。

L形　鏡面　D形
(C^* は不斉炭素原子を表す)

■各種のアミノ酸

　側鎖Rに $-COOH$ をもつものを酸性アミノ酸，側鎖Rに $-NH_2$ をもつものを塩基性アミノ酸といい，その他のアミノ酸を中性アミノ酸という。

前ページの表のアミノ酸は，すべて書けるようにしておくこと。

■性質と反応

アミノ酸の結晶は，酸性を示す -COOH から塩基性を示す -NH₂ に H⁺ が移動した，正，負の両電荷を分子内にもつ双性イオン RCH(NH₃⁺)COO⁻ の構造をとっている。正と負の両電荷をもつ構造のため，アミノ酸の多くは一般の有機化合物と比べて融点が比較的高く，水に溶けやすいが有機溶媒には溶けにくい。また，アミノ酸は -COOH と -NH₂ をもつため，水溶液中で塩基，酸のいずれとも反応して塩をつくる両性化合物である。

アミノ酸の -COOH はアルコールと反応させるとエステル化され，酸としての性質を失い，-NH₂ は無水酢酸と反応させるとアセチル化され，塩基としての性質を失う。

$$\underset{\text{エステル化}}{\xleftarrow{CH_3OH}} \qquad \underset{\text{アセチル化}}{\xrightarrow{(CH_3CO)_2O}}$$

アミノ酸は水溶液中で次のような平衡状態で存在し，水溶液の pH により各イオンの濃度が変化する。

陽イオン ⇄ 双性イオン ⇄ 陰イオン

酸性 ———————————————— 塩基性

アミノ酸水溶液に電気泳動を行うと，酸性の水溶液中では陽イオンの比率が大きいのでアミノ酸は陰極側に移動し，塩基性の水溶液中では陰イオンの比率が大きいのでアミノ酸は陽極側に移動する。そして，どちらの極へも移動しないときにはほとんどが双性イオンとなり，水溶液中で平衡混合物の正，負の両電荷がつり合い，全体として電荷が 0 になっている。このときの pH の値をそのアミノ酸の等電点といい，それぞれのアミノ酸は固有の等電点をもっている。

Point 64
等電点とは，平衡混合物の正，負の両電荷がつり合い，全体として電荷が 0 になっているときの pH の値をいう。

標問 98 の解説

問1 **精講** 参照。X は双性イオンになる。

問2 実際には次のような2つの平衡が成り立っている。

$$R\text{-}CH(NH_3{}^+)\text{-}COOH \underset{}{\overset{K_1}{\rightleftharpoons}} R\text{-}CH(NH_3{}^+)\text{-}COO^- + H^+$$

$$R\text{-}CH(NH_3{}^+)\text{-}COO^- \underset{}{\overset{K_2}{\rightleftharpoons}} R\text{-}CH(NH_2)\text{-}COO^- + H^+$$

簡単に考えるため，$R\text{-}CH(NH_3{}^+)\text{-}COOH$（陽イオン）を A^+，$R\text{-}CH(NH_3{}^+)\text{-}COO^-$（双性イオン，X）を A^0，$R\text{-}CH(NH_2)\text{-}COO^-$（陰イオン）を A^- と書くと，その電離定数 K_1，K_2 は次のように表せる。

$$K_1 = \frac{[A^0][H^+]}{[A^+]} \quad , \quad K_2 = \frac{[A^-][H^+]}{[A^0]}$$

$[A^+]=[A^-]$ となるとき，平衡混合物の電荷が全体として0になっており，この <u>陽イオンのモル濃度と陰イオンのモル濃度が等しい</u> ときのpHの値は等電点になる。等電点では $[A^+]=[A^-]$ であり，このとき $K_1 \times K_2$ を求めると，

$$K_1 \times K_2 = \frac{[A^0][H^+]}{[A^+]} \times \frac{[A^-][H^+]}{[A^0]} = [H^+]^2$$

等電点では $[A^+]=[A^-]$ なので消去できる

となり，$K_1 \times K_2 = [H^+]^2$ から $[H^+] = \sqrt{K_1 K_2}$ (>0) になる。

ここで，$K_1 = 10^{-2.30}$，$K_2 = 10^{-9.70}$ なので，

$$[H^+] = \sqrt{K_1 K_2} = \sqrt{10^{-2.30} \times 10^{-9.70}} = \sqrt{10^{-12.0}}$$
$$= 10^{-6.0}\ mol/L\ になる。$$

よって，$pH = -\log_{10}[H^+] = -\log_{10}10^{-6.0} = 6.0$

等電点

問3 $pH = 1.00$ の強酸性の条件では，水溶液中の陽イオン A^+ の比率が大きい（**精講**参照）。

$$K_1 = \frac{[A^0][H^+]}{[A^+]} \quad から \quad \frac{[A^+]}{[A^0]} = \frac{[H^+]}{K_1} \quad \cdots①$$

$$K_2 = \frac{[A^-][H^+]}{[A^0]} \quad から \quad \frac{[A^-]}{[A^0]} = \frac{K_2}{[H^+]} \quad \cdots②$$

$pH = 1.00$ つまり $[H^+] = 10^{-1.00}$ のとき，①式と②式から

$$\frac{[A^+]}{[A^0]} = \frac{[H^+]}{K_1} = \frac{10^{-1.00}}{10^{-2.30}} = 10^{1.30} = 10^1 \times \underline{10^{0.30}} = 10 \times 2 = 2.0 \times 10$$

$\log_{10}2 = 0.30$ より $10^{0.30}=2$

$$\frac{[A^-]}{[A^0]} = \frac{K_2}{[H^+]} = \frac{10^{-9.70}}{10^{-1.00}} = 10^{-8.70} = 10^{-9+0.30} = 10^{-9} \times \underline{10^{0.30}} = 2.0 \times 10^{-9}$$

$\log_{10}2 = 0.30$ より $10^{0.30}=2$

よって，$[A^0] : [A^+] : [A^-] = 1 : \underset{\text{ア}}{\underline{2.0 \times 10}} : \underset{\text{イ}}{\underline{2.0 \times 10^{-9}}}$

参考 A^+（陽イオン）の全体に対する割合は，

$$\frac{[A^+]}{[A^+]+[A^0]+[A^-]} \times 100 = \frac{\overset{\boxed{\text{ア}}}{20}}{\underset{\boxed{\text{ア}}}{20}+1+\underset{\boxed{\text{イ}}}{2.0 \times 10^{-9}}} \times 100 \fallingdotseq \frac{20}{20+1} \times 100 \fallingdotseq 95\ \%$$

問4　A⁺ を含む水溶液に NaOH 水溶液を加えていくと,

$$\begin{cases} A^+ + OH^- \longrightarrow A^0 + H_2O & (10\ mL\ 加えると終了) \quad \cdots ③ \\ A^0 + OH^- \longrightarrow A^- + H_2O & (20\ mL\ 加えると終了) \quad \cdots ④ \end{cases}$$

の2段階で反応が進む。

ア　$[A^+]=[A^0]$ となるのは,③によって最初の 50% の A^+ が反応したときなので,図中のいに相当する。

　　$[A^+]=[A^0]$ なので,$K_1 = \dfrac{[A^0][H^+]}{[A^+]}$ より $[H^+]=K_1=10^{-2.30}$

　　とわかり,pH=2.3 になる。　　$[A^+]=[A^0]$ なので消去できる

イ　$[A^0]=[A^-]$ となるのは,④の反応によって A^0 の 50% が A^- に変化したときなので,図中のえに相当する。

　　$[A^0]=[A^-]$ なので,$K_2 = \dfrac{[A^-][H^+]}{[A^0]}$ より $[H^+]=K_2=10^{-9.70}$

　　とわかり,pH=9.7 になる。　　$[A^0]=[A^-]$ なので消去できる

ウ　$[A^+]=[A^-]$ となるのは,問2で求めた等電点(pH=6.0)のときであり,図中のうに相当する。

答 〔Ⅰ〕問1　ア：③　イ：⑤
ウ：③　エ：④　オ：⑥
カ：①
問2　化学反応式…$2H_2NCH_2COOH$
$\longrightarrow H_2NCH_2CONHCH_2COOH + H_2O$
分子量：588
〔Ⅱ〕問4　18％
問5　$H_2N-CH_2-COO^-$
問6　A1，B1
問7　Ala-Leu-Arg-Pro-Lys-Gly-Tyr-Ser-Glu

問3

精講　混乱しやすい事項の整理

■タンパク質の構造

アミノ酸の分子間で，アミノ基 $-NH_2$ とカルボキシ基 $-COOH$ から脱水縮合して生成した化合物をペプチドという。このとき生成するアミド結合 $-CO-NH-$ をとくにペプチド結合という。2分子のアミノ酸が縮合してできたペプチドをジペプチド，3分子のアミノ酸が縮合してできたものはトリペプチドという。また，多数のアミノ酸が縮合してできたものはポリペプチドといい，タンパク質はポリペプチドで構成される高分子化合物である。

■タンパク質の反応

タンパク質の立体構造は水素結合やその他の力によって保たれているが，これらの力は加熱や化学薬品に弱い。そのため，タンパク質の水溶液に，熱・強酸・強塩基・重金属イオン（Cu^{2+}, Hg^{2+}, Pb^{2+} など）・有機溶媒（アルコールなど）を作用させると凝固したり沈殿したりする。この現象をタンパク質の変性といい，タンパク質の立体構造が変化するために起こる。変性を起こしたタンパク質は，再びもとには戻らないことが多い。

■タンパク質やアミノ酸の検出反応

(1) **ニンヒドリン反応**（➡アミノ基 $-NH_2$ の検出）

アミノ酸やタンパク質にニンヒドリン水溶液を加えて温めると，ニンヒドリンが $-NH_2$ と反応して赤紫～青紫色になる。

(2) **ビウレット反応**(➡ペプチド結合を 2 つ以上もつトリペプチド以上で起こる)
タンパク質に NaOH 水溶液を加え塩基性にした後，CuSO₄ 水溶液を加えると，ペプチド結合が Cu^{2+} と錯イオンを生じて赤紫色になる。

(3) **キサントプロテイン反応**(➡ベンゼン環をもつアミノ酸やタンパク質の検出)
ベンゼン環をもつアミノ酸やタンパク質に濃 HNO₃ を加えて加熱すると，ベンゼン環がニトロ化されて黄色になり，冷却後，さらに濃 NH₃ 水などを加えて塩基性にすると橙黄色になる。フェニルアラニンは呈色しにくい。

(4) **硫黄の検出**(➡ S を含むアミノ酸やタンパク質の検出)
S を含むアミノ酸やタンパク質に NaOH を加えて加熱し，冷却後，(CH₃COO)₂Pb 水溶液を加えると，PbS の黒色沈殿が生成する。

標問 99 の解説

〔I〕 問1，3 タンパク質は，α-アミノ酸どうしのペプチド結合$\begin{smallmatrix}O\ H\\ \|\ |\\ -C-N- \end{smallmatrix}$とよばれる共有結合_ア_ により形成されている。

タンパク質を形成している α-アミノ酸の配列順序をタンパク質の**一次構造**という。タンパク質は，ペプチド結合の $C=O$ と $N-H$ の間で $C=O\cdots H-N$ のような水素結合_イ_ を形成し，規則的な立体構造(→タンパク質の**二次構造**という)をつくり安定化している。タンパク質の二次構造には，次のような α-ヘリックス構造や β-シート構造がある。

水素結合 →

α-ヘリックス構造
水素結合による右巻きらせん構造

β-シート構造
水素結合 を介して
ポリペプチド鎖が並行
に並んだ板状構造

←水素結合※1

※1 水素結合は
水素結合 非共有電子対
X-H⋮Y-(X, Y=F, O, N)
をみたすように書けばよい
(問3)。

この α-ヘリックス構造や β-シート構造，側鎖 R どうしの水素結合やイオン結合，ジスルフィド結合※2 $-S-S-$ などで複雑に折りたたまれた立体構造を，タンパク質の**三次構造**という。

※2 システインのもつ-SH
どうしの間につくられる
-S-S-のような共有結合_ウ_ を
ジスルフィド結合という。

システイン $-CH_2-\underset{}{S}-H$ やヒスチジン $-CH_2\langle \begin{smallmatrix}H\\N\\N\\N\end{smallmatrix} \rangle$ に含まれる S や N の非共有電子対は，亜鉛や鉄などの金属イオンと配位結合_エ_ により錯イオンを形成することができる。また，バリンのもつ無極性の側鎖 $-CH\begin{smallmatrix}CH_3\\ \\CH_3\end{smallmatrix}$ 間で働く**ファンデルワールス力**_オ_ やアスパラギン酸の $-CH_2-COO^-$ やリシンの $-(CH_2)_4-NH_3^+$ の間で形成される**イオン結合**_カ_ がタンパク質の立体構造を安定化する。

問2

グリシンの分子量は 75 なので，グリシン 10 分子からなる鎖状のペプチドの分子量は，

$$\underbrace{75 \times 10}_{グリシン} - \underbrace{18}_{H_2O} \times \underbrace{9}_{脱水される\ H_2O\ は\ 9\ 個} = 588$$

〔II〕 問4 (1)の結果から，ペプチドXは，表にある9種類のアミノ酸が各1個ずつペプチド結合で連結している。

表4のアミノ酸分子9個から H_2O が8個とれてペプチドX1個となるので，表4のアミノ酸 9 mol から H_2O（分子量 18）が 8 mol とれてペプチドX1 mol になるともいえる。よって，ペプチドXの分子量は，表4のアミノ酸の分子量を使って，

$$89 + 174 + 75 + 147 + 105 + 181 + 115 + 146 + 131 - 18 \times 8 = 1019$$

と求めることができる。また，このペプチドX1個の中には，表4より
$1+4+1+1+1+1+1+2+1=13$ 個のN原子（原子量 14）が含まれていることがわかる。つまり，ペプチドX 1019 g（1 mol）の中に 13×14 g（13 mol）のN原子が含まれているので，窒素含有率は次のように求められる。

$$\frac{13 \times 14}{1019} \times 100 = 18\ \%$$

問5 天然のタンパク質を構成する α-アミノ酸（約 20 種）の中で，グリシン Gly だけ不斉炭素原子がない。つまり，グリシン Gly は鏡像異性体をもたない。

グリシンは，次のような平衡状態で存在し，水溶液の pH により各イオンの濃度が変化する。

よって，強アルカリ性水溶液中においてグリシンは，主に陰イオン $H_2N-CH_2-COO^-$ の状態になる。

問6, 7 (1)〜(4)の結果からわかることをまとめると次のようになる。

(1) ペプチドXには表4にある9種類のアミノ酸が各1個ずつ含まれている。

(2) N末端がアラニン Ala でC末端がグルタミン酸 Glu であることがわかるので, ペプチドXは次のように表すことができる。

$$Ala—□—□—□—□—□—□—□— Glu$$
（N末端）　　　　　　　　　　　　　　　　　　（C末端）

(3) 酵素Aはリシン Lys のカルボキシ基側を切断するので, ペプチドXは, ……—Lys┊—□—… のように切断される。また, ペプチド A2 にアラニン Ala が含まれ, N末端からの順序の配列がアラニン Ala, ロイシン Leu, アルギニン Arg なので, ペプチドXは次のように表すことができる。

$$Ala—Leu—Arg—□—□—□—□—□— Glu$$
（N末端）　　　　　　　　　　　　　　　　（C末端）

ここで, ペプチド A2 には5種類のアミノ酸が含まれるので, 酵素Aは次のようにペプチドXを切断したことがわかる。

$$Ala—Leu—Arg—□—Lys┊—□—□—□— Glu$$
　　　A2　　　　　　切断　　A1　　（C末端）

したがって, ペプチド A2 に含まれる残りのプロリン Pro がペプチド A2 の順序配列で不明なN末端から4個目であることがわかる。

$$Ala—Leu—Arg—Pro—Lys┊—□—□—□— Glu$$
　　　　A2　　　　　　　切断　　A1　　（C末端）

(4) 酵素Bにより切断され得られたペプチド B2 はビウレット反応をしないペプチドなので, ジペプチドであることがわかる。また, ペプチド B2 のN末端がセリン Ser であることから, 酵素Bは次のようにペプチドXを切断したことがわかる。

$$Ala—Leu—Arg—Pro—Lys—□—□┊—Ser—Glu$$
（N末端）　　　　　　　　B1　　　　　切断　　B2

最後に, ペプチド B1 のN末端から6個目と7個目は, 残ったグリシン Gly とチロシン Tyr であり, その順番は酵素Bがベンゼン環を含むアミノ酸のカルボキシ基側を切断することから, ベンゼン環を含むアミノ酸であるチロシン Tyr がN末端から7個目になり, 6個目がグリシン Gly になる。

HO—〈 〉—CH₂-CH-COOH　　　H-CH-COOH
　　　　　　　　|　　　　　　　　　　　|
　　　　　　　NH₂　　　　　　　　　　NH₂
　　　チロシン Tyr　　　　　　　　グリシン Gly

$$Ala—Leu—Arg—Pro—Lys—Gly—Tyr　　　Ser—Glu$$
　　　　　　　　B1　　　　　　　　　　　　　B2

よって, ペプチドXは Ala—Leu—Arg—Pro—Lys—Gly—Tyr—Ser—Glu となり, ペプチド A1, A2 も決定する。

A1 は, Gly—Tyr—Ser—Glu, A2 は, Ala—Leu—Arg—Pro—Lys

A1, A2, B1, B2 の中で, キサントプロテイン反応に陽性なのは, ベンゼン環をもつチロシン Tyr を含む A1 と B1 である。

答	問1	ア：タンパク質　　イ：酸化マンガン（Ⅳ）　　ウ：カタラーゼ

問1　ア：タンパク質　　イ：酸化マンガン（Ⅳ）　　ウ：カタラーゼ
　　　エ：基質特異性　　オ：活性部位または活性中心

問2　$\dfrac{[E_T][S]}{K+[S]}$

問3　$2.0\times10^{-6}\,\mathrm{mol/L}$

精講　混乱しやすい事項の整理

■酵素

　タンパク質を主体とした高分子化合物であり，生体内の化学反応に対して触媒作用をもつ。酵素が触媒作用する物質を基質という。酵素は活性部位とよばれる場所で立体的に適合する基質と結合し，触媒作用を示すため，特定の基質にのみ作用する。これを基質特異性という。

酵素　　基質　　　　　酵素-基質複合体　　　　　　　生成物

　また，酵素を加熱したり，pH を変化させたりすると，酵素タンパク質の立体構造が変化するため基質と結合しにくくなり，活性が失われる。酵素には，最適温度や最適pH が存在する。

■酵素の例

酵素	基質	生成物
アミラーゼ	デンプン	マルトース
マルターゼ	マルトース	グルコース
インベルターゼ（スクラーゼ）	スクロース	グルコースとフルクトース←転化糖という
ラクターゼ	ラクトース	グルコースとガラクトース
チマーゼ（14種の酵素の混合物）	グルコース	エタノールと二酸化炭素←アルコール発酵
セルラーゼ	セルロース	セロビオース
ペプシン	タンパク質	ペプチドとアミノ酸
トリプシン	タンパク質	ペプチドとアミノ酸
リパーゼ	油脂	グリセリンと脂肪酸のモノエステルと脂肪酸
カタラーゼ	過酸化水素	酸素と水　　　　　モノグリセリド

Point 65　酵素は，基質特異性，最適温度，最適 pH をもつタンパク質を主体とした触媒である。

問1 [精講] 参照。

無機化合物である酸化マンガン(IV) MnO_2 は多くの反応の触媒に利用される。

$$2H_2O_2 \xrightarrow{\text{触媒 (}MnO_2\text{)}} 2H_2O + O_2, \quad 2KClO_3 \xrightarrow[\text{加熱}]{\text{触媒 (}MnO_2\text{)}} 2KCl + 3O_2$$

問2 酵素反応では，酵素 (E) 中の活性部位 (活性中心) に基質 (S) が取り込まれることで，まず酵素基質複合体 (ES) が形成される。次に，酵素基質複合体 (ES) は反応生成物 (P) を与えるが，このとき酵素基質複合体 (ES) から酵素 (E) と基質 (S) に戻る逆向きの反応も起こる。

$$\underset{\text{酵素}}{E} + \underset{\text{基質}}{S} \xrightleftharpoons[\text{離れる}]{\text{取り込む}} \underset{\text{酵素基質複合体}}{ES} \xrightarrow{\text{反応する}} \underset{\text{酵素}}{E} + \underset{\text{反応生成物}}{P}$$

酵素はくり返し利用される

これら一連の反応は与えられた反応(1)，(2)をまとめて次のように表せ，それぞれの反応速度式は(i)～(iii)式で表される。

$$\underset{\text{酵素}}{E} + \underset{\text{基質}}{S} \underset{k_{-1}}{\overset{k_1}{\rightleftharpoons}} \underset{\text{酵素基質複合体}}{ES} \xrightarrow{k_2} \underset{\text{酵素}}{E} + \underset{\text{反応生成物}}{P}$$

（k_1, k_{-1}, k_2 は，各反応過程の反応速度定数を表している。）

酵素反応	反応速度式	
$E + S \xrightarrow{k_1} ES$	$v_1 = k_1 [E][S]$ ……(i)	ES の生成速度
$ES \xrightarrow{k_{-1}} E + S$	$v_{-1} = k_{-1} [ES]$ ……(ii)	ES の分解速度
$ES \xrightarrow{k_2} E + P$	$v_2 = k_2 [ES]$ ……(iii)	

よって，ES が生成する反応速度式は，(i)式から，

$$v_1 = k_1 [E][S] \quad \text{……(i)}$$

ES が分解する反応速度式は(ii)式と(iii)式から，

$$v_{-1} + v_2 = k_{-1} [ES] + k_2 [ES] = (k_{-1} + k_2)[ES] \quad \text{……(iv)}$$

となる。

酵素反応進行時は，ES[※1]の生成と分解はつり合いの状態にあり，ES の生成速度 (v_1) と ES の分解速度 ($v_{-1} + v_2$) が等しくなっている。

$$\underset{\substack{ES の \\ 生成速度}}{v_1} = \underset{\substack{ES の \\ 分解速度}}{v_{-1} + v_2} \quad \leftarrow \begin{array}{l} \text{ES の生成と分解がつり合うと，} \\ \text{[ES] は変化せず一定になる} \end{array}$$

※1 [ES] は変わらないものとするという記述から，
$$v_1 = v_{-1} + v_2$$
が成り立つことに気づきたい。

ここで $[E_T]=[E]+[ES]$ ， $K=\dfrac{k_{-1}+k_2}{k_1}$ とおいた場合，

酵素の　酵素の全濃度は，
全濃度　$[E]$ と $[ES]$ をあ
（一定）　わせた濃度になる

$\left(\begin{array}{l}K\text{は酵素と基質の種類によって}\\\text{決まる定数}\end{array}\right)$

$k_1[E][S]=(k_{-1}+k_2)[ES]$ ←$v_1=v_{-1}+v_2$ に
(i)式と(iv)式を代入する

$[ES]=\dfrac{[E][S]}{\dfrac{k_{-1}+k_2}{k_1}}=\dfrac{[E][S]}{K}$ ←$K=\dfrac{k_{-1}+k_2}{k_1}$ を利用

$[E]=[E_T]-[ES]$ より

$[ES]=\dfrac{([E_T]-[ES])[S]}{K}$

これを $[ES]$ について解くと，

$[ES]=\dfrac{[E_T][S]}{K+[S]}$

となり，P の生成速度は，(iii)式より

反応生成物

$v_2=k_2[ES]=k_2\times\dfrac{[E_T][S]}{K+[S]}$ ……(v)

で表すことができる。

参考 (v)式をミカエリス・メンテンの式といい，グラフに表すと次の図のようになる。

グラフの特徴

① 基質濃度 $[S]$ が K より小さいとき，(v)式で $K+[S]\fallingdotseq K$ と近似できるので，

$$v_2\fallingdotseq\dfrac{k_2[E_T]}{K}[S]$$

と表せる。よって，反応速度 v_2 は基質濃度 $[S]$ にほぼ比例する。

② 基質濃度 $[S]$ が K より大きいとき，(v)式で $K+[S]\fallingdotseq[S]$ と近似できるので，

$$v_2\fallingdotseq k_2[E_T]$$

と表せる。よって，反応速度 v_2 は基質濃度 $[S]$ によらず一定（最大反応速度）になる。

問3　$K=\dfrac{k_{-1}+k_2}{k_1}=\dfrac{1000+10}{5.05\times10^8}\left|\begin{array}{c}\frac{1}{s}\\\frac{L}{mol\cdot s}\end{array}\right.=2.0\times10^{-6}\,mol/L$

$\dfrac{1}{\frac{L}{mol}}$

答
問1　ア：デオキシリボース　イ：リボース　ウ：二重らせん　エ：水素
問2　(e)　問3　30モル％

精講 混乱しやすい事項の整理

■核酸

　五炭糖(ペントース)と窒素を含む有機塩基が縮合した化合物をヌクレオシドという。さらにヌクレオシドが五炭糖のヒドロキシ基でリン酸とエステル結合したものをヌクレオチドという。

　核酸はヌクレオチドどうしが五炭糖とリン酸のヒドロキシ基どうしで縮合したポリヌクレオチドである。核酸にはDNA(デオキシリボ核酸)とRNA(リボ核酸)があり，五炭糖と有機塩基の一部が異なる。DNAは遺伝情報の貯蔵庫であり，RNAはDNAの遺伝情報をもとにしたタンパク質の合成に関わっている。

核酸 構成成分	DNA	RNA
五炭糖 (ペントース)	CH₂OH O OH ⑤　　① ④ H H ③② H H OH H デオキシリボース	CH₂OH O OH ⑤　　① ④ H H ③② H H OH OH リボース
有機塩基	アデニン(A)　C=Oをもたない　チミン(T) グアニン(G)　　シトシン(C)	アデニン(A)，グアニン(G)，シトシン(C)は共通。 チミン(T)ではなくウラシル(U)を含む。 ウラシル(U)
構造の一部	HO-P-O-CH₂ ...A HO-P-O-CH₂ ...G	HO-P-O-CH₂ ...A HO-P-O-CH₂ ...G

■DNA の二重らせん構造

DNA は遺伝情報の貯蔵庫であり，通常は二本のヌクレオチド鎖がアデニン (A) とチミン (T)，グアニン (G) とシトシン (C) の塩基対で**水素結合**を形成し，二重らせん構造をとっている。

DNA の二重らせん構造

そこで二重らせん内では，アデニン (A) とチミン (T)，グアニン (G) とシトシン (C) はそれぞれ同数である。

標問 101 の解説

問1 [精講] 参照。

問2 (a)がアデニン，(b)がグアニン，(c)がチミン，(d)がシトシン，(e)がウラシルである。(c)と(e)を見比べると，–CH₃ が –H となっているだけで同じような水素結合が形成できることから，(c)の代わりに(e)でもアデニンと塩基対を形成できる。

問3 互いに水素結合を形成しているアデニンとチミン，グアニンとシトシンの数は等しいので，グアニンのモル百分率を x〔%〕とすると，

	アデニン (A)	チミン (T)	グアニン (G)	シトシン (C)
モル百分率〔%〕	20	20	x	x

同数　　　　　　　　　　　同数

$20＋20＋x＋x＝100$
よって，　$x＝30$

答

問1 熱硬化性

問2 A：ポリスチレン B：ポリ酢酸ビニル C：ホルムアルデヒド

問3 ① 問4 a：$CH_2=\overset{\displaystyle CH_3}{\underset{\displaystyle \underset{\displaystyle O}{C-O-CH_3}}{C}}$ b：$CH_2=\overset{\displaystyle C-H}{\underset{\displaystyle Cl}{}}$

問5 ノボラック

精講 混乱しやすい事項の整理

単量体が化学反応によって多数結合する反応を重合といい，生じた高分子化合物を重合体という。

■付加重合

炭素原子間の不飽和結合をもつ分子を適当な条件下で反応させると，以下のような反応が起こり，高分子化合物が得られる。これを付加重合という。

(1) ビニル系 $\underset{\displaystyle H\ \ X}{\overset{\displaystyle H\ \ H}{C=C}}$ $\xrightarrow{\text{付加重合}}$ $\left[\begin{array}{c} H \\ CH_2-C \\ X \end{array}\right]_n$

-X	単量体	重合体	用途
-H	エチレン	ポリエチレン	容器，袋
-CH₃	プロピレン（プロペン）	ポリプロピレン	容器
-Cl	塩化ビニル	ポリ塩化ビニル	電線の被覆材，パイプ
-C≡N	アクリロニトリル	ポリアクリロニトリル	繊維
$-O-\underset{\displaystyle O}{\overset{\displaystyle \|}{C}}-CH_3$	酢酸ビニル	ポリ酢酸ビニル	接着剤
◯	スチレン	ポリスチレン	発泡スチロール

(2) ビニリデン系 $\underset{\displaystyle H\ \ Y}{\overset{\displaystyle H\ \ X}{C=C}}$ $\xrightarrow{\text{付加重合}}$ $\left[\begin{array}{c} X \\ CH_2-C \\ Y \end{array}\right]_n$

-X	-Y	単量体	重合体	用途
-CH₃	$-\underset{\displaystyle O}{\overset{\displaystyle \|}{C}}-O-CH_3$	メタクリル酸メチル	ポリメタクリル酸メチル	有機ガラス
-Cl	-Cl	塩化ビニリデン	ポリ塩化ビニリデン	ラップ

(3) テフロン $\underset{\displaystyle F\ \ F}{\overset{\displaystyle F\ \ F}{C=C}}$ $\xrightarrow{\text{付加重合}}$ $\left[\begin{array}{c} F\ \ F \\ C-C \\ F\ \ F \end{array}\right]_n$

テトラフルオロエチレン ポリテトラフルオロエチレン[1]

※1 ポリテトラフルオロエチレンは，鍋やフライパンの表面の加工に使われている。

■縮合重合

単量体の間で水のような簡単な分子がとれ，縮合によって高分子化合物が得られる。これを**縮合重合**という。ポリエステルやポリアミドなどがある（ 標問 **103** 参照）。

■付加縮合

(1) フェノール樹脂

フェノールとホルムアルデヒドを酸または塩基触媒と加熱すると，ノボラックやレゾールとよばれる生成物が得られる。ノボラックに硬化剤を加えたものやレゾールを加熱すると，重合が進みフェノール樹脂（ベークライト）という三次元網目構造をもつ合成樹脂が得られる。この反応は**付加縮合**とよばれている。[※2]

フェノール　ノボラック（$n=4\sim9$）　フェノール樹脂

ホルムアルデヒド　レゾール（$n=1\sim2$）

(2) アミノ樹脂

尿素やメラミンをホルムアルデヒドと付加縮合させると，尿素樹脂（ユリア樹脂）やメラミン樹脂といったアミノ樹脂が得られる。

尿素樹脂	メラミン樹脂

尿素　ホルムアルデヒド　尿素樹脂（ユリア樹脂）　メラミン　ホルムアルデヒド　メラミン樹脂

■合成樹脂と熱による性質

(1) 熱可塑性樹脂

一般に，鎖状構造をもつ合成高分子化合物は，加熱すると軟らかくなり，粘土のように変形させることができる。このような性質をもつ合成樹脂を**熱可塑性樹脂**という。

(2) 熱硬化性樹脂

熱を加えて硬化させることで得られる合成樹脂で，一度硬化した後は，さらに加熱しても軟らかくならない。このような性質をもつ合成樹脂を熱硬化性樹脂という。フェノール樹脂，尿素樹脂，メラミン樹脂などがある。

Point 66

合成高分子化合物の分子構造	加熱すると…
鎖状	軟らかくなる　（熱可塑性）
三次元網目状	硬いままである　（熱硬化性）

標問 102 の解説

問1　加熱によって反応が進み，硬くなっていく合成樹脂を熱硬化性樹脂という。

問2　A：発泡スチロールは，ポリスチレンに空気を吹き込んで固めたものである。

B：ビニルアルコールは不安定なので，単量体としては使えない。ポリビニルアルコールはポリ酢酸ビニルを加水分解することによって得られる（標問 103 参照）。

C：フェノール樹脂，尿素樹脂，メラミン樹脂はホルムアルデヒドを用いる。

問3　尿素樹脂やメラミン樹脂を総称してアミノ樹脂という。

問4　メタクリル酸はアクリル酸の水素原子がメチル基になった化合物であり，メタクリル酸メチルはメタクリル酸とメタノールのエステルである。

塩化ビニルはビニル基に塩素原子が結合した構造をもつ。

$$\begin{array}{c} H \\ C=C \\ H \end{array} \begin{array}{c} H \\ Cl \end{array}$$
塩化ビニル

問5　フェノールとホルムアルデヒドを加熱するとき，酸触媒を用いるとノボラック，塩基触媒を用いるとレゾールとよばれる低重合度の生成物が得られる。

答 問1 3.0×10^3 問2 3.0 L 問3 3.6 g 問4 1.3×10^2 個
問5 8.2×10^{-1} 問6 7.7×10 % 問7 4.5×10 %

精講 混乱しやすい事項の整理

■合成繊維

　合成繊維には，縮合重合で合成される**ポリアミド系合成繊維**(ナイロン)，**ポリエステル系合成繊維**(ポリエステル)などがある。

(1) **ポリアミド系合成繊維(ナイロン)**　単量体が多数のアミド結合 -NH-CO- でつながった合成高分子化合物をポリアミド系合成繊維またはナイロンという。アミド結合どうしで多数の分子間水素結合が形成される。耐摩耗性や弾性に優れた丈夫な繊維で，衣類やブラシに利用される。

① **ナイロン66(6,6-ナイロン)**　ヘキサメチレンジアミンとアジピン酸の縮合重合により合成される。

$$n\text{H}_2\text{N(CH}_2)_6\text{NH}_2 + n\text{HOOC(CH}_2)_4\text{COOH}$$
ヘキサメチレンジアミン　　　アジピン酸

アミド結合

$$\longrightarrow \left[\text{N-(CH}_2)_6\text{-N-C-(CH}_2)_4\text{-C}\right]_n + 2n\text{H}_2\text{O}$$

ナイロン66

② **ナイロン6(6-ナイロン)**　環状の ε-カプロラクタムに少量の水を加え，加熱して合成する。環状構造が切れて，次のように**開環重合**が起こる。

アミド結合

$$n\text{H}_2\text{C}\begin{array}{l}\text{CH}_2\text{-CH}_2\text{-C=O}\\\text{CH}_2\text{-CH}_2\text{-N-H}\end{array} \longrightarrow \left[\text{N-(CH}_2)_5\text{-C}\right]$$

ε-カプロラクタム　　　　　ナイロン6

(2) **ポリエステル系合成繊維(ポリエステル)**　単量体が多数のエステル結合でつながった合成高分子化合物をポリエステル系合成繊維(ポリエステル)という。

① **ポリエチレンテレフタラート**　テレフタル酸とエチレングリコールとの間で縮合重合により合成される。

$$n\text{HOOC-}\langle\bigcirc\rangle\text{-COOH} + n\text{HOCH}_2\text{CH}_2\text{OH}$$
テレフタル酸　　　　　　　エチレングリコール

エステル結合

$$\longrightarrow \left[\text{C-}\langle\bigcirc\rangle\text{-C-O-CH}_2\text{CH}_2\text{-O}\right]_n + 2n\text{H}_2\text{O}$$

ポリエチレンテレフタラート(PET)

ポリエチレンテレフタラートは，軽量で丈夫であることから，繊維としてワイシャツなどに使われ，また，繊維以外にもペットボトルなどとして使われる。

(3) **ビニロン**　ビニロンは，木綿によく似た感触をもつ日本で開発された合成繊維である。ポリビニルアルコール (PVA) の -OH の約 3 分の 1 が<u>アセタール化</u>されているので，分子中に親水基である -OH が残っており，繊維に適度な吸湿性を与えている。耐摩耗性が大きいので，作業服，テント，魚網などに用いられる。合成方法は次の通りである。

Step 1　酢酸ビニルを付加重合させる。

Step 2　水酸化ナトリウム水溶液でけん化するとポリビニルアルコールが得られる。

Step 3　ホルムアルデヒド水溶液でアセタール化する。

問 1　得られた高分子はポリスチレン （分子量 $104n$）であり，重合度 n

を求めればよい。

$$104n = 3.12 \times 10^5 \text{ より } n = 3.0 \times 10^3$$

問 2　ポリアクリル酸メチル のもつエステル結合は n 個であり，
（分子量 $86n$）

このエステル結合 n 個に NaOH n 個が反応すれば，すべてけん化されて，ポリアクリル酸ナトリウムになる。

$$1 \left[\begin{array}{c}\text{CH}_2\text{-CH}\\ | \\ \text{COOCH}_3\end{array}\right]_n + n\,\text{NaOH} \longrightarrow 1 \left[\begin{array}{c}\text{CH}_2\text{-CH}\\ | \\ \text{COONa}\end{array}\right]_n + n\,\text{CH}_3\text{OH}$$

　　　ポリアクリル酸メチル　　　　　　　　　　　　ポリアクリル酸ナトリウム

よって，必要な 0.50 mol/L NaOH 水溶液を V〔L〕とおくと，次の式が成り立つ。

> 反応式から，ポリアクリル酸メチル 1 mol と
> 反応する NaOH は n mol

$$\underbrace{\frac{129n}{86n}}_{\text{ポリアクリル酸メチル〔mol〕}} \times \underbrace{n}_{\text{必要な NaOH〔mol〕}} = \underbrace{0.50}_{\text{〔mol/L〕}} \times \underbrace{V}_{\text{NaOH〔mol〕}}$$

$$V = 3.0 \text{ L}$$

問 3

> **Point 68**
>
> **2 種類の単量体（○，△）を混合し付加重合（共重合）を行うと，**
> －○－△－○－○－△－△－○－△－△－ のように○と△が交互に結合するとは
> 限らない。ただし，計算上は，
> $\underbrace{\text{－○－○－○－○}}_{\text{○のくり返しが 4 個}}\underbrace{\text{－△－△－△－△－△}}_{\text{△のくり返しが 5 個}}$ つまり $-(\text{○})_4(\text{△})_5-$　｜くり返し単位を分けて考える｜
> **のように○だけのくり返しと△だけのくり返しに分けて計算するとよい。**

　スチレン-ブタジエンゴム (SBR) は

スチレン単位	ブタジエン単位
（式量 104）	（式量 54）

スチレン単位は 25 %　　　ブタジエン単位は $100 - 25 = 75 \%$

と表せ，分子量は $104 \times 0.25n + 54 \times 0.75n = 66.5n$ になる。

また，このSBR 1個のもつブタジエン単位の二重結合(C=C)は $0.75n$ 個であり，

C=C 結合 $0.75n$ 個には Br_2 $0.75n$ 個が付加する。
_{mol}　　　　　　　　　　_{mol}

$$1\,SBR + 0.75n\,Br_2 \longrightarrow 付加生成物$$

よって，消費された Br_2(分子量160)の質量は，

$$\underbrace{\frac{2.0}{66.5n}}_{SBR\,〔mol〕} \times \underbrace{0.75n}_{付加した\,Br_2\,〔mol〕} \times \underbrace{160}_{Br_2\,〔g〕} \fallingdotseq 3.6\,g$$

問4

2種類の単量体($\bigcirc$，$\triangle$)を混合し縮合重合で合成されるポリエステルやポリアミドは，

$$-\bigcirc-\triangle-\bigcirc-\triangle-\bigcirc-\triangle-$$

のように$\bigcirc$と$\triangle$が交互に結合している点に注意する。

| 縮合重合のようす |

それぞれの官能基でとれる原子が異なっているために交互に結合する

得られたポリエステルは，ポリエチレンテレフタラート(PET)で両末端にカルボキシ基とヒドロキシ基を1つずつ有しているとあるので，

$$HO\underbrace{\left[\underset{\underset{O}{\|}}{C}-\bigcirc-\underset{\underset{O}{\|}}{C}-O-(CH_2)_2-O\right]_n}_{くり返しの式量\,192}H$$ のように表せ，分子量は $192n+18$ になる。

（↑ H_2O の分子量）

よって，$192n+18=12690$ より $n=66$ とわかる。

ここで，$n=1\sim k$ のときのPETの構造式とエステル結合の数は次のようになる。

$n=1$ のとき　$HO-\underset{\underset{O}{\|}}{C}-\bigcirc-\boxed{\underset{\underset{O}{\|}}{C}-O}-(CH_2)_2-OH$
→エステル結合1個

$n=2$ のとき　$HO-\underset{\underset{O}{\|}}{C}-\bigcirc-\boxed{\underset{\underset{O}{\|}}{C}-O}-(CH_2)_2-\boxed{O-\underset{\underset{O}{\|}}{C}}-\bigcirc-\boxed{\underset{\underset{O}{\|}}{C}-O}-(CH_2)_2-OH$
→エステル結合3個

$n=3$ のときは，同様に考えるとエステル結合5個

$\vdots$　　　　　　　　　　$\vdots$

$n=k$ のときは，エステル結合 $\underbrace{1}_{初項}+\underbrace{(k-1)\times 2}_{差}=2k-1$〔個〕←（初項1，公差2の等差数列になっている）

よって，$n=66$ よりポリエチレンテレフタラート1分子(1個)には，正確には

$$2\times 66-1=131\,個 \quad ←2k-1\,に\,k=66\,を代入する$$

のエステル結合が含まれる。ただし，本問は有効数字2桁で答えるため，

$$131\,個 = 1.31\times 10^2 \fallingdotseq 1.3\times 10^2\,個 \quad になる。$$

問 5 ポリエチレン繊維 $1\,\mathrm{cm}^3\,(0.97\,\mathrm{g})$ のうち，結晶領域の体積を $x\,[\mathrm{cm}^3]$ とすると非晶領域の体積は $(1-x)\,\mathrm{cm}^3$ となる。すると，全質量について次の式が成立する。

$$\underbrace{1.0}_{\substack{\text{結晶領域}\,[\mathrm{g}]}}\times x + \underbrace{0.85}_{\substack{\text{非晶領域}\,[\mathrm{g}]}}\times(1-x)=0.97 \qquad \text{よって，} \quad x=0.80\,\mathrm{cm}^3$$

したがって，結晶領域の質量分率は，

$$\frac{1.0\times0.80}{0.97}\fallingdotseq8.2\times10^{-1}$$

問 6

$$1\,[\mathrm{C_6H_7O_2(OH)_3}]_n \xrightarrow[\text{アセチル化}]{} \xrightarrow[\text{加水分解}]{} 1\,[\mathrm{C_6H_7O_2(OCOCH_3)}_x(\mathrm{OH})_{3-x}]_n$$

セルロース
（くり返しの式量 162）

高分子 P
（くり返しの式量 $\underbrace{111}_{\substack{\mathrm{C_6H_7O_2}\\\text{部分}}} + \underbrace{59x}_{\substack{\mathrm{OCOCH_3}\\\text{部分}}} + \underbrace{17(3-x)}_{\substack{\mathrm{OH}\\\text{部分}}}=42x+162$）

以上より，セルロース（分子量 $162n$）$1\,\mathrm{mol}$ から得られる P（分子量 $(42x+162)n$）は $1\,\mathrm{mol}$ なので次の式が成り立つ。

$$\underbrace{\frac{162}{162n}}_{\text{セルロース}\,[\mathrm{mol}]} = \underbrace{\frac{259}{(42x+162)n}}_{\text{P}\,[\mathrm{mol}]}$$

よって，$x=\dfrac{97}{42}$ となる。

ここで，セルロース 1 個のもつ $-\mathrm{OH}$ は $3n$ 個であり，$-\mathrm{OCOCH_3}$ に置換された $-\mathrm{OH}$ は $-\mathrm{OCOCH_3}$ の個数を数えればよく，その個数は xn 個になる。

よって，置換された $-\mathrm{OH}$ は $\dfrac{xn}{3n}\times100\fallingdotseq7.7\times10\,\%$　◀ $x=\dfrac{97}{42}$ を代入する

問 7 ビニロンの計算は，くり返し単位を分け，モノマー 2 単位でまとめて考えるとよい。

ポリビニルアルコールのもつヒドロキシ基のうち，$a\,[\%]$ がアセタール化されたとすると次のように表せる。

ポリビニルアルコール 1 mol（＝88n〔g〕）の a〔％〕のアセタール化によって得られるビニロンは 1 mol＝$\underbrace{100}_{\text{式量}}\times\dfrac{a}{100}n+\underbrace{88}_{\text{式量}}\times\dfrac{100-a}{100}n=\dfrac{12}{100}an+88n$〔g〕である。

得られたビニロンの質量増加がポリビニルアルコールの 7.5 ％ なので，次の式が成り立つ。

$$\underbrace{\underbrace{\dfrac{12}{100}an+88n}_{\text{得られたビニロン〔g〕}}\;-\;\underbrace{88n}_{\substack{\text{ポリビニル}\\\text{アルコール〔g〕}}}}_{\text{アセタール化により，増加した質量〔g〕}}\;=\;\underbrace{88n\times\dfrac{7.5}{100}}_{\substack{\text{ポリビニル}\\\text{アルコール〔g〕}}}$$

　よって，$a＝55\,\%$ となる。

　ヒドロキシ基のうち $a＝55\,\%$ がアセタール化されたので，

　　$100-a=100-55=4.5\times10\,\%$

のヒドロキシ基はアセタール化されずビニロン中に残っていたことがわかる。

答

問1　CH₂=CH–C=CH₂　　問2　加硫　　問3　A：架橋　　B：脱水
　　　　　　　　　CH₃

問4　C：　　　　　　　　　D：　　　　　　　　　E：

$$\begin{bmatrix}CH_2\\H\end{bmatrix}C=C\begin{bmatrix}CH_2\\H\end{bmatrix}$$

問5　アクリロニトリル：1,3-ブタジエン＝2：5

精講　混乱しやすい事項の整理

■天然ゴム

　ゴムの木に傷をつけると，ラテックスとよばれる白い樹液が得られる。これを集めて，酢酸などを加えて固めると天然ゴム(生ゴム)が得られる。

　天然ゴムの主成分は，イソプレン C_5H_8 が付加重合した構造をもつポリイソプレン $(C_5H_8)_n$ である。

CH₃
CH₂=C–CH=CH₂　→(付加合)　天然ゴム(ポリイソプレン構造)
イソプレン

　ポリイソプレンは，C=C結合のところで，シス形あるいはトランス形をとることができるが，天然ゴムはすべてシス形をとっており，分子全体がまるまった形になっている。また，ある種の植物の樹液から得ることができるトランス形のポリイソプレンをグタペルカとよび，硬くゴム弾性に乏しく，歯科用充てん材などに使われる。

　天然ゴムはゴム弾性が小さく，耐久性に乏しい。空気中に放置すると，C=C結合部分の反応性が高いために空気中の酸素 O_2 や微量のオゾン O_3 により酸化され，ゴム弾性を失って劣化していく。そこで，天然ゴムに少量の硫黄 S を加えて加熱する(この操作を加硫という)と，適度な弾性と強度をもった弾性ゴムを得ることができる。弾性ゴムは，加硫により架橋構造ができて弾性が大きくなるだけでなく，強度も向上する。

　天然ゴムに，多量の硫黄 S を加えて長時間加熱すると，エボナイトとよばれる黒色の硬い物質になる。

弾性ゴム

■合成ゴム

　イソプレンに似た分子構造をもつ単量体を付加重合させると，天然ゴムに似た高分子化合物である合成ゴムが得られる。合成ゴムは，天然ゴムと同様に加硫することで適度な弾性と強度をもったものになる。

(1) **ブタジエンゴム（BR）**　1,3-ブタジエン $CH_2=CH-CH=CH_2$ を付加重合させることにより合成する。

C=C 結合の位置が移動する

$$n CH_2=CH-CH=CH_2 \longrightarrow \left[CH_2-CH=CH-CH_2 \right]_n$$

1,3-ブタジエン　　　　ブタジエンゴム（BR）（ポリブタジエン）

(2) **クロロプレンゴム（CR）**　クロロプレン $CH_2=CCl-CH=CH_2$ を付加重合させることにより合成する。

$$n CH_2=\underset{\underset{Cl}{|}}{C}-CH=CH_2 \longrightarrow \left[CH_2-\underset{\underset{Cl}{|}}{C}=CH-CH_2 \right]_n$$

クロロプレン　　　　クロロプレンゴム（CR）（ポリクロロプレン）

(3) **スチレンブタジエンゴム（SBR）**　1,3-ブタジエン $CH_2=CH-CH=CH_2$ とスチレン $CH_2=CH-C_6H_5$ を共重合させることで合成される。耐摩耗性や耐熱性が大きく，自動車のタイヤやくつ底などに使われる。

$$x CH_2=CH-CH=CH_2 + y CH_2=CH \xrightarrow{\text{共重合}} \left[CH_2-CH=CH-CH_2 \right]_x \left[CH_2-CH \right]_y$$

1,3-ブタジエン　　　　スチレン　　　　スチレンブタジエンゴム（SBR）

(4) **アクリロニトリルブタジエンゴム（NBR）**　1,3-ブタジエン $CH_2=CH-CH=CH_2$ とアクリロニトリル $CH_2=CH-CN$ を共重合させることで合成される。耐油性が大きく，石油ホースなどに使われる。

$$x CH_2=CH-CH=CH_2 + y CH_2=\underset{\underset{CN}{|}}{CH} \xrightarrow{\text{共重合}} \left[CH_2-CH=CH-CH_2 \right]_x \left[CH_2-\underset{\underset{CN}{|}}{CH} \right]_y$$

1,3-ブタジエン　　アクリロニトリル　　アクリロニトリルブタジエンゴム（NBR）

(5) **シリコーンゴム（ケイ素ゴム）**　C=C 結合をもたないシリコーンゴムは，耐久性，耐薬品性に優れ，人工血管などの医療器具に使われている。

$$\left[\underset{\underset{CH_3}{|}}{\overset{\overset{CH_3}{|}}{Si}}-O \right]_n$$

問1　天然ゴムは，イソプレン (X) が付加重合した構造をもつ。

問3　B：1,3-ブタジエンは，工業的にはナフサの熱分解によって得られるが，1,4-ブタンジオールの分子内脱水反応によってもつくることができる。

$$\underset{\text{1,4-ブタンジオール}}{\underset{\boxed{\text{OH H}}\ \ \boxed{\text{H OH}}}{\overset{①\ \ ②\ \ ③\ \ ④}{\text{CH}_2\text{-CH-CH-CH}_2}}} \quad\xrightarrow{\text{脱水}}\quad \underset{\text{1,3-ブタジエン}}{\text{CH}_2\text{=CH-CH=CH}_2}$$

問4　1,3-ブタジエンから合成される重合体の構造は，付加重合の反応様式によって異なる（①のCと②のCの間で起こる付加反応は 1,2 付加反応，①のCと④のCの間で起こる付加反応は 1,4 付加反応とよばれる）。

問5　NBR は次のように表すことができる。（標問 **103** 問3解説参照）

$$\underset{(式量53)}{\left[\!\!\begin{array}{c}\text{CH}_2\text{-CH} \\ \big| \\ \text{CN}\end{array}\!\!\right]_x}\underset{(式量54)}{\left[\text{CH}_2\text{-CH=CH-CH}_2\right]_y} \quad\Longrightarrow\quad 分子量：53x+54y$$

NBR 1 個中に N 原子が x 個存在するので，NBR 1 個から N_2 $\frac{1}{2}x$ 個が発生する。
（mol）　　　　　　　（mol）　　　　　　（mol）　　（mol）

$$\underset{\substack{\text{NBR}\\〔\text{mol}〕}}{\frac{0.376}{53x+54y}}\times\underset{\substack{発生する\\N_2〔\text{mol}〕}}{\frac{1}{2}x}=\underset{\substack{標準状態にお\\ける\,N_2〔\text{mol}〕}}{\frac{22.4}{22.4\times10^3}} \qquad よって，y=\frac{5}{2}x$$

アクリロニトリル：1,3-ブタジエン $=x:y=x:\dfrac{5}{2}x=2:5$

答

〔Ⅰ〕 問1 (ア) HOOC-(CH₂)₂-CH-COOH (イ) ⁻OOC-(CH₂)₂-CH-COO⁻
　　　　　　　　　　　　　　　　　|　　　　　　　　　　　　　　　　　　　　　　　|
　　　　　　　　　　　　　　　　NH₃⁺　　　　　　　　　　　　　　　　　　　　NH₂

問2 (ウ) 9.74 (エ) 3.22 (オ) 6.00

問3 (a) グルタミン酸 (b) セリン，グリシン，アラニン
　　(c) リシン

〔Ⅱ〕 ⑥，⑦

〔Ⅲ〕 問1 ア：OH イ：COOH 問2

問3 ⑤

精講 まずは問題テーマをとらえる

■イオン交換樹脂

スチレンに少量の *p*-ジビニルベンゼンを混ぜて共重合させると，2 本のポリスチレンの鎖が連結された架橋構造をもつポリスチレンが得られる。このポリスチレンは溶媒には溶けないが，その立体網目構造の間には溶媒が入り込むことができるので，さらに化学反応を行わせることができる。

　CH=CH₂　　　CH=CH₂
　　│　　　　　　　│　　　　　 共重合　　　-CH-CH₂-CH-CH₂-
　 〈ベンゼン環〉　〈ベンゼン環〉　──────→　　〈ベンゼン環〉　〈ベンゼン環〉
　スチレン　　　　CH=CH₂　　　　　　　　　　-CH-CH₂-CH-CH₂-CH-CH₂-
　　　　　　　p-ジビニルベンゼン　　　　　　　　〈ベンゼン環〉
　　　　　　　　（少量）　　　　　　　　　　　架橋構造のポリスチレン

立体網目状のポリスチレンを濃硫酸でスルホン化すると，ベンゼン環にスルホ基 -SO₃H が導入された陽イオン交換樹脂が得られる。この陽イオン交換樹脂をつめたカラム（筒状容器）の上部から，例えば塩化ナトリウム NaCl 水溶液を流すと，スルホ基の H⁺ が Na⁺ と置き換わり，下から塩酸 HCl が流出してくる。このことを利用して，水溶液中の陽イオンを H⁺ と交換することができる。

　　-CH-CH₂-CH-CH₂-　SO₃H　　　　　　　　　　Na⁺Cl⁻aq
　　　　　　　　　　　　　　　　　　　　　　　カラム
　SO₃H
　-CH-CH₂-CH-CH₂-CH-CH₂-
　　　　　　　　　　　　　　　　　　　　　　　H⁺Cl⁻aq
　SO₃H
　　陽イオン交換樹脂

〈ベンゼン環〉 + Na⁺ + Cl⁻ ⇌ 〈ベンゼン環〉 + H⁺ + Cl⁻
SO₃⁻H⁺　　　　　　　　　　　　　　 SO₃⁻Na⁺

スルホ基の代わりに，塩基性の原子団，例えばアルキルアンモニウム基 $-N^+R_3OH^-$（R は CH_3- などのアルキル基）を導入すると，陰イオン交換樹脂をつくることができる。この陰イオン交換樹脂をつめたカラムの上部から，塩化ナトリウム NaCl 水溶液を流すと，OH^- が Cl^- と置き換わり，下から水酸化ナトリウム NaOH 水溶液が流出してくる。

〔I〕 問1　グルタミン酸は，等電点が酸性側（pH の値で 3 程度）にあるので，酸性の溶液中で状態（I）の双性イオンが主に存在する。この溶液を(ア)強酸性にすれば状態（II）の陽イオンが，(イ)強塩基性にすれば状態（III）の陰イオンが主に存在する。

> **参考**　グルタミン酸塩酸塩溶液に NaOH 水溶液を加えていくと，次のように変化する。
>
> $HOOC-(CH_2)_2-\underset{NH_3^+}{CH}-COOH \xrightarrow{OH^-} HOOC-(CH_2)_2-\underset{NH_3^+}{CH}-\boxed{COO^-}$
> 　　　　　陽イオン　　　　　　　　　　双性イオン
>
> $\xrightarrow{OH^-} {}^-OOC-(CH_2)_2-\underset{NH_3^+}{CH}-COO^- \xrightarrow{OH^-} {}^-OOC-(CH_2)_2-\underset{NH_2}{CH}-COO^-$
> 　　　　　　　陰イオン　　　　　　　　　　　　陰イオン

問2，3　実験①　ポリペプチドAを酸性溶液中で加熱し，完全に α-アミノ酸にまで分解すると，この分解溶液中に 5 種類の α-アミノ酸（セリン，リシン，グルタミン酸，アラニン，グリシン）が検出された。

実験②　実験①で得られた分解溶液（5 種類の α-アミノ酸の混合溶液）を強酸性（pH 2.5）にすると，5 種類すべての α-アミノ酸は陽イオンの比率が高くなる。この強酸性溶液を陽イオン交換樹脂のつまったカラムに流すと 5 種類の α-アミノ酸はすべて樹脂の H^+ と置き換わってその表面に吸着される。5 種類すべての α-アミノ酸が吸着されているため，カラムから流出した液中には α-アミノ酸を検出することができない。

実験③　続いて，弱酸性（pH 4.0）の緩衝液をカラムに流していくと，実験②の pH 2.5 から pH が次第に大きくなってきて，酸性側に等電点をもつグルタミン酸（問 2 の選択肢から等電点は 2.5〜4.0 までの 3.22〜〜〜〜問2(エ) を選ぶ）は全体の電荷が 0 にな

るため，陽イオン交換樹脂に吸着することができなくなる。そのため，カラムから出てくる溶液(a)中にグルタミン酸が含まれることになる。

実験④　続いて，中性 (pH 7.0) の緩衝液をカラムに流していくと，実験③の pH 4.0 から pH が次第に大きくなってきて，中性付近に等電点をもつセリン（表1から等電点 5.68），グリシン（表1から等電点 5.97），アラニン（問2の選択肢から等電点は 4.0〜7.0 までの $\underline{6.00}$ を選ぶ）の順で全体の電荷が0になっていくため，陽イオン交換樹脂に吸着することができなくなる。したがって，カラムから出てくる溶液(b)中にセリン，グリシン，アラニンが含まれることになる。

実験⑤　最後に，強塩基性 (pH 11.0) の緩衝液をカラムに流していくと，実験④の pH 7.0 から pH が次第に大きくなってきて，塩基性側に等電点をもつリシン（問2の選択肢から等電点は 7.0〜11.0 までの $\underline{9.74}$ を選ぶ）の全体の電荷が0になるため，陽イオン交換樹脂に吸着することができなくなる。したがって，カラムから出てくる溶液(c)中にリシンが含まれることになる。

〔II〕(ア)，①　アセチレンを付加重合させると，薄膜状のポリアセチレン が得られる。ポリアセチレンにヨウ素 I_2 などを添加すると，金属に近い電気伝導性を示す導電性高分子（導電性樹脂）が得られる。（→①は正しい）

$$n\,CH{\equiv}CH \xrightarrow{\text{付加重合}} {+}CH{=}CH{+}_n \xrightarrow{I_2\text{ 添加}} \text{導電性高分子（導電性樹脂）}$$

アセチレン　　　　　ポリアセチレン

(イ)　酢酸ビニルを付加重合させるとポリ酢酸ビニル が得られる。

$$n\,CH_2{=}CH \longrightarrow {+}CH_2{-}CH{+}_n$$
$$\qquad\quad OCOCH_3 \qquad\qquad OCOCH_3$$

酢酸ビニル　　　　　ポリ酢酸ビニル

(ウ)，②，③　ポリ酢酸ビニルを水酸化ナトリウム NaOH などの強塩基でけん化すると，ポリビニルアルコール (PVA) が得られる。（→②は正しい）

$$\begin{array}{c} {+}CH_2{-}CH{+}_n \\ O{-}C{-}CH_3 \\ \parallel \\ O \end{array} \xrightarrow[\text{（けん化）}]{\substack{NaOH \\ \text{加水分解}}} \begin{array}{c} {+}CH_2{-}CH{+}_n \\ OH \end{array}$$

ポリ酢酸ビニル　　　　　　ポリビニルアルコール (PVA)

ポリビニルアルコール (PVA) をホルムアルデヒドで処理（アセタール化）すると，ビニロン が得られる。

ビニロン

六員環構造を含む（→③は正しい）

(エ)，④　スチレンと p-ジビニルベンゼンを共重合させると架橋構造のポリスチレンが得られ，これを濃硫酸でスルホン化すると陽イオン交換樹脂 が得られる。陽イオン交換樹脂を塩化ナトリウム NaCl 水溶液に加えると，樹脂中の H^+ と Na^+ が交換され，水溶液が酸性になる。（→④は正しい）

(オ), ⑤　架橋したポリアクリル酸ナトリウム は，水と接触すると，多量の水を吸収する吸水性高分子（高吸水性樹脂）であり，紙おむつなどに利用される。（→⑤は正しい）

$\left[\!\!\begin{array}{c}CH_2-CH\\|\\COONa\end{array}\!\!\right]_n$　ポリアクリル酸ナトリウム

$\begin{array}{c}CH_2\!=\!CH\\|\\COONa\end{array}$　アクリル酸ナトリウム

> **補足**　吸水性高分子の吸水のしくみ
>
> 網目のすきまに水が取り込まれると，–COONa が電離し，–COO⁻ どうしが反発して網目のすきまが拡大し，水を吸収しやすくなる。網目の内側はイオンの濃度が高くなり，浸透圧が大きくなるため，さらに多量の水を吸収する。吸収された水は –COO⁻ や Na⁺ に水和することですきまに保持される。

⑥　（誤り）　A～F のうち，水に溶けるのは C（ポリビニルアルコール PVA）の 1 つだけである。ポリビニルアルコールは，親水基である –OH を多くもつので水に溶ける。

⑦　（誤り）　分子間で水のような簡単な分子がとれる縮合反応をくり返して結びつく反応が縮合重合であり，A～G はいずれも縮合重合では得られない。縮合重合で得られるのは，PET やナイロン 66 など。

〔Ⅲ〕　ポリ乳酸 $\left[\!\!\begin{array}{c}O-CH(CH_3)-CO\end{array}\!\!\right]_n$ やポリグリコール酸 $\left[\!\!\begin{array}{c}O-CH_2-CO\end{array}\!\!\right]_n$ は，微生物などにより最終的には二酸化炭素と水にまで分解されるので，生分解性高分子とよばれる。ポリグリコール酸でつくられた糸は，生体内で分解・吸収されるので，外科手術用の縫合糸として利用されている。

乳酸 $HO-\overset{*}{C}H-COOH$
CH_3　　C*は不斉炭素原子を表す

グリコール酸 $HO-CH_2-COOH$

問1　次のように，鏡像異性体①と②は，鏡に対し実像と鏡像の関係にあり，重ね合わせることができない。鏡像異性体①と②(イ)では R³ と R⁴ の位置だけが逆になっていることに注目したい。

鏡像異性体①　　　　鏡像異性体②　　　　R¹≠R²≠R³≠R⁴

鏡像異性体①と②(イ)は，ここだけ入れかわっている

環状構造をもつ L-ラクチドは L-乳酸 2 分子を脱水縮合させることで合成される。つまり，L-ラクチドを加水分解することで L-乳酸が生じる。

加水分解

L-ラクチド　　　　→　　　L-乳酸　　　　　　L-乳酸

−OH が上にくるように書く

観測者　　　同じ分子　　　　−CH₃ が上にくるように書く　　　　　　L-乳酸(イ)の −COOH と −OH の位置を入れかえると D-乳酸になる。

(ア)　　　　　観測者　　　　　(イ)　　　　　　　D-乳酸
　　　　　　　L-乳酸

問2

(ア)の −CH₃ と −H の位置を入れかえたもの　　(イ)の −CH₃ と −H の位置を入れかえたもの　　(ア)と(イ)の −CH₃ と −H の位置を入れかえたもの

180°回転　≡

L-ラクチド　　　　（D 体と L 体）　　　（L 体と D 体）　　　（D 体と D 体）
（L 体と L 体）
　　　　　　　　180°回転させると同じラクチドとわかる　　　　　D-ラクチドという
　　　　　　　　→ DL-ラクチドという。
　　　　　　　　DL-ラクチドは分子内に対称心をもつメソ体であり，鏡像異性体が存在しない。

問3　ポリ-L-乳酸は，

≡　　　　　　　　なので，◯ の −H と

−CH₃ の位置を入れかえた　　　　がポリ-D-乳酸となり，②である。

答 問1 ポリビニルアルコール 問2 (1) 174 (2) 7.4×10^4
問3 あ, う

標問 106 の解説

問1 ポリ酢酸ビニルのけん化により得られるのは，ポリビニルアルコール（→高分子化合物X）である（標問 103 の 精講 参照）。

問2 (1) ポリビニルアルコール（高分子化合物X）とケイ皮酸塩化物が縮合すると，ポリケイ皮酸ビニルと塩化水素 HCl が生じる（(a)式）。

ポリビニルアルコール 1 mol（重合度 n）に対して n〔mol〕必要

ここがくり返し単位になる。

ベンゼン環の H も数え忘れないようにしよう

くり返し単位の式量は，$12.0 \times 11 + 1.00 \times 10 + 16.0 \times 2 = 174$

(2) くり返し単位を分けて考えるとよい。（標問 103 問3解説参照）

80％反応したポリケイ皮酸ビニル

ポリビニルアルコール（高分子化合物X）の平均分子量が 2.2×10^4 なので，

$44n = 2.2 \times 10^4$ が成り立ち，$n = 500$ となる。

また，本反応により得られるポリケイ皮酸ビニルの平均分子量は，

$174 \times 0.80n + 44 \times 0.20n = 148n$

なので，$n = 500$ を代入すると，$148 \times 500 = 7.4 \times 10^4$ となる。

問3　問題文からよみとれる内容は以下の通り。

　実験2では，光照射後の薄膜（光があたり硬化したポリケイ皮酸ビニル）を強塩基の水溶液に加えて加熱している。これにより，光があたり硬化したポリケイ皮酸ビニルのエステル結合がけん化され，Yの塩（NaOHを使えばNa塩，KOHを使えばK塩）が生成したことがわかる。このことから，次のけん化反応が起こったことが予想できる。

　ⓐ　光照射後は，ポリケイ皮酸ビニルの炭素–炭素二重結合が反応しており，新たに生成した炭素–炭素単結合（新たな共有結合）により高分子鎖間にシクロブタン環の架橋構造ができることで，溶媒に対して溶けにくくなったと考えられる。誤り。（ⓘの文章もヒントになる）
　ⓘ　正しい。ⓐの解説参照。
　ⓤ　ポリケイ皮酸ビニルの薄膜が熱の発生により化学反応を起こし硬化するのであれば，光照射前に高温にすると軟化する実験1の結果と矛盾する。誤り。
　ⓔ　正しい。ⓐの解説参照。
　ⓞ　正しい。Yの塩と同時に，X（ポリビニルアルコール）も生成する。

〔化学［化学基礎・化学］標準問題精講（七訂版）〕鎌田真彰・橋爪健作